中古华北饮食文化的变迁

王利华 著

生活·讀書·新知 三联书店

图书在版编目（CIP）数据

中古华北饮食文化的变迁 / 王利华著. —北京：生活 · 读书 · 新知三联书店，2018.6
ISBN 978－7－108－05977－2

Ⅰ. ①中… Ⅱ. ①王… Ⅲ. ①饮食－文化史－研究－华北地区－中古 Ⅳ. ① TS971.22

中国版本图书馆 CIP 数据核字（2017）第 170876 号

责任编辑 张 荷
装帧设计 薛 宇
责任校对 龚黔兰
责任印制 卢 岳
出版发行 生活 · 讀書 · 新知 三联书店
（北京市东城区美术馆东街 22 号 100010）
网 址 www.sdxjpc.com
经 销 新华书店
印 刷 北京市松源印刷有限公司
版 次 2018 年 6 月北京第 1 版
2018 年 6 月北京第 1 次印刷
开 本 635 毫米 × 965 毫米 1/16 印张 28
字 数 376 千字
印 数 0,001－5,000 册
定 价 56.00 元
（印装查询：01064002715；邮购查询：01084010542）

目 录

序

张国刚

自从人猿相揖别，饮食就成为人类特有的文化现象。子曰：食、色，性也。饮食男女是人类最基本的欲求和本能。相对于把西方文化归结为“性文化”而言，有人把中国文化称之为“食文化”。这当然都只是比喻的说法。然而，在汗牛充栋的中国历史典籍中，关于饮食文化的记载却十分零散和稀缺。要想梳理出中古时期华北地区的饮食生活及其变迁，单单是史料鸠集的工夫，就足以令人生畏。坊间出售的若干谈中国饮食的书大都不免流于泛泛，有的还是辗转抄袭。人类的饮食生活作为一种复杂的文化现象，有着丰富的历史内涵。只有从地理学、农学、营养学和文化生态学等角度加以探讨，才能说清楚历史时期人们吃什么、喝什么，以及怎样去吃和怎样去喝。因此，一定的历史文献学功底和良好的相关学科训练，是开展中国古代饮食文化史研究的必备素养。

王利华博士毕业于北京大学历史系本科，曾经亲炙中古史专家王永兴、田余庆诸先生的教泽。本科毕业后他在南京中国农业遗产研究室工作和学习十余年，并师从缪启愉等先生，获得农学硕士学位。在万国鼎先生开创的这个农史研究重镇里，利华博士不仅获得了系统的农学方面的知识，而且打下了深厚的农业史文献功底。1996 年来南开大学历史系攻读博士学位，正值南开大学“211 工程”项目“中国社会历史”启动之时。利华博士挟其独特知识结构之优势和积聚十余年孜孜以求之学力，以《中古华北饮食文化的变迁》为题撰写博士论文，真可以说尽得天时、地利、人和“三才”并具之优势。

这部在博士论文基础上修订的著作，行云流水般地为我们娓娓道说着魏晋隋唐北方人的食与饮，字里行间浸润着很高的技术知识含量，作者对于史学以外的许多学科如农学、地理学、文化生态学、营养学和动植物学等方面的理论知识，运用得十分自然，没有生搬硬套的痕迹；有些问题，倘若缺乏有关的专业知识是无从讨论的。书写得比较扎实，不浮华，史料的耙梳也比较细致。博士论文印出后，同行专家给予了较高的评价。

众所周知，物质生活是人类社会赖以存在和赓续的基础和前提。研究历史时期饮食文化及其变迁，将为揭示许多历史现象的背后动因提供基本的解释。常言道，一方水土养一方人。不同的水土养育了不同的人群，形成了各具特色的区域文化。中国历史上的南人与北人，不仅是素来体质不同，而且历来学风有别，经学时代的南北经学，佛学时代的南北禅宗，直到近代乃至当代的所谓京派、海派，无不如此。其间的原因当然十分复杂。但是，研究各地风土与物产的差异，进而在饮食文化（包括食料构成、食品加工技术、烹饪方法和膳食结构等等）上的不同，无疑可为解释类似的历史现象提供十分重要的知识支撑。比如说，为什么宋代以后国人（特别是北方汉人）不再像汉唐时代那么剽悍？为什么宋代以后国人的体质日显文弱而性情日显舒缓？也正是打那以后，国人肉食生食明显减少，蔬食熟食日渐增多，烹饪方法也愈益精细。在饮食文化与体质性情这两者之间是否有什么内在的联系可以进一步探求？又比如说，当前国际学术界关于环境史、社会生态史和医疗社会史的研究方兴未艾，饮食文化史可以为开展此类课题的研究提供一个重要视角。人类食料的获得与生态环境有关，反过来人类的生活方式也影响到生态环境的变迁；膳食的构成、烹饪食品的方法、人的营养摄入等等都与疾病的滋生密切相关，反过来中医又发展了一套食疗的理论与方法，用饮食来调节身体机能，医治疾病。总之，研究饮食文化史，不仅可以借以获得一幅有血有肉的鲜活的历史画面，而且有着更为广阔深厚的学术意蕴。

利华博士的这部著作还只是初步对中古华北地区这个特定时空范围内的饮食文化做了一些基础的研究工作，作者本意还要进一步挖掘中古华北饮食文化背后的深层内涵，比如，对于唐朝盛行的风疾之类的问题做出进一步的解释，对于饮食文化变迁所表现的社会意义做更深入的开掘。有些问题相信作者会在今后的研究中进一步予以解决，有些问题则需要留待学术界其他方面的专家在他的研究基础上进一步推进和升华。如果要系统地科学地考察中国历史上各个地区各个时期的饮食生活，则更需要学术界的共同努力。利华博士的这部著作就权当是抛砖引玉吧！

是为序。

2000年10月18日于南开大学范孙楼

自 序

我的饥饿记忆与饮食史研究

——有关博士论文的一些陈年往事

这本小书是由我的博士论文加工而成，2000年中国社会科学出版社初版，距今已有十七年。因担心自己被划归只做“边角学问”的“左道旁门”，此后我并未进一步探研中古饮食问题，对海内外同仁的有关新作亦未认真跟踪，这次增补再版当然也就不能提出什么突破性的新见解。

最近几十年，中国史学发展一日千里，研究领域不断开拓，理论方法日新月异，新颖论著喷涌而出。这本小书，不论从题材内容、问题意识还是思想路径来看，都已经是相当陈旧过时，如今翻腾出来再版，恐怕难免“炒现饭”之讥。不过，决定修补、重刊不完全因为敝帚自珍，而是因为多年来我迷迷茫茫地四处摸索，从农业史到社会文化史再到环境史，游荡于几个领域之间，却愈来愈清晰地意识到：自己其实一直还在围绕着原先那个问题起点打圈圈。这个起点就是：历史上的人们如何填饱肚子、维持生命？数千年来，荒歉饥馑始终是中华民族无法挥去的最大梦魇，缺粮乏食一直是芸芸众生难以释缓的最大生存焦虑，部族冲突、阶级斗争、社会动荡、王朝覆灭，皆系于食。如今，中华大地物阜民丰，国人食物营养充足，四十余载两代人民不知有饥饿，实属旷古未有。然而如何吃得更安全，从而活得更健康，依然是一个值得关切的重大问题；能否保证子子孙孙永不挨饿，一直能吃得饱并且吃得好，就更加无法百分之百地打包票。作为一名以治史谋生的研究者，我既无纵横捭阖、指点江山的胸臆豪情，又无游心诗画、品评人物的高雅识鉴，只好关心一下寻常人家俗物琐事，绕来绕去，都离不开“吃喝”二字。

人生苦短，学海无涯，资质愚钝如我，虽然诚心向学，亦算勤苦，然而二十年时间飞逝，今已鬓白齿落，所得仅是几缕零散思绪，像旧时纺锤上胡乱缠绕的棉线，常常理不清头绪，还随时发生中断。半生劳碌，光阴虚度，不曾织就寸尺锦绣、片段华章，少年梦想浸付黄粱。难哉，学问！悲夫，书生也！今既提不出任何高卓新见，稍稍修补旧稿，借机坦承教训，以为后生俊彦之戒，亦算是聊尽一份教师之责吧。只是，凡人年逾半百，问学谋生多少都曾经尝过一些酸甜苦辣，陈年旧事，过往得失，本宜暗自怀揣，不足为他人道起。我俗人说俗事，话题既极平庸，复如村妪里叟般絮叨，恐将贻笑大方，招人厌烦，心惴惴其栗也！若蒙青桐雏凤不弃，耐心一览，引我为戒，少走弯路，我将至感荣幸！

一、寻觅：博士论文选题的困扰和曲折

当今社会行业、职业愈分愈细，谋职就业都讲文凭学历。所以我们的境遇与老辈史家颇不相同，要想成为一名专业历史学者，绝大多数都须拥有博士学位，这意味着必须花费多年宝贵青春年华进行一段专门修炼，其间最重要的课业，是在没有穷际的“过去世”选择一个“有意义”的问题做一番苦心参研，完成一篇合格的博士学位论文。博士易得，佳作难求，博士论文之成败，对一位历史学者的学术生涯具有至关重要的影响。所以，多年来我一直告诫周围的同学：“博士论文是你一生的基业。”

事实上，博士论文不仅是学者个人“一生的基业”，而且是一个时代的学术基业。这些年历史学博士批量产出，论文质量难免下降，但将来最优秀的学者终究只能从博士生中脱颖而出，最杰出的成果亦将主要从博士论文中孕育。历史学是一门特别需要积累的学问，不日日积薪做到一定火候就写不出大的文章，所以比起其他许多学科，少年成名的历史学家相当稀有。但是博士生正值精力最旺盛、思维最活跃的人生阶段，

是形成学术理路、积聚创造能力的关键时期，最具创新性的成果大多是在博士论文中初具雏形。当下学界，由于多方面的原因，包括职称评审、年度考核等等制度设计不够合理，很多教授都无法像博士生们那样朝于斯、夕于斯，集中数年时间、围绕一个问题专心致志地求索和思考，所以许多学者平生最好的学术成果就是其博士论文。我曾向多家杂志主编进言：不要过分追求表面好看和短期影响力，把征稿对象锁定在那些已经成名成家的教授、博导，而应该多多关照刚毕业甚至还在读的博士生们。他们的论说可能尚嫌稚嫩，不够圆融，文字亦欠老到，但给他们提供更多发表机会，既是培养未来史学家的需要，也是学术杂志保持创新活力的需要。

这种想法可能得罪高人，但我实话实说，既是根据世相观察，更是基于个人体验。博士毕业以后，我一直试图拓宽领域，思考却始终难以远离当年那个问题起点，大部分成果也都是对博士论文的修补、拓展和延伸，当年朦胧产生的想法，有些至今还在影响着我对学生进行论文指导。非常可笑的是，因为急于回归“正宗”、融入“主流”，我曾经一度刻意回避饮食史研究者这个角色，但是倘若完全放弃这个基点，我便更加无处容身。由于一向喜欢胡乱翻书而不求甚解，我的想法不少，但大多既不着边际又不得要领；零星发表的文章，东拉西扯，像游击队员，打一枪换一个地方，究竟是农业史、社会史、文化史，还是环境史？连自己都掰扯不清。回顾工作三十余年来的求学轨迹，兴趣从农业史转到社会文化史，后来又做起了环境史，看似经历多次转向，闯荡了几个领域，实则都没有远离“饮食”这个基本生存问题，不论做什么题目，都不由自主地与古往今来的“吃”“喝”联系起来。是否可以借用一个经济学概念称之为“路径依赖”，我拿不准，感觉更像是“宿命难违”。

做博士论文的关键在于选题，首先须在选题上多动脑筋，需要费尽心机。最近十多年，我每年都招收若干硕士生和博士生，与同学们交流，不免会谈起自己的求学经历，特别是做博士论文的教训。多位同学曾经问我：当初为何选择华北饮食问题做博士论文？我猜想他们的感觉多少有些怪怪的，心里或许存有下面这些疑惑：其一，需要和值得研究的历史问题不计其数，饮食之类俗物琐事向来不登大雅之堂，写几篇“豆腐块”文章供作茶余饭后谈资就好，还值得花费多年心力做一篇博士论文吗？其二，我是一个南方人，自然更熟悉南方生活，何以“舍近求远”去研究自己并无实际体验的北方饮食问题？其三，读过本书的同学心里可能还隐藏着一个疑问却不敢直接向我提出：书中讨论的那些问题并无多少文化韵味，书名添上“文化”二字岂非画蛇添足？我很理解这些疑惑，它们其实是初入史门所必须解决的三个基本问题：其一，哪些历史问题值得做专门、系统的研究？对同学来说，它可以转换为“博士论文应该选什么题？”。其二，历史研究是否与个人生活体验相关？探讨历史问题是否应该和怎样结合个人生活体验？其三，历史学者应如何有效地借取并准确地运用不同学科的话语、概念，避免胡乱套用导致思想含混不清？这些问题不仅是同学的疑难，也是老师的困扰，我实在无法清楚地做出回答，只好讲讲自己曾经的曲折，或能提供些许参考。

先说说我在进行博士论文选题过程中曾经的困扰。

1996年，我年满三十三岁，蒙张国刚教授不弃，招收为他的第一名博士生，研究方向是隋唐五代史。因我是已有十二年工作经历的“老生”，又是在职上学，我俩还是少年朋友和同乡，[1] 所以张先生对我采取“放羊式”培养，任我自主安排学习，博士论文亦自由选题（这奠定了后来他和我本人指导博士生的基本风格）。他那样放任我其实很有些冒险，因为积累和训练严重不足，那时我对博士论文如何选题，与现在同学们一样深感困扰。

考入南开前，我已在南京中国农业遗产研究室工作了十多年。那是

[1] 我与张先生初识于1982年，那时他在南开读研究生，我在北大上本科。因为既同专业又是小老乡，所以一开始便特别亲近。他治学极为勤奋，少年成名，见识卓越，我一直奉为楷模。

全国（大概也是全世界）最大的一家农业历史研究机构，渊源于金陵大学图书馆农史组，新中国建立不久由周恩来总理亲自批示成立，主要任务是发掘中国农业历史遗产，为当代农业生产发展服务，向以古农书整理和科技史研究见长，积累丰富，特色鲜明，在国际上也有一定知名度。但这个机构隶属中国农业科学院和南京农学院，学术交流活动主要在农学界，与史学界的交流却不是很多。我长期在那里学习和生活，虽非毫无收获，但总觉得自己像是身居僻壤的“山野村夫”。考入南开攻读博士学位，总算重新归了队，但因长期“僻居”，对历史学的发展脉络和趋向都很陌生，对隋唐五代史的了解也只有本科期间所获得的那点知识，这要特别感谢王永兴、吴宗国两位先生指导我读《资治通鉴》和撰写本科毕业论文，在我脑子里装进了一些隋唐时代的人物和故事。直到今天，我对隋唐五代史仍然只有零乱、片断的了解，根本谈不上什么研究，所以从来不敢自诩是隋唐史专家。

更加严重的是，那时，中国史研究以断代为本，各个断代自成一统，史料条件和前人积累各不相同，研究余地和推进空间亦颇有差异，研究唐代以前的历史，选题难度比起宋代以后要大得多。上个世纪的中国中古史研究，群星璀璨，名家辈出，寸尺之地都已经被前贤耕耘得很精细了，越读书我就越感到，想找一个被前贤忽略或遗漏的问题做博士论文几乎不太可能，为此我非常焦虑。无奈之下，只好退回到农业史，试图从自己相对熟悉的领域找到一条出路。幸运的是，张老师和南开的其他先生们都非常宽容，对我这个“乡巴佬”毫无偏见，甚至鼓励我“做出自己的特色”。

我首先想到的是研究郭义恭的《广志》。那是一本博物志性质的古籍，大约成书于北魏前中期，[1] 内容驳杂，但朴实可靠，全无虚妄之论，虽然原书早已散佚不存，但自《齐民要术》以下历代文献频繁征引其文

[1] 前人多认为该书为晋代作品，我曾撰文考证其应成书于北魏前中期。详参拙文：《郭义恭〈广志〉成书年代考证》，《文史》1999 年第 3 期。

字，具有多方面的史料价值。在原单位做硕士生时，先师缪启愉先生曾命我辑佚该书并撰写硕士论文。在缪先生的指导下，我用两年时间对它进行了辑佚，关于其成书年代的考证文章曾有幸获得中国农业历史学会优秀论文奖。可惜因为缪先生荣休等多项人事变动，我的硕士论文并没有写《广志》，而是改做了另外一个完全不同的问题。那时我对文化史很痴迷，因此不知天高地厚地拣来几个很流行（也很混乱）的文化概念，试图借用文化传播学理论来探讨中国古代农业技术的传播问题，结果因为理论空悬，史实细碎，“皮肉”两不相亲，最终一败涂地！

博士论文可否重拾旧题？理论上有此可能。但经过一番考虑，我放弃了这个想法。原因有二：一是单做《广志》，论说将只涉及魏晋南北朝史，与我的研究方向——隋唐五代史基本无关，我个性胆小，担心这样做不能通过毕业资格审查；二是《广志》内容驳杂，但残存文字很少，长短相兼不过三百条，不少条文仅寥寥数字，单做该书，实难展开问题讨论，即便加上辑佚和校释，亦恐写不出一篇够字数、有分量的博士论文。如今想来，主要原因其实还是因为自己理论修养实在太差，知识贮备严重不足。由于那次放弃，《广志》研究就一直被搁置下来。十年前中国农业出版社已经将其申报列入了国家古籍整理出版计划，后来又多番催促，但我一直无法重启这项工作，竟已变成了一块心病。

放弃做《广志》的想法之后，思路一度还是局促在那个小小胡同里。后来我又有过整理研究汉唐南方物产资料的设想，因先前有过一点积累。在辑佚《广志》的过程中，我觉得花那么多时间、跑那么多图书馆，翻遍唐代以前古籍，还要浏览相当数量的宋以后文献，仅仅辑录《广志》佚文实在太不划算，于是我想顺路辑抄汉唐之间南方地理、方物志书。当时我初步了解到：自清人王谟辑集《汉唐地理书钞》以后，虽然陆续有人做过一些辑录，[1]但并无系统的整理，运用现代自然科学知识进行研

[1] 例如，刘毅纬辑有《汉唐方志辑佚》，北京图书馆出版社 1997 年版。

究的成果更是稀有。[1] 当我提出这个想法时，缪先生未置可否，可能是对我没有信心，毕竟知生莫如师！但时任南京大学中文系教授的卞孝萱先生对此特别鼓励。记得那次（应是1987年夏天）我登门拜访卞先生，向他报告了这个想法并且求教，他看起来比我还要兴奋，滔滔不绝地同我谈了整整一个下午，还特别示以郁贤皓先生的新著——《唐刺史考》，承诺我“只要你像他这样真下功夫做出来，我一定推荐出版”。受他鼓励，在随后几年中，我真的摘抄了成千上万张卡片。可惜随着《广志》研究的难产，我心思大乱，未能继续坚持，攒下的一堆卡片在后来频繁搬家的过程中逐渐散落无存。由于电子版古籍大量涌现，即便留存下来，也没有多少价值了。

应该说，那是一个相当重要的课题。至今我仍然认为它值得做一篇甚至几篇博士论文，若能选取合理的思想路径，注意综合运用自然科学（包括动物学、植物学、矿物学、生态学、地理学）和社会科学（如文化人类学、民族学、民俗学等）知识，完全可能写出一些别开生面的大文章，增进对中华民族生存、发展的自然条件和物质基础的历史认识。众所周知，中国文明绵延五千年未曾发生严重中断，而是不断在开拓和壮大，实属举世罕见。但道路并非始终平坦，而是充满曲折，历经起伏。由于自然和社会众多因素交相作用，中国大地几度繁盛统一，亦几度动荡分裂，经历了多个历史回旋周期，每一周期的王朝兴灭、政权分合、经济盛衰、民族迁徙、人口聚散、社会重构……一系列重大变化，

[1] 1983年华南农学院（今华南农业大学）主办“《南方草木状》国际学术讨论会”，中、日、美、法多国农业史、科技史家和植物学家参加，1990年农业出版社出版《〈南方草木状〉国际学术讨论会论文集》。运用现代自然科学知识研究此类文献，那是一个很好的开端，惜无后续发展。按：《南方草木状》最早见于南宋尤袤《遂初堂书目》著录，旧题西晋嵇含撰，后人多因之，缪启愉认为该书系后人伪作（缪启愉：《南方草木状的诸伪迹》，《中国农史》1984年第3期）。特别值得一提的是，邱泽奇教授曾在缪师指导下完成一篇关于岭南植物“志录”的硕士论文，后来师生合著《汉魏六朝岭南植物“志录”辑释》，农业出版社1990年出版。很遗憾，泽奇师兄毕业后转攻社会学，若干年后缪师仙逝，这项事业也就完全中断了。

都同时伴随着空间格局的显著改变；每经过一个回旋周期，中国政治、经济、文化都在比此前周期更加辽阔的地理空间实现更多自然生态、社会文化单元的新交融和再整合，最终形成如今“多元一体”的民族共同家园和百川汇流的庞大文明体系。在波澜壮阔的漫长历史进程中，中古具有非常特殊的地位，其间最伟大的文明成就是南方地区的大发现和大开发，其于中华民族生存和发展的意义，堪比西方人发现和开发“新大陆”。正是由于南方大发现和大开发，在经历中原板荡、帝国瓦解的空前危难之后，华夏文明不但幸免于许多文明那样覆亡的命运，反而开拓了更大的发展空间。自六朝开始，曾经蛮荒落后、令人怖畏的南方瘴疠之地，“华夏化”进程显著加快；隋唐时期南北重新统一，不只是简单地恢复了秦汉帝国的政治疆域，而且在政治、经济、社会和文化上都走向更具实质意义的历史整合，中国文明以更加雄健的姿态，在更加辽阔的土地上继续向前迈进。在这场空前恢弘的历史戏剧之中，有一个可能最具基础性意义的重要内容或情节，这就是华夏民族对广大南方复杂山川形势、丰富自然资源和特异风土物产的不断认知、适应和接纳。倘若我们承认一个民族、一个社会关于山川形势、自然资源、风土物产的知识、观念和态度是其生存和发展的基础条件，则我们对此一重要内容或情节之于中古社会乃至整个中国文明历史的特殊意义，应将产生强烈的研究兴趣。

我们知道：社会文明演进既具阶段性又具区域性，两者是一个紧密联系、彼此协同和基本同步的时空过程，在此过程中，自然知识积累和技术能力增强具有关键意义。正如《诗》《书》《易》《礼》《尔雅》《山海经》《管子》《淮南鸿烈》《齐民要术》……关于山、川、湖、泽、原、隰，草、木、鸟、兽、虫、鱼各种自然事物的记述，对天地、阴阳、四时、五行的论说，反映了“黄河轴心时代”自然知识的积累和进步，构成了“中原之中国”人民生存发展的知识基础；东汉以降，历经六朝、隋唐，大批涌现的地志、地记、异物志、博物志以及层出不穷的诗、赋、谱、录、书、传、状……之中关于南方山川、风土、物产的丰富记述，则无疑是南方社会赖以开展生存活动特别是开发资源、发展经济的知识凭借。稍稍关注一下中国传统自然知识体系生成和发展的历史，或者只需翻检一下几部类书，我们便可察觉：中古乃是一个自然知识显著增长甚至迅速膨胀的时代，其主要表现正是关于南方知识的迅速增长。想象一下：在中古时代的那个特殊历史故事情境中，一批又一批初来乍到南方的中原人士，面对迥异于北方故土的自然环境，特别是看到那些闻所未闻的奇异物种和奇特风俗，曾是何等讶异，我们也就不难解释：何以自汉末杨孚以下竟有那么多人士不断撰写各式各样的《异物志》《风土记》之类著作！有趣的是，宋代以后，随着南方地区不断“华夏化”，关于南方（即便是岭南）物产的著述基本不再题名为“异”了。这个有趣的历史现象，难道不足以引起学人开展专门系统研究的冲动吗？很遗憾，实际情况是：以往史家虽然曾经有过一些论说，但显然不成系统，不够详备。

何以如此？

经过一番亲自尝试，我很快明白：对于通常缺少自然科学知识贮备的历史学者来说，这项研究的难度系数实在太高了！从沈莹《临海水土异物志》到刘恂《岭表录异》，从顾微和裴渊《广州记》、常璩《华阳国志》到段公路《北户录》、樊绰《蛮书》(《云南志》)，从徐衷《南方草物状》、嵇含《南方草木状》、戴凯之《竹谱》到陆羽《茶经》，从左思《吴都赋》《蜀都赋》到谢灵运《山居赋》，从郭义恭《广志》到段成式《酉阳杂俎》……，见于各种记、志、谱、录的奇异草、木、鸟、兽、鱼、虫，品类极其繁多，单是名实考证一项之难便足以令人望而生畏。虽然上述各类文献有许多早就亡佚，但其遗文散见于《北堂书钞》《艺文类聚》《初学记》《太平御览》等书，所载动、植、矿物仍然数以千计，其中不少物种可能已经灭绝，要想运用现代动、植、矿物命名、分类方法一一考辨其为何物、所属何类，几无可能。不仅如此，因古人记物记事常常随性而为，缺少标准用语和规范描述，同名异物、异名同物之类现象极其普遍，更使名实考证难上加难。就算只期考辨出其中仍然可考者，至少亦需耗费十年以上时间并用罄全部心力，方能有所成就。倘若还想从自然与文化两个方面进一步解说各种“异物”的品类、物性、环境、价值、用途、风险危害、象征意义……，不但需要具备丰富的植物、动物、矿物、地理知识，而且需要具备诸如民族学、人类学、民俗学……多个人文社会科学领域的知识贮备与理论素养。因此，在决意开展此项研究之前，就必须在思想上做好“板凳甘坐十年冷”“慢工出细活”的充分准备。惭愧的是，虽然我对这项工作的重要意义有所认识，却没有义无反顾地投身其中的勇气：一方面自知学识寡薄，能力不逮；另一方面因学制限制，在短短三年时间里，我无法就此完成一篇合格的博士论文。

虽然当时我是相当纠结，设想屡经改变，选题举棋不定，但下面的几点考虑已经比较明确：

一是要选择研究有意义的“真问题”。这个问题可能是从相关领域学术本身发展脉络中延伸出来的，也可能是受到现实的激发或者由于现实需要而提出来的。研究目标是提出一些以往不曾拥有的新知识和新见解：要么对解说更大的历史问题具有重要意义，要么对认识和处理某些现实问题具有参考价值，或两者兼而有之。这就是通常所说的“学术价值”和“社会价值”了。如果没有这些追求，随便抓到个问题就去找材料、凑字数，就没有必要耗费几年的宝贵生命做论文了。

二是要尽量选做自己较熟悉的课题。具体来说，对这个课题应有一定的前期积累，在以往学习和生活中有所接触，有所思考，拥有一定的理论知识贮备，最好还有些实际生活体验——哪怕只是来自于某些业余爱好。如果还掌握了某种特殊的技能和本领那就更好了，因为这样就可能做出只有极少数人，甚至只有你自己才能做得出来的“绝活儿”。倘若两手空空，毫无前期积累，一定做得极其辛苦，从问题设计、资料查询到事实分析都很难找到那种“特别的感觉”，到了写作阶段也常常会感到无话可说，键盘都敲不连贯。如此这般写出的论文，恐怕每个句子都是一个字一个字硬憋出来，而不是从心中自然流淌出来的，花费再多的力气，别人读起来还是磅牙涩口，索然无味。

三是选题应具一定开放性和延展性。如上所言，对今天的大部分历史学者来说，博士论文实为“一生的基业”，毕业后十年甚至更长时间的研究理路和史料基础可能都是博士论文奠定。因此选题应综合评估个人志趣、前期基础和学术趋向、时代需求以及客观条件（例如史料条件），有格局性思考和大问题关怀。题目不宜太小，不能一篇文章就做到了头。在这一点上，博士论文显著不同于本科毕业论文和硕士学位论文。理想的选题是：既能在规定年限之内做出一篇要素具足的博士论文，能够顺利得到学位；又具有一定的开放性和延展性，上下左右的史实和内外前后的问题具有比较广泛的连续性和渗透性，并且资料条件支持持续开展有系统的研究和发表成系统的论著。

四是选题宜先大后小，逐渐收缩。通常情况下，博士论文最初的选题只是一个大致工作方向，沿着这个方向去调查前人成果，查询原始资料，但研究对象、时空范围、核心命题和支撑论题都很可能需要进行较大调整，原因是：先前所设想的大小问题，有些（甚至可能全部）前贤已经解决、无须再做，抑或前人未做、后人也做不成，因为有些问题虽然很重要，但缺少最起码的资料条件支撑，因而无法研究。最初设定的时空范围，可能因资料甚多、问题很复杂而显得太大，也有可能因资料太少、无法细究而显得太小。总之，博士论文选题常常不是一次就能完成的，事先应有准备和预案。例如，就中古史研究而言，合理的操作方式是选题宜先大后小，文献资料调查和搜集的口径亦宜先阔后窄。如果实在太大，无法驾驭或者短期无法完成，可根据实际情况有所收缩；倘若开始选题很小，又缺乏“小题大做”的资料条件和方法手段，等到发现此路太窄，走进了一个狭小的胡同，叙事、论说都无法展开，再调头重来必定造成时间、精力上的很大浪费。

在这方面，我本人就曾经有过一些教训。如前所言，我生长在南方，那里向以水稻为正粮，以米饭为主食，生命系统建基于水田稻作生产体系而显著不同于黄河中下游的粟、麦旱作农业。我比较熟悉南方，前期资料积累和研究兴趣亦偏重南方，所以一开始打算以中古南方饮食作为博士论文选题。经过一段时间的史料搜集，我发现那时历史记录仍然偏重北方地区，关于饮食尤其如此，关于南方饮食的有限史料似乎不足以支持自己的设计，完成一篇问题与资料相匹配的中古南方饮食史论文。所幸我原本打算做完南方还要做北方，因此文献资料南北兼收，所以没有发生中途改题和全面返工的问题。结果如大家所知：我至今仍然只做了北方，南方饮食问题反而被撇下了。

二、前因：难以忘却幼年时代的饥饿记忆

接下来谈谈我为何做起了饮食，这篇论文与我个人的生活体验有何关系？

老实说，我在寻寻觅觅之中何以萌生研究饮食的念头并决定以此为题撰写博士论文，现在已经记不太清了，只能肯定这不是当初首选。不过，我最终选择这个论题亦非纯属偶然，冥冥之中似有某种力量在驱使。我觉得这种力量是幼年时代深深镌刻在心里的那些饥饿记忆。还记得当年查资料、想问题，每每比照自己的饮食生活。小时候那些找吃的经验、好吃（hào chī）的糗事，特别是经常半夜饿醒、反侧难眠的那种滋味，十分难以忘却。

我们这代人，不论生长在城市还是农村，多少都有过一些挨饿的经历。虽然“乡味记忆”一向是怀旧文学的重要题材和内容，许多离乡的游子念念不忘故乡美食，留下了大量动人的文字，但我却说不出多少种家乡美食，并且也难以把它们描述得多么诱人：既因拙于辞藻，亦因农村生活刚有好转之时我就离开了家乡，随着时间流逝而沉淀下来的故乡美食记忆，于我（也许在同年龄段的人中）实在有限。

我的家乡地处皖、鄂、赣三省交界的长江北岸沿江平原和低山丘陵地带，自然条件良好，自古号称“鱼米之乡”。我幼年的那些“光荣事迹”却多半与饥饿以及因饥饿所致的营养不良有关。可以说我在娘肚子里就开始挨饿了。

据长辈告知：我刚出生时，好几天都没睁开眼睛，大人们以为没用了，曾经打算丢掉，只因是长子没能舍得，所以幸运地被留养下来。我相信他们所说属实而不是逗我玩儿。我母亲一共生过七个孩子，其中有两个弟弟就是因为出生后一直生病，治不好，被丢进河里了，那时我已经记事，至今还依稀记得母亲当年的啜泣之声。在那个年代，此类情况在农村并不只有一两个。我出生那年，大破“四旧”尚未开始，家乡仍延续着“洗三朝”的习俗，父母依俗请村里叔伯兄弟和姑舅亲戚吃了顿“饭”，算是庆贺长子出世，据说十多个人每人吃了一碗加了几粒盐煮烂的红芋（红薯）叶子——那是当时他们拿得出来的最好食物了。因为饥饿导致严重营养不良，幼年的我一直被人叫作“藤棘拍”（家乡土话，形容瘦得像瓜藤、棘条），体弱多病，骨瘦如柴，夜盲脚弱。父亲曾经发过一次大狠，托人到安庆买了一瓶鱼肝油，这是我幼年享用过的最高级的营养品。1970 年代初，我所在的全红小学组织宣传队，我是主要“歌手”，经常到各生产小队的场屋和田间地头演唱，因为太瘦弱走不了多少路，经常是哥哥、姐姐们背着我走，以保证我有力气独唱。许多年后，还有长辈流着眼泪说起我当年打赤脚边跳边唱“下定决心，不怕牺牲……”的事儿。

自开始记事直到上中学，整天所想所做大抵都与“吃”有关，除了找吃的和生病，好像没有留下什么别的深刻记忆。我清楚地记得第一次吃雪枣[1]，那年县城举行“万人大会”（好像是庆祝“九大”召开），我坐在父亲肩上观看，一位外公（外祖父的堂兄弟）笑眯眯地送来几根雪白的果子，他先掰一段放进我嘴里，我顿时感觉全身都甜透了，从没想到有这么好吃的东西！三十多年后，当我发现《齐民要术》关于“粲”“乱积”“寒具”等等油炸馓子的记载时，就立刻联想到家乡的雪枣。两三年后，我应该有六岁。有一天父亲进城买猪儿（小猪崽），我像尾巴一样跟

[1] 安庆一带出产的一种节日食品，粗长条形，用糯米粉加白砂糖炸成，甜而松脆，入口便化，过年时亲友之间常以互赠。

了去。因为钱不够，猪儿没买成，我们只好回家。路过一家包子铺前，被正准备吃午饭的两位舅舅发现，他们不由分说地把我们拦下来一起吃，我因此幸运地第一次品尝到了另一种此生难忘的美食——满满葱香和肉香的包子。记不清那天狼吞虎咽了多少个，只记得舅舅们呵呵地笑，叫我“慢点吃”“别烫着”——刚出笼的肉包油汁很多也很烫，但我完全没有感觉。不过，那次意外口福的代价相当不小，当天一来一回走了将近三十里路，我没让父亲背，因此一下子累过了头，后来好多天一直不能行走，母亲急得直哭，埋怨父亲粗心，两人大吵了几架，我则念念难忘那些包子的味道。长大以后走南闯北，我始终觉得不论是南京的马祥兴牛肉包、无锡的小笼馒头，还是天津的狗不理，都无法跟家乡的那种相比。后来读到晋人束皙的《饼赋》，始知中古华北已有多种“蒸饼”，其中包括“薄而不绽”的肉包子。博士论文写到那一段时我还在猜想：束皙笔下的蒸饼比起我家乡的包子，味道高下如何呢？

家乡主产稻米，小麦大概只占粮食的两三成，但也很重要。用小麦面粉制作的食品也有多种，最常见的是油面和手擀面。前者由专业面匠制作，多做礼品和年节食品，非日常所食；后者则是自家做的主食。此外，过年过节或操办大事（例如盖新房）时，偶尔也用小麦面粉或糯稻米粉做“粑”，农历三月三日的主要应节食品——“蒿子粑”“鼠麴粑”就是以麦、米粉和以嫩蒿和鼠麴草叶子再添加些过年所剩腊肉做成的，味道很好。

虽然童年的一次经历让我至今难忘家乡包子美味，但包子一般只在城里饭店里有卖，寻常人家很少自做。事实上，家乡人民向以稻米为主食，当年磨麦制粉擀面或做面糊主要因为稻米不够，不得已而食之，并有显著季节性，主要在农历五月麦收之后至六月早稻收获以前。[1] 老实说，我对家乡的麦面并无多少好的印象。原因之一是南方麦面的品质口感差，吃得不舒服。由于气候差异，南方麦子面粉的品质远逊于北方，

[1] 是时旧米食罄，新米未登，赖有麦子接续，所以汉人郑玄注《礼记》有云：“麦者，接绝续乏之谷……。”详第二章讨论。

面制食品远不如北方的吃起来筋道适口。在我印象中，不论手擀粗面还是连同麸皮一起煮熟的面糊，吃起来都是既黏且碜，像泥巴一样，还容易“上火”。在那个缺粮、少盐、无油的年代，盛夏酷暑季节吃着火性很重的擀面和面糊，佐餐只有辣椒或者辣酱，一碗辣面下肚，三点（嘴、腹部、肛门）火烧火燎，连吃几顿，腹鼓肠结，顿顿如此，情何以堪！第二个原因是磨面太辛苦。那时当地只有轧米机而没有磨粉机，磨面主要靠人力（经营油面加工的生产队有畜转大磨，但一般不提供家庭磨面服务），磨够一家六七口吃一顿的面粉需要花费好几个时辰，推拉磨盘成千上万次。由于青壮劳力都下田干活，磨面主要靠老人和小孩。记得那时每年夏天我们都有一两个月几乎天天要磨面，磨几升吃一天，常常累得臂膀僵硬、头晕眼花。实在磨不出来，就只能直接用麦子煮饭，麦饭口感极差，难以下咽。那是我上中学之前最痛苦难忍的一项劳动。[1]

另一最痛苦难忍的事情是做饭。俗话说“穷人的孩子早当家”，用在我身上很是合适。因为父母要挣工分，从五六岁开始，差不多到小学毕业，我是家里的“主厨”，至少在夏、秋农忙季节是由我负责做饭。记得最早做饭洗碗时，因为个子太小、手不够长，是踩着小马凳做的。一开始只负责煮饭和熬粥，菜等父母回来炒；后来慢慢大些才开始做菜。一般人不会理解：简单地做个饭很痛苦吗？做饭、炒菜并不很累，但缺柴少火是一种非常虐心的磨难。那个年代真奇怪，不仅缺粮，柴禾也缺，还缺点火的“洋火”。[2]幼年打柴拾薪的往事既心酸又有趣，故事很多，可以另外写本书。经常没柴烧，就只能临时现砍马尾松枝。那时山林都归了集体，也不能随便乱砍。炎炎夏日，松树上满满的都是蠕动着的松

---

[1] 还有一种饮食生活经验是冬、春两季天天吃辣椒酱蘸煮山芋或者山芋干，偶尔一顿觉得新鲜，顿顿如此，割肠烧心，极不舒服。我因为吃得太伤了，导致肠胃严重受损，年轻之时我因十二指肠溃疡引起上消化道出血七次，四次住院，差点送了命，与早年饮食状况应有很大的关系。由于产生了条件反射式的心理厌恶，我已三十多年不再碰过山芋了。

[2] 按：即火柴。那时我们那里老百姓仍然管煤油叫“洋油”，管火柴叫“洋火”。都要凭票供应，大多数家庭不够用。

毛虫，虽然我并无心理上的特别恐惧，但松毛虫毒却非同小可。做几顿饭，被生湿松枝的浓烟呛得半死不说，因为中毒，手脚时常肿得老大。更考验智慧和毅力的，是用湿柴点火和借火。没有经历过的人，根本无法想象最后一根火柴没能点着是一种怎样的绝望！拿着松枝到邻家灶膛借火是经常发生的事情，点着之后需要快速奔跑五十米、一百米，身体和双手要保持巧妙的平衡，尽量减少抖动，否则火就灭了。如此这般，常常需要跑多次才能侥幸成功。

由于那些经历，我非常理解何以古人视舂磨谷米为一种苦役，而把"食麦饭"作为生活穷困的一种象征；何以中古长安、洛阳等地权贵富商那样大胆犯禁、不顾一切地霸占水源、经营碾硙加工而唐廷屡禁不止终归放弃；对古人伐薪卖炭之苦也是感同身受。在撰写论文的有关章节时，字里行间其实多有自己的影子，恍惚之中既像在跟古人聊天，又像在回顾自己的童年生活。也是由于有这些经历，我打心底里认为今天的生活远胜于昔：自70年代中期开始，国人不仅已经四十余载未罹饥馁，加工米面、炊煮饭食亦不复为累，这是一个伟大的历史进步。自洪荒之始，中华民族从来不曾有过如此丰足和便利的生活，应当特别珍惜！

幼年饥饿记忆，让我对古籍记载的各种吃喝之事，特别是对历史上普通民众食不果腹的艰难生计，对他们为苟求一饱而屈尊乞讨，甚至铤而走险，比较容易产生"历史理解之同情"和"历史同情之理解"。不仅对"巧妇难为无米之炊"有过亲身感受，知道瓮中无米面、钵里无油盐，想做一顿够吃和稍有滋味的饭食是多么困难；知道"无米之炊"难为，"无薪之炊"同样难为。关于物质生活与精神生活之间的关系，古今中外有过无数抽象理论和"形而上"的论说，自身经历让我相信：古贤所谓"仓廪实而知礼节，衣食足而知荣辱"大致是符合历史实情的。[1]

---

[1] 语出《管子·牧民篇》。这句话讲物质经济条件与精神道德水平的关系，道理实在而且简明，被历代政治思想家所反复引用，比起"饿死事小，失节事大"之类混账话更具有人情。确实，芸芸众生，绝少能够饿着肚子讲礼节、说尊严，一个社会只要断粮七天，任何英明的统治者都绝对不可能治国安邦。

固然，“仓廪实”并不必然“知礼节”，“衣食足”亦不见得肯定“知荣辱”，物质生活水平与精神道德水平并非总是同步提升，古往今来为富不仁者有的是，在某些特定历史时期，过度释放物质欲望很可能导致阶段性的道德水平下降（例如当下）。但是我们无法想象在一个大多数人长期饥寒交迫的时代和社会，人们对伦理道德和文明礼貌能够多么自觉地坚持追求崇高。如果没有相应的经历，对古人的一些怪异想法和怪诞行为是很难理解的。比如，为什么中古士人慎避“瓜田李下”之嫌，路过人家瓜地傍边弯腰系个鞋带怎么啦，从人家李树下面走过抬头扶一下帽子又能招惹到谁，用得着那么小心翼翼吗？但是，幼年生活经历使我能够理解：在一个食物极其匮乏的时代，甜瓜、酸李的诱惑并不是人人都能经受得住的，瓜田纳履、李下整冠自然也就真的容易引起怀疑。很小的时候长辈就告诫我们：没事不要到人家果树下面和菜园周围转悠，免得别人起疑心。我知道这是为什么，清楚地记得：当年村里人家房前屋后曾经栽过少许梨、枣、桃之类果树，但基本上都还不到成熟就被孩子们偷光了，菜园瓜地距离房舍较远，就更加不用说了。后来私人干脆都不种瓜果（其中有“割资本主义尾巴”的原因），而是由生产队集体经营、专人看管。即便如此，仍然无法完全禁绝偷窃之事。如今大、小市场上各类果品琳琅满目，任意选购，我买回新鲜瓜果，经常放烂了都没想起来吃，自然不可能到人家水果摊上去“顺手牵羊”，然而当年生产队桃园里尚未成熟的毛桃，竟能诱惑我这个被大家公认的好学生兼胆小鬼铤而走险地偷过一回（应该是上小学二年级那年），如今想起来，我甚至怀疑可能是记忆误差，不能想象自己还会做这种事。非常悲催的是，还真的有过那么一次，而且很不幸被抓住了！当年我因此没能评上“五好学生”。现在想来，其实被发现才叫幸运，我从此得了教训，有了强烈的羞耻心。初中毕业那年，我们两个毕业班的同学深夜集体出动，把学校附近一个生产队的两亩西瓜洗劫一空，成为轰动全公社的一个大新闻，那一次我坚决拒绝参加。从小学到高中，我只有两年没被评上“五好学生”（1976

年以前）或“三好学生”。除了“偷桃”那年，另一年是因参加数学竞赛（此生唯一的一次）对老师吹牛说了“如果得不到60分以上，我把头砍给您”这样的大话，结果牛皮吹破了，只得了58分！虽然还是第一名得了奖（也没砍头），但期末评“三好生”时，几位老师讨论认为我有骄傲自满情绪，应予警示，老师在多次班级会上特别说明为什么不评我做“三好生”。一晃四十多年过去，我也搞了几十年教育，回想起当年老师的惩戒，心里却是满满的暖意：他们让我理解了什么是正确的“精心培育”！

在那个物资匮乏的年代，我还感受到了极其珍贵的乡里亲情。因为孩子多，完全没有什么家底，我家一直是全村最贫穷的家庭之一，缺衣少食是常态，可以说我是靠宗亲、外戚接济长大的，直到考上大学那年还蒙他们赠送了不少全国粮票作为贺礼，我一直保留到千禧之年以后才转赠给一位爱好收藏的朋友。也许是时间筛选记忆，距离产生美感，如今我对幼年饮食的记忆显然是有选择的，沉淀在内心深处的不再主要是那些曾经的苦涩，更多是对一瓢一勺的感恩。那时的乡村依然充满亲情，尽管叔伯姑舅每次接济的可能只是升米勺盐，因为大家都很困难，但他们让我度过了时艰，长大成人。而儿时的同伴，不论上学还是放牛之时，一个桃子、一只梨，经常是众人分食，你一口，我一口，品尝到的不只是水果的滋味，更有分享的快乐。比起中古史籍频繁记载的赈济宗族和孔融让梨之类的故事，这些都是我自身的经历，未经任何道德化修饰，也不可能载入史册流传千古，但是更为真切，更让我感动！

在幼年饮食生活中，我学到了一些如今已经无从获得的民间经验和知识。我出生时“三年困难时期”的大饥荒已经结束，没有吃过观音土之类的东西。但70年代中期以前食物还是一直很匮乏，采集野果野菜弥补粮蔬不足，捕鱼捞虾、捉泥鳅、钓黄鳝获得少许动物蛋白，是非常重要的食物营养补充，而那时乡野还有少许野生资源，能够发挥英国学者伊懋可在其《大象的退却》一书里多次提到的“环境缓冲”

（Environmental Buffer）和“生态缓冲”（Ecological Buffer）作用。[1]

大约四五岁时我就加入了“采集者”行列，隐约记得最早的一次采集活动是堂伯母陈嬷嬷带我去的。那年春天，天气还有些冷，她带我到二郎河堤滩上挑野菜，一一告诉我哪些吃得，由此我获得了最早的野生植物知识。随后几年一直到上中学前，跟我差不多大的孩子，日常任务除了上学、放牛、打柴、拾粪就是挑野菜——有时是供人食用，有时是为了养猪（即黄梅调《打猪草》所反映的那种生活事实）。在此过程中，我掌握了数十百种野生植物的形色、性味、生长季节和多产地点，这些曾经是我们这个民族的必要知识，成千上万年里一直世代传承，不知帮助过多少饥饿的人们极其艰难却又十分顽强地生存下来。

成为“捕捞者”的年龄晚不了多少。春耕季节跟在赶牛犁田的父亲身后拣泥鳅，可能在四岁之前就已经开始，如今清楚记得的最早以求食为目标的捕鱼活动，应是在1970—1971年间（其实是拣死鱼）。当时，为响应毛主席“一定要消灭血吸虫病”的伟大号召，一支解放军医疗队进驻宿松农村，他们在田间、沟渠和池塘这些有水的地方投放药物杀灭钉螺（血吸虫的宿主），大量小鱼、小虾、泥鳅和黄鳝被毒死后漂浮到水面，我们拣了很多，掐头去肠煮煮就吃，根本顾不上甚至想不到有可能中毒。从那以后，当地人竟然学会了用农药毒鱼，生产队附近的几个废河汊和野池塘，每年都被多次投放各种农药，包括1605（乙基对硫磷）、滴滴涕（DDT）和六六六粉（六氯环己烷）等高毒性、高残留农药，直到1980年我离开家乡时，有些人还在采用这种方法捕黄鳝。后来学农学、做环境史，我才意识到：自己居然在长达十年的时间里一直吃着用高残留和剧毒农药杀死的鱼类，相当一部分农药的毒素仍然残留在我的体内！当然，家乡还有其他捕鱼方法例如笼截、罩扑、竿钓、网捕和徒

---

[1] Mark Elvin, *The Retreat of the Elephants, An Environmental History of China*, P.7, Pp.32-33, P.84. Yale University Press, New Haven and Landon, 2004. 该书已由梅雪芹教授主持中译出版。

手摸鱼等等。梅雨季节，河水上涨，一种名叫“窜条”的小鱼非常之多，每到傍晚，二郎河里都站满了持网捕鱼的人，如果所站的位置好，最多之时，一个晚上就能捕到百八十斤！1978年前后进行的“裁弯取直”河道改造彻底改变了二郎河的生态系统，野鱼陡然稀少了，非常可惜！不论钓鱼还是捞鱼，我很早就是一把好手，原因有点滑稽：因为父亲不像其他大人那样上心，抑或因他稍能断文识字，一直担任生产队长、指导员之类干部，思想比较正统，认为“捕鱼捞虾，耽误庄稼”，经常批评我不务正业。但对我捕钓得来的鱼，他每次也都吃得津津有味——毕竟那是难得的美食啊！那些年我家一年到头吃不上几斤猪肉、几个鸡蛋，[1]野生鱼类是最主要的动物蛋白来源。

除了以上那些，幼年的我们其实是想尽一切办法寻找口食，下水采集野菱、茭白和鸡头米（即芡实），上山采摘野栗、野山楂、橡子、蘑菇和地衣，打野兔、野鸡、掏鸟蛋、抓青蛙，直至用自制的毒药和炸弹捕杀野兽……一切能够想到的方法全都试过。不要以为那是为了好玩，最直接的目的只有一个——找到可以送进嘴里的东西！考上大学以后，随着时过境迁，当年的感觉和心情渐渐淡了，我已经三十多年没有机会再钓鱼。但我对自己从小习得的这些民间经验知识，一直相当自鸣得意（除了找吃的经验，还有不少防治意外创伤、毒虫叮咬和常见疾病的经验知识，药物都可以从当地生长的动、植物中找到），我曾经跟同学开玩笑说：如果搞一次不准携带食物、药品的野外生存冒险，我一定能比你们多坚持几天。这些亲身经历和关于野生动、植物的知识，对我理解中古饮食史料确实颇有帮助。事实上，由于我们的早年饮食生活经历和知识获得途径与传统时代仍有相当程度的接续，而最近四十年中国社会经济和日常生活变迁之巨远远超过以往四千年，传统与现实之间已然发生巨

[1] 在我的记忆中，每年除春节外，只在端午、中秋等几个节日肯定能吃上肉，通常是一顿吃光。60年代末最困难的一年，因刚刚盖过新房，家里自养的猪卖掉还债了，一家五口人只买了四斤猪肉过年。家里一直都养鸡，但鸡蛋很少舍得吃，要变成钱买盐、洋火、洋油这些生活必需品，或者用来送礼。

大裂变，因此，比起八〇后九〇后的新生代学人，我们对古代人民的饮食生活情态或许更容易理解和同情；对中古文献记载的许多饮食事象，会自觉地结合自身生活体验进行真相还原和虚实判断，而不是简单地理解和接受。例如，对“孤舟蓑笠翁，独钓寒江雪”之类诗句，通常不会径直沉迷于其所巧构的荒寒孤寂的文学艺术意境；对“卧冰求鲤”之类的孝行传说，亦不会轻易魅惑于其所高标的异迹卓行的孝道伦理意义，而是试图想象它们背后的社会情境和可能隐含着的更多的生存故事。

言及于此，就顺便谈谈同学时感困扰而我多年玄想迄无甚解的第二个问题，即：个人生活体验是否和如何影响历史研究？历史学者是否需要、应当或者如何结合个人阅历和生活体验选择研究课题？

关于前者，抽象和一般性的答案应是肯定的，学术史论著关于史学大师、经典和学派的分析评述通常都会有些涉及，料想不存在多大争议。但具体究竟如何影响，则需对大量学者及其成果案例进行观察和分析，方能做出切实可靠并且具参考意义的回答。

如果说“前者”是关于生活体验是否可能在“客观”上“无意”地影响学术研究，那么“后者”则是关于是否应该在“主观”上“有意”（主动、自觉）地结合个人体验来选择课题并开展研究。这可能是一个颇有争议的问题。通常学者选择研究课题主要根据几点：一是兴趣，二是需要，三是生活体验，四是学习积累。它们之间并不总是那么兼备和“匹配”，不太可能所有历史学者都只选择自己曾经有生活体验的那些问题做研究，但我还是一直倾向于鼓励同学尽可能地这样做，因为个人生活体验与积累，不论思想情感还是经验知识，都无疑有助于对问题对象的理解和认识，研究起来相对得心应手。有段时间我颇怀疑青年学人是否适合研究国家或朝廷政治史，原因是我不相信一位涉世不深、毫无行政经历的单纯书生能够理解制度和权力背后的复杂博弈和曲折运行；一位连股长、科长都不曾当过甚至几乎没有出过校门的人，又怎能看透旧时官场各种明规则、潜规则和诡谲多变、云遮雾罩的世故人情呢？我怀疑不少研究者脑子里面的历史政治镜像，只怕如同村妇想象皇帝、皇后用金扁担挑水的情形吧？不仅毫无政治阅历、思想单纯的学者难以做出具有深度和力道的政治史，其他方面的研究，若无一些生活体验，同样可能如此。我对自己的学生其实越来越担心：因为时代变化实在太快，即使他们生长在农村，也完全无法想象传统农业社会生活，有些同学甚至还真的没见过猪走路，分不清麦苗和韭菜，他们随我做那些关于农业、农村乡野俚俗的课题，能够找到感觉、做出好成果吗？后来胡乱翻书，得知佛教有所谓“现量”“比量”之说，认知事物、获取知识并非事事都是亲身经历和体验，亦可通过学习间接推知，心中之结方才稍稍得到纾解。

然而，对于历史学者来说，生活体验和感悟毕竟是非常重要的。关于某个方面的社会、经济、政治和人生问题，自己是否曾经有过些许生活体验，至少是选题、定题之时需要考量的一个重要因素。以个人陋见，在不断繁茂的学术丛林之中，历史研究作为人类最古老的一门学问和“一切社会科学的基础”一直在与时俱进，视阈不断拓宽，分支不断增多。虽然国家学科目录把历史学专列为一个学科门类，但它显然不同于并列而立的其他众多学科，因它并无一片专属领地。历史学者通常不太可能成为精通某个学科领域的专家，但他有可能关注和探研任何一个学科领域的既往事实和问题。不妨自夸自大一点说：我们是一群透过时间纵深来认知自然、社会和人生一切问题而不愿接受学科门槛阻隔的自由的思想行者。历史学者所从事的事业，既是一门科学，更是一门“心学”。他们的心灵，即便并非总是与时间之矢做逆向运动，亦经常是在时间之矢的过往来经之处徜徉漫步，在既往与现实之间做纵深性的往返穿越，有时也会思考未来。他们对“过往之事”进行考察和解说，固然必须借助不同学科的理论知识和技术方法，但是也需要基于人生实践和体验的心灵感悟。既如此，若在某个方面有所经历、有所体验，研究工作自然相对得心应手，问题观察亦可能比较准确。然而，个人既往的生活体验毕竟是有限的，不断努力去丰富自己的人生经历，特别是有针对性地积极观察、学习和体验，实为历史研究者的一门重要功课。当然，我这些空洞而高悬的臆想，可能不太切合当下历史教学和研究实际。姑妄言之，亦请姑妄听之。

三、助缘：从农业史、文化热到社会史

20 世纪几波西方学术思潮先后涌入，几乎没有一位历史学者完全不受其影响，经历“西学”洗礼后的古老中国史学全面改观。突出表现，一是与众多学科相对应的专史大批涌现，彻底改变了王朝兴衰史或帝王家政史一家独尊的局面，历史视野从帝王将相、军国大事不断向地方社会、普通民众、部门行业、日常生活……各个领域和层面拓展；二是理论方法的“社会科学化”：其他学科的思想理论、概念知识和分析工具不断被引入，推动历史探讨走向科学化、专业化以及一定程度的模式化，学者日益崇尚借助专门之学，对历史上的有关事物和现象进行“科学考察”，注重理论预设，讲究科学依据，分析、证论借用专业工具，编纂、写作趋于“格式化”，以“史论”而非“史记”为目标的学术论文成为体现业绩和评价水平的主要依据。这些都显著改变了中国两千多年来援引圣贤之言、通过自身体悟来论事、说理和评骘人物的传统治学方式，以及随性而不拘一格的历史撰述形式。

倘若我们跳出从属于人文社会科学系列的历史系（所），从更大范围来观察 20 世纪的历史研究，其“科学化”“专业化”趋向更加明显。具有不同自然科学背景的学者探索各自领域的历史问题，开辟了更多专门领域如科技史、农业史、医学史……，历史学者将它们视为从属于历史学的一个个专门分支，而其他领域学者则认为应从属于自己所在的学科。大部分专史都有历史学者介入研究，但有些课题研究须具备特殊专深的知识，所以往往是多学科背景的学者共同参与。一些自然科学家撰写的专史可能比较缺少历史韵味和人文气息，他们从一开始就不以讲述“人事”、解说社会作为目标，而是为了服务于其所在的学科专业或者行业部

门，[1]但他们拥有更专门、系统的学科理论知识支撑，史料解读和问题解说往往更具“技术含量”，而为一般历史学者所欠缺。

历史包罗万象。历史学者擅长透过时间纵深发现“古今之变”，从理论上说，其研究对象涉及天、地、生、人各个方面，自然和社会各个领域，但要想正确合理地解说各种纷繁复杂的历史问题，就必须不断学习、借取和运用其他学科的思想理论、概念话语和分析工具。问题是，学海无涯而人生有限，任何聪明绝顶的历史学家都不可能天、地、生、人无所不通，对一两个学科领域的思想理论和技术知识有比较系统的学习了解并能够娴熟地运用于历史问题研究，已然十分了得、非常罕有。因而，如何合理借取和准确运用各种话语、概念、工具、方法，对特定历史现象和事实展开探讨并提出有价值的见解？殆为历史学者永恒的难题。当今科学迅速发展，理论日夜翻新，思想互相渗透，方法彼此借取，各种新话语、新概念犹如潮水一般涌来，既让我们兴奋不已，亦令我们晕头转向。若非聪明绝顶，岂能始终理路清晰而不陷于迷茫？一位历史学者究竟需要学习、借取和运用哪个学科的理论知识和工具技术，实在无法一概而论，只能根据研究对象具体问题具体对待。

这本关于区域断代饮食问题的小书，粗糙浅陋，叙事、说理极不周全，所借用的知识和方法却比较混杂，主要来自三个方面：一是农学（包括作物学、畜牧学、林学、食品加工及其支撑学科如植物学、动物学等等），二是生态学，三是人类学（特别是文化人类学、文化生态学）；此外还受到历史地理学、民俗学等学科的一些影响。这些都是早年在中国农业遗产研究室学习、工作期间零星补习得来。在南京的那段经历前后十六年有余，于我既好比“炼狱”一般，却也是一种特殊际遇。若无那个际遇，我肯定不做饮食史，更不会投身到环境史研究。

中国农业遗产研究室规模不大，但文理交叉，富有特色，不仅获得

[1] 例如：国家给农史学家提出的主要任务是整理、研究祖国优秀传统农业遗产为当代农业发展服务。

过农业部和教育部大奖，还获得过国家科技进步奖。更有特点的是其复杂的学术“生境”与“生态”。首先是它的双重隶属体制。自1955年成立，这个研究室就一直由中国农业科学院和南京农学院（1984年更名南京农业大学）双重领导，行政共管、资源兼享，开始确有好处，50年代末至60年代初在全国大规模搜钞农业历史资料，整理农业古籍，编写《中国农学史》，学术气象蔚为大观；“文革”期间机构曾被撤销，人员四散，遭受重创；至1979年恢复，又一度蓬勃发展。但80年代后期至90年代，科研院（所）改制，创收自养，这个毫无创收能力的研究室陷入困境，办过书店，开过招待所，出租过办公楼和上级配给的汽车，还跟农家合伙搞过养殖，全都无补于生计，从领导到群众都为发不出工资、付不起医药费发愁，导致人心离散，短短十年人员减半。当时的老领导叶依能教授慨叹：“‘体制不顺、人才断层、经费拮据’三大问题，犹如三座大山压得我们气都喘不过来。”[1] 最终我也只好携妻挈子，狼狈逃离，投奔南开。

其次是它的复杂人员构成和人际关系。研究室成立伊始，构成人员既有原金陵大学农史组的老班底、上级任命的领导（其中有多位行政14级以上高干）、新分配来的大学生，还有国民党政府垮台后的遗留人员。专业出身则既有农学各科如农学、畜牧、兽医、蚕桑、园艺、植保等等，也有来自历史、中文、经济诸专业，基本上是自然科学和人文社会科学各占一半，是真正的多学科融汇。人员出身虽很复杂，学术功底却不含糊，多是文、理兼通之士。首任研究室主任万国鼎是早已成名的史学大家，中国农史研究的最早开拓者；毕业于京师大学堂的邹树文曾留美学习经济昆虫学，是近代中国昆虫学的开创者和奠基人之一；著名农学家胡锡文，著名茶学家陈祖槼，著名园艺学家叶静渊夫妇，传承中兽医绝学的邹介正，经济学出身的潘鸿声、李长年，农艺学出身的章楷……，

[1] 叶依能：《事业最长久，农史要辉煌——纪念中国农业遗产研究室建室四十周年》，《中国农史》1995年第4期。

亦都是旧学功底深厚又受过现代自然科学的严格训练，不少曾经留学美国。主持研究室工作多年的陈恒力是一位工农出身的干部，但极具学术眼光和毅力，不仅主导学术规划和基础建设，还亲自做研究，曾带领助手王达先生到浙江农村长期驻地调查，合著《补农书校释》堪称农业古籍整理研究的典范，研究中国江南史的海内外学者交口赞誉。先师缪启愉教授早年曾就读于上海大夏大学和南京地政学院，做过地政管理，搞过土地测绘，还曾亲炙国学大师姜亮夫教泽，终生勤勉，实执农业古籍整理研究牛耳，一部《齐民要术校释》可谓金匮石室之宝，《太湖塘浦圩田史研究》亦是奠定格局的江南水利史力作，然而研究室成立之初他还只是一名临时工！当年参与搜录《中国农业史资料汇编》《中国农学遗产选集》等大型资料的抄写工里，不乏燕京等名校出身的高材生，单从数千册抄本中的那些隽秀小楷和方正硬笔，就足以想象他们学养之高。其中有位吴姓的女先生，今已不知其名，乃是一位出身文化世家、终生精研《汉书》的隐逸奇人。

按理说，在这个机构学习和工作，于我是极其难得的机缘和造化，本应潜心修炼，学有所成。然而现实生活中人际关系之复杂，从书本上是无法充分了解和实际感受的。刚到单位报到时，领导特别提醒我“要多听少说”，小心卷入无谓纠葛。没过多久，我就感受到了两个业务组之间纠缠不清的“牛李党争”：一边是“科技史一组”，以农学出身的学者为主；另一边是“农史组”，史学出身的学者居多。两边的老师们对我都很好，生活上主动关心照顾，业务上更是倾囊相授。我觉得他们都是好人，学问都很不错，不明白他们为何彼此颇有敌意，甚至在公开场合互相攻讦，大家都不愉快。难道这就是所谓“怨憎会”吗？时间长了，我慢慢了解：其中有“文革”留下的后遗症——这个研究室曾是南京农学院的重灾区，享有“庙小妖风大，池浅王八多”的“美誉”，还整死过人；有学科背景不同、思想路径有别以及文人相轻所导致的意气之争（经济史界似乎也有类似情况）；当然还有涨工资、提职称和分房子等等所导致的现实利益矛盾——情况就更加复杂一些，阵营也不那么分明。

大约过了两年逍遥无忧的生活，复杂的人际关系开始给我带来麻烦，糟心之事接踵而至：先是原本已获领导正式承诺的在职（带薪）攻读硕士学位的机会突然莫名其妙地被剥夺（后来听说因有人不满我的“站队”向领导和导师进了谗言），这对来自农村贫穷家庭的我是一个沉重打击。从老师变成学生，心理已有落差；因先前就被认为有“站队”问题，当了学生就更动不动地被穿小鞋，情绪自然好不到哪里去。更糟糕的是，研究生上到一半，缪先生到龄退休，因为人事纠葛未获延聘，害得我中途把导师弄丢了，差不多一年是空悬着，没了依靠，不知何去何从，幸蒙李成斌（曾长期担任《中国农史》主编）和朱自振（著名茶史专家）两位先生联名收留，我得以继续学业，延迟半年勉强通过答辩获得了学位，这给一向心气颇高的我带来了巨大挫败感。由于这些不愉快的经历，我对单位内部争斗、互撕一直非常厌烦，对师辈矛盾迁怒生辈致其无辜受害更是深恶痛绝，决计此生不主动争名夺位，宁愿逃避或者外求，亦不为蝇头私利与周围的人纠缠不清。

毕业之后，原单位仍然收留了我，但其景况已是大不如前：人心惶惶，生计维艰，工资勉强糊口。1991 年弟弟考上名牌大学，乡里轰动，那年已需交费上学，家里穷困，自然指望我做点贡献，但我是泥菩萨过江自身难渡，一点忙都帮不上，心中惭愧，春节不敢回家。孔夫子说“三十而立”，我年届三十却成“三无”（无钱、无房、无目标）人员！因诸事不顺，一无所成，我常年心情郁闷，终于酿成连串大祸：先是上消化道屡屡出血，输血抢救和做手术后又感染乙肝病毒，黄疸两次发作，终于“光荣地”成为南农校园里最著名的“病鬼”之一，身体最虚弱时爬不上四楼回家。常言“福无双至，祸不单行”，我福气全无，灾祸倍多，自己病废不说，还拖累家人接连倒下：先是岳父骑车为我们买早点不幸摔成骨折，住院期间竟又发现腿部肌肉疱块；接着岳母因过于心焦、劳累染上了严重肺炎，也不得不住进医院。一家两人同时住院，还有一个不住院的废人和一个未到入托年龄的孩子，全靠妻子独自苦撑。数年之后，我们挺了过来，她却终于倒下了！如此境况前后持续五年，真是呼天不应，喊地不灵。开始同事、朋友碰面还说些宽慰的话，后来只能似问非问："你这倒霉日子怎么就没个头呢？！"我无语以对，自省此生清白度日，不曾做过一桩损人亏心之事，不知前世究竟冲撞过哪路神鬼啊！但人生有时很是奇怪：命运之手把你推下悬崖，却还留有一线生机，当你已经绝望，冥冥之中却有某种力量慢慢将你拽回。迭遭大难使我学会放空自己，不做妄想，境况却渐见好转，学业开始受到一些肯定，获得中国农业科学院跨世纪青年学科带头人提名，并被委以主持编纂《中国农业通史》魏晋南北朝分卷的重任。回想那十多年的穷蹙潦倒，如今仍然心悸。不过我也并非毫无所获，至少对"否极泰来"的玄妙意蕴稍许有些体悟。

从某种意义上讲，那段经历也是"祸福相倚"。一是硕士生期间，我被逼无奈，不得不按照农学硕士培养要求，专门认真补修了一批农学类课程，包括动物学、植物学、作物栽培学、森林学、畜牧学、耕作学、土壤学、肥料学、农业生态学、农业经济学、农业区划学、植物保护概论等等；政治理论课则修习了自然辩证法，大体相当于又上了一个农学本科，现在想来这是一个不错的充电过程。此外，不论上学还是工作期间，周围尽是些学科专业颇不相同的青年学人，大家思维方式不同，各拥专门之学，"蚁居"一起，天上地下胡吹乱侃，多是些与人文、历史毫不相干的话题，我因此在闲暇生活中亦经历了一次"洗脑"。但我本质上是一个钻故纸堆的书生，不可能成为农业科技工作者，不论是否有意选择，平日读书最有感觉的，还是社会生物学、生态学之类带有思想理论性的著作，而不是那些专业性太强的农业科技文献。

我称"祸福相倚"，还指我因身体太差，没有办法和能力谋做别的营生，只好守穷读书。由于单位很不景气，业绩要求也就不高——至少不会虐心摧残，每年都管你要 C 刊论文，闲聊漫读时间有的是，乱七八糟读啥都没人管你。八九十年代正值"文化热"，"文化是个大箩筐，什么都可往里装"，农业文化当然更可以研究，我曾经提出过几点设想，早年发表的几篇习作都曾受此风气熏染。但"文化热"的最大影响是改变了我的阅读方向。先前读过几本新潮著作如“走向未来丛书”之类，颇开脑洞；再拜读上海滩上一批风云才子所翻译或编译的海外文化学著作，最后找到了文化研究的正宗——文化人类学，并且很快感受到其宏阔理论视野和特殊思想魅力，“文化唯物主义”“文化唯心主义”“单线进化”“多线进化”“一般进化”“特殊进化”“功能学派”“传播学派”“文化觅母”“文化符号”“文化象征”“文化冲突”“文化涵化”“文化类型”“文化模式”“文化圈”“文化层”……数不清有多少新鲜的概念术语，之前都不曾听说过，让我这个阅历寡少、见闻狭窄的蓬蒿小雀很是着迷同时晕头转向。所幸终于找到一些与农业、动物和植物历史比较契合的著作，像是斯图尔德的文化生态学、哈里斯的文化唯物主义、马林诺夫斯基的文化功能论，还有弗雷泽的《金枝》之类，我才稍稍定了定神，漫天的胡思乱想终于有了些实在的参照。我隐约感到：既然落后民族的生计、技术、知识、信仰和习俗与生态环境的关系可以成为建构文化唯物主义和文化生态学的现代样本，那么，人类与自然的长期历史关系应该也是一个值得系统探索的学术方向吧？那时我尚不知西方正在兴起所谓“环境史学”。

1996年秋，我再次负笈北上，投奔南开大学攻读博士学位。其时社会史研究经南开学人倡率重启已经十年，成为继经济史之后又一兴盛之学，发展如火如荼。我虽然一直未能了解社会史研究的真谛并全心投入其中，但毫无疑问深受其感染，正式调入南开后的第一件大事就是编制教育部文科重点基地——中国社会史研究中心的申报材料，后来还参加了一段管理工作以及《中国家庭史》的设计、编纂。不过，对我而言，社会史的最大意义是它具有的极大包容性，让我能够理直气壮地研究饮食问题，而并未因此被认为是“误入歧途”和坠入“左道旁门”。我个人的研究是饮食史在先，为《中国家庭史》（仅指我本人所承担的第一卷）的编撰打了一些基础而不是相反，其中所讲述的远古至魏晋南北朝的家庭变迁、各个时代的家庭如何解决基本生计（首先是吃喝）问题始终是我所关注的一个重点。

总而言之，我介入饮食史研究固属偶然，但这本小书乃是因缘和合而生：幼年的饮食生活和饥饿记忆播下了种子，算是“前因”；后来学习农史，再后来接触文化史和社会史，都是完成这本小书的重要“助缘”。

四、偶遇：从环境史重新认识饮食史

将近一百年前，饥饿笼罩着赤县神州，两位最伟大的世纪巨人不约而同地指出了吃饭问题的极端重要性。第一位是毛泽东，他在 1919 年 7 月 14 日发表的一篇重要宣言中指出：“世界什么问题最大？吃饭问题最大。”[1] 虽是极简短的一句话，却道出了古往今来溥天之下的至理。作为农民的儿子，毛泽东出生在一个不是很富裕的家庭，全家靠着辛苦经营、节衣缩食勉强维持简单生计，自然深知有饭吃不挨饿对全天下每个家庭中的每个人都是多么重要！为了人民能吃上饱饭，他极其节俭并且顽强奋斗了一生，却不得不带着巨大的历史遗憾仙逝。在他逝世的那年，中国刚刚从不够吃转向基本够吃。

另一位是孙中山。1924 年 8 月 17 日，他讲解“三民主义”之“民生主义”，专门详细阐述了如何解决“吃饭”这个全天下第一大难题，基于“三民主义”立场，提出了从土地制度、分配制度、生产技术到流通贸易、防灾减灾各个方面综合解决吃饭问题的系统方案，指出：“如果吃饭问题不能够解决，民生主义便没有方法解决，所以民生主义的第一个问题，便是吃饭问题。”他还援引古人的话说：“‘国以民为本，民以食为天。’可见吃饭问题是很重要的。”在他看来，吃饭问题不仅关乎民生，而且悬系国运，他以第一次世界大战为例，指出强大的德国原本一路凯歌，没有打过败仗，但最后竟以惨败告终，“这是什么原因呢？德国之所以失败，就是因为吃饭问题。因为德国的海口都被联军封锁，国内

[1] 毛泽东：《〈湘江评论〉创刊宣言》，原载《湘江评论》创刊号，1919 年 7 月 14 日。

粮食逐渐缺乏，全国人民和兵士都没有饭吃，甚至于饿死，不能支持到底，所以终归失败。可见吃饭问题，是关系国家之生死存亡的。”他把实际解决吃饭问题提升为立国的第一要事，指出：“我们国民党主张‘三民主义’来立国，现在讲到‘民生主义’，不但是要注重研究学理，还要注重实行事实。在事实上头一个最重要的问题，就是吃饭。……吃饭问题能够解决，其余的别种问题也就可以随之而决。”[1]但是他的党国同志并未真正实践甚至还背叛了其主张，长期战争动荡特别是日本帝国主义的武装入侵，将整个民国的历史影像定格为“民不聊生，饿殍遍地”，即便在所谓“黄金十年”（1927—1937），也到处都是食不果腹、衣衫褴褛的饥民。近代百年，不论对于改良派抑或革命派、国民党还是共产党，解决人民吃饭问题都是一个最重要的政治任务。

岂独近代如此？在整个中国乃至全部人类历史上，饮食问题始终都不仅是一个经济问题，也是一个重大政治问题——既是政治发生的起点，也是政治运行的基础，还是政治稳定的最后一道关防。一旦不幸突破，必定天下大乱，直至江山易手，改朝换代。否则，为什么古史传说中的远古圣王大多是在谋食、造食方面做出杰出贡献因而天下归心的“英雄”？为什么整个传统社会一直将重农务本、垦田积粟作为基本国策？为什么至今中央仍然把保障粮食安全作为国家安全的重中之重甚至向各省行政长官颁布“责任状”？[2]理由很简单：没有饭吃，一切都无从谈起，甚至历史也将中断。

人类不断发展文明、创造历史，体质和文化双重进化，与所有其他生物之间存在着根本性的差别。然而我们依然首先是一种生物，必须饮

[1] “岭南文库”编辑委员会等编：《孙中山文粹》下卷，《三民主义·民生主义》第三讲。广东人民出版社 1996 年版，第 975 页、第 976 页、第 996 页。

[2] 2014 年 12 月，国务院出台《关于建立健全粮食安全省长责任制的若干意见》，明确地方政府维护国家粮食安全的重大责任；2015 年 11 月 3 日，国务院办公厅印发《粮食安全省长责任制考核办法》，首次以专门文件明确规定省级人民政府所承担的粮食安全责任及其考核办法。

水补充体液、进食获得热量、摄入营养以维持生命的存在和延续，不能像虚构的神仙上帝那样存在于非物质的精神信仰之中。水、碳水化合物、脂肪、蛋白质以及多种微量元素构成食物，为人类提供热量，补充营养，保证我们作为生物有机体能够进行正常的生理、生化运动，完成出生、成长、衰老、死亡的生命过程，不断繁衍后代并且超越所有其他生命形式，不断思考、想象和创造，包括创造神仙、上帝。一个断无可疑的铁定事实是：如果没有提供人体生理所需能量的食物，神仙上帝和精神信仰都不可能产生。其他动物凭着本能攫取自然界中现成的食物，人类依靠文化即运用思想、知识、工具、技术，按照自己的意愿干预和参与植物、动物、真菌和微生物的生命过程，通过采集、捕猎、种植、饲养获得初级产品——饮食原料，又运用各种知识、工具、手段和方法将它们加工制成食品饮品，从中获得身体所需的热量和营养元素，并且得到精神上的愉悦和满足。因此，谋取食物和饮料是人类首要的生命活动，其他一切活动包括谋食之外的其他经济活动，都是以此作为原始起点和基本前提。社会关系因此而建构，政治秩序为此而设置，文化精神赖此而创造，杀伐攘夺由此而起衅；至于个体喜怒哀乐、生老病死，莫不系于饮食。

在漫长的人类历史进程中，食物不仅是经济活动的产品，而且曾经是政治身份的标识、社会交往的纽带、军事战争的缘由、科技创新的动力、宗教信仰的符号……食物还是最通用同时又最具多样性的语言符号，民族因饮食而辨识，文化因饮食而分野，历史也由于饮食文化不断嬗变，走过了一个又一个时代；迄今为止，人类历史的大部分时间被根据主要谋食方式而划分为采猎时代和农牧时代。事实上，在同一大的历史时代的不同阶段，谋食方式、食料构成、造食方法、盛食器物、饮食观念、食制食俗……也都伴随着文明脚步时移世变。如果套用西方人类学家的一句话，历史学家应该可以自信地说：“您若告诉我吃什么、如何吃，我便知您是哪朝、哪代、何方人氏。”

然而以饮食史研究的现有成绩，我们没有这种自信，因为名门正派的历史学者很少把这当回事情，不求在此中增长知识。在一般观念中，历史研究首先应该关注军国大事，与王朝兴灭、战争和平、财政法律、军事外交、礼仪制度、思想宗教以及富国强兵之道、安民戡乱之策……相比，前人吃什么喝什么，如何吃如何喝，好像从来都被当作小事一桩，不值一提。虽然历代正史大多设有《食货志》，但那都是从国家财政大局着眼；近代以来有众多专史涌现，饮食史研究还是没有专门地位，相关问题通常都只是作为经济史、农业史、科技史或者灾荒史的附庸而被顺带提及。西方的历史，事实上也仅仅是国王、贵族、政府、战争和宗教的历史。自古以来，不论历史的作者还是读者，似乎都只对鲜血淋淋的战争、阴谋诡谲的政变和达官贵人的风流韵事感兴趣，对它们能够如数家珍，却全然不管祖先曾经、自己正在和子孙仍将赖以活命的谷米、果蔬、鱼肉、饮料源自何处，毫不关心每日饭、菜、茶、汤的做法和食法古往今来是否曾经发生变化；宁愿花费时间考辨某人是否留过胡须、有几房妻妾，争辩潘金莲、西门庆、武大郎原型是谁甚至为此告上法庭打起官司，却不愿稍花精力追查一下面包、奶酪、烧饼、馒头……有着怎样曲折的故事。难道这些果真不如一场宫廷政变、一场兼并战争甚至一位后妃失宠、名媛出轨的故事重要吗？有时我很怀疑：在历史学者长期引导（有时是迎合）之下积习成疴的人类历史意识中，“窥私欲”与“求真欲”比较起来究竟哪个更多一些？

相当讽刺的是，在西方最早认识到这种“历史”极其不合理的，并非专业甚至业余的历史学家，而是一位名叫法布尔的著名昆虫学家。其《昆虫记》有如下一段强烈的批评：

> 在我们的菜园里，甘蓝种植得最早。它受古希腊罗马人重视的程度仅仅位居蚕豆和豌豆之后。但是，它更加源远流长。以后人们是怎样获得它的，大家已经记不清了。历史不关心这些细节。历史对屠杀我们人类的战争大肆颂扬，而对使我们得以生存的耕作田园却保持缄默。历史知道帝王的私生子，却不知道小麦的起

源。人类的愚蠢就喜欢这样。[1]

比起历史学家，人类学家似乎更早亦更多地表现出对饮食问题的研究兴趣和热情，他们充分认识到：食物对于理解不同民族、国家和人民及其文化传统具有特殊重要的意义。在他们看来，"吾即吾所食"（美国人），"汝乃汝所食"（德国人），甚至"告诉我你吃什么，我便能分辨出你是谁"（法国人）。[2]人类学家把食物生产、分配、流通、消费及其相关技术、制度、习俗、信仰等等放到人类生计体系和价值体系的基础位置，对众多落后民族的食物结构、谋食方法、工具技术、分食制度和有关的观念、习俗进行过大量田野考察，对现代社会的饮食观念、饮食行为也进行了许多案例分析和跨文化比较研究，以马文·哈里斯为代表，一批人类学家撰写了不少关于饮食文化的专门著作，其中包括流传广泛的《好吃：食物与文化之谜》一书。[3]而在历史学领域，直到2000年《剑桥世界食物史》出版，[4]总算有了一部权威性图书可以帮助我们概略了解全球食物的历史。

中国向以饮食文化发达著称于世，国人引以自豪。但是直到20世纪晚期仍然鲜有专门从事饮食研究的历史学者；尔后随着"文化热"蔓延，

---

[1] ［法国］法布尔著，鲁京明译：《昆虫记》第十卷《附录二》，花城出版社2000年版，第283—284页。按：让·亨利·卡西米尔·法布尔（Jean-Henri Casimir Fabre，1823-1915），法国杰出昆虫学家、动物行为学家。《昆虫记》共十卷，流传全世界，具有极其广泛的影响，中文亦有多个译本，各本文字差异很大，上段亦然，但基本意思大致相同。

[2] Kenneth F. Kiple，et. al, *The Cambridge World History of Food*, PP.9、1373、1476，Cambridge University Press 2000. Donna R. Gabaccia, *We Are What We Eat: Ethnic Food and The Making of Americans*. Cambridge, Mass，1998.

[3] Marvin Harris, *Good to Eat: Riddles of Food and Culture*, Waveland Pr、Inc. 1998。初版于1985年，题为：*The Sacred Cow and the Abominable Pig*。中译本《好吃：食物与文化之谜》，叶舒宪等译，山东画报出版社2001年版。

[4] Kenneth F. Kiple, et. al, *The Cambridge World History of Food*，Cambridge University Press 2000.

始有人撰写出版饮食文化史专著，但仍然属于“边角学术”，名门正派的历史学者极少去做。倒是东瀛日本国学者对我泱泱中华吃喝的历史比较关心，在上世纪前期就陆续推出了一些饮食史著作（见本书所引）。

学者和读者这种严重而且普遍的忽视，导致不少非常可笑的事情发生，最常见的是古装影视剧中饮食物品时空倒错。例如央视斥巨资打造的《三国演义》，被普遍赞誉为古装电视剧经典，别怪我们吹毛求疵，里面至少有三段与食物相关的剧情镜像谬误千年万里，在食物这件“小事”上，一部《三国》，三国人都错。

其中一段是半仙半妖：一如既往地摇着他那心爱的羽毛扇的诸葛孔明舌战群儒大获全胜因而受到吴侯待见并且宴请，美女、美食自然是少不了的——并非潜规则，而是正常礼仪。这不，窈窕宫女送上了又红又大的苹果！美女是土产，江南从来不缺，只是这一类的苹果直至清末、民初才从国外引进，并且由于气候等原因基本上只能出产于在三国时代属于曹魏境内的北方地区，就算吴侯乃是割据一方的江东之主因此能耐特别大，这些又大又红的苹果是怎样得来的？把想象力发挥到极致我们也才想出了两种可能性：一种可能是那位姓左名慈号元放身怀隔空远程取物神仙法术的著名方士或者他的某位高徒正在吴国宫中当差。史载左神仙能在顷刻之间从吴国捉来鲈鱼、从蜀国挖来生姜送到曹操宴席上，既有此等本事，他或他的徒弟（师弟、师妹也行）帮助吴主从美国或者别的番邦取来几只又红又大的苹果应该也是可以做到的；另一种可能是吴侯跟外星人有些交情，他们的科技文明发展远比人类要早得多也先进得多（科幻片都是这么说的），吴侯为了盛情招待这位重要客人并且向他询问破曹之策（同时借机显示吴国实力有多强关系有多硬），特地托外星人朋友用火箭飞船之类航天器穿越千年万里时空隧道投运几个又红又大的苹果应该是合情合理的吧（古装剧也可以很科幻）？另外两段都跟玉米有关：一段是曹、袁两军“官渡之战”陷入胶着，那时曹丞相还很穷，不像袁绍大将军财大气粗能给他的士兵们吃麦饼，曹兵只能一个个捧根硬邦邦的玉米棒子啃啃充饥；另一段故事早已家喻户晓：猛张飞喝断当阳桥啊！这大黑脸丈八长矛一横大吼三声，即刻桥断水倒流，曹将吓破胆子（可怜夏侯杰那厮……），曹兵退如潮水，细节就不用复述了，大家都非常熟悉。不过看完这段电视剧我们还真是“涨”了知识：从前一直不知道曹操兵退经过的地方是块玉米地，苗儿已有半尺高了呢！我猜导演很爱玉米，所以用它来做背景、道具，让成千上万曹兵玩了两回集体穿越，时间至少有一千三百年（估计编剧对这事儿没吗贡献）！[1]既然北方兵士有如此这般特异功能，魏、蜀、吴三国打来打去那么些年，最后是曹魏及其继承者——西晋的军队西灭蜀东吞吴重新混一天下，自然也就是情理之中的事情啦！看官您老先前应已听说曲艺里有“关公战秦琼”，与这几出相比不知哪一出“爆笑值”更高呢？！

一反常态，如此胡诌，严重跑题了，真对不起！下不为例。因为当年强作说辞论证选题意义，至今还憋着不舒服，所以借机宣泄一下，请理解！为什么一篇博士论文首先需要论证“选题意义”？找合理性、合法性啊！选择一个题目做几年研究，如果连自己都说不清它是何等重要，别人当然就不会认为你的成果有价值，如此岂不白做？我突然变调，不但援引了伟人关于“吃饭”最重要的论断，还拉东扯西说了一篓子牢骚话，言辞不庄或恐开罪于人，万望原谅则个！但请相信我并非故作惊人之语以抬高自己或者引诱群众浪费金钱来购买这本小书，而是实在觉得不太合乎情理，甚至怀疑长期以来的历史观念和学术取向是否有些问题。早在两千多年前，孔老夫子讲“人情”就说“饮食男女，人之大欲存焉”（《礼记·礼运第九》）；孟老夫子论“人性”也引告子的话说“食、色，性也”（《孟子·告子》）。两位先师都把吃喝之事摆在男女之情前面（人之常情是有顺序的，饿着肚子不大会想男女之事）。到了现代社会，不论自然科学还是社会科学，不论从国计着眼还是为民生考虑，饮食都被证

---

[1] 农史学者考证：玉米原产于中美洲，大航海时代以来逐渐传播到世界各地，明朝后期传入中国，始见于嘉靖三十九年（1560）《平凉府志》记载。参阅宗殿：《历史片〈三国演义〉中的农业历史问题》，《中国农史》1985年第2期。游修龄：《从历史电视剧和农业说起》，《古今农业》，1995年第4期。

明、被指出乃是性命攸关的大事，对个体健康、种群延续、社会安定、国家安全，实实在在都是顶顶重要的问题，开展这方面的历史研究具有重要意义本应是不证自明的。可是长期以来历史学者谈论军国大事，立志经世致用，偏偏很少顾及饮食问题，一直把它闲置在边角，我费力费神来做一回研究还要苦口婆心地讲一通道理让大家相信这是个事儿值得做一番研究，是不是有点儿不太正常呢？

当然，有人会立马反驳说：历史学家从未忽略吃喝问题，关于农牧经济、关于粮食亩产、关于租税征收、关于漕运仓储、关于市场米价，哪个方面都是论著堆积如山并且不乏名作，它们不都与饮食密切相关吗？相关是相关，但并非专门研究饮食本身，问题关注的重点往往并非饮食结构、造食技术、食品种类，很少讨论营养状况、热量水平。这些年来虽然已经陆续出版了一批饮食史著作，但还是跟十多年二十年前差不多，大部分并非出自职业历史学者之手，或者说专业历史学者仍然不屑于研究这些“俗物”“小事”，我们对于历史上不同时代、地域和群体的人们究竟吃什么、喝什么、如何吃，怎样喝，依然缺少系统的了解和清晰的认识。如果人们对某个时代从军国大事到房闱密语都能说得详细周备、妙语连珠，却始终搞不清那时人们是怎样填饱肚子、维持生命，岂不是历史学（者）的一个大大的遗憾？！

从现实来看，由于近半个世纪中国经济社会变迁过于迅急，人与人之间、人与自然之间都出现了诸多不协调、不平衡，生活方式包括饮食方式也发生了许多新的变化，未必人人都能轻松自如地适应，也未必都对我们的身体健康、种族繁衍、社会稳定和国家安全有利。事实上，中华民族及其文明正在面临着全面的重新塑造，许多方面都既需要与时俱进，又不可脱离历史传统。在这一空前伟大的新文明进程中，历史学者自当有所作为。通过对传统饮食技术、方法、知识、观念、制度、习俗以及历史经验教训进行系统的整理、研究，参与中国食物生产体系和饮食文化系统之整体重构，正是新的时代赋予我们的一项新的任务。

特别申明：这里我不是因为一时兴奋信口一说，而是近几年来结合历史与现实进行一番思考之后所形成的看法。一百多年来，特别是最近四十余年来，中华民族的饮食生活着实发生了极其深刻的剧变。由于农业科技的巨大进步特别是与生物学和化学相关的科学与工程技术进展（如杂交育种、转基因、化肥、农药等等），以及这些科技成果的广泛应用，我们成功摆脱了“马尔萨斯魔咒”。新中国成立近七十年来，人口从四亿五千万增长到将近十四亿，北方粮食平均亩产也由三四百斤提高到一千来斤，南方则由五六百斤提高到将近两千斤，中华民族居然成功地驱除了数千年一直缠扰的饥饿梦魇，并以确凿的事实响亮地回应了“谁来养活中国”的强烈疑问。[1] 如今全国各地食物丰足，其丰富程度远远超过了历史上任何一位思想家或政治家的梦想。快速发展的工业化、市场化和城市化进程，已经显著改变，并将继续彻底改变我国食物生产、分配、流通和消费的方式。随着农业工业化和企业化不断推进，“面朝黄土背朝天”“自给自足”的传统农业生产、生活方式成为迅速远逝的历史背影，如今读诵《诗经》，还有几人能够理解《豳风·七月》所描绘的那种顺时而动的食物生产和消费节奏？记得诗中有一句是“同我妇子，馌彼南亩”，大概意思不难理解：丈夫耕种，妻儿送饭啊。但为什么要送饭到田间地头去？不能回家吃吗？经过了几千年，那样的饮食生活情景还基本未变，偶尔读到南宋卢炳的一阕《减字木兰花·莎衫筠笠》，其中这样描绘春夏之交江南农忙季节的劳作和饮食：“莎衫筠笠，正是村村农务急。绿水千畦，惭愧秧针出得齐。风斜雨细，麦欲黄时寒又至。馌妇耕

[1] 1994 年，美国学者莱斯特·布朗（Lester R. Brown）在《世界观察》杂志上发表《谁来养活中国？》，次年又出版同名著作，认为：中国由于人口增加、消费结构变化、城市化、工业化和环境压力等诸多因素综合作用，2030 年粮食供应将比 1994 年减少 20%，因而出现巨大的粮食供应缺口。并且认为：由于中国人口数量过于庞大，若粮食不能自给，全世界都养活不了中国人。此论一出，引起全球媒体广泛关注，众多学者参与了争论，西方学界多附和其论，唱衰中国。1996 年 10 月，中国国务院发表《中国的粮食问题》白皮书，全面介绍中国粮食状况，阐述我国粮食政策，指出：中国人民不仅能够养活自己，而且生活质量将会不断提高，有力地回应了外界的担忧与猜疑。

夫，画作今年稔岁图。”[1]“男耕女织”“牛郎织女”大家早就耳熟，但什么是“馌妇耕夫”？为什么“馌妇”“耕夫”并提？随着食品加工企业化、菜肴烹饪和餐饮服务市场商业化，如今腌泡菜、熏腊肉、磨豆腐、蒸馒头、包饺子……已经不再是每个家庭都必须具备的基本生活技能，每天自己做饭的人也越来越少，于是出现了一个很吊诡的现象：厨房装修和陈设愈来愈讲究，利用率却越来越低。可以肯定：新“四大发明”更将几乎彻底颠覆国人的饮食生活方式。还有一个值得注意的重大变化是：最近几十年，随着全球经济一体化，跨国粮食贸易和餐饮经济迅速发展，进一步改变了中国人民的饮食生活：江南居民才刚刚喜欢上东北大米，北方老乡也因有了反季节的“大棚菜”和从海南运来的新鲜蔬菜放弃传承千载的“冬藏菜”习俗，泰国大米、加拿大面粉、菲律宾香蕉……越来越多地迅速登上了中国人民的餐桌，昂贵的美国牛肉很快也要闯进中国家庭了。至于必胜客、肯德基、麦当劳之类的国际品牌快餐，我们早就不再为了让孩子尝个新鲜而拿出半个月工资偶尔一食，咖啡、冰激凌更早就不再是民国大公子、大小姐的“小资食派”了。对于这些巨大变化的原因和影响，历史学者是否应该透过时间纵深进行一些必要的探讨？但是，我们好像连古代葡萄、石榴、黄瓜、甘薯、玉米、土豆、南瓜、番茄……是如何传入中国和怎样逐渐流行的都还远远没有说清楚呢！

人世间的许多事情往往是“福祸相倚”。科技进步、工业化、城市化、市场化和全球化，都并不只是给我们带来各种福祉，也带来了许多前所未有的新问题和新挑战。上述迅猛发展，既给我们提供了空前未有的饮食享受，同时也造成了不少值得高度警觉的风险和隐患。

举例来说，现代育种和基因技术的发展和应用，化肥、农药、生长激素、添加剂的大量使用，都给我们带来了莫大利益，成倍地提高了各种食物的产量，这对于解决我们这样一个人口数量居世界第一而土地、

[1] 唐圭璋编：《全宋词》，第三册第2166页，中华书局1965年版。

淡水、气候等等自然资源和环境条件都并不非常理想的国家人民的食物营养问题，无疑具有至关重要的意义。然而另一方面，转基因技术的误用滥用难以有效控制，化肥、农药、添加剂、色素等等过量使用，都对我国粮食生产和食品安全造成了极大的风险隐患。一个时期以来，在原粮生产、食品加工运销、餐饮服务的各个阶段和环节，都频繁发生了一系列恶性事件，如铅、铬等重金属超标，三聚氰胺、苏丹红、地沟油、垃圾猪、瘦肉精……危险可谓无处不在，都已经不仅仅只是警告，而是实际严重危害人民群众的身体健康乃至生命安全了，国人严重缺乏食品安全感，幸福感因此受到了严重挫伤。这些事件原本都不应该发生在今天这样一个物资丰富的时代，即使在历史上也是非常少见的。

这些事件和问题之所以发生，原因极其复杂，决非单一因素所致。以单线思维做简单的因果关系分析，无法认识饮食问题的高度复杂性；单个部门的单一行动，也无法有效处理食品安全事故、化解饮食风险与忧惧，必须通盘考虑、综合治理。古今中外任何一个社会的吃喝，都远不只是一个日常生活问题，它同时也是一个经济问题、政治问题、文化问题、卫生问题乃至心态问题、生态问题……因为饮食是人类的第一生存需要，也是种族繁衍、社会进步、文明提高的第一个基础条件。饮食既关乎社会，亦关乎自然；它是人与自然和人与人（社会）之间各种复杂关系的结节点，也是众多矛盾的积聚点和重大冲突的引爆点。在科技智能化、工业化、城市化、市场化和全球化都在急速发展的当代条件下，围绕饮食这一基本生活问题，国家、地区、部门、行业……之间形成了历史空前、极端复杂的“生态关系”，众多自然和社会因素不断层累叠加，相互牵连，彼此影响，由于制度建设滞后、职能分工不清、公共管理乏力，导致灾祸来源不明、发生机制多变、责任主体难究……中国粮食安全和食品安全实际上已经进入了一个前所未有的高风险期，不能不引起高度警惕！

回顾长期历史，着眼长远未来，那些已经发生的灾祸可能还只是一些历史阶段性的问题，攸关中华民族生死存亡的最根本性隐患，是我们的食物生产与饮食生活的自然根基——生态环境正在遭受日益严重的毁坏。除了历史遗留和延续的水土流失、荒漠化等问题之外，与食物有关的最严重环境问题有三个方面：

一是生物多样性遭到严重破坏。按照生态学家的说法，生物多样性通常包括遗传基因多样性、物种多样性和生态系统多样性。与历史上的情形相比，现状极不乐观。自从一万年前中国先民开始种植和饲养，将若干植物和动物作为主要食料来源，逐渐结束“广谱性”的采集狩猎生活，转而主要依赖“五谷”“六畜”生存，这已经是经历了一次生态系统大大简化的过程。但是，直到半个世纪以前，各地农民还不仅同时杂种多种作物，主要粮食作物和家畜家禽如水稻、小麦、粟子、猪、牛、羊、马、鸡、鸭，都还有众多的地方品种，一个县的水稻品种往往多达数十个甚至百个以上。看看最近几十年，主粮作物及其品种（如杂交水稻）种植都已经高度单一化，实行工厂化饲养后地方禽畜土种被迅速淘汰，因此畜产品种也在迅速减少，进而造成了严重的基因流失，农田和放牧生态系统呈现出迅速高度简化的趋势。从生态学角度来说，多样性意味着稳定性，而单一性和高度简化无疑大大降低了中国食物生产体系的稳定性。

二是土壤污染达到触目惊心的严重程度。一切食物，从根本上说都是土地所出，所以自古以来中华民族对土地始终抱有极其深厚的感情，这是众所周知的事实。与世界上其他古老国家和文明相比，中国农业持续发展、文明长盛不衰，最大奥秘就在于我们的土地千年耕种而地力常新。怎样做到的？不断积肥施肥，变废为宝，把一切废弃之物包括人畜粪便、脏水、淤泥……都施用于农田，在城乡之间、房舍与农田之间形成了有机物质能量持续循环的巨大“生命之链”，四千年来不曾断裂。但是，一百年前城市开始使用抽水马桶，四五十年前开始大量使用化肥，在现代卫生需要、劳动成本和比较经济利益等诸多因素共同推动下，已经沿用了大约四千年的农家有机肥料受到排斥，废物不再变宝；兼以固体、液体、无机、有毒的化学用品无处不在，废物实际也很难再做成有机肥了，于是就只好堆成了垃圾山、聚成了污水池、染成了臭水河，造成愈来愈严重的环境污染，土地则迅速丧失了有机物质的持续滋养。不仅如此，矿产资源的野蛮开发、金属工业的无序发展、其他工业“三废”的无良排放，造成大量农田重金属和化学、生物污染；化肥、农药、植物激素过度使用，则好比饮鸩止渴，愈渴愈饮，愈饮愈渴，土壤养分严重失衡，土地严重中毒渐成僵死之地，而我们的食物原料——粮食、蔬菜、水果在生产环节、在田地里就已经被污染为毒物，各种毒素在人、畜、植物、土地、河湖、海洋整个生态系统之中不断积聚和传递，范围之广泛、程度之严重、危害之深远，都令人思之不寒而栗，岂能不忧心忡忡！

三是水资源匮乏和水体污染导致生机断绝。水是生命之源，也是饮食之本。水资源锐减和水体严重污染不仅直接造成饮用水紧缺和不安全，也造成从土地到厨房、从食料到食品饮料各个所在、所有环节严重污染。仅就本书专门有所讨论的华北地区而言，中古水资源之优越，如今水危机之严峻，已成天壤之别，水源短缺、水体污染（包括地下水）都达到了无以复加的恶劣程度，如此持续下去，必将导致中华民族无水可饮、无米可食，生机断绝！

除了以上三个方面，空气污染、气候变化等等诸多环境改变，都对食物生产和消费产生了广泛而且严重的负面影响。总而言之，不论从历史还是现实来看，饮食与环境都是始终紧密关联。我们不妨说，环境不仅是我们的安身之所，也是我们的食物和饮料，或者更简洁地说：所居即所食。

非常有趣的是：孙中山先生当年论述吃的问题，并不只谈饭菜。他认为：人吃的东西，第一是吃空气，第二是吃水，第三是吃动物即吃肉，第四是吃植物。吃空气远比吃饭频繁而且重要，吃水次之。他说：

我们人类究竟是吃一些什么东西才可以生存呢？人类所吃的东西有许多是很重要的材料，我们每每是忽略了。其实我们每天

> 所靠来养生活的粮食，分类说起来，最重要的有四种。第一种是吃空气。浅白言之，就是吃风。我讲到吃风，大家以为是笑话，俗语说“你去吃风”——是一句轻薄人的话，殊不知道吃风比较吃饭还要重要得多。第二种是吃水。第三种是吃动物，就是吃肉。第四种是吃植物，就是吃五谷果蔬。这个风、水、动、植四种东西，就是人类的四种重要粮食。

这是一种非常特异却符合生命逻辑的“广义饮食观”。吃风之所以更重要，是因为“如果数分钟不吃，必定要死。可见风是人类养生最重要的物质”。吃水居其次，“一个人没有饭吃，还可以支持过五六天，不至于死；但是没有水吃，便不能支持过五天，一个人有五天不吃水便要死”。他还说：“……植物是人类养生之最要紧的粮食，人类谋生的方法很进步之后，才知道吃植物。中国是文化很老的国家，所以中国人多是吃植物，至于野蛮人多是吃动物，所以动物也是人类的一种粮食。”但是，对比今天的情形，他接下来的一段论述却是极具讽刺意味，令人慨叹直至垂泪。他说：由于风和水是随地皆有的，“所以风和水虽然是很重要的材料，很急需的物质，但是因为取之不尽、用之不竭，是天给与人类，不另烦人力的，所谓是一种天赐。因为这个情形，风和水这两种物质不成问题。”[1] 他说这番话的时间距今不到百年，如今的情况呢？饭早吃饱了，肉也吃够了，但清新空气、干净的水开始变成奢侈品；不再有人饿死了，呛死、毒死的人却在不断增多。这难道不是一个巨大的历史讽刺吗？！由于不惜天赐，甚至暴殄天物，我们已经开始受到老天爷的惩罚了。

严峻的现实，让我陷入深度的忧思，也发现了吃喝这一基本生存问题与环境问题之间的紧切联系。虽然我们成功摆脱了“马尔萨斯魔咒”，

---

[1] 引自《孙中山文粹》下卷，《三民主义·民生主义》第三讲。广东人民出版社 1996 年版，第 979—980 页。

却无法罔顾罗马俱乐部的警告，社会物质生活需求与生产供给能力之间的矛盾，由于现代科技的巨大进步似乎已经得到消解，但与自然资源承载和再生能力之间的矛盾却愈来愈尖锐，我们正在一步一步接近《增长的极限》一书中所描绘的那副灰暗景象。环境问题的实质是什么？最根本的有两点：一是毫无节制的疯狂掠夺，导致地球生态系统严重破坏，自然资源无法支持人类按照现有的生产生活方式持续生存发展，人类生命支撑系统（首先是饮食）已经发生了严重危机；二是日益严重的环境污染以及其他方面的破坏，已使人类作为一种生物有机体处于愈来愈危险的境地，我们的身体健康和生命安全保卫系统正在不断丧失机能。

受生态学“食物网”概念的启发，我愈来愈清楚地意识到：饮食乃是前后上下左右六维空间里众多复杂因素之间相互作用、彼此影响的庞大关系网络上的一个主要结节点。因此，从学术层面来说，不论对于历史还是现实中的饮食问题，都须运用一种网状而非单线的思维进行多维、综合考察。这种“网状思维”还不能是平面的，而是要立体的。从实践层面来看，我们需要发展和运用一种广域生态系统观（大生态观），为保障国家粮食和食品安全，建立一个前后兼顾、上下互动、左右协同的高效机制，协调各种利益，动员多方力量，共同推动中国食物体系的世纪重构和饮食文化水平的全面提升。

在最近十多年环境史研究实践中，我逐步认识到：不论从环境历史解释还是当今环境保护、食物安全等方面的现实需要来说，饮食都是一个必须进行深入、系统探讨的重大课题，也是环境史研究的一个重要切入口，因为自古至今它都既是人与自然发生紧密关联的一个主要界面，也是许多矛盾、冲突和风险隐患的聚集之地。于是我努力在饮食史与环境史之间寻找到了一个互相结合、彼此交融之点，这个点就是能量——它也是生态学的一个核心概念。

人类社会是依托于自然生态的一个特殊能量生产、流动和转换系统。一个社会犹如一个庞大生物有机体，其正常运行需要五官协同、脏腑别通，各个部分相互关联而非彼此割裂。而物质生产与消费、能量转换和流动，不论对于单个生命还是对于整个社会，都具有最基础性的意义。历史与现实都非常清楚地告诉我们：不论人类如何高估自己，也不论人类拥有多么高超的能力和手段，终究只是大自然的“寄生虫”，“……我们连同我们的肉、血和头脑都是属于自然界，存在于自然界的”，[1]受到生态规律的最终支配。人类的一切食物能量和营养都是来源于自然界，具体来说，首先来自于植物通过叶绿素光合作用所捕获的太阳能。植物将太阳能转化为碳水化合物，通过各种不同方式经由“食物链”（“食物网”）传递到位居不同生态位和营养级的各种食草（如羊）、食肉（如狼）和杂食动物（如猪）以及微生物，也传递到人类。人类的一切食物生产活动，至多只是对某些转换、传递环节实施了干预而已。任何生命所需能量之转换、传递，都需要具备众多的必要条件和充分条件，而人类因一己之私实施了过度干预，已经将其中的许多条件都严重地损坏了。在现代之前的交通运输条件下，百里贩薪、百里贩米便将得不偿失，古人早就明白其理，[2]故那时基本生存资料只能出自本地，物质能量只能从周遭环境获得。一个区域的自然面貌和资源禀赋，对当地人民的饮食生活具有根本性的影响，所以古人早有“靠山吃山，靠水吃水”“一方水土养一方人”之说。如今交通运输已经高度发达，自然环境给人类设置的许多物理阻碍已经被突破，跨国家、跨地区的物资传输日益顺畅，能量流动规模日渐巨大。但是，生命系统中有机物质合理循环的生态之链日益被割裂、切断，遍布每个角落的数不清的污染物质导致地球生态系统中毒日深，人类正在因为自己的无限贪欲包括食欲所造成的罪孽付出日益沉重的代价，空气污染导致呼吸困难日益成为一个极其严重的问题，吃饭喝水同样也是危机四伏。面对这样的现实，我逐渐不再认同“人类是大地之子”这类虚假温情的说法，因为没有子女如此虐待父母。不要大言不惭地声称“拯救地球”，她根本就不需要！没有人类，地球照样运

[1] 恩格斯：《自然辩证法》，中共中央编译局译，人民出版社 1971 年版，第 159 页。
[2] 汉·司马迁：《史记·货殖列传》：“谚曰：‘百里不贩樵，千里不贩籴。’”

转，而且更加健康绿色。人类需要思考的是如何拯救自己，并且需要立即行动起来！否则，即便不被饿死、渴死，也将被呛死、毒死。

不能继续情绪激昂了，还是回到这本小书的本身。

虽然当初思考和撰写之时，因受农业史和历史地理学启发已经略微考虑到了一些环境因素和问题，特意在第一章专门概述了中古华北的生态环境，以便首先说明自然环境可为中古华北人民提供哪些食物资源，人们是在怎样的生态条件下开展饮食活动的。但基本上还是采用文化史的观察视角与叙事方式。虽然在上个世纪80年代已有农史学者开始讨论农业生态平衡问题，我本人的第一篇小文中也出现了“生态环境”一词，但在撰写博士论文时，尚不知有“环境史”这门新学。不曾想“无心插了柳”，居然由此起步逐渐转向了环境史。这得感谢几位师长的提点和鼓励。记得当年答辩会上，荣新江教授告知我的研究与台湾学者的环境史颇有相似之处；后来英国著名史学家、中国环境史研究的先行者伊懋可（Mark Elvin）在接受采访时曾经提到本书，认为饮食史应是环境史的一部分，他以自己曾经考察过的河北遵化为例，认为良好的环境可以生产优质食品和提供优质饮用水，从而影响当时人民的寿命和生活质量。[1]后来做了十多年的环境史，也愈来愈多地发现了饮食与环境之间的紧密历史关联。

这次修订再版，本想转换一下视角，基于环境史思考对它做较大的调整甚至重新改写。但是旧型已具，再造实难，就好像一件陶器，想要打碎重新做成另外一件器物，当然不可能成功，只好作罢了。

因此这本小书毫无疑问仍然留下了很多缺陷和遗憾，当年不满意，现在更不满意。所幸有些遗憾已经或者正在由多位博士同学分别进行弥补，例如赵九洲关于古代华北燃料问题，方万鹏关于华北水磨加工，潘明涛关于海河流域水环境和水利事业，李荣华关于汉唐南方饮食、疾病

[1] 包茂宏：《中国环境史研究：伊懋可教授访谈》，《中国历史地理论丛》，2004年第1期。

与环境，连雯关于六朝南方环境与居民生活，韦彦关于宋代北方饮食生活，等等，都颇有心得和新见，帮我完成了一个个虽有心念而力不能逮的研究愿望，这让我深感安慰。

这次增订出版，只在一些章节增添了少许文字，语句做了一些疏通，改动了一些提法。最重要的成绩是纠正了初版中的一些资料和文字错误。特别感谢赵九洲、方万鹏、刘壮壮几位学友的辛苦付出，他们名为学生，实为共同切磋的学术伙伴。在我的学术道路上，张荷老同学一直惠予提点和关照，这次她再次不辞辛苦，慨然担任责任编辑，在编校书稿时还发现了多处引文注释的卷数有误，在最后一刻帮我揭除了几个难看的疤点，我既十分感激又深感惭愧！

絮叨至此，神形俱疲，聊发几句感慨吧：

学海茫茫，烟波叠嶂，彼岸邈渺，自渡何方？一本小书，半桶苦水，挽舀经年，冷暖自知；来回晃荡，兀自作响，扰人聪听，本不应当。然而既为人师，则毋患“好为人师”，而当不讳病垢，现身说法，以为后生之戒。无奈才疏学浅，识陋见拙，恐如八戒对镜，自不嫌丑，殆贻笑大方！翩翩俊士，莘莘学子，不欲惑于吾言、误指为月者。

读书去！

王利华

2017年8月30草就于空如斋

引　言

20世纪以来，随着时代思想主题的变换和历史学的社会科学化，历史研究的问题导向和价值取向经历了多次重要改变，学术视野大大拓宽，理论范式和分析工具日益多样化。其间的一个重要表现，就是社会史和文化史的兴起。研究者不再满足于根据帝王世系变更、典章制度沿革和政治风云聚散，勾勒出多少显得有些干枯僵硬和经脉不全的历史骨架，而是试图描绘更加鲜活灵动和有血有肉的历史。历史学者的目光愈来愈多地投向了过去未曾予以深切关注的社会基层和日常生活，不同时代物质和精神生活的内容、方式和情态，以及规约和影响着它们的自然条件、社会因素，都成为史学观察和叙述的专门对象。

吃、喝、住、穿自古至今都是人类生活的最基本需要，也是人们从事其他社会活动的基础前提。正如马克思和恩格斯所概括总结的那样："人们首先必须吃、喝、住、穿，然后才能从事政治、科学、艺术、宗教等等。"[1]不了解物质生活的变迁，就无法真正理解人类社会的历史；离开对物质条件、生活方式和生活状态的历史考察和叙述，历史学家就无从成就一部鲜活的、有血有肉的历史。饭菜茶酒、锅瓢碗盏、衣帽鞋袜、床笫桌椅、舟车鞍马……细微琐屑，自然不如国家典章礼制"兹事体

[1] 恩格斯：《在马克思墓前的讲话》，《马克思恩格斯选集》第3卷，人民出版社1972年版，第574页。

大”；耕稼牧畜、纺纱织布、燔黍捭豚、酿酒造酱……粗俗鄙陋，当然不如帝王将相的文治武功令人景仰，也不如才子佳人的风流韵事令人津津乐道，因此，即使其中有不少发明曾被别有用心地归功于先王圣贤，被视作先王圣贤泽惠苍生的德业，历来史书对它们也往往只不过是一笔带过。然而这些琐屑物事，在任何人的日常生活中都是不可或缺的；这些寻常俗事虽然一向不受史家重视，但它们对于人类生命的延续和社会文化发展来说，却具有更为根本性的意义。正因如此，致力于还历史以血肉，并试图洞悉历史表象背后芸芸众生生存实相的新史家，应把目光更多地投向人类以往的物质生活，对上述这类日常琐事予以更多关注。

本书以《中古华北饮食文化的变迁》为题而开展粗略探讨，正是基于以上粗浅的认识，希望在这方面略尽绵薄之力。我们尝试从饮食这一最基本的生活层面入手，窥测特定时代条件和地域环境下日常生活的具体内容和实际情态，通过观察种种事象的细小变化，触摸社会文化变迁的历史脉搏。

本书的研究范围以中古时期华北地区为限。

所谓的“中古”，指中国历史上的魏晋南北朝隋唐时期，大体相当于公元3—9世纪。其中所指的“华北”，系采用自然地理区划的概念，地域范围比起近世以来行政区划中所谓的华北区要大得多：大致东起于海，西至青藏高原东部边缘，北达长城一线，南则以淮河—秦岭为界，约略相当于通常所谓的黄河中下游地区。在具体问题讨论和事实叙述中，有时会超出上述时空界限，或因该时空范围内的直接史料过于寡少，抑或因为想要把相关问题讨论得更充分一些故而稍作延展。

一、选题旨趣与预期目标

生物学告诉我们，一切生物，无论是其个体生命的存活抑或是其种群的繁衍，都是以能量的摄取和消耗作为基础的：植物通过自身叶绿素的光合作用直接从阳光中吸收、积聚能量，并通过其根系从土壤中吸收水分和养料；动物则通过觅食可食植物，或捕食其他动物，或者杂食动植物以维持生命。自封为“万物之灵”的人类，虽然高据于生物进化的顶端，也只不过是动物界中的一个“种”，同样必须通过摄食行为来获得生命存在所必需的能量。不过，人类毕竟是动物界中一个特殊的“种”，是一种“文化的”动物——是“穿衣服的猴子”（赫胥黎语），而不是普通的猴子，他与一般动物之间存在着根本性的区别。虽然人类同其动物兄弟一样，具有各种基本的生理本能的需求，首先是食物营养需求，但两者实现需求满足的方式却是根本不同的：一般动物在饥渴感的驱动下，凭借自己的肢体攫取自然界中现成的食物资源，对于它们而言，食物和水，仅仅是些能够免除饥饿和干渴的东西，只要适合自己的食性，当它们感到饥渴时，随时随地都可以食、可以饮；而人类自从其可以被称作“人”的那一天开始，即不再是单纯地凭借自己的肢体，而是依靠其所创造的文化（包括各种工具技能、组织规范和观念意识）来获得食物，农业和畜牧业发明之后，人们更通过干预、参与动植物的生命过程（种植和饲养，亦即农牧生产）来获得食物，而不像其他动物那样完全仰赖于自然界中现成的食物资源。不仅如此，人类对于饮食之物的选择以及实施吃喝的方式，亦非完全听任本能食性的牵引，而是受到工具技能、组织规范和观念意识等等文化条件的规范和制约。简而言之，通过饮食获得充足的营养是人类最基本的生活需求，而文化则是满足这一需求的特殊手段、方式和规则。

人类对食物营养的需求，既是社会历史发展的原始推动力，也是文化系统最重要的节点。正是在寻求食物的努力中，人类发明了原始文化，建立了初民社会；也正是伴随着获得食物及其他物质生活资料的能力不断增强，人类社会不断成长，文明不断取得发展进步。无须多言，饮食生活并非人类社会生活的全部，与此相关的文化也并非人类文化的全部，它们只是社会生活和文化系统整体之中的一个有机组成部分。在人类发展的史前时代，社会生活简单，谋取食物几乎是人类活动的全部内容，其他任何方面的活动诸如两性生活、寻找和建设居所的活动等等，都不能与之相比；进入文明时代以后，人类社会逐渐变得纷繁复杂，谋取食物的活动在全部人类生活中所占的“份额”呈渐减的趋势。然而这并不是说饮食在人类生活中的重要性也因此逐渐降低，而只是说，由于文化的进步和技术能力的提高，人们已无须在谋求食物、解决饥饿问题上花费几乎全部的精力和时间。事实上，在任何一个复杂的社会中，饮食都是人类生活的基本内容之一。

在任何一个历史阶段，饮食生活与社会生活的其他方面都不是互不相连、彼此割裂的，而是始终紧密地互相勾连在一起；饮食生活的变化和改善，既是人类获得食物营养的能力不断增强的结果，同时也是社会文化整体发展的重要反映。

正因为如此，系统考察人类饮食生活和饮食文化发展的历史，理应成为历史学研究的一个重要课题，对饮食这一社会生活的基础层面进行深入考察，不仅帮助我们了解人类在漫长历史上为了解决食物营养问题曾经做出的艰苦卓绝的努力，而且有助于拓展和深化对社会整体发展和文化系统变迁规律的认识。

中国素以饮食文化发达而著称于世，有人甚至将中国文化称为“食文化”，以区别于西方的所谓“性文化”，尽管这种概括似乎含有某种戏谑的成分，但与世界其他许多民族相比，中华民族自古以来确实在饮食滋味上做出了特别多的努力，有过许多特殊的文化创造。然而十分遗憾的是，过去正统的史家对于这个绝对重要的日常俗事的历史，并未给予足够的重视。20 世纪 80 年代曾经掀起了一股文化研究热，各地书市上随之陆续出现了一批关于中国饮食文化史的书籍，但这些书籍仅少数几种尚有可称之处，多数则是出自缺乏基本史学训练的操刀手，从史学角度而言，显然不够专业、可靠。而历史学者的有关研究，则基本局限于对一些具体问题的零碎考论，或在综合性著作中偶尔设立章节予以简略叙述。

有感于这一情况，我们立意将饮食问题放到特定的历史时空之中加以观察和理解，尝试做一点历史学者的饮食文化史研究。本书选择中国饮食史上的一个较小片断——3—9世纪华北地区的饮食，进行一番初步的探讨，考察那个时代和区域饮食生活的基本面貌，较之此前时代的主要变化，以及之所以发生这些变化的生态和文化历史背景。

选择中古时代的华北地区作为研究对象和范围，固然由于作者在博士生阶段主要研习隋唐五代史，更重要的是以下几个方面的理由：

其一，华北是我国古代前期经济、政治和文化发展的中心区域，那里的饮食文化最早成熟并且显现出鲜明的地区特色。其二，中古时代，华北饮食文化伴随着中国历史发展的脚步，经历了一场深刻而全面的变迁，这场变迁是中古时代中华文明整体变迁的重要组成部分。研究一个成熟的饮食文化体系在特定时代潮流中是如何改易更化并且取得新的发展，较之研究某一饮食文化体系的生成和发育，在许多方面具有不同的，或许更加重要的意义。其三，中古时代虽然一度处于南北分治的历史局面，但总体说来，华北地区仍旧是中华民族活动的中心区域，那里地处北方游牧和南方稻作两大经济区域之间，在两个文明类型（农耕、游牧）和三大经济板块（游牧区、旱作区和稻作区）中继续担当着“居中”“领导”的角色。同时，由于那里乃是东方文明帝国的政治中心，自然而然亦成为众多国家和民族文化汇集、交流的中心，在不断扩大对外部世界的影响的同时，也不断受到来自远方外国众多异质文化的冲击和浸染，其中就包括食物、食俗和食法方面的显著影响。对于这样一个特殊时空的饮食文化风貌进行多维度的历史观察，可能获得一些更具认识价值的研究成果。

毫无疑问，客观地描述中古华北饮食的历史实相，乃是本书的基本任务，但是我们更企望能在求“实”的基础上求通其“变”。因此，我们不追求对相关历史事实进行文化博览式的全面罗列，而将讨论重点集中于彼时彼地饮食生活和文化较之前一历史时期的若干重大变化，并试图对这些变化做出合理的解释。

我们承认：饮食文化变迁的根本动力，毫无疑问是来自人类日益增长的饮食营养需求。但我们同时认为：中古时代华北地区的饮食变迁，是多种特殊历史契机和众多自然、社会因素共同作用的结果，其中文化与生态、文化与文化之间的交互作用及其后果值得予以特别关注。基于以下几点先入之见，我们在整个研究过程中，都试图从文化和生态两个方面寻找一系列问题的答案。

首先，生态环境是人类谋取食物及其他生活资料的自然基础，其对于人类生活具有根本性的影响。作为具有文化能力的一类特殊生命群体，人类固然可以创造和运用文化能动地适应自然，甚至可以根据自己的生存需要不断改造生态环境，然而，迄今为止，乃至未来相当长的一个时期，人类毕竟只是地球生物圈内众多居民之中的一个家族，无论其文化如何高度发达，无论其适应和改造自然的能力如何强大，也仍然必须在这个生物圈的范围内获得其所必需的物质和能量，以维持生命的存在和发展；人类谋取包括食物在内的一切生存资料的全部活动，都只不过是地球生物圈内物质能量大循环的一个部分而已。

生态环境对饮食的影响，突出表现为饮食文化的区域性。在进入农牧时代之前，人们通过采集和渔猎获得食物，住地周围的自然资源特别是可供食用的动植物种类及其丰俭程度，决定了采集、渔猎者的食物种类和营养结构，故饮食文化的区域性早在蒙昧时代就已经显现；进入农牧时代以后，人们愈来愈多地通过种植和饲养来获得食物营养，但由于农牧生产对象，特别是作为初级能量生产者的植物，对于水土光热条件有许多特殊的要求，而不同地理区域之间，由于纬度、地形、海陆位置等等因素影响，这些自然条件存在着很大的差别，相应地，生活在不同区域的人们的食物获得体系特别是作物和禽畜种类构成亦是差异显著。不仅如此，特定区域风土环境中的干湿寒热等等，也在相当程度上影响着当地居民的身体状况和生理需求，并且有形或无形地影响和左右着人们的食物偏好以及造食技术和进食方式。因此，自古以来，生活在不同区域的人类之饮食生活状况和饮食文化面貌从来就不相同，各具个性、千差万别、异彩纷呈。饮食生活和饮食文化的地区个性，无疑首先是根源于各地生态环境的特殊性。

然而，生态环境并非古今一成不变。由于大自然本身的运动，更由于日益扩大的人类经济活动和不断增强的人为干扰，古今生态环境发生了翻天覆地的变化。远在旧石器时代，人类在学会人工取火和制造、使用弓箭之后，就逐渐摆脱对自然的一味顺从和对环境的被动适应，开始对自然生态系统施加干预和影响；发明农业以后，更通过砍伐森林，清除草莱，垦辟农田，种植饲养和营造村落、城市，建立各种人工系统，导致自然环境发生愈来愈显著的改变。随着人口不断增长，改变愈来愈趋广泛和剧烈。难以逆转的人类活动不断改变着生态环境，被改变的生态环境又成为人类继续生存发展的新基础。为了适应不断变迁的生态环境，人们又须不断调整生存策略，变革经济生产和物质生活方式，发展新的文化。人类系统与自然系统始终处在彼此因应、相互影响和协同演变的过程之中。人类曾经和正在经历的种种变化，都是文化与自然彼此因应、交互影响的表现和结果，食物生产、消费方式的演变更是如此。

其次，人类饮食从来就不像一般动物觅食、摄食那样仅仅由生理本能驱动，而是受到政治、经济、技术、思想观念……众多复杂因素的影响和制约。虽然人类饮食活动，从根本上说也是为了满足人的（动物性）生理需求，但主要通过文化而非本能的方式来实现，是一种文化行为。因此，饮食本身就构成了人类文化的一个部分，甚至乃是文化生衍的起点和文化大厦的底基。[1]

再次，任何一个群体和区域的饮食文化体系，从来都不是在与外部世界完全隔绝的状态下独自发展起来的，而是不断接受外来异质文化的刺激和影响。就前者而言，凡物质技术的进步、经济结构的变迁、政治局势的治乱、民俗风尚的迁流、人口数量的升降、民族构成的改变、社会阶层的流动、礼仪制度的更新，乃至宗教信仰的形成和流播，

[1] 特别说明：本书中的“文化”，通常都是采用文化人类学的广义文化概念。

都有可能对某个特定时代、地区的饮食生活产生重要影响；就后者来说，虽然运用文化开展饮食活动是人类饮食生活的共同特征，但是，由于生存环境、历史传统、生产方式、社会风俗、宗教信仰……诸多方面的差异，不同地区和民族的饮食生活从求食方式、饮食结构到餐饮习惯，乃至饮食营养观念等等，都表现出各自长期保持的独特性，各自有其独特的发明创造。在历史上，不同地区和民族文化之间的接触和沟通，都必然地导致了不同类型的饮食文化之间的相互交流和相互补充。对外来饮食文化的吸摄和采借，不仅使得一个地区、一个民族的饮食生活更趋丰富多彩，而且常常诱发其饮食生活方式的深刻变迁。因此，正如自然界中某一物种的存在和演化与其所处生态环境密不可分一样，一种饮食文化类型的发展和演变，也必定与特定时代环境中的众多社会和文化因素紧密相连。

基于以上粗浅认识，本书努力区别于一般饮食史书的那种“陈列式”叙事，不求获得“叙述全面”之类的好评，而是尝试采用“因应—协同”的思想方法，将众多自然生态和社会文化因素纳入综合思考，重点揭发中古华北饮食文化的主要变化，并将其视为中古整体历史变迁的一个有机组成部分，理解饮食生活变化所映射出来的宏大的中古历史运动图景；反过来，亦冀望通过观照中古历史的整体运动，对饮食文化变迁的原因和结果做出一些新的解说，为更具高才卓识的学者继续探讨相关问题提供若干新视点和新证据。

二、基本思路和主要问题

在开始确定这一选题之时，一系列问题萦绕在我的头脑中。长期以来，人们普遍认为：中国传统饮食结构以素食为主，五谷杂粮是滋养中华民族的基本食物，而动物性食品则处于无足轻重的地位，在平民饮食中更少到几乎可以忽略不计；被许多民族奉为营养上品的畜乳及乳制品，则似乎从来不曾出现于内地从事农耕的各族人民餐饮之中，以致许多人士相信，中国人的体内天生地缺少一种叫作“乳糖酶”的东西，不能消化牛奶，所以很少饮食牛乳。仅就近几个世纪的情形而言，这些观念大致是不错的。但是，倘若上溯到一千年前、两千年前甚至更早以前，我们祖先的饮食结构究竟如何？华夏人民（主要指从事农耕的汉民族）是不是一个“天生”的“命定”的“粒食”民族？若我们的体内果真缺少“乳糖酶”，那究竟是由种族基因遗传所致，还是民族饮食驯化的结果？我们很想知道：在漫漫的历史长河中，中国人的饮食有没有发生过什么足以导致古今面貌迥异的重大改变？如果有，主要表现在哪些方面？变化的原因何在？经历如何？

具体到中古时代，当我们绘声绘色地谈论魏晋风流、盛唐气象时，或不免对这些人文风景背后的物质生活（包括饮食生活）情形产生“寻味”的兴趣，因为这些绚丽风景乃是矗立在日常生活特别是饮食生活基础之上的，或者说，饮食文化是构成中古社会人文景观的一个重要部分。这样，如下的一些疑问就自然而然地要被提出：中古时代的中国人主要吃什么、喝什么？他们通常如何吃、如何喝？他们的吃喝较之前代有无重大变化，与现今相比有何不同？如果他们的吃吃喝喝与前代相比确实发生了变化，与当代相比也不相同，那么，是哪些因素造成了这些变化和不同？

由于各种条件的限制，本书只能选择华北地区略作探讨，显然不能对上述问题做出完整的回答，但我们企望这一初步探索，至少有助于了解当时中国政治、经济和文化中心区域饮食生活的基本面貌，认识其间所发生的若干主要变化。为了论说方便，本书设置了若干个专题，分别介绍不同方面的历史现象，就其中的一些问题稍加讨论。

生态环境是人们开展各种饮食活动的自然基础和基本条件。故本书首章以“中古华北的自然环境”为题，首先讨论那个时代该区域生态环境的基本状况，主要内容包括：自然环境的基本特征、中古气候冷暖波动、森林植被状况、陆地野生动物、水环境和水产资源等等。

由于人口是生态系统的一个重要组成部分，而且是影响生态变化的重要因子之一，而特定资源禀赋和生产技术条件之下生态环境的人口承载能力，更直接地影响到人类饮食策略的选择与调整，进而影响饮食结构和营养水平，因此，本章还将对中古华北人口波动和土地承载能力等问题稍予述说。

饮食生活的内容和质量，最直接地取决于饮食原料及其获得能力，要想对中古华北饮食生活面貌及其变化获得一个正确的认识，就不能不了解其食料结构和食物生产体系的变动。因此，本书设立了“食料生产结构的变化”这个专题，概述中古华北主要食料的构成及其生产情况。因内容较多，特分作第二、第三两章叙述，第二章主要讨论粮食和蔬果（即植物性食料）各类及其生产；第三章则讨论动物性食料生产——即畜牧业（包括大型放牧和小规模家庭饲养）和渔猎业的发展。生态、社会变动与农牧经济消长及其与种植业和畜牧业的结构性调整之间的关系等问题将受到特殊关注，以期为中古华北食物原料的主要变化勾画出一个比较清晰的历史图像。

第四、第五两章，主要讨论中古华北人民如何吃的问题。其中第四章“食品加工技术的发展”，讲述谷物、蔬果和肉类加工以及调味品酿造技术方法；其中将对深刻而且广泛地影响中华民族及周边国家人民饮食和体质，而学术界一直争论很大的豆腐问题进行专门讨论。第五章“膳食结构和烹饪技艺”则主要讨论食品烹饪、主食和菜肴的种类、花样，兼及燃料问题。

第六章题为“酒浆茶与中古饮料革命”，将对中古华北乃至整个中国饮料结构的重大历史性变化进行专门论述，其中包括酒类品种和酿酒技法、饮茶风气的北传和风行、乳酪消费的兴衰和浆饮的衰落等等重要问题。

第七章“文人雅士与饮食文化嬗变——以白居易为例”，主要摘取白居易关于饮食的诗句，对他的饮食生活包括饮食物品、饮食偏好、饮食交游活动、疾病与食养等等，进行尽量详细的介绍，并通过他对中古士人饮食风尚的流变及其社会影响稍作推论。

本书的各章都将在尽量铺陈相关史实的基础上，对中古华北饮食文化（主要是物质层面）的一系列重要问题进行考述，重点把握其中的发展变化，并试图从不同的角度对这些发展变化进行合理的解释。

三、研究现状

与其他方面的中国古史研究相比，迄今为止，中外学者对古代饮食的历史探讨仍然显得十分薄弱，目前我们尚未检索到一种专门探讨中古华北饮食的历史著作，专门论文也是寥寥可数。不过，关于魏晋南北朝隋唐史、农业经济史和中国饮食文化的各类著述，对中古华北饮食问题时有涉及，对我们将要重点讨论的一些问题也提出了不少值得尊重的意见，为作者撰写本书提供了许多有益的参考。下面仅就一般研究状况略作介绍，学者关于各种问题的具体观点和意见，将在各个章节的讨论之中分别引述。

1. 中古史论著中的相关成果

在关于中古史的通论性著作中，与本书有关的最为重要的成果，是吕思勉著《两晋南北朝史》和《隋唐五代史》中的相关部分。吕氏一代鸿儒，所著中国史系列著作，内容宏富，将不同时代的社会生活（包括饮食）实况作为重要内容列入叙述范围，是这套著作的特色之一。上述两卷中的饮食生活部分，较好地反映了中古时代国人饮食生活的概貌。不过，吕氏主要是史实排列，并未充分展开讨论，且叙述范围是整个中国，关于华北地区的情况介绍就不免过于简略。其他学者的断代史通论性著作中也或多或少涉及饮食生活，未能一一介绍。

有关中古文化和社会生活史的著作，有不少涉及饮食生活问题，如朱大渭等人的《魏晋南北朝社会生活史》，李斌城等人的《隋唐五代社会生活史》，傅乐成的《唐人的生活》，黄正建的《唐代衣食住行研究》以及程蔷、董乃斌的《唐帝国的精神文明——民俗与文学》，等等，均用一定篇幅述论中古饮食问题。

中古时代，中外文化交流频繁，较之此前更加广泛和活跃，在饮食物品流通和饮食技艺传播方面表现突出，故关于古代中外关系史的著作时常谈及中古饮食文化交流问题。著名的成果如劳费尔的《中国伊朗编》，[1] 薛爱华的《撒马尔罕的金桃》，[2] 向达的《唐代长安与西域文明》以及其他学者的相关论著，都对这个时代西域和其他地区饮食物品传入等问题，有过一些精彩考证和论说。尤其是劳费尔和薛爱华对汉唐时代外来饮食物品和相关动植物种所做的大量考述，为我们理解中古中国食物种类的变化提供了更加"国际化"的视野。

2. 饮食文化专门研究中的有关成果

近几十年来，一批关于中国古代饮食史的专著相继出版，这些著作大体可以划分为两类：一类为从技术史（包括食品加工和烹饪）角度开展的研究，研究者主要是一些食品行业的专家，重要著作有曾纵野的《中国饮馔史》、洪光柱的《中国食品科技史稿》(上册)、王尚殿的《中国食品工业发展简史》，以及王子辉的《隋唐五代烹饪史纲》等，一些学者还对历史上的重要饮食文献进行了整理，其中包括后魏贾思勰《齐民要术》的食品加工和烹饪部分，唐代孙思邈的《千金食治》和孟诜等人的《食疗本草》等。由于这类成果基本上是出自食品行业专家之手，他们对古代食品加工和烹饪技术的分析以及对有关名词的解释，最为值得重视。同样值得重视的还有一些关于特定食物和饮料的专史，研究比较

---

[1] Laufer, Berthold: *Sino—Iranica*: *Chinese Contributions to the History of Civilization in Ancient Iran—with Special Reference to the History of Cultivated Plants and Products,* Chicago，1919。林筠因汉译本题作《中国伊朗编》，商务印书馆 1964 年版。

[2] Sehaler, E. H. : *The Golden Peaches of Samarkand*: *A Study of T'ang Exotics,* University of California Press, 1963；吴玉贵汉译本题为《唐代的外来文明》，作者名译作谢弗，中国社会科学出版社 1995 年版。该书第九章为"食物"，另有多个章节涉及可提供饮食材料的动植物种。

深入，它们大抵是对个别种类的食物和饮料进行专题性论著，例如关于茶、酒、糖史的导师的论著，但立意和侧重点各有不同。这方面的突出成果有李治寰《中国食糖史稿》、季羡林《文化交流的轨迹——中华蔗糖史》，专题史料集则有陈祖椝、朱自振编辑、整理的《中国茶叶历史资料选辑》等。1980 年代兴起文化研究热之后，多种饮食文化史的著作相继出版，影响较大的，如林乃燊《中国饮食文化》、王仁湘《饮食与中国文化》、王学泰《中国人的饮食世界》等等，都有涉及中古饮食内容之章节；出自专业历史学家的专著，仅见黎虎主编的《汉唐饮食文化史》，该书资料丰富，叙述全面，是目前所见之史学功底最为扎实的一部断代饮食文化史专著。

近一个时期以来，国内有关魏晋南北朝隋唐时期饮食生活和饮食文化史的论文，数量明显增多，所涉及的问题主要包括茶、酒、糖、食品烹饪加工技术、城市餐饮业、胡人与胡食、服食养生、官场宴会风气、节日饮食、饮食观念和心理等，在不少专门问题上取得了可喜的进展。值得注意的是，一些研究者根据敦煌文献记载，对敦煌地区的饮食生活状况特别是食品种类和饮食习惯，进行了较为细致的研究，例如黄正建的《敦煌文书与唐五代北方地区的饮食生活（主食部分）》一文以敦煌文书为主要材料，并结合这一时期的其他文献记载，对隋唐五代北方的主食品种进行了比较详细的考证，对主食构成及不同食料的比重、食量大小等进行了讨论，并概述了当时若干社会群体的饮食状况，一些观点颇有见地。不过，敦煌地区远离中原内地，自然环境、经济状况和文化面貌差异很大，我们无法据以充分说明华北的饮食状况。

关于中国饮食史的专门研究，在海外学者中开始较早，成绩比较突出的是日本和美国学者（包括旅美华裔学者）。日本学者中成果显著的有篠田统和青木正儿等人。篠田氏著有《中国食物史研究》一书，收入其中的《中古食经考》一文对魏晋—隋唐时代的饮食著作——各类《食经》，进行了较详细的考证；《中国中世的酒》一文则对南北朝至隋唐时代的酒，包括品种、品质、产地、酿制方法和饮酒习惯等问题进行了讨论。青木正儿对面食历史的探讨颇有成绩，其《华国风味》[1]一书收录了他关于中国粉面食品的考论文章，提出了颇多有价值的见解。布目潮沨则致力于中国茶史文献整理研究，汇编出版了《中国茶书全集》。另外，中山时子主编的《中国饮食文化》，汇集了中日等国饮食文化研究者的一些专题研究成果。[2]美籍汉学家亦颇有关注中国饮食史者，就中古饮食而言，最值得注意的有薛爱华等人的成果。薛爱华知识渊博，精于名物考证，对中国食物颇为留意，曾撰有《唐代的食物》[3]一文，对唐代中国的食物进行了相当详细的考证。不过，他对南方的食物似乎兴趣更浓一些，所以文中对北方食物的讨论较少。美籍华裔学者杨文琪的《中国饮食文化和食品工业发展简史》分断代简述了中国饮食文化的发展历程。在这里，我要特别提到著名学者许倬云先生的《中国中古时期饮食文化的转变》一文，虽然篇幅不算很大，但从“面食之普遍”“烹饪方法与炊具的变化”和“南方的饮食”三个方面高屋建瓴地概述了中古（指魏晋南北朝时期）饮食文化的若干重要变化，并将其视作中古时期中华文化调整改变的一个“面相”。尽管一篇论文无法对很多问题展开讨论，但作者试图从广阔的历史背景之中体察饮食文化转变，富有启发性。

3. 经济史特别是农业史家的相关成果

谋取充足的食物，是人类经济活动最初始的目标。并且，不论经济运行过程伴随着历史发展和文化演化而变得多么复杂，吃好、喝好都始终是人类所追求的最基础的目标。因此经济史研究者不可能完全不关注历史上的饮食问题。农牧业是古代社会经济的主体，无疑也是中古华北

[1] 相关文章收入青木正儿著：《中华名物考》（外一种），范建明译，中华书局 2005 年版。

[2] 关于 20 世纪日本学者研究中国饮食史的情况，可参徐吉军、姚伟钧《二十世纪中国饮食史研究概述》，《中国史研究动态》2000 年第 8 期。

[3] 其文收入 K. C. Chang ed., *Food in Chinese Culture, Antropological and Historical Perspectives*, Yale University Press, 1977。

人民的主要食物获得途径，所以综合性的中古经济史论著都或多或少地涉及农牧业特别是食物生产与供给等方面的问题。例如大家比较熟悉的李剑农著《魏晋南北朝隋唐经济史稿》、高敏主编《魏晋南北朝经济史》和张弓著《唐代仓廪制度初探》……都有不少关于中古华北粮食生产、运销、积贮和供给等问题的内容。

饮食生活变迁更直接地是与种植业和畜牧业的发展相联系。关于中古华北种植业和畜牧业的发展变化，农业史、历史地理和断代史专家都分别进行过一些讨论。农史学界较为权威的著作，有梁家勉主编（中国农业遗产研究室作为主编单位）的《中国古代农业科技史稿》，其中魏晋南北朝和隋唐五代都设有专章，对北方农业生产技术有相当系统、详细的叙述。专门讨论或者较多涉及中古华北农牧发展的学术论文数量亦不可谓少，出自历史地理学家（如史念海、邹逸麟）的论文，侧重考察农牧生产的地理分布；其他领域的学者，如张泽咸、黎虎、张芳和一批中青年学者，则对当时该区域的饲养放牧、麦类种植、水稻生产、园艺栽培和渔猎活动等等都陆续有所探讨，为我们了解和认识中古华北的食物生产体系，提供了不少有益的参考。几位日本学者关于华北粮食生产的若干研究成果也很值得重视，例如西嶋定生对唐代关中地区面粉加工工具——碾硙经营与稻、麦生产关系的探讨，颇具启发性；大泽正昭《唐代华北的主谷生产和经营》一文则对唐代华北粟、麦等主要粮食作物生产状况作了比较全面的论述。

最后必须特别提到先师缪启愉先生的卓越研究。缪先生为整理我国农业古籍贡献了毕生精力，其科学知识之渊博，国学功底之深厚，是我此生无法望其项背的。本书之撰写所依凭的两部最重要的中古文献是《齐民要术》和《四时纂要》，缪先生对这两部农家著作的精审校释和研究，为农史学者提供了最可靠的历史文本，也为饮食史研究扫除了大量的文字和技术障碍。本书对众多饮食相关物品和技法的判断与解说，多是遵从先师，只在他未能顾及之处做了少许新的考补。

总体来说，迄止目前，学界对中古华北的饮食物品、饮食生活和饮食文化，虽在不少著作之中时有涉及，但专门著作则甚为稀有。已有的论文，大多只是对个别饮食物事进行单独考论，甚至只是对相关现象进行简单罗列。因此，严格地说，迄今为止，尚无人对中古时代华北区域的饮食文化进行系统考察，有许多重要的饮食历史问题还没有受到注意。正因如此，从已有的研究成果中，我们还难以获得对中古华北饮食生活面貌及其文化变迁脉络的清晰认识。

本书的研究和撰写，正是试图对这一状况做些弥补。

四、史料讨论

中国史籍素称浩繁，关于饮食的文献亦可谓数量众多。中古时代曾经涌现过一批饮食著作，《隋书·经籍志》和《新唐书·艺文志》等著录有数量可观的饮食之书。[1] 五代宋初人陶谷在其《清异录》中引录过隋人谢讽《食经》、唐人韦巨源《食帐》（又称《食谱》《烧尾宴食单》）以及陆羽《茶经》等等，这些无疑都属于饮食专书。

---

[1] 《隋书》卷34《经籍三》著录的饮食著作，除方士服饵之书外，尚有《崔氏食经》四卷、《食经》十四卷、《食馔次第法》一卷、《四时御食经》一卷、马琬《食经》三卷、《会稽郡造海味法》一卷、《淮南王食经并目》一百六十五卷、《膳羞养疗》二十卷、《养生服食禁忌》一卷、《杂药酒方》十五卷；此外还著录有梁有而隋亡者《食经》二卷、《食经》十九卷、刘休《食方》一卷、《黄帝杂饮食忌》二卷、《太官食经》五卷、《太官食法》二十卷、《食法杂酒食要方白酒并作物法》十二卷、《家政方》十二卷，以及《食图》《四时酒要方》《白酒方》《七日面（按："面"应为"曲"）酒法》《杂酒食要法》《杂藏酿法》《酒并饮食方》《鲢及铛蟹方》《羹臛法》《鲌腰胸法》《北方生酱法》各一卷。
《新唐书》卷59《艺文三》著录有：诸葛颖《淮南王食经》一百三十卷（随后又有《音》十三卷、《食目》十卷，可能亦是诸葛氏所撰且与饮食有关），卢仁宗《食经》三卷，崔浩《食经》九卷，竺暄《食经》四卷（又一本十卷），赵武《四时食法》一卷，《太官食法》一卷，《太官食方》十九卷，《四时御食经》一卷，孟诜《食疗本草》三卷（又有《补养方》三卷），阳晔《膳夫经手录》四卷，严龟《食法》十卷等。

然而十分遗憾的是，除《茶经》之外，这些饮食专书如今均无完帙存世，《齐民要术》虽然引录有《食经》《食次》的文字数十条，但是我们无法确知其原貌，并且不知其系何人所作，究竟是出自南人还是北人之手（详后）？谢讽的《食经》及韦巨源的《食账》在陶谷《清异录》中亦仅仅留下了一些食馔名目，元明之际的陶宗仪收入《说郛》，利用价值并不高。此外还有阳晔的《膳夫经手录》，《新唐书·艺文志》三著录为四卷，宋代已非完帙，后世丛书如《苑委别藏》等传刻有杨煜的《膳夫经》，当即此书，但仅仅是其中的一小部分。[1] 至于其他书籍，更都只剩下在各类文献中辗转抄引的片言只语，我们无法据以窥知其内容梗概。惟一较完整保存下来的陆羽《茶经》，历来都被奉为茶学圣典，故名为“经”。但此书主要是记述南方茶事，与华北地区关涉不多，我们自亦难以取资于其中的材料。这样一来，在中古华北这个时空范围内，我们基本没有专门的饮食著作可供利用，而只能到其他文献之中去耙梳和采撷相关历史信息。

为了找到足以说明问题的证据，我们的资料工作就不得不尽量从宽撒网，搜集的范围包括农书、医书（包括方剂书、本草书和服食养生书等）、历代正史、政书与类书、笔记小说、诗文集及其他资料如地理书、佛道经典、文字学著作、出土文书及实物资料等等。以下对各类文献中的饮食资料逐次稍作介绍。

1. 农书

既然没有饮食专著可供利用，古代农书就是与本书主题关系最密切的文献了。农书不仅告诉我们在历史上有哪些食料可供利用，而且许多综合性的农书还用一定篇幅专门谈论食品加工和烹饪的具体技术方法。

---

[1] 《宋史》卷 207《艺文六》《通志·艺文略》和《崇文总目》亦著录为四卷，然作者皆题为“杨晔”。《四库全书》未收书提要称：“此从旧抄本依样过录。书仅六叶，似后人掇拾成编。”参林立平《唐代饮食史的重要史料——杨煜〈膳夫经〉述评》，收入暨南大学中国文化史籍研究所编《历史文献与传统文化》第四集，广东人民出版社 1994 年版，第 72—89 页。

至今还比较完整地保存下来的中古农书，主要是后魏贾思勰的《齐民要术》和唐末韩鄂的《四时纂要》。

《齐民要术》是我国现存最早的一部大型综合性农书，是中国农业古籍中最有影响的一部，也是世界上最早最有系统的古农学名著之一。该书内容包括农林牧副渔各个方面，不仅对当时的粮食、蔬菜、油料作物栽培、果树种植和家畜饲养技术进行了详细讨论，而且还将食品加工烹饪列为主要内容之一。作者贾思勰广泛搜集、整理其所亲身了解的加工烹饪技术知识，还大量引录了当时仍存于世的各类相关文献，其中包括《食经》《食次》等饮食专书，内容十分丰富而精彩，因此它也是现存唐代之前的最为珍贵的饮食史文献。尤其可喜的是，作者贾思勰即是华北人（一般认为他是益都即今山东寿光人），《齐民要术》基本上是根据当时这个地区的生产、生活情况撰写完成的，资料具体，真实可靠。因此对本书来说，这部著作无疑乃是最重要的史料来源。[1]

这一时期的另一部重要农书，是唐末韩鄂所著《四时纂要》。从其内容分析，《四时纂要》也是以黄河中下游地区的生产生活作为背景而编

[1] 该书卷10题作《五谷、果蓏、菜茹非中国物产者》，大量记载了南方特别是岭南植物，但“……爰及山泽草木任食，非人力所种者，悉附于此”。也就是说，华北地区所产的各类可食野生植物亦记录于本章。该书大量引录前人著述，其中包括饮食专著《食经》和《食次》，日本学者篠田统《中世食经考》认为该《食经》为崔浩《食经》，《食次》是否即《食馔次第法》则难以判定。篠田统著，高桂林等译：《中国食物史研究》，中国商业出版社1987年版，第104—105页。缪启愉师则认为：“细察《食经》在《要术》烹饪等篇所用物料，多有南方产品和口味，而用词俚俗，且有吴越方言，疑是南朝人所写。《要术》引《食次》文也很多。有同样情况。”缪启愉：《〈齐民要术〉校释》，中国农业出版社1998年版，第222页。本人的想法与先师稍有不同：无论二书是否出自北方人士之手，贾思勰大量予以引录，说明其中所载的那些方法在北方饮食中同样实用。况且，当时华北特别是平原地区的自然环境、物产和饮食生活，都并不像后代那样“北方化”，其时华北湖陂沼泽众多，鱼类、水禽及水生蔬菜仍然相当丰富，后代只能产于南方水域的生物，有不少在当时的华北地区仍可出产（详见第一章至第三章讨论）。所以，《要术》所保留下来的这些材料，仍可用以讨论中古华北饮食问题。

纂的，[1]它是继东汉崔寔《四民月令》之后又一部重要的“月令式农书”。“月令式农书”的特点，是将农业生产和日常生活的各项活动按月条列，以指导家庭生产和生活的季节时令安排。这类农书一般内容较为驳杂。不仅包括农业生产，而且包括农副产品加工、医药卫生以及其他家庭事务，但农副生产和加工是其主体部分。唐代经济、文化繁荣发展，但农学著述却不多，见于史书著录的几种著作基本上都已经散佚，因此《四时纂要》便成为公元6世纪（《齐民要术》之后）至12世纪之间（《陈旉农书》之前）最重要的古农学著作，其中保存了关于隋唐时期北方农业生产的丰富史料，同时也保存了关于这个时期华北饮食的许多重要历史信息。

2. 医方书和本草书

中国古代“食医同源”“食医一家”。中草药本身即大量取材于日常食用之物，而寻常食品的特殊食用，亦可发挥治疗作用。更可称道的是，古代医学著作中还包括了许多关于饮食治疗和饮食宜忌的内容。这样一来，中古时期的方剂书和本草书等，竟可在相当程度上弥补饮食史资料之不足：通过这些书籍中的药品记录，我们可以更广泛地了解当时对各类食物特别是野生食物资源的开发利用情况；通过其关于饮食宜忌的讨论，我们可以了解当时的饮食营养观念。这一时期方始出现的食疗专书，更是我们了解传统医药和饮食的交叉之学——食疗营养学在中古时代的兴起和发展情况的直接材料。

中古时代的本草学、方剂著作颇为不少。但由于时代久远，原书不少已经散佚，基本完整保存下来的最著名的医方书有孙思邈的《备急千金要方》和《千金翼方》，现有李景荣等多个校释本。其中《备急千金要方》卷26专论食疗，被后人称为《千金食治》，是现存古籍中关于食疗学的第一篇系统专论；《千金翼方》中也有若干章节论及食疗养生问题。孙氏门人孟诜所著《养心方》经弟子张鼎增补而成《食疗本草》，更堪称

[1] 缪启愉：《〈四时纂要〉校释》之《校释前言》，农业出版社1981年版，第3页。

中国第一部专门的食疗学著作，原书早已散佚，1907年斯坦因在敦煌莫高窟找到部分残卷，罗振玉将其收入《敦煌石室碎金》；今人又从其他文献中辑录出一些文字，合成了若干辑本。[1] 此外还有王焘所撰《外台秘要》，亦为内容丰富的医学要典。这一时期的本草书，卷帙最大者要数唐代苏敬等人主笔集体官修的《新修本草》（又称《唐本草》），堪称我国乃至世界上最早的一部大型官修药典，虽然原书早已散佚，但基本内容保留在宋人唐慎微编的《重修政和经史证类备用本草》等著作之中。今有尚志钧等多个辑校本。

不过，此类著作虽然可为我们提供关于饮食的丰富资料，但我们对它们所载之物料，常常难以判别出产和使用的地区，难以笼统说明其是否出产于北方或为北人所食用，只能具体地分析、判断。

3. 地学和博物（方物）志书

由于特殊时代背景和历史契机，中古地学取得了超迈前代的重大发展，自然知识亦呈爆炸式增长，对饮食生活及其变化产生了重大影响。代表中古地学最高发展水平的，无疑是北魏郦道元的《水经注》，该书虽然主要记水，叙事以水为经，实则内容极其丰富，凡诸水流经之地，山川形势、风俗物产、历史掌故，莫不记述，关于各地山川风土、动植物种、经济生产和生活习俗，都留下了大量记载，为我们讲述那个时代环境与饮食的关系提供了重要史料依据；同一时期杨炫之所撰《洛阳伽蓝记》则集中描述了洛阳地区的历史风貌，关于洛阳城市的食物生产、供给和饮食风尚，有一些非常重要也十分有趣的记载。唐代最重要的地学著作是李吉甫的《元和郡县图志》，[2] 该书关于各地水土环境、水利建设和物产贡赋的记载，帮助我们了解唐代环境资源、食物生产和食料流通

[1] 如日本有中尾万三辑本，国内则有谢海洲、尚志钧等辑本，以后者为详备。案：《隋书》卷34《经籍三》著录《膳羞养疗》二十卷，从其书名看，显系食疗专著，但关于这部书的内容我们没有获得任何具体信息。

[2] 按：现存《元和郡县图志》有志无图，故亦称《元和郡县志》。

的情况。

与地学著述相伴而大批涌现的是博物（方物）志和地志（地记）。它们有的没有地域限制，有的则是专记某个地区；有的题名某某志（记），有的则以《风土志》《风俗传》或其他名称出现。这些著述形式不拘，内容博杂，往往包含有相当丰富的特色饮食史料。需要指出的是，中古时代，正值华夏文明大举向南扩张，而陌生的事物更能够引起人们的特殊兴趣，因此，那时关于南方风物的著述远比北方为多，并且许多著作都直接取名为《异物志》。不过，关于北方的专门著述也有一些，例如《西京杂记》。那些不限地域的志、记，亦包含了关于北方地区的丰富内容，例如著名的张华《博物志》、郭义恭《广志》等，就都包含有相当宝贵的北方食物和饮食生活史料。

4. 正史和《资治通鉴》

“正史”历来都是历史研究的基本资料，自然也是本题研究的重要资料来源。这个时代人所撰修的“正史”，占据古代“正史”的一半以上。其中的《宋书》《南齐书》《梁书》《陈书》和《南史》等虽系南方王朝正史，但其中也有一些记载淮河以北史事的材料。正史中的饮食相关史料十分零碎，但可靠性较高，其利用价值也是多方面的。例如：“列传”部分的有关内容，可以帮助我们了解许多个人日常饮食的具体情况；“地理”“食货”等部分，提供了各地区食料出产以及流通情况的资料；甚至“五行”“祥瑞”等历来不受重视的部分，也提供了一些关于饥荒、动植物产分布的有用材料；诸如此类。《资治通鉴》的史料价值，历来史家推重，其中的《唐纪》部分，材料尤其珍贵，正文和《考异》中都有一些涉及饮食的内容，值得重视。

5. 政书和类书

先谈政书。唐五代有若干部政书对我们的研究较有参考价值，一是杜佑的《通典》，二是以唐玄宗的名义修撰、李林甫作注的《大唐六典》，三是王溥的《唐会要》。前两部为唐人述唐事，后者则大量汇录了唐代实录，均为可靠资料，都有不少与饮食相关的内容，不容忽视。

关于中古史事的类书较多，隋代杜台卿《玉烛宝典》，唐代虞世南《北堂书钞》、欧阳询《艺文类聚》、徐坚《初学记》，宋代李昉《太平御览》、王钦若《册府元龟》，均为重要文献。此外尚有唐人白居易的《白氏六帖》和宋人孔传的《孔氏六帖》，后人合编为《唐宋白孔六帖》；有五代韩鄂的《岁华纪丽》，宋代高承的《事物纪原》、吴淑的《事类赋注》等等。由于类书是一类把各种材料分类汇编的工具书，查检起来比较方便。类书的资料大抵都是抄自前人文献，其中有不少是早已散佚的古籍，其中的史料自有特殊利用价值。上述类书中的经济、饮食、器用、动植物等门类所汇集的中古饮食史事内容十分丰富。以《北堂书钞》为例：该书《酒食部》凡七卷（卷142～卷148）六十目，广泛涉及主食、副食、饮料、调味品、食品加工酿造等各方面的内容，不仅记载了当时数量众多的饮食物品种类、食品加工和烹制技术方法、饮馔烹调理论和营养观念，而且提供了大量生动活泼的饮食雅闻典故，我们可据以了解多方面的中古饮食生活实况；其他类书亦复如此。要之，类书不仅提供了全面的中古饮食文化知识体系，而且保留了大量已经失传的饮食相关文献资料，堪称中古饮食历史资料之渊薮，值得特别留意。

6. 笔记小说

笔记小说是本书的另一大资料来源。中古笔记小说多系文士游戏之作，体例既不严整，内容亦非精选，不似其他类型文献那样的一本正经，相反，它们的作者随身之所处，任兴之所至，随手记载饮食、男女之类的琐屑小事。保存至今的一大批中古笔记小说，如刘宋人刘义庆的《世说新语》，唐人封演的《封氏闻见记》、段成式的《酉阳杂俎》，宋人钱易的《南部新书》、陶谷的《清异录》、吴曾的《能改斋漫录》……数量以十、百计，其中保留着相当丰富的中古饮食文化信息。历来被归入类书的《太平广记》实际上乃是一部小说总集，长短不一、风格各异、题材多样的文本，展现了异彩纷呈的社会生活面貌，关于饮食生活的直接或间接记载也是相当丰富。与其他文献记载相比，笔记小说关于饮食的记述更加生动，更贴近具体生活的实际，因而具有更高的史料价值。

诚然，古代笔记小说的作者多好追逐奇闻逸事，对神仙、鬼怪津津乐道，故记事每多荒诞无稽，难以据信（从《太平广记》即可知）。但不能因此而否定其特殊的史料价值，因许多事件和人物本身或系子虚乌有，但事件发生之一般社会生活背景却不能完全凭空编造，其所牵涉的饮食物品和相关生活内容，往往乃是作为事件发生的生活背景的一部分而被不经意地记载的。即使有些记载不尽符合当时的社会历史实际，也不是很难进行判别。

7. 诗文集

就字数来说，这类文献的数量最为庞大，从中搜集相关资料也最费时间、精力。中古时代的诗文集依然较好保存下来的数量不少，唐人诗文集存留尤多。其中既有个人的作品集，也有多种类型的众多文人的作品汇编。为了简便从事，本书基本上是先使用后者，例如梁昭明太子编纂《文选》、宋代李昉等编《文苑英华》（编辑采用类书体例）以及清人汇编的《全唐诗》和《全唐文》。前两种的史料价值无须多言，关于后两者的使用则需略加说明。

从严格的技术规范来说，既然唐人诗文集多存于世，就不应该使用清人的“转手货”，这是史料原始性的要求。但《全唐诗》《全唐文》二书的编辑者均为一时的才隽，其工作总体上是可以信赖的，他们对唐人诗文搜罗很全（尽取天下流传的唐人诗文之外，还补入了不少出土墓志碑铭），为我们提供了不小的方便，较之一一查阅个人的集子，可以节省不少时间。况且，留存下来的个人作品集经过一千多年的辗转传刻，版本众多，也未必都比《全唐诗》《全唐文》更加可靠。当然，为慎重起见，在必要的情况下，我们都尽量与个人诗文集进行对照。

关于此类文献，我们还应提及宋人宋敏求所编《唐大诏令集》。由于唐代实录基本上不存于世，正史、政书对唐代诏令或有未引，即使抄引亦每多不全，故该书自有其特殊价值。诏令之中，颇有一些与经济、饮食相关的内容，如赈饥、禁屠、赐食等等，正是本书所需要采撷、使用的资料。

8. 其他文献

除上述之外，还有一些从饮食角度来说不易归类的文献。例如与宗教有关的，佛教方面如历代的“僧传”、《法苑珠林》等关于饮食之事的记载，可以帮助我们了解僧侣的饮食生活状况。特别值得一提的是日本赴唐求法僧人圆仁的《入唐求法巡礼行记》，该书对其所经历之处（主要是华北）的饮食情况多所记录，至为宝贵；[1] 道家方面，如《云笈七签》对服饵养生食物和饮食起居宜忌，有很多记载。小学方面的著作，如三国时期张揖的《广雅》、唐代释玄应及释慧琳的《一切经音义》等等，以及中古学者对前人著作所做的注疏，也都有不少关于食物、饮食器具及食俗、食制的解说，对我们考订当时各类食物、器用和餐饮礼俗都很有帮助。

考古资料历来都是研究古代物质生活最有说服力的证据。遗憾的是，与两汉相比，目前已出土的这一时代的器物中与华北饮食相关者并不甚多，有关的石刻壁画也比较少。敦煌文书中有关饮食的内容相当丰富而且真实可靠，但敦煌地区并不在本书的研究范围之内，我们至多只能将有关文书资料引作旁证。

[1] 圆仁一行在唐朝活动的时间达九年零七个月之久，行经州府治所二十处，县治三十五处，驻足村落达八十余处，游历范围及于今江苏、安徽、山东、河北、山西、陕西、河南七省，每记其歇足之处，常常都要谈到在当地的饮食情况，特别是对寺院僧众和村闾农家的饮食情况记载较多。

第一章

中古华北的自然环境

有史以来，任何一个时代和地域的人类饮食都离不开特定的自然环境。自然环境不仅规定了可能获得的食物资源种类，对食物的获取和消费方式也是影响至深。自然环境及其诸因素的变化，常常导致饮食文化体系发生改变。当然，人类饮食生活特别是其长期“定向化”发展，反过来对所在地区自然环境造成愈来愈显著的影响，为了谋取充足的食物饮料，人们不断重新塑造，甚至从根本上改变所在地区的自然环境和生态系统。可以说，作为人类最基本生存需求的饮食生活需求，乃是驱动人与自然关系演变的一种最古老、最具原初性和基础性的动力。因此，若欲充分了解中古华北饮食面貌，理解其较之前后时代的变化和与同一时代其他地区的差异，首先需要对其时其地人们生息于其中的自然环境状况有所了解。

中古时代，从大规模的战争动荡开始，以唐帝国的土崩瓦解而告结束。在此七个多世纪中，既有过烽火连绵的战争岁月和疮痍满目的萧条景象，也有过国泰民安、仓廪殷实、外户不闭的太平盛世；游牧民族内迁及其文化移入，中原人口南徙与南方大开发，南北政权的分裂、对抗和整合，大运河的全线贯通与南北区域大沟通之实现，以及往来更加频繁并且空间不断扩大的中外文化交流，等等，共同构成了中古波澜壮阔的历史发展图景，也构成了中古华北人民饮食生活变迁的社会背景条件。关于这些，史家早已述论周详，我们不准备更多赘言。但关于中古华北的自然环境和生态面貌，特别是对饮食生活影响显著的那些自然因素的变化，以往史家很少专门讨论，故拟吸收综合历史地理学、气候史和生物学史等领域的前贤成果，结合个人的粗浅考察，做一概括性论述。这不只是为了一般性地了解中古华北人民是在何种自然环境下开展饮食活动，更是为了充分理解其饮食生活面貌何以是那个样子？在食料生产、食品加工和烹饪技法上何以做出了那些选择和变革？我们试图把人与自然的彼此因应、相互作用，作为理解饮食文化变迁的一个重要维度，寻求对中古华北那一系列显著变化的更加全面的认识。

一、自然环境的一般状况

在考察中古华北生态环境之前，先对该地区自然环境的一般状况略作了解。在漫长的地质演变史上，今天被称为“华北地区”的这个区域，由于大自然本身的运动经历了极其巨大的变迁，包括海陆变换过程，最后由海浸逐渐演变为陆地，形成了华北地台。新生代以来，华北地台进入大面积隆起侵蚀和沉降堆积时期，在山地和高原表现为上升和侵蚀，在间山盆地进行河湖堆积；在华北平原和渤海、黄海，则主要表现为沉降并且接受沉积。更新世早期至晚期，华北地台广泛堆积黄土，其中以陕甘黄土高原分布最广，土层最厚。高原山地的黄土，经过河流的侵蚀和搬运，被冲击、携带到了下游平原，形成次生黄土，最终形成现今华北区域广袤的黄土地带。黄土是一种优良的土壤母质，质地松软，易于耕垦，具有一定的“自肥”能力，有利于农作物生长。

华北地区的地势西高东低，地貌以大面积的平原和高原为主，中间夹杂着一些较短的山脉。大体说来，华北东部，临海地区的一部分是山东半岛和鲁中低山丘陵，此外就是由黄河、淮河、海河及其众多支流长期冲积形成的山前洪积冲积扇、冲积平原和滨海平原，共同构成辽阔的华北大平原，这里地势低平，一般都在海拔 50 米以下，坡度平缓，土层深厚。华北平原以西，是晋冀山地和豫西山地，地形以山地为主，夹有高原和间山盆地，山地海拔可达 2000 米以上，盆地则只有数百米，山地主要有燕山、太行山、吕梁山、伏牛山、熊耳山、桐柏山等。吕梁山往西，则是绵延广袤的陕甘黄土高原，周围为高山所环抱，中间亦错杂分布有一些山地丘陵。在典型的高原地带，分布着众多塬，塬面平坦，土层深厚。在黄河各支流的侵蚀下，塬不断被切割，形成众多沟壑，构成黄土高原极为特殊的自然景观。

华北地区位于我国东部季风区的中纬度地带，基本属于大陆性季风型暖温带半湿润气候，季节变化明显，冬夏差异显著：冬季受蒙古高压控制，盛行偏北风，气候干燥寒冷；夏季受亚热带海洋季风的影响，气候炎热湿润，降水较多。本区日夜温差和冬夏温差都相当大，但光热资源十分丰富，年活动积温可达 3200℃—4500℃，常年日照时数约 2290—3100 小时，太阳年总辐射量为每平方厘米 120 千卡—140 千卡。华北地区的降水总体上说不算丰沛，降水量自东南沿海向西北内陆逐渐减少，绝大部分地区年降水量在 700 毫米以下，只有淮河流域及山东半岛年降水量超过 800 毫米，华北平原中部以西年降水则不及 500 毫米，故本区只有山东半岛东部和淮河流域等少数地区处于湿润气候带，大部分地区则属于半湿润气候，有些地区甚至属于半干旱气候。不仅如此，这一地区的降水在季节分配上高度集中于夏季，6、7、8 三个月的降水占全年雨量的 60% 以上，冬季仅占 5%—10%，春季占 15% 左右，秋季约占 20%。雨量最集中的 7 月份，降水可达 200 毫米左右，降水最少的 1 月份，则一般在 5 毫米以下。由于雨量季节分布极不均衡，在夏秋之交往往暴雨骤降，许多地区日降水量超过 50 毫米，个别地区日最大降水甚至可达上千毫米，因此华北夏季常遭洪水袭击，山区水土流失严重，平原积涝成灾；在春冬季节则常出现连月亢旱不雨，特别在春夏之交的干热风天气下，经常造成行将成熟的作物缺水干枯，颗粒无收，历来称华北十年九旱，主要指春旱而言。此外，降水年变率也很大，多水年与少水年的降水量常相差 2—3 倍，最多甚至相差到 7—8 倍。

华北地区的河流主要由黄河、淮河和海河三大水系构成，由于降水量少、蒸发量大，河水流量不丰，全地区年总径流只有大约1500亿立方米；径流季节分配也极不均匀，65%的流量集中于夏秋之交的三个月，冬春季节流量则很小，春季枯水期更常发生断流。华北地区河流，一般都出自或流经黄土高原或山间盆地等黄土覆盖的地方，由于植被破坏和水土流失严重，巨量泥沙将许多河床堆积抬高，形成以黄河最为典型的“地上河”，很容易引起决口、泛滥甚至改道，对地区安全造成严重的威胁。由于泥沙长期淤积堙填，现今华北地区湖泊很少，仅有微山湖和白洋淀等若干个浅水湖沼。

华北地区的植被比较复杂。除呈现纬度变化之外，因气候自东向西从湿润、半湿润到半干旱逐渐过渡，降水量逐渐减少，植被也因此发生相应的变化：东部多为落叶林，中部多为灌木草原，西部则为干草原，植被构成的种类、数量及森林林相，都表现出较大的差异。除纬度和气候影响之外，华北地区的植被还受到地形的显著影响。大体上说，目前华北地区的植被，东部平原地区以散生的槐树、榆树、臭椿为主，沿海盐渍土上多为耐盐植被，沙地上则有沙生植被，洼地则有沼泽植被；在山区，植被的垂直分布明显，低山丘陵以栎林、杉木和灌木为主，山地上部以杨、桦、槭、椴等落叶林为主，更高的山地则为寒温针叶林和亚高山草甸；在黄土高原地区，山地有次生落叶林，塬地与沟谷则以灌木草原及干草原为主。[1]

以上所述华北地区自然环境简况，乃是当代地理学家对华北自然环境的概括，是在漫长地质年代由于大自然本身的运动，以及有人类以来由于不断强化的人为干预，经过长期变迁、演化的结果，并非自始即是

---

[1] 以上叙述主要参考下列文献综合改写：

1）中国科学院地理研究所经济地理研究室编：《中国农业地理》，科学出版社1980年版，第349—350页；

2）中国科学院《中国自然地理》编辑委员会编：《中国自然地理·总论》，科学出版社1985年版，第221—225页。

如此，也非一成不变。单以中古时代的情形与现代相比较，就可以发现历史上华北地区自然生态环境变迁是何等显著和剧烈。由于生态变迁问题并非本书主题，我们不准备对中古华北生态环境及其变化进行全面论述，只选择其中与饮食生活紧密相关的若干问题做一些检讨。这些问题包括：中古华北的气候波动及其影响、森林植被和陆地野生动物资源、水环境与水生生物资源，以及中古华北的土地承载力和人口状况等。

二、气候的冷暖干湿变化

气候是自然界中变动频繁并与人类生活变化关系最密切的一个环境因素，对人类社会的影响十分广泛而且深刻，气候变迁直接或间接地影响着人类的食物生产体系，并在饮食生活之中得到响应。因此，要认识中古华北的饮食生活面貌及其变化，有必要首先对当时该地区的气候状况略作介绍。

气候变化对人类饮食的影响，反映在许多方面，机制相当复杂，不仅表现在气候类型及其变化对人类生理需要的影响，进而影响人们的食物的偏好和选择；而且更表现在气候影响人类食物来源——动植物的生长，进而促使人类食物获得体系的调整。气象学家张家诚曾经指出：气候的冷暖干湿变化，对于高纬度地区如我国华北的农作物产量有直接影响。在其他条件不变的情况下，年均气温每下降 1℃，单位面积粮食产量即可能比常年下降 10%；年降水量每下降 100 毫米，则单位面积粮食产量亦将下降 10%。[1] 实际上，气候变迁的影响绝不止于某个年份农作物产量的增减，它还是导致某个区域食物生产体系发生结构性调整变化的一种重要因素。

自竺可桢开创中国气候史研究以来，学术界从物候学、气象学、天文学及历史文献学多个角度，对历史时期我国气候变化展开了卓有

[1]　张家诚：《气候变化对中国农业生产影响的初探》，《地理学报》1982 年第 2 期。

成效的探索，发表了大量的论著，如郑斯中等人的《我国东南地区近两千年来气候湿润状况的变化》[1]、徐近之的《我国历史气候学概述》[2]、任振球的《中国近五千年来气候的异常期及其天文成因》[3]、满志敏的《唐代气候冷暖分期及各期气候冷暖特征的研究》[4]……，逐渐推进了对中国气候的历史认识。研究者们一致认为：近数千年来，中国东部的气候（主要是气温）曾经发生过若干具有一定周期性的变化。但具体到中古时期气候冷暖情况，研究者的意见并不很一致。

竺可桢在他那篇非常著名的论文中，把近五千年来中国气候变迁划分为"考古时期""物候时期""方志时期"和"仪器观测时期"，中古时代处于他所谓的"物候时期"（1100 BC—1400 AD）。他认为，在经历了春秋至西汉的一个相当长的温暖期之后，"到东汉时代即公元之初，我国天气有趋于寒冷的趋势"，"至第 4 世纪前半期达到顶点"，进入了一个寒冷期，"那时年平均温度大约比现在低 2℃—4℃"。南北朝时期继续处于气候寒冷期，直到 6 世纪上半叶，河南、山东一带的气候仍比现在冷；至公元 7 世纪中期，气候变得和暖，自唐玄宗（712—756 年在位）至唐武宗（841—846 年在位）时，长安皇宫中都还能种植梅树和柑橘，并能开花结实，说明当时气温较之当代要暖和。[5] 根据他的研究成果，可以得出这样的看法：即汉唐时期，我国（包括华北地区）的气候经历了一个温暖—寒冷—温暖的变化过程。

满志敏的意见与竺可桢有所不同。他指出：虽然东汉以后气候略为转

[1] 收入《气候变迁和超长期预报文集》，科学出版社 1977 年版。

[2] 刊于《中国历史地理论丛》第 1 辑，陕西人民出版社 1981 年版。

[3] 刊于《农业考古》，1986 年第 1 期。

[4] 刊于《历史地理》第 8 辑，上海人民出版社 1990 年版。满氏的有关论述，又见于邹逸麟主编《黄淮海平原历史地理》上篇第一章《黄淮海平原历史气候》，安徽教育出版社 1993 年版；又见于氏著《中国历史时期气候变化研究》第七章《魏晋南北朝至隋唐时期的气候冷暖变化》，山东教育出版社 2009 年版。

[5] 竺可桢：《中国近五千年来气候变迁的初步研究》，原载《考古学报》1972 年第 1 期。此处引用据《竺可桢文集》，科学出版社 1979 年版，第 481—482 页。

凉，但“气候与现代相差很小，亦是处于相对温暖的时期”；[1]自东汉末年开始，黄淮海平原的气候“就表现出向寒冷转变的迹象”，[2]此后至五代时期，这一地区先后出现了几次寒冷期，第一个寒冷期自东汉末开始，3世纪70年代至4世纪初叶的40余年中，出现了第一个寒冷低值时期；第二个寒冷时期至少在北魏初年已有迹象，大约延续到6世纪20年代；此后气候略为偏暖，直至唐朝中期，此一阶段气温可能与现代相差不大；但自天宝以后，黄淮海平原又进入了新的寒冷阶段，自中唐至五代，当地气候比现代要寒冷。与竺可桢的结论相比，两者均认为自东汉末年至公元6世纪早期，我国东部处于寒冷期，气候比现代要寒冷；其后气候又较为温暖。所不同的是，竺氏认为整个唐代气候都比较温暖，满氏则认为自魏晋至五代“黄淮海平原气候的基本特征是寒冷”，唐朝前期只是这一寒冷期中气候略为偏暖的一个阶段，“估计这个阶段的气候可能与现代相差不太大”。[3]两位学者的论证都是严谨认真和细致周密的，这里不拟对他们的不同之点做出是非判断。对本书而言，具有重要参考价值的乃是两家共同的结论，即中古时代中国东部（包括华北）气候经历了较大的波动，其中魏晋南北朝处于显著寒冷期，唐代（特别是前期）的气候则比较温暖。

不过，气候变化根据旋回时间之长短，可有大小不同的周期划分：小的气候变化周期，以若干年至十余年为一循环；大的气候变迁周期则以若干世纪乃至更长时期为一循环。以上所说的，就是以几个世纪为一循环的大周期的气候冷暖变化。

在中国历史上，人们很早就已经认识到气候变化具有一定的韵律关系，呈现出一定的周期性，并且认识到周期性气候变化与周期性的风调雨顺或旱涝成灾、年岁丰穰或者饥歉有着十分密切的关系。《史记》称：“岁在金，穰；水，毁；木，饥；火，旱。……六岁穰，六岁旱，十二

[1]　邹逸麟主编：《黄淮海平原历史地理》，第19页。

[2]　同上书，第25页。

[3]　同上书，第29页。

岁一大饥。”[1]《淮南子》亦云：“三岁而一饥，六岁而一衰，十二岁而一康。”[2] 从中古文献记载中我们也可以发现，由于气候（包括降水、气温等等）的周期性变化，华北地区周期性地出现丰穰或者饥歉之年，从而对当地人民饮食生活状况造成了巨大的影响。[3]

与小周期的气候冷暖干湿循环相比，大周期的气候变迁对食物生产和饮食生活的影响，乃是一种隐性而非显性的过程，一代、两代人并不容易察觉到，因此历史文献对此反映不多，我们也很难条举多少能够直截了当地说明问题的文字资料。但是，这种大周期性的气候冷暖变化，对于特定时代和地区的食物生产体系和饮食生活状态的直接或间接影响，却毫无疑问是客观存在的。我们认为，魏晋南北朝隋唐时期我国东部（包括华北在内）气候的上述显著波动，给当时社会造成了多方面的深刻影响，它可以被认为是一系列社会变动的重要背景因素之一。具体到本题，我们有理由认为，那个变迁周期的气候寒暖干湿波动，与中古华北饮食文化的一系列变化密切相关，它不仅直接推动农耕地区的食物结构调整、生产制度变革和农作时宜变动，并且作为一个非常重要的历史推手和导因，促动西北游牧民族活动、农牧区域进退、农牧比重升降等等，进而推动社会饮食风尚嬗变，乃至引起更多方面发生连锁性的历史变化。

三、森林与陆地野生动物

以下我们再来看看中古华北森林植被和陆地野生动物资源的情况。

在陆地自然生态系统中，森林植被处于最基础性的地位，发挥着不可替代的重要功能。众多植物种类作为能量的“生产者”，通过叶绿素的

[1] 《史记》卷129《货殖列传》。

[2] 《淮南子》卷3《天文训》。按：“康”通“荒”，二字古义通。

[3] 有关中古华北气候变化所导致的饥荒及其对饮食生活的影响，灾荒史方面的研究已颇不少，本书不做专题讨论。

光合作用吸收、固定和转化太阳能，制造“食物”，不仅满足其自身的生长发育需要，而且为包括人类在内的所有动物类群提供物质能量。不仅如此，森林植被还在涵蓄水分、净化空气、调节气候和保护地表土壤等方面发挥着独一无二的作用。因此，它不仅仅是自然生态系统形成和演化的基础，而且是支撑并持续影响人类社会和文明系统的一个关键因子。

同世界其他地区一样，在人类历史的初始阶段，华北地区人口稀少，原始居民采集和捕猎等谋取食物的活动，对当地森林植被并不能造成具有严重破坏性的重大干扰。但自从进入农业时代以后，为了谋求更加丰富而稳定的食物来源，人们越来越多地砍伐森林、垦辟草莱，建立农田生态系统，森林植被开始受到破坏；进入铁器时代以后，这种破坏不断趋于剧烈。

多方面的证据表明：先秦时代，华北地区天然植被良好，秦岭、关中、豫西和冀晋山地都曾经是森林密布；黄土高原西北边缘则是水草丰美的草原间杂着成片的森林；黄河下游地区，由于特殊的自然环境，除若干丘陵山地之外，可能自古即是森林较少，但矮小灌木和各种水草生长繁茂，《尚书·禹贡》对这些地区的描述是“厥土赤埴坟，草木渐苞”（徐州）、“厥土黑坟，厥草惟繇，厥木为条”（兖州），兖州以东的青州，也处处可见松柏和山桑。中国古代最早的诗歌总集——《诗经》对先秦时代华北森林植被有过很多描述，除粮食作物和水生作物外，《诗经》一共记载有木本植物五十三种，草本植物四十一种，另外还有竹类。木本植物中，阔叶落叶树占四十八种，针叶树则仅有松、柏、桧、枞四种，反映当时华北森林以阔叶落叶林占优势，同现代植物学调查结果甚为一致；草本植物则以耐盐碱和耐干旱的蒿属及藜科植物分布最为广泛。[1]根据《诗经》的描述可以想象：先秦时代，华北地区到处可见棣、栎、枢、栲、漆树披盖的山岭，栗、杨、榆树荫覆的原隰和蒿莱茂密的平原，

[1] 何炳棣：《黄土与中国农业的起源》中篇（乙）“植被记载”、（丁）“植被资料的统计与分析”，香港中文大学出版社 1969 年版。

河曲水滨有大片的竹林；当然，田园阡陌之中，是人工种植的五谷、蔬果和桑麻。

战国秦汉以后，农地垦殖规模迅速扩大，蓬蒿藜藿茂长的草地不断被开辟成阡陌纵横的农田，营造宫殿、开矿烧砖、采薪烧炭、制作家具棺木等等需要，则使大片的森林不断遭到砍伐，华北地区的森林植被状况开始发生重大变化。史念海曾对黄河中游地区森林变迁进行了长期系统研究，他将森林破坏的过程划分为四个历史时期：

> 第一是西周春秋战国时期。这个时期一开始，还说不上有什么大规模的破坏，到了后期，现在陕西中部和山西西南部等所谓平原地区的森林，绝大部分都受到破坏，林区明显缩小。第二是秦汉魏晋南北朝时期。这一时期上述的平原地区的森林，受到更为严重的破坏。到这一时期行将结束时，平原上已经基本没有林区可言了。第三期是隋唐时期。这一时期由于平原已无林区，森林的破坏开始移向更远的山区。第四是明清以来时期。这一时期，特别是明代中叶以后，黄土高原森林受到摧毁性的破坏，除了少数几处深山，一般说来，各处都已达到难于恢复的地步……[1]

黄河下游地区原本即少有乔木森林，故很早就出现林木匮乏的局面。战国时期，已经有人说“宋无长木”；[2]齐国临淄附近的牛山，战国时期就因过度樵牧，茂美的林麓变成了濯濯童山。[3]到了中古时代，虽然魏晋北朝时期经历了一个相当长的人口减少、农耕衰退、土地荒芜阶段，草地和次生树林曾有过一定程度的逆转，不少地区由农田退为草莱、牧

[1] 史念海：《河山集》（三集），人民出版社1988年版，第148页。又参见史氏《历史时期黄河中游的森林》，收入氏著《河山集》（二集），生活·读书·新知三联书店1981年版。

[2] 《战国策·宋策》。

[3] 《孟子·告子上》。

场，但森林减少、薪材缺乏的状况总体上未见改观；相反，由于战争本身常常消耗大量木材，特别是遭战火荡毁的城郭在战后需要重建，浪费树木更多，森林面积仍处在不断减少之中。在长安、洛阳等大城市附近，森林耗减更是严重。

由于森林不断减少，中古华北特别是城市及平原地区，薪炭及各种用材短缺的问题逐渐突出。北魏时期，营建洛阳城所需木材已经不能从附近诸山获得，而必须远求于西河郡的吕梁山；[1]及至唐代，这种情况更为严重，由于长安、东都附近已无森林可以砍伐，采办薪炭木材成为朝廷的一件很头痛的大事，唐朝专门设置若干个监司负责此事，[2]天宝初年还专门在长安城南开凿了一条漕渠用于运输薪材；[3]至代宗时，复因"京师苦樵薪乏，（京兆尹黎幹）度开漕渠，兴南山谷口，尾入于苑，以便运载"。[4]以卖炭营生的人们要进入南山深处才能烧到薪炭进城售卖。[5]木材采办则需要远赴渭河上游的岐山和陇山，采办五六十尺以上的木材则需要去路途更远的岚、胜诸州。[6]

由于林木缺乏，中古国家对植树造林甚为重视。自北魏开始实行的"均田制"，明确要求用一定数量的土地专门种植桑、枣及杂木；朝廷官员督促百姓种树或者组织栽种行道树，于时亦成为受到社会赞誉的重要政绩。[7]

---

[1] 《周书》卷18《王罴传》曰："京洛材木，尽出西河（案：指西河郡），朝贵营第宅者，皆有求假。"

[2] 《旧唐书》卷44《职官志》载：将作监有百工、就谷、库谷、斜谷、太阴、伊阳等监，"掌采伐材木。"本注："百工监在陈仓，就谷监在王屋，库谷监在户县，太阴监在陆浑，伊阳监在伊阳。皆在出材之所。"

[3] 《新唐书》卷37《地理一》。

[4] 《新唐书》卷145《黎幹传》，又见《旧唐书》卷11《代宗纪》。

[5] 《全唐诗》卷427白居易四《卖炭翁》。

[6] 《册府元龟》卷511《邦计部·诬罔》，《新唐书》卷167《裴延龄传》。

[7] 如苻秦时期，在王猛的倡导下，"自长安至于诸州，皆夹路树槐柳"，民谣以"长安大街，夹树杨槐。下走朱轮，上有鸾栖……"歌咏其事，见于《晋书》卷113《苻坚载记》；北周时期，韦孝宽亦因种行道树而受到表彰，皇帝还特别要求诸州仿效他的做法，事见《周书》卷31《韦孝宽传》等。

华北森林植被虽然持续遭受破坏，这种趋势在中古时代仍然延续，但尚远未达到明清以来的严重程度。当时无论是渭河上游的陇山、岐山，冀晋山地的燕山、太行山、吕梁山，或者豫西的嵩、崤、熊耳、伏牛诸山，仍都可以见到成片的森林；今陕西周至、户县一带，在隋唐时代仍然到处有竹林。[1] 至于黄河下游，在某些人口较少的地区，如唐代河南道东部沿海诸州的山坂旷野上，仍是“草木高深”。[2] 草地和森林是陆地野生动物的栖息地，植被破坏必定使野生动物失去其合适的觅食、休憩环境，导致其种群数量不断下降直至最终绝迹。

自远古至上古时期，由于森林植被良好，气候亦较温暖湿润，华北地区的野生动物种类远比后世为多，种群数量亦远为庞大，从众多远古文化遗址出土的大量动物骨骸遗存可以推想：古时华北野生动物资源曾经何其丰富！直到商代，那里仍有不少大象和犀牛活动，故甲骨卜辞中乃有猎获犀牛至百头以上的记载，[3] 商人“服象”更是史有明文。[4] 如今犀牛早已在中国大地绝迹，而大象亦仅残存于遥远的云南西双版纳热带丛林。

不过，如上所述，华北环境变迁毕竟是在漫长历史时期中逐渐进行的，直至中古时代，这个地区还多有虎、狼之类的大型食肉猛兽活动出没，特别是在历次战争动乱以后，许多地区人烟稀少，土地废为草莽，野生动物得到扩展其活动领地的机会，关于猛兽出现的记载更加多见。例如，前秦苻生统治时期，“潼关以西，至于长安，虎狼为暴，昼则继

[1] 参史念海《历史时期黄河中游的森林》，收入《河山集》（二集）。

[2] ［日本］圆仁：《入唐求法巡礼行记》卷4。

[3] 陈梦家：《殷墟卜辞综述》，中华书局1988年版，第555—556页。

[4] 关于商人服象，罗振玉曾评述说：“象为南越大兽，此后世事。古代黄河南北亦有之。为字从手牵象，则象为寻常服御之物。今殷墟遗物有镂象牙礼器，又有象齿甚多，卜用之骨有绝大者，殆亦象骨。又卜辞田猎有获象之语，知古者中原象至殷世尚盛也。王国维曰：‘《吕氏春秋·古乐篇》商人服象，为虐于东夷。周公以师逐之，至于江南。此殷代有象之确证矣。’”《殷墟书契考释》中30，转引自陈梦家：《殷墟卜辞综述》，第557页。

道，夜则发屋，不食六畜，专务食人，凡杀七百余人……”由于虎狼食人，造成当地“行路断绝”。[1]这种恐怖的景象或是史家基于“天人感应”观念编造而来，至少是有所夸张；但北魏时期，要捕捉几只老虎，在距离京城洛阳不远的郡县即可以办到，后魏庄帝时，为了试验老虎是否在狮子面前伏首低头，“诏近山郡县捕虎以送”，距离洛阳以东和东北不远的“巩县、山阳并送二虎一豹”；[2]《齐民要术》的记载反映：在北魏后期的华北地区，虎、狼常对羊群造成威胁。[3]在唐代，华北地区仍然常见猛虎出没，代宗时，关中的华州曾经发生“虎暴”，猛虎甚至曾经进入位于长安城内长寿坊的元载家庙；[4]行者过客在旅途中遇见老虎的事情，在许州、沧州这些并不算特别僻远的地区也时有发生；[5]定州北平一带多猛虎亦载于正史。[6]除虎、狼之外，豹、熊等猛兽在当时华北地区也有不少，《新唐书·地理志》《元和郡县志》等记载岚州、蔚州、平州等地土贡熊、豹皮及尾；盛唐时期关中户县一带仍然可以捕猎到熊。[7]另外一种大型食肉动物——狐，即使在京兆、汲郡这些人烟繁盛的地区也有不少，时常有人组织进行大规模捕猎，国家有时还向当地郡县征调狐皮。[8]

我们知道，大型食肉动物是食物链上的捕食者，以食草动物或其他的食肉动物为生，位居生态金字塔的顶端，其生息繁衍必须以十、百倍计的处于较低营养级的动物（主要是食草动物）之存在作为基本前提。

---

[1]《魏书》卷95《临渭氏苻健传》。《晋书》卷112《苻生载记》略同。

[2]《洛阳伽蓝记》卷3《城南》。

[3]《齐民要术》卷6《养羊第五十七》说：不能让急性子的人和小孩牧羊。因他们“……或劳戏不看，则有狼犬之害”；又说做羊圈“必须与人居相连，开窗向圈。（自注云）：所以然者，羊性怯弱，不能御物，狼一入圈，或能绝群。”又说做圈要竖柴栅，并且栅头要高于墙，这样“虎狼不敢逾也”。

[4]《太平广记》卷289《明思远》引《辨疑志》，《旧唐书》卷11《代宗纪》。

[5]《太平广记》卷430《李琢》引《芝田录》，卷431《李大可》。

[6]《新唐书》卷202《文艺中》。

[7]唐·段成式：《酉阳杂俎》前集卷之12《语资》。

[8]《隋书》卷72《孝义传》，《全唐文》卷60宪宗《禁捕狐兔诏》。

中古华北地区还大量存在虎、狼、豹、熊、狐这些食肉猛兽，间接证实那时该地区野生动物种群特别是食草类动物（如鹿、兔、鼠等等）种群数量依然相当庞大。

中古时代人们对于食草动物与食肉动物之间的数量关系，当然不可能运用现代生态学理论知识来加以解释，但他们确实凭经验感觉到了这种数量关系的存在。这一点，从曹魏时期高柔的上疏言论之中可以清楚地看出。他说：

> ……今禁地广轮且千余里，臣下计无虑其中有虎大小六百头，狼有五百头，狐万头。使大虎一头三日食一鹿，一虎一岁百二十鹿，是为六百头虎一岁食七万二千头鹿也。使十狼日共食一鹿，是为五百头狼一岁共食万八千头鹿。鹿子始生，未能善走，使十狐一日共食一子，比至健走一月之间，是为万狐一月共食鹿子三万头也。大凡一岁所食十二万头。其雕鹗所害，臣置不计。以此推之，终无从得多，不如早取之为便也。[1]

在他的这一估算中，各种动物的数字都很大，尤其是鹿的数字特别大。他所说的这些数字，虽然不可能是确定的实数，但也并非完全是信口开河。

最可注意的是，高柔这段言论主要针对当时朝廷禁止百姓在禁苑捕鹿利小弊大有感而发。据他所言，当时禁苑附近的鹿群非但不少，而且简直是鹿群成灾。他指出：当时“……群鹿犯暴，残食生苗，处处为害，所伤不赀。民虽障防，力不能御。至如荥阳左右，周数百里，岁略不收，元元之命，实可矜伤。方今天下生财者甚少，而麋鹿之损者甚多。……”所以他主张放宽捕禁，听任民间捕鹿。[2]尽管我们不能排除高柔的话有

[1] 《三国志》卷24《魏书·韩崔高孙王传》“裴注”引《魏名臣奏》。
[2] 《三国志》卷24《魏书·韩崔高孙王传》。

夸大成分，但中古华北仍有大量鹿类栖息乃是实情。

鹿类动物[1]是野生食草动物中的一个典型种类，对食物和栖息地环境的要求比较高，其分布区域和种群数量的变化，综合反映了中古华北生态环境的变化特别是森林和草地盈缩。

在大举砍伐森林、焚烧草莱以开辟农田以前，华北地区的鹿类种群数量十分庞大，它们曾经是远古先民的主要捕猎对象和主要肉食来源之一，各地史前文化遗址中所发现的大量鹿类骨骼遗存，就是最好的证明。[2]直到文明初期，黄河中下游的沼泽湿地中仍有大量麋鹿栖息繁衍，山岭丛林之中也是獐鹿成群。商代的情况，在甲骨文中有所反映，鹿类象形字达数十个之多，猎鹿是商人捕猎活动的主要内容之一，卜辞之中经常提及，猎获数量相当可观；[3]商王还建有鹿台，说明当时可能开始养鹿。周代的情形，根据《诗经》等文献记载，也是处处“呦呦鹿鸣”，成群的鹿儿觅食、徜徉在苹蒿草地和山岭丛林之中。[4]进入铁器时代之后，随着荒野草地陆续被垦辟为农田，鹿类栖息场所不断受到破坏，习惯生息在平原沼泽湿地的麋鹿减少最为迅速，秦汉以后华北平原地区已经很难见到麋鹿的踪迹；其他鹿类动物也逐渐远离原隰和丘陵，向高山

[1] 所谓鹿类动物，确切地说是指反刍亚目鹿上科动物，包括麝科和鹿科动物，但一般也将鼷鹿上科的鼷鹿算入鹿类。我国现有鹿类动物二十一种，其中鹿上科动物二十种，鼷鹿上科的鼷鹿一种，占全球鹿种总数的41.7%，是世界上鹿类动物分布较多的国家，其中麝属和麂属的大部分种类，以及獐、毛冠鹿、白唇鹿等均系中国特有或主要分布于中国境内。参盛和林《中国鹿类动物》，华东师范大学出版社1992年版，第1页。根据动物学家的研究，现今分布于华北地区的鹿类动物，有麝科的原麝、马麝，鹿科的獐（河麂）、黄麂、白唇鹿、梅花鹿、马鹿、麋鹿（又名四不像）、狍（又名狍子、狍鹿、野狍、野羊）等，历史上还可能有其他鹿种分布，但后来绝迹。

[2] 具体情况，参见袁靖《论中国新石器时代居民获取肉食资源的方式》一文列表统计，其文刊于《考古学报》1999年第1期。

[3] 具体情况，参见孟世凯《商代田猎性质初探》，收入胡厚宣主编《甲骨文与殷商史》，上海古籍出版社1983年版，第204—222页。

[4] 《诗经·小雅·鹿鸣》。

深林中退避。不过，直到中古时代，华北森林植被破坏毕竟还不像晚近时代那么严重，特别是在历次战乱后的人口锐减时期，土地荒芜，林草复生，无论在边地还是中心地带，都还有一些鹿类动物分布，种群数量仍然相当可观。可惜资料十分零碎，我们无法据以做出统计学意义上的数量说明，只能根据重点描述其分布情况。

关于中古华北鹿类的直接记载虽然不少，但大多分散在各种很不经意文献记载之中，归纳叙述相当困难。所幸的是，史书留下了一些比较完备的土贡鹿类产品（如麝香、鹿角胶、鹿皮等）的资料，以及古代地方官员关于鹿类“祥瑞”现象的报告和进献白鹿的记载，使我们有可能推测和描述中古华北鹿类动物的主要种类——麝、獐、梅花鹿等等的分布概况。

先看看进贡鹿产品的资料。关于地方向朝廷进贡鹿产品，隋朝以前尚无系统记载，唐代则记载较多，主要集中在《唐六典·户部》《通典·食货典》《新唐书·地理志》和《元和郡县志》等书之中。我们据以制成下表（表 1-1）。

表 1-1　唐代北方各地土贡麝香等鹿产品表

表 1-1-1

序号	贡地	贡物	资料出处
1	安化郡（庆州）	麝香 25 颗	通典·食货典
2	灵武郡（灵州）	鹿角胶	通典·食货典
3	榆林郡（胜州）	青鹿角 2 具	通典·食货典
4	延安郡（延州）	麝香 30 颗	通典·食货典
5	咸宁郡（丹州）	麝香 1 颗	通典·食货典
6	新秦郡（麟州）	青地鹿角 2 具，鹿角 30 具	通典·食货典
7	弘农郡（虢州）	麝香 10 颗	通典·食货典
8	楼烦郡（岚州）	麝香 10 颗	通典·食货典
9	妫川郡（妫州）	麝香 10 颗	通典·食货典
10	渔阳郡（蓟州）	鹿角胶 10 斤	通典·食货典

续表

序号	贡地	贡物	资料出处
11	柳城郡（营州）	麝香 10 颗	通典·食货典
12	陇西郡（渭州）	麝香 10 颗	通典·食货典
13	金城郡（兰州）	麝香 10 颗	通典·食货典
14	安乡郡（河州）	麝香 20 颗	通典·食货典
15	临洮郡（洮州）	麝香 10 颗	通典·食货典
16	合川郡（叠州）	麝香 20 颗	通典·食货典
17	上洛郡（商州）	麝香 30 颗	通典·食货典
18	济阳郡（济州）	鹿角胶 30 小斤	通典·食货典

表 1-1-2

序号	贡地	贡物	资料出处
1	灵州	鹿角胶	唐六典·户部
2	丹延庆等州	麝香	唐六典·户部
3	岚虢忻等州	麝香	唐六典·户部
4	妫营归顺等州	麝香	唐六典·户部
5	蓟州	鹿角胶	唐六典·户部
6	商州	麝香	唐六典·户部
7	宕州	麝香	唐六典·户部
8	甘沙渭河兰叠	麝香	唐六典·户部

表 1-1-3[1]

序号	贡地	贡物	资料出处
1	同州	麝香	元和郡县志
2	庆州	麝香	元和郡县志
3	丹州	麝香	元和郡县志
4	延州	麝香	元和郡县志

[1]《元和郡县志》的记载明确分记了“开元贡”和“元和贡”。《唐六典》《通典》所载应是“开元贡”；《新唐书》则应包括了“开元贡”和“元和贡”，甚至还有其他补充。

续表

序号	贡地	贡物	资料出处
5	灵州	鹿皮、鹿角胶、麝香	元和郡县志
6	虢州	麝香	元和郡县志
7	隰州	麝香	元和郡县志
8	石州	麝香	元和郡县志
9	忻州	麝香	元和郡县志
10	代州	麝香	元和郡县志
11	利州	麝香	元和郡县志
12	成州	鹿茸	元和郡县志
13	文州	麝香	元和郡县志
14	扶州	麝香	元和郡县志
15	渭州	麝香	元和郡县志
16	河州	麝香	元和郡县志
17	廓州	麝香	元和郡县志
18	叠州	麝香	元和郡县志
19	宕州	麝香	元和郡县志

表 1-1-4

序号	贡地	贡物	资料出处
1	同州冯翊郡	麝	新唐书·地理志
2	商州上洛郡	麝香	新唐书·地理志
3	庆州顺化郡	麝	新唐书·地理志
4	丹州咸宁郡	麝	新唐书·地理志
5	延州延安郡	麝	新唐书·地理志
6	灵州灵武郡	麝、鹿革	新唐书·地理志
7	会州会宁郡	鹿舌、鹿尾	新唐书·地理志
8	麟州新秦郡	青他鹿角	新唐书·地理志
9	胜州榆林郡	青他鹿角[1]	新唐书·地理志
10	虢州弘农郡	麝	新唐书·地理志

[1] 按：应即《通典·食货典》所载之“青地鹿角”。以何者为正，不能遽定。

续表

序号	贡地	贡物	资料出处
11	岚州楼烦郡	麝香	新唐书·地理志
12	忻州定襄郡	麝香	新唐书·地理志
13	代州雁门郡	麝香	新唐书·地理志
14	妫州妫川郡	麝香	新唐书·地理志
15	檀州密云郡	麝香	新唐书·地理志
16	营州柳城郡	麝香	新唐书·地理志
17	河州安昌郡	麝香	新唐书·地理志
18	渭州陇西郡	麝香	新唐书·地理志
19	兰州金城郡	麝香	新唐书·地理志
20	阶州武都郡	麝香	新唐书·地理志
21	洮州临洮郡	麝香	新唐书·地理志
22	廓州宁塞郡	麝香	新唐书·地理志
23	叠州合州郡	麝香	新唐书·地理志
24	宕州怀道郡	麝香	新唐书·地理志
25	甘州张掖郡	麝香	新唐书·地理志

从表1-1可见，唐代华北诸州所贡鹿类产品，主要是麝香。此外还有鹿角胶、鹿角、鹿皮、鹿革、鹿舌和鹿尾等等，各有其用。但晚近世纪一直被视为滋补上品的鹿茸，仅见成州有贡，那里严格说来并不属于华北范围。[1]

唐代众多的州郡向朝廷进贡麝香这个现象颇令人讶异，值得特别注意。麝香主要来源于麝，极少部分亦来自香獐。麝香是麝的包皮腺分泌物，是一种具有强烈芳香气味的外激素，为世界上三大动物香料之一（其他两种分别来自灵猫和河狸），同时还是重要药材。据现代医学研究：麝香对人的中枢神经有兴奋作用，能兴奋呼吸中枢和血管舒缩中枢，

[1]　按：唐高祖武德元年（618年）改隋汉阳郡为成州，辖今甘肃省礼县、西和、成县、康县一带；唐玄宗天宝元年（742年）改为同谷郡；至唐肃宗乾元元年（758年）复为成州。隶属陇右道。

自古医家用于急热性病人的虚脱、中风昏迷和小儿惊厥等症，疗效显著。唐代除华北众多州郡土贡麝香外，南方各地特别是山南、剑南诸州郡也是大量进贡，说明麝香在当时乃是一种大量需用的药用香料，这很可能与社会上层多患“风疾”有关，这种疾病远比当今高血压、中风等心脑血管疾病更令人惧怕和烦心（这个问题将另有讨论）。[1] 除麝香之外，还有地方直接土贡麝，大约是供皇家苑囿豢养的。此外，唐代北方有若干个州郡上贡鹿角胶，这种东西具有补肝肾、益血填精、止血安胎等功能，也是一种上等的药物。

一般说来，能上贡麝香的地区，即有麝的栖息。由表 1-1 可以看到，唐代麝的分布相当广泛。在华北地区，位于太行山以西、青藏高原以东的各州郡，均有麝的活动栖息，甚至距长安不远的同州亦以麝香称贡。黄河下游地区则不见有土贡麝香的记载，说明唐代麝在那里很少或者没有分布。

这个时代华北仍有大量梅花鹿（历史上或称斑鹿）和獐，文献关于“白鹿”“白獐”的记载可以证明。现代动物学研究表明，所谓白鹿，乃是梅花鹿（学名 *C. Nippon*，古代文献中或作斑鹿）隐性白花基因的表现型，是一种罕见的遗传变异现象，发生的概率极小。因此，凡白鹿出现的地方必有梅花鹿栖息，且其种群数量很可能相当之大。[2]

从很早的时代开始，古人就视白鹿出现为一种“祥瑞”，认为它们是感应帝王圣明仁德而至。例如《宋书》卷 28《符瑞中》说：“白鹿，王者明惠及下则至。”地方一旦发现白鹿，大小官吏自然不会放弃这个向皇帝颂德邀宠的机会，必定要报知朝廷，捕捉到了都要上献，至晚从汉代开始，这已经形成了一种惯例。[3] 以白鹿出现为“祥瑞”的观念自然是

---

[1] 据我们检索：《新唐书·地理志》记载全国共有四十二个州郡土贡麝香；《元和郡县志》记载三十个州郡土贡麝香，《通典》记载二十六个州郡贡麝香，《唐六典》则记载天下十道中，土贡鹿香的有六个道：关内、河东、河北、山南、陇右、剑南。

[2] 参盛和林：《中国鹿类动物》，第 267 页。

[3] 例如《后汉书·安帝纪》载：“延光三年（124 年）六月辛未，扶风言白鹿见雍；七月，颍川上言，白鹿见阳翟。”

虚妄的，但史书关于白鹿出现的记载，一般来说乃是真实可信的。因为在大多数情况下，地方官员将捕获的白鹿上献给了朝廷，史书才会记载了下来。当然，不能完全排除有谗谀之臣谎报的情况。因此，根据有关记载，我们可以约略推知当时梅花鹿种群及分布情况。

魏晋南北朝文献关于白鹿的记载，主要见于《宋书》和《魏书》。《宋书》卷28《符瑞中》所载，可以确认属于本区范围者一共十一次，其中言“献”者六次、言“见”者二次、言“闻”者三次。最早的一次发生于曹魏文帝黄初元年（220年），最后一次在刘宋后废帝元徽三年（475年）。至于出现的地点，黄初元年十九个郡国均上言白鹿出现，是断不可信的，应该是因为其年曹丕废汉建魏、即位称帝，地方官为献谗媚而编造、上报此种“祥瑞”，以示曹氏篡汉乃是“上应天命”。其余十次，分别见于扶风雍县、天水西县、东莞莒县峋峨山、文乡县、谯郡蕲县、彭城县、徐州济阴县、雍州武建县、梁州和郁州；《魏书》卷112下《灵徵志下》的记载，可以确认在本区范围之内者共有二十二次，首次在北魏道武帝天兴四年（401年），末次在东魏孝静帝武定元年（543年），其称“献”“获”或“送”者，一共十七次，称“见”者有五次。除一次地点不详外，其余分别见于魏郡斥丘县、建兴郡、定州、乐陵、代郡倒刺山、相州、洛州、京师（平城）西苑、秦州（两次）、青州、司州（四次）、荆州[1]、平州、齐州、济州、徐州和兖州。

关于隋唐时期白鹿的出现，《隋书》和两《唐书》都没有集中记载，《册府元龟》则记载有十三次，地点分别是华池之万寿原、骊山、麟州、沂州、九成宫之冷泉谷、济州、潞州、皇家禁苑（两次）、华山大罗东南峰驾鹤岭、皇家闲厩试马殿、亳州、同州沙苑监，以关中居多。[2]

由上述记载可知：中古时代，华北许多州郡都曾经有白鹿出现过，

[1] 不同于其他时期的荆州，北魏时期（指太和二十一年前后）的荆州辖区很小，仅包括今河南平顶山市以西至伏牛山两侧及其附近地区，亦在本文研究范围内。

[2] 宋·王钦若等编：《册府元龟》卷24《帝王部·符瑞三》、卷115《帝王部·搜狩》。兹据中华书局1960年影印宋本。

在丘陵山地多的那些州郡比较频繁；黄淮海平原诸州郡也时有报告。由于京畿附近常禁民私猎，皇家苑囿则往往豢养数量不小的鹿群，故白鹿较多出现在这些地方应属合情合理。要之，梅花鹿可能是中古华北地区种群数量最大、分布最广泛的优势鹿种，京畿附近和那些多丘陵山地的州郡因梅花鹿种群数量较大，分布密度较高，故多见白鹿；东部平原也有一些梅花鹿分布。

中古华北另一重要鹿种是獐，古代文献亦称为麞，学名 *Hydropotes inermis*。相比而言，獐不像梅花鹿具有较高观赏价值并且能够提供珍贵鹿茸，亦不是麝香的主要来源，因此它在古代声望远不及后二者，甚至还因貌丑而受讥，所谓“獐头鼠目”是也。不过，獐乃是当时重要的捕猎对象和野味肉食来源，分布区域也相当广泛。在古代，獐的隐白基因表现型——白獐，也被视为一种吉祥物，史家谓：“白獐，王者刑罚理则至。”[1] 即白獐出现乃是帝王刑罚平正公允、合乎法度的一种自然感应。因此，地方发现白獐也都要报知朝廷，若有捕获亦必定上献。《宋书》《魏书》及《册府元龟》关于本区白獐的记载共有二十七条。

在《宋书》卷28《符瑞中》的十七条记载中，言“献”者十二、“见”者四、“闻”者一，时间在曹魏文帝黄初元年（220年）至刘宋明帝泰始五年（469年）之间。关于黄初元年的那条记载称十九郡国上言白獐出现，自不可靠（理由如前），其余记载所涉及的地区有：琅琊、魏郡、义阳、汲郡、梁郡、汝阳武津、东莱黄县、马头（属豫州）、济阴、东莱曲城县、济北、南阳（三次）、北海都昌、汝阴楼烦。

《魏书》卷112下《灵徵志下》共记载有七次，六次言“献”，一次称“见”，时间起自北魏明元帝永兴四年（412年），止于东魏孝静帝武定七年（549年），白獐出现的地区分别是章安、怀州、豫州、华州、徐州（两次）和瀛州。

《册府元龟》卷24《帝王部·符瑞三》记载三次白獐，两次言“见”，

[1]《宋书》卷28《符瑞中》。

一次称“献”，分别为唐玄宗开元十二年（724 年）在豫州、十五年在海州，德宗贞元十二年（796 年）在许州。

以上这些记载表明，当时白獐出现的地方基本上都是华北的东部，太行山以西则很少见，似乎说明当时獐主要分布在东部地区。这是由于史料记载缺失，抑或实际情况即是如此，尚需进一步查证。从我们所搜集到的其他资料来看，至少在关中地区还有獐，如唐文宗开成四年四月“有獐出于太庙，获之。”[1]这或可认为是从禁苑之中逃逸出来的，不能算作自然分布。但孙思邈曾经提到：岐州有上等的獐骨和獐髓，可以入贡。[2]不过，獐性喜在溪河水际活动，东部湿润多水的地区更加适合它们栖息。这样看来，当时东部地区獐的分布较多，而白獐出现亦以东部居多，似亦合乎情理。

令人颇生悬念的是麋，即俗称的“四不像”，学名 *Elaphurus davidianus*。如前所言，从远古到春秋时期，麋鹿曾经是华北东部湖沼草泽地区最具优势的鹿种，种群数量十分庞大。但是，自战国秦汉以后，随着土地不断被垦辟，这个地区麋鹿日渐稀见，种群数量和分布区域减缩于诸鹿之中最为明显，以至有学者曾经认为：西汉以后麋已经在这个地区绝迹。[3]在中古时代，麋在华北地区已经很少分布，但并未绝迹，北魏道

[1] 《新唐书》卷 35《五行二》。

[2] 《千金翼方》卷 1《药录纂要·药出州土第三》。兹据上海古籍出版社 1999 年版朱邦贤等校注本。

[3] 历史地理学家文焕然不同意西汉以后华北麋鹿已经灭绝的说法，认为直到 17 世纪甚至 19 世纪，华北地区仍有少量麋鹿分布。文焕然：《中国珍稀动物历史变迁的初步研究》，收入氏著《中国历史时期植物与动物变迁研究》，重庆出版社 1995 年版，143—150 页。本节所举证的材料可以部分支持文氏观点，中古华北确有少量麋鹿分布。不过，与远古极盛之情形相比，实在无法同日而语。到了清代，麋在整个中国都近乎绝迹，晚清时期仅在北京南郊皇家苑囿中有少数豢养，1900 年八国联国攻入北京时，竟把它们洗劫一空，致使麋鹿在中国断种将近百年，直到 20 世纪 80 年代，始由英国乌邦寺公园引返其种，国家在苏北沿海专门设置麋鹿饲养场，避免了这一鹿种最终完全灭绝的更大悲剧。麋鹿消亡的过程实为一部反映中国古今环境巨大变迁，并且充满叹息和伤痛的历史。

武帝天兴五年（402 年）中国北方曾经发生一场大疫，史称“是岁天下牛死者十七八，麋、鹿亦多死。”[1] 从一些零碎的文献记载中，我们尚能寻觅到麋在本区活动的一些踪迹。

首先，华北北部边缘草原地带水源丰富之处，应当还有一些麋群活动。《魏书》卷 28《古弼传》记载：公元 444 年，魏帝畋猎于山北，“大获麋鹿数千头，诏尚书发车牛五百乘以运之”。若文中“麋鹿”乃指麋一种，则那里麋的种群数量仍甚可观；若是“麋、鹿”两种合记，当地至少也还有一些麋在栖息活动。无独有偶，唐人张读《宣室志》卷 8 亦载：侨居雁门的林景玄“以骑射畋猎为己任”，“尝与其从数十辈驰健马，执弓矢兵杖，臂隼牵犬，俱猎于田野间，得麋、鹿、狐、兔甚多”，表明在今山西北部尚有麋的存在。此外，位于陇右道鄜州化城县东北七十里的扶延山中，也“多麋鹿”。[2] 内地亦偶见有麋，唐代虢州、邓州、济源等地应该还有麋在栖息活动。《新唐书》卷 215《突厥上》云：“虢州负山多麋麇，有射猎之娱。”[3] 同书卷 162《吕元膺传》亦称：“东畿西南通邓、虢，川谷旷深，多麋鹿……。”初唐人王绩称其居住河、济之间，“亲党之际，皆以山麋野鹿相畜。”[4] 这是山西南部济源一带的情况。在今江苏洪泽湖、山东高密等地，唐代也还有麋。前者在孙思邈《千金翼方》中有所反映，[5] 后者则见于《元和郡县图志》的明确记载。[6]

这些零散记载虽不十分明确具体，但我们有充分理由相信：直到唐

[1] 《北史》卷 89《艺术上》。

[2] 唐·李吉甫：《元和郡县图志》卷 39《陇右道上》。此据中华书局 1983 年版贺次君点校本。

[3] 《资治通鉴》卷 194《唐纪十》“太宗贞观六年”亦云：“以虢州地多麋鹿，可以游猎，乃以颉利为虢州刺史。”

[4] 《全唐文》卷 131 王绩：《答冯子华处士书》。

[5] 该书卷 1《药录纂要》称：河南道泗州出麋脂。按：麋脂即麋鹿的脂肪，可作药用。同书卷 3《本草中·人兽部》云：“麋脂，味辛温，无毒。主痈肿恶疮死肌、寒风湿痹、四肢拘缓不收、风头肿气，通腠理，柔皮肤。不可近阴，令痿。一名宫脂。”

[6] 该书卷 11《河南道七·密州》云：“东安泽，在（高密）县北二十里。周回四十里，多麋鹿蒲苇。”

代，华北一些地方尚有麋鹿活动，只是种群数量已经微不足道，根本无法与先秦以前的情形相比，活动区域也是极其有限；与同时代的梅花鹿、麝和獐相比，种群数量也要少得多。这自然是因为原先最适合麋鹿生息的东部平原沼泽地带，此时已经成为农耕经济中心区域，各地湖沼草泽虽然尚未全部淤废，但可供麋栖身之地已经不多；山区川谷溪涧固然亦适于麋鹿生息，但毕竟不能容纳很大的种群。

要之，相关文献记载给予我们的基本印象是，中古时代华北地区还有种群数量颇为可观的鹿类动物栖息活动。魏晋北朝时期的邺城附近、隋唐时代的关中地区和洛阳西南的陆浑、伊阙等县以及邓、虢诸州（特别是熊耳山、伏牛山区），都有不少鹿类；河东潞州东部的林虑山一带，在唐代也是猎鹿的好去处。汉末三国时期邺西一带鹿类动物依然众多，故曹丕与其族兄之子曹丹出猎，"终日获獐、鹿九，雉、兔三十（其他文献所引皆作二十）"。[1] 以当时的狩猎工具条件，若无较大的鹿群存在，一天就能够猎获九头獐、鹿是无法想象的。关中地区多有皇家禁苑，其中的鹿有不少已经处在半驯化状态，由于国家对畿内百姓实施捕猎禁令，故而鹿群可以相当自由地活动，有时甚至直入皇宫殿门。[2] 但王公贵族时常纵猎于田间旷野，射鹿娱乐，这在当时的诗文中有颇多记载，无须具引。唐代东都洛阳西南诸州县的鹿类众多，史书时有记载。唐初，突厥可汗颉利归降后，常郁郁不乐，太宗为顺其物性，打算任命他做虢州刺史，因"虢州负山多麋麌，有射猎之娱"；[3] 而中晚唐时期，邓、虢一带仍"皆高山深林，民不耕种，专以射猎为生，人皆趫勇，谓之山棚"，"山棚"常将猎获的鹿负载入市鬻卖。[4]

在华北边缘临近草原地带，拥有更加丰富的鹿类动物，仍然是人们射猎的主要对象之一。北魏前期都城平城以北地区特别是今阴山一带，是鹿

[1] 《三国志》卷 2《魏书·文帝纪》"裴注"引《典论·自序》。
[2] 《隋书》卷 2《高祖纪下》。
[3] 《新唐书》卷 215《突厥上》。
[4] 《资治通鉴》卷 239《唐纪五五》"宪宗元和十年"。

类和其他野兽渊薮，也是著名的大猎场。《魏书》卷4上《世祖太武帝纪》记载：“神䴥四年（431年）冬十一月丙辰，北部敕勒莫弗库若于帅所部数万骑，驱鹿数百万，诣行在所，帝因而大狩以赐从者……”同书卷28《古弼传》又载：公元444年，魏帝复畋于山北，“大获麋鹿数千头，诏尚书发车牛五百乘以运之”。鄂尔多斯南部地区也有大量鹿群活动，北周时期，宇文宪之子宇文贵年方十一岁，“从宪猎于盐州（今定边一带），一围中手射野马及鹿一十有五”。[1]关于鹿的这些数字，对今人来说是难以想象的。

鹿类动物只是中古华北众多陆地野生动物的一个代表，它不是独立存在的，或者说并非鹿类独盛。那个时代栖息在华北的野生动物种类繁多，食草类动物除鹿类之外，还有大量的野兔，繁殖高峰期甚至兔暴成灾。例如唐高宗永淳元年（682年），岚胜州即发生“兔暴”，“千百成群，食苗并尽”；[2]其他动物如野猪、刺猬等等大量出没，猎者时多捕获；至于林间草地中的众多鸟类，更难以数计。关于这些，这里就不多费文字了。

四、水文环境和水生生物

所有的生命形式，包括最高级的生灵——人类在内，都不能缺水而生存。水是生命之源，但水亦能生祸，历史上人类遭受水患的痛苦经验与缺水的痛苦经验几乎一样丰富。在任何一个区域，水资源环境都首先对人们的饮食生活造成广泛而且深刻的影响，只是实际情形由于具体的环境条件不同而千差万别。

谈到华北地区的水资源环境，我们首先想到的一定是流经这个地区的最大河流——黄河。自古以来，这条被尊崇为“母亲河”的古老河流，对华北区域的社会经济和人民生活影响至深、至广，这是人所共知的事

[1]《北史》卷58《周宗室诸王传》。
[2]《太平广记》卷443《岚州》引《朝野佥载》。

实。黄河既惠予华北人民以无可比拟的福泽，亦带来过难以言状的苦难。在漫长历史进程中，随着生态环境渐遭破坏，特别是随着黄河中游的植被破坏和水土流失，进而导致下游水土环境渐趋恶化，在过去两三千年中，河患水灾渐趋频繁而且严重，成为华夏民族难以卸却的环境重压和难以抹去的历史创伤。有研究者统计：自周定王五年（前602年）黄河第一次决口，至20世纪中叶，2500年间黄河下游一共发生水灾1500多次，较大决口和改道26次，重大决口改道也有7次（一说8次）。[1]经常性的决口泛滥，给下游两岸人民所造成的巨大灾难，在历代文献中触目皆是。在经历了几千年的沧桑巨变之后，最近一个世纪以来，黄河又面临着水源渐趋枯竭的危险，断流频次和时间呈不断增加之势，有的年份竟然断流200多天！

不过，在本书所讨论的时代，黄河水文状况总体较为良好，流量比较稳定，性情亦较驯良，对此学界已经颇有讨论。历史地理学家谭其骧曾经指出：

> 从此以后（引按：指公元70年王景主持完成大规模黄河修治工程之后），黄河出现了一个与西汉时期迥不相同的局面，即长期安流的局面。从这一年起一直到隋代，五百几十年中，见于记载的河溢只有四次……到了唐代比较多起来了，将近三百年中，河水冲毁城池一次，决溢十六次，改道一次。论次数不比西汉少，但从决溢的情况看来，其严重程度显然远不及西汉。……总之，在这第三期八百多年中，前五百多年黄河安稳得很，后三百年不很安稳，但比第二期要安稳得多。

谭其骧认为：东汉以后黄河中游地区畜牧业较占优势，森林植被破坏

[1] 邹逸麟主编：《黄淮海平原历史地理·前言》，第2页。

较轻，水土流失不甚严重，是黄河出现一个长期安流局面的根本原因。[1]尽管学界对他的观点一直存有异议，但中古时代黄河相对安稳，是一个不容争辩的事实。这个时代，黄河中下游州县关于“河清”的报告无虑数十次，这当然是臣子对君王圣明的谗谀之言，因为这条大河自西汉时期得名“黄河”以来，无论如何水质都不可能达到“数里镜澈”和“澄澈见底”的程度。[2]但是此一时代黄河水流含沙量相对较低应是事实。正因河水含沙量较低，黄河河床抬高的速度放缓，水文也就相对安稳，决溢次数较少，并未发生严重改道。对中古华北人民来说，这无疑是非常值得庆幸的。

关于那时该区其他河流的水文状况，不打算一一叙述，但需要特别指出：中古华北并不像如今这样严重缺水，水资源远比今天丰富，洪涝水患虽然频繁，但还不像后世那么严重。其时，整个区域水系发育良好，黄、淮、汾、渭等主要大河及其众多支流，水源供给稳定，丰水期较长，冬春季节亦能维持可观的流量，较大河流极少出现干涸、断流记录。究其原因，主要由于黄河中游森林植被尚未遭到全面破坏，森林茂草对黄土高原降雨及其他水源的涵蓄机制仍然比较健全，从而保证了整个区域河流水文处于相对稳态，即便全区河流的总径流量未必比当今大出很多，却断乎不像晚近时代这样骤升骤降。仅以豫西地区为例：《水经注》所载当地之河流，除单独立目作注的黄河、洛水、伊水、瀍水、涧水、谷水、甘水、丹水外，还记载它们的大小支流以水、溪、涧、渎、津为名者，不下一百七十条。其中卷4《河水》记载潼关以下孟津以上，自南岸注入黄河的支流三十余条；卷15《洛水》记洛水支流七十余条；同卷《伊水》记伊水支流三十余条；卷16《谷水》亦载支流十余条，还记载了汝水（流经豫西地区）的支流三十多条。可见当时豫西地区大小河流数量众多，枝蔓稠密，证明当地水源丰富，水系发育良好。那个时代华北其他地区的情况大抵都是如此。

---

[1] 谭其骧：《何以黄河在东汉以后会出现一个长期安流的局面》，原载《学术月刊》1965年第2期，收入氏著《长水集》下册，人民出版社1987年版，第1—32页。

[2] 《隋书》卷23《五行下》，《新唐书》卷36《五行三》。

由于水系发育良好，水源供给稳定，众多河流水量较大，因此当时不仅黄河、淮河能够通航，其他许多较大的河流，如关中的渭河、泾河，河东的汾水、涑水，黄河以南的汴水、伊水、洛水、颍水、汝水，河北的滹沱河、淇水甚至更往北的潞水、桑干水，都能通行船只，众多天然河流因人工漕渠互相连通，形成了华北水运网络。这自然与多个王朝都积极经营内河漕运有关。三国时期，曹魏起先都于邺城，出于军事和经济需要，在黄河以北先后开凿了多条运输渠道，将若干天然河流连接起来，逐渐形成以邺城为中心，北达幽燕，南通黄河的河流航运网络，可谓四通八达。诗人王粲在《从军行》诗中描写道："朝发邺城桥，暮济白马津。逍遥河堤上，左右望我军。连舫逾万艘，带甲千万人。"[1]北魏时期崔光等人也曾说："邺城平原千里，漕运四通。"[2]十六国北朝时期，北方战乱频仍，河流一直都是很重要的交通运输线，不少河流沿岸关津都有"水次仓"的设置，河流航运在北魏时期也一直受到高度重视，为军事活动和物资漕转所依赖。[3]隋唐统一以后，华北地区仍然凭借众多河渠和相当丰富的水力资源，进一步发展河流航运事业。随着大运河全线贯通，大小河流进一步连接构成区域内外互通的庞大河运网络，众多城镇在各地水运要津发展兴盛起来。如淮河北岸的泗州临淮城，汴水下游的埇桥（宿州）、中游的宋州等等，在唐时分别号称"商贩四冲，舷击柁交""为舳舻之会，运漕所历""舟车半天下"。[4]后来成为北宋都城的汴州城，更因其地"当天下之要，总舟车之繁，控河朔之咽喉，通淮湖之运漕"，[5]号称"舟车辐辏，人庶浩繁"的"雄郡"，[6]顾况《刺史厅壁记》

[1]《文选》卷27。

[2]《太平御览》卷61引《后魏书》。

[3] 有关方面的详细情况，参阅王利华《魏晋南北朝时期华北内河航运与军事活动的关系》，《社会科学战线》2008年第9期。

[4] 别见《全唐文》卷803，李磋：《泗州重修鼓角楼记》；《元和郡县志》卷9《河南道五》；杜甫：《杜工部集》卷7《遣怀》。

[5]《全唐文》卷740，刘宽夫：《汴州纠曹厅壁记》。

[6]《旧唐书》卷190中《文苑中·齐浣》。

称赞这一带“桑麦翳野，舟舻织川”。[1]长安、洛阳河渠成网、舟船如织的情形早已人所习知，无须赘言。当然，北方河流航运毕竟受到季节水量变化的限制，故唐代南方漕粮大船进入华北河流之后，往往需要改用平底船趁汛期而进。但是即使在水流枯浅的冬季，一些河流仍然可以通船。例如白居易就曾于霰雪微下的冬日，在东都洛阳附近的伊水上与僧人佛光一道乘船由建春门前往香山精舍。[2]

这种良好的河流水文环境，有利于内河航运事业发展，从而为不同地区生活资料（主要是粮食）之调剂，特别是为隋唐以后南方丰富农业物产的北调西运，提供了必要的环境条件，对于中古政治中心和军事重地的物资供给特别是粮食供应来说，这一点是至关重要的，因为在没有现代交通手段的情况下，水运毕竟是最经济、高效的一种运输方式。另一方面，众多的河流还为华北农田灌溉提供了丰富水源，河流中的鱼类水产亦为重要的食物补充来源，兹不予展开叙述。所有这些都直接影响了中古华北饮食生活。

中古华北水资源环境良好的另一个重要标志，是仍然拥有众多的湖陂沼泽，宛若繁星散落在辽阔的大地之上。今日之华北，极目千里俱是平陆，整个华北大平原仅有微山湖、东平湖和白洋淀等几个湖泊尚可提起，有的还随时可能干涸。然而，历史上包括中古时代的情形与此迥然不同。历史地理学家史念海早年就已指出：

> 历史时期，黄河下游曾经有过许多湖泊，星罗棋布，犹如今江淮之间。仅就其大的来说，在今山东省境内，就有大野（或作巨野）、雷夏、菏泽三个。在今河南省境内，也有荥泽、圃田、孟诸三个。今河北省南部，还有一个大陆泽，其余小的更多。这些湖泊虽然不断有所变迁，不过在六世纪初期郦道元作《水经注》

[1]《文苑英华》卷801。

[2] 宋·王谠：《唐语林》卷4《栖逸》。

时，还相当繁多。仅太行山东就不下四五十个，黄河以南，嵩山、汝、颍以东，泗水以西，直至长淮以北，较大的也有一百四十个。……[1]

在另一篇文章中，他又说：

……现在黄河下游和长江下游显然不同。如果说数千年前的黄河下游仿佛现在的长江下游，似非言过其实。那时由太行山以东到淮河以北，到处都有湖泊，大小相杂，数以百计。宛如秋夜银河中的繁星，晶莹闪烁，蔚为奇观。这里姑举山东西南部的巨野为例，以见一斑。现在这个泽久已湮淤为平地。然在数千年前实为一个浩渺广阔的大湖。巨野泽就是后来小说中的梁山泊。《水浒》中所说的八百里蓼儿洼，实际上并不是过分夸大之辞。数千年前的人常以巨野和洞庭相比。今洞庭湖已降为全国第二大湖，然在往昔，却是与巨野泽南北相对，互为伯仲。那时巨野泽并不是黄河流域惟一的大湖，太行山东的大陆泽应与巨野泽不相上下。准此而论，那时的黄河下游并不稍逊于现在的长江下游。[2]

史念海的论述是令人信服的。今日华北湖泊稀少，并非自古而然的情形，历史上这个地区特别是大平原上曾经是湖泽众多，湿地辽阔，只是在长期的环境变迁过程中逐渐湮废了。湮废的原因，直接地说是由于以黄河为主的河流泥沙长期淤填，间接地，则是因为中游黄土高原地区植被破坏和水土流失不断加剧。最近一千多年来，水体减缩和湖泊消亡进程不断加速，历史上的许多大泽巨浸一一消失。每读《水经注》《元和

[1] 史念海：《河山集》（二集），第58页。
[2] 同上书，第358—359页。

郡县志》等书，睹如今华北严重缺水之困局，都不免喟然兴叹！

《水经注》所载南北大小湖陂沼泽殆不下千个，属本书讨论范围之内的也有二百二十多处，它们绝大多数散布于黄河下游的华北大平原，也有数十个分布在西部高原、山区和盆地。关于东部平原上的湖泊，历史地理学家张修桂曾据《水经注》进行过详细统计考论。根据他的统计：郦道元共载其所在时代（公元6世纪初）黄淮海平原的湖泊（包括湖、泽、淀、陂、渚、薮、堰、渊、潭、泊、池、沼等等）一百九十多个，其中河北平原北部（滹沱河以北）二十个，河北平原中南部（滹沱河和黄河之间）二十五个，豫东北鲁西南（浪荡渠、汴水以北）三十四个，鸿沟以西地区三十一个，汴颍间淮河中游地区三十五个，颍淮间淮河上游地区三十七个，沿海平原地区十四个（其中若干个在淮河以南）。[1]

太行、伏牛、桐柏等山以西地区也有不少湖陂沼泽。《水经注》记载豫西地区汝、颍、伊、洧诸水的上游，有钧台陂、靡陂（颍水条），禅渚（慎望陂）、广成泽（伊水条），黄陂、西长湖、东长湖、摩陂、澄潭、叶陂、北陂、南陂、土陂、鲁公陂（汝水条），鄢陵陂（洧水条），鸿池陂（谷水条）；今山西境内，有汾陂（即邬城泊）、祁薮、邬陂（汾水条），董池陂、盐池、女盐泽、晋兴陂、张泽（涑水条），文湖（即西河泊）（文水条），淳湖（即洞过泽）（洞过水条），天池、湫渊（漯水条）等；关中地区、渭河流域，亦有弦蒲薮、昆明池、河池陂等。它们有些是在自然水体基础上整修形成的陂塘之类，但天然水体占据大多数。即使是人工修治的湖陂，同样证明当时该区域水资源环境整体良好。[2]

---

[1] 详细情况，请参邹逸麟主编《黄淮海平原历史地理》，第176—206页。

[2] 在《水经注》中，陂的数量最多。通常我们将陂与塘连用，多指凭借天然积流潴池作坝、蓄水灌溉的一类水利工程。但古时天然积水池沼似乎亦可称作陂而与淀、泽、薮等互用，例如《说文》云："湖，大陂也。"《水经注》中更经常互用，其卷24云："淀，陂水之异名也。"又云："瓠河又右径雷泽北，其泽薮在大城阳县故城西北一十余里，昔华胥履大迹处也。其陂东西二十余里，南北一十五里。即舜所渔也。泽之东南即成阳县……"卷25又称："黄沟又东注大泽，蒹葭莞苇生焉，即世所谓大荠陂也。"《元和郡县志》中也存在这类情况。

特别值得指出的是，那时华北湖泊沼泽不仅数量众多，而且有些淹浸面积相当广大。最大湖泊可能是巨野泽，南朝刘宋人何承天称其“……湖泽广大，南通洙、泗，北连青、齐……”，南方朝廷倚为天堑，在此布防水军、设置屏障，以阻挡北方军队南下。[1]青、齐地区因川泽众多而成为北方军队南下障碍的事实由同时代垣护之将军的言论亦可得到证实，他说：“青州北有河、济，又多陂泽，非虏所向。”[2]这种情形，恐非今日之山东人士所能想象的。不独如此，在今河南中牟县一带，当时有圃田泽，它是《周礼》所载的著名泽薮之一。在郦道元的时代，该泽“西限长城，东极官渡，北佩渠水，东西四十许里，南北二十许里。中有沙冈，上下二十四浦，津流径通，渊潭相接，各有名焉。有大渐、小渐、大灰、小灰、义鲁、练秋、大白杨、小白杨、散曦、禺中、大鹄、小鹄、龙泽、密罗、大哀、小哀、大长、小长、大缩、小缩、伯邱、大盖、牛眠等浦，水盛则北注，渠溢则南播……”[3]俨然可比水网如织的江南。在今天津一带则有著名的雍奴薮，这个面积广大的湖沼群，乃是由海侵撤退之后所遗留下来的泻湖瓦解而成，史称“其泽野有九十九淀，支流条分，往往径通”，[4]直到晚近时代才逐渐被开垦为农田。

由于河流支蔓，湖沼众多，当时华北不少地方蒲苇弥望，芰荷如锦，鱼虾攒簇，水禽翔集，《水经注》记述了多处这类令人流连忘返的优美景致，对地处河北望都的阳城淀，郦道元是这样描绘的：“博水又东南，径谷梁亭南，又东径阳城县，散为泽渚，渚水潴涨，方广数里，匪直蒲笋是丰，实亦偏饶菱藕，至若娈童丱角，弱年崽子，或单舟采菱，或叠舸折芰，长歌阳春，爱深渌水，掇拾者不言疲，谣咏者自流响，于时行旅过瞩，亦有慰于羁望矣……”。[5]这种景象早已不复留存于北方人士的记忆了。

---

[1] 《宋书》卷64《何承天传》。

[2] 《宋书》卷50《垣护之传》。

[3] 《水经注疏》卷11《滱水》。

[4] 《水经注疏》卷14《鲍邱水》。

[5] 《水经注疏》卷11《滱水》。

唐人李吉甫《元和郡县志》的记载表明，那时华北湖泊沼泽与《水经注》时代相比尚未发生太大的变化。为便于了解其具体情况，兹不避烦琐，摘取相关记载列表如下（表 1-2）。

表 1-2　唐代华北地区的湖陂沼泽

序号	湖陂沼泽	大小	水产资源	地区
1	兰池陂			京兆咸阳
2	马牧泽	南北四里，东西二十一里		京兆兴平
3	百顷泽	周回十六里	多蒲鱼之利	京兆兴平
4	煮盐泽	周回二十里	泽多咸卤	京兆栎阳
5	清泉陂		多水族之利	京兆栎阳
6	焦获薮			京兆泾阳
7	龙泉陂	周回六里	多蒲鱼之利	京兆泾阳
8	龙台泽	周回二十五里		京兆户县
9	八部泽	周回五十里		京兆户县
10	渼　陂	周回十四里		京兆户县
11	望仙泽			京兆周至
12	通灵陂			同州朝邑
13	朝那湫	周回七里		原州平高
14	温泉盐池	周回三十一里		灵州回乐
15	千金陂	长五十里，阔十里		灵州灵武
16	稠桑泽			陕州灵宝
17	广成泽	周回一百里		汝州梁县
18	孟渚泽	周回五十里		宋州虞城
19	高　陂	周回四十三里	多鱼蚌菱芡之利	亳州城父
20	圃田泽			郑州管城
21	李氏陂	周回十八里		郑州管城
22	荥　泽			郑州荥泽
23	圃田泽	东西五十里，南北二十六里		郑州中牟
24	曹家陂			郑州管城
25	二十四陂			郑州

续表

序号	湖陂沼泽	大小	水产资源	地区
26	丰西泽			徐州丰县
27	潼　陂	周回二十里		宿州虹县
28	永泰湖	周回三百六十三里	其中多鱼，尤出朱衣鲋	泗州徐城
29	硕护湖			泗州涟水
30	鸿郄陂			蔡州汝阳
31	葛　陂	周回三十里		蔡州平兴
32	巨野泽	南北三百里，东西百余里		郓州巨野
33	漏　泽		水族山积	兖州泗水
34	淯沟泊	东西三十里，南北二十五里	水族生焉，数州取给	齐州长清
35	菏　泽			曹州济阴
36	大剂陂	周回八十七里		曹州考城
37	雷夏泽			濮州雷泽
38	潍水故堰	方二十余里	溉水田万顷	密州诸城
39	东安泽	周回四十里	多麋鹿蒲苇	密州高密
40	浯水堰			密州
41	奚养泽			莱州昌阳
42	熨斗陂			河中解县
43	董　泽		董泽之蒲	绛州闻喜
44	晋　泽	周回四十一里		太原晋阳
45	文　湖		多蒲鱼之利	汾州
46	邬城泊			汾州介休
47	天　池	周回八里		岚州静乐
48	护　泽			泽州阳城
49	大陆泽	东西二十里，南北三十里	葭芦茭莲鱼蟹之类，充牣其中	邢州巨鹿
50	鸡　泽		鱼鳖菱芡，州境所资	洺州永年
51	黄塘陂			洺州洺水
52	康台泽			洺州平恩
53	平泉陂	周回二十五里	多菱莲蒲苇，百姓资其利	怀州武德

续表

序号	湖陂沼泽	大小	水产资源	地区
54	黄　泽			相州内黄
55	鸬鹚陂	周回八十里	蒲鱼之利，州境所资	相州洹水
56	百门陂	方五百许步		卫州共城
57	武强湖			冀州武邑
58	大陆泽			深州鹿城
59	广阿泽			赵州昭庆
60	天井泽	周回六十二里		定州安喜
61	仵清池			沧州清池
62	萨摩陂	周回五十里	有蒲鱼之利	沧州长芦

《元和郡县图志》记载的湖陂薮泽，数量比《水经注》少了很多，但这非因自北魏到唐朝已有大量湮废，而是由于二书性质不同，《元和郡县志》对湖泊沼泽多有未载之故。举例来说，今安徽宿州符离镇一带有湹湖，今天津宝坻一带有雍奴薮，都是面积广大的泽薮，前后时代文献均有记载，却不见于《元和郡县图志》。魏晋隋唐时期，黄河相对安流，决溢、改道较少，对湖泊沼泽的侵扰淤填也不甚严重；北朝至唐朝之间，即使有些湖沼渐遭湮淤，料想消亡数量也不会很多。

《元和郡县图志》所载的本区 62 个湖泊陂泽，有 33 个明确记载了大小，面积在 10 平方公里以上者应不下 20 个，乃以巨野泽最为广大，南北三百里、东西百余里。按公制折算，湖水面积或可达到 6000 平方公里左右。[1] 除巨野泽外，广成泽周回一百里，圃田泽东西五十里、南北二十六里，大陆泽东西二十里、南北三十里，淯沟泊东西三十里、南北

[1] 按：唐以五尺为一步，三百步为一里。《通典》卷 152《兵五》云：筑城，“每一功，日筑土二尺，计功约四十七人。一步五尺之城，计役二百三十五人；一百步，计功二万三千五百人；三百步，计功七万五百人。率一里，则十里可知。”又，唐尺有大、小两种：小尺约 30 厘米，大尺约 36 厘米。姑以小尺计算，巨野泽南北约 135 公里，东西不下 45 公里，若湖泊形状规整，面积可能达到 6000 平方公里左右，可抵今洞庭、鄱阳两湖面积之和！

二十五里，大剂陂周回八十七里，永泰湖则周回三百六十三里，湖水淹浸面积都相当广大。

因上述湖陂沼泽仍然存在，我们就有理由判断中古华北的淡水资源仍然可谓相当丰富。粗略估计：其时该区大小湖泊的总面积可能不下10000平方公里。华北湖泊主要是洼地积水形成的，湖水通常不太深，但谅亦不会太浅。姑以平均水深2米估算，单是巨野泽的贮水量就有可能达到120亿立方米左右，当时整个华北地区湖泊沼泽的总贮水量可能不少于200亿立方米。[1]对照有关部门所估测的黄淮海地区的淡水供需缺口数量，这是一个十分可观的数字。[2]此种情形，与当今华北一望无际俱为亢旱平陆、湖泽寥寥无几的情况迥然不同。

众多湖泊沼泽存在，是中古华北水资源环境尚属良好的标志，而湖陂沼泽生态系统对华北居民的饮食生活具有多方面的重要影响：其一，这些湖沼乃是农田用水的重要来源，中古华北农田水利工程正有不少是依凭天然水体设堰作堨而建成的；拥有湖泊沼泽的低湿地带往往也正是

---

[1] 按：以上是根据十分有限的资料做出的粗略估算。为了避免过分高估，采取“宁小勿大”的原则。这些估算具有很大主观性，只供参考，请切勿执为实数。又，任美锷主编《中国自然地理纲要》(商务印书馆1999年版，第89页)认为：我国东部地区的湖泊，湖盆浅平，平均水深一般在4米以内。考虑到华北地理特点，湖水平均深度可能更小一些，但中古时代当地湖泊平均深度2米，应该是一个不太离谱的估计。又任氏同书同页引1981年水电部水资源研究及区划办公室编《中国水资源初步评价》的估计：1980年代初，中国东部地区的湖泊面积约23430平方公里，湖水贮量为820亿立方米。但基本上分布于长江中下游地区，华北地区的湖泊数量、面积和贮水总量在其中所占比重都非常小。

[2] 新华社2001年12月10日报道说：“在实行节水、治污、挖潜等措施后，中国北方黄河、淮河、海河流域到2010年仍有270多亿立方米的水资源供需缺口。这是有关部门对黄淮海流域水资源合理配置情况进行研究后得出的结论……。”据http://www.chinawater.com.cn/newscenter/slyw/20011210/default.htm引。又，中国工程院“21世纪中国可持续发展水资源战略研究”项目组所编《中国可持续发展水资源战略研究综合报告》称：“预测到2030年，经充分挖潜和利用当地水资源，采用节水和污水回用等多种措施和考虑了目前引黄和引江的水量后，在地下水不再超采的情况下，黄淮海平原地区缺水量仍将达到$150\times10^8m^3$(平水年)—$300\times10^8m^3$(枯水年)”(引自http://www.chinawater.com.cn/CWR_Journal/200008/02.html)。

水田成片的北方水稻产地。其二，众多湖泊沼泽为各类水生生物栖息繁衍提供了良好的环境条件，《水经注》和《元和郡县志》均频繁提到不少湖沼“水族山积”，“葭芦茭莲鱼蟹之类，充牣其中”，其“蒲鱼之利，州境所资”甚或“数州取给”，为濒水而居百姓通过捕鱼捞虾、采菱掘藕补苴生计提供了重要资源，无论对平常丰富膳食口味，还是对饥馑年月果腹度荒，这都是十分重要的食物补充。

中古华北地区还有相当丰富的泉水资源，[1] 见于当时文献记载的泉水之名数以百计，其中既有温泉亦有冷泉。如《魏书·地形志》记载：北修武有清阳泉、马泉、熨斗泉、五里泉、马鸣泉、重泉；魏德有冷泉；蒲阴有赤泉神；长子有神农泉；寄氏有八礼泉；石艾有妒女泉；昌平有龙泉；历城有华泉；霸城有温泉；始平有温泉；槐里有板桥泉；石安有窦氏泉；宁夷有甘泉；富平有神泉；临真有白泉；翼阳有招泉。《水经注》记载泉水更多，仅在卷17—卷19就记载了渭水沿途、秦岭近侧的泉水20余处，其中包括著名的骊山温泉。这些被记载下来的，还只是各地较大和有名的泉水，未见记载的泉水当多不胜数。见于中古文献记载的这些泉水，现在只有个别残留，绝大多数则已经消失。另外，考察这些泉水的地理分布，可知它们大多数涌现于山区深切谷地和山前岩溶地带，以燕山—太行山—秦岭一线两侧最多，今豫西、鲁中等地区也有些分布，其他地方则很少见有记载。

从文献记载来看，众多泉水或则悬瀑千尺、垂幕挂帘；或则潺潺溪行，汇流成川；抑或潴水成渊，积水成潭，总之它们是大小河川和池泽潭渊的水源。其时华北泉水不仅数量众多，而且水量很大，超出今人想象。《水经注》卷13《漯水》记载：居庸关附近“有牧牛山，下有

[1] 田世英根据唐人李吉甫《元和郡县图志》、清人顾炎武《天下郡国利病书》等书记载，并以古代山西地名多以“泉”命名为据，揭示了古代山西境内泉水众多的史实，颇具启发性。田世英：《历史时期山西水文的变迁及其与耕、牧业更替的关系》,《山西大学学报》(哲学社会科学版) 1981年第1期。其实，中古华北地区多泉水，不独山西为然，河北西部、鲁中、豫西、关中和陇右也有很多泉水。

九十九泉”，“积以成川”；冀州下洛城东南有温泉，“石池吐泉，汤汤其下，炎凉代序，是水灼焉无改，能治百疾，是使赴者若流”（本节以下引文不注书名者，皆出《水经注》）；河东汾阴县某地“平地开源，濆泉上涌，大几如轮，深则不测，俗呼之为瀵魁”（卷4《河水四》），此泉冬温夏冷，清澈见底，隋代蒲州刺史杨尚希曾主持兴建水利工程，引其泉水灌溉稻田数千顷；[1]绛山东谷有一水泉，“寒泉奋涌，扬波北注，县流奔壑，一十许丈。青崖若点黛，素湍如委练，望之极为奇观矣”（卷6《浍水》）；渭水上游支流上的白龙泉，“泉径五尺，源穴奋通，沦漪四泄”（卷17《渭水上》）；华山“山上有二泉，东西分流，至若山雨滂湃，洪津泛洒，挂溜腾虚，直泻山下”（卷19《渭水下》）；丹水经过的一处山岩，“岩下有大泉涌发，洪源巨轮，渊深不测，苹藻冬芹，竟川含绿，虽严辰肃月，无变暄萋……”（卷9《沁水》）；汝水在汝州（今河南梁县附近）“迳温泉南，与温泉水合。温水数源，扬波于川左，泉上华宇连荫，茨甍交拒，方塘石沼，错落其间，颐道者多归之”（卷21《汝水》）；历城县故城西南，“泉源上奋，水涌若轮”（卷8《济水二》），是当即今济南的趵突泉；……诸如此类，不可尽举。中古华北水系发育良好，河水流量稳定，与丰富的泉水资源有着莫大的关系。在许多地方，泉水乃是很重要的灌溉水源，时人引泉种稻之举，史书多有记载。温泉则常常是人们休憩、疗疾的好去处。

要之，泉水众多，是区域水资源比较丰富的另一重要证据。固然，泉水的形成和分布，与特定的地质条件紧密相关，一般认为：在石灰岩分布广泛的山地深切河谷和山前岩溶地带容易形成泉水，中古华北的泉水分布情况，可以印证地质学家的观点。但山地良好的森林植被覆盖，也是清泉常涌、碧溪常流的一个必要条件，因天上降水需经丛林茂草承接涵蓄，才能缓缓浸润入地，补充地下水源，形成常年不枯的泉溪。若山区乏林少草，处处土石裸露，暴雨骤至，即山洪暴发，数日不雨，则

[1]《隋书》卷46《杨尚希传》。

泉穴干涸。华北地区曾经拥有的数量可观的泉水，在晚近几个世纪消亡殆尽，正是由于森林植被持续不断遭到破坏，山区水源涵蓄机制不断丧失。由此观之，中古华北泉水数量众多，不只反映那时该区域水资源环境仍属良好，而且反映当时山地森林植被乃至整个生态环境都远比当今优越。

很有意思的是，当时华北若干地方仍有大片竹林分布，渭水南岸、太行南麓的沁水和丹水附近，以及中条山、王屋山和豫西山地，都有不少竹林。这些竹林，在历史过程中逐渐消失，如今已经极少存留，以往学者多归咎于气候变冷，实则主要因为华北水资源渐趋匮乏、短缺。竹子生长需要大量水分，抽笋季节的需水量尤其巨大，因此只有水资源充裕地区才能生长大片竹林。反过来说，凡有大片竹林分布的地区，必定拥有丰富的水资源。中古华北多地仍然拥有大片天然生长的竹林，证明当时这些地方水资源仍然相当丰富，能够满足季春初夏（华北正值干旱少雨季节）竹子抽笋之时所需的大量水分。

中古华北人民的食物生产方式、食料结构、食物转输等等，都与上述水资源条件和水环境状况有着非常密切的关系。

五、环境容量与人口密度

在讨论中古华北人民的生存环境时，不能忽视这一地区的环境容量（土地承载力）和人口密度，因为这些因素作为生态系统和环境条件的重要组成部分，与当地人民的食物生产方式、食物结构和饮食营养水平直接相关。在工业时代到来之前，环境容量或土地承载力首先表现为单位面积土地的食物生产和供给能力。我们所关心的是，以中古农牧生产技术条件下，华北的土地是否供养当地的人口？中古华北人口的显著升降是否影响了当时这个地区的经济生产方式、食物结构和营养状况？

我们知道：在近代交通事业取得重大发展、有能力进行远程大规模的食物转输之前，在一个确定的地区范围内，自然环境（假定环境质量不变）所能容纳的人口数量主要受当地食物生产方式和技术能力制约，在不同的食物生产方式和生产技术条件下，单位面积土地所能产出的食物能量差异相当显著，环境容量、土地承载力和人口密度亦因之差异显著。

新石器时代到来之前，人们只能通过采集和狩猎获得食物，每平方公里 0.05 人的人口密度已经接近环境容量的饱和值；进入农牧时代之后，在自然放牧条件下，即便是优质的草甸草原，每平方公里的人口数量也不能高于十人；相比之下，采用农耕种植获得食物，每平方公里所能养活的人口就要多得多，即使在工具简陋、耕种粗放的原始农业时期，人口密度亦可达到每平方公里 25 人甚至更多。[1] 随着农耕技术水平不断提高，单位面积土地的承载能力即其所能养活的人口还可大幅度提高。在我国传统农业时代，发达地区的人口密度往往达到每平方公里数百人。反过来，从历史发展的长期趋势看，人口密度高低对食物生产方式之选择也具有决定性影响：在人口密度较低的时期和地区，野生食物资源相对容易获得，采集和捕猎经济通常比较发达，发展畜牧生产的空间也比较大；即使从事农耕种植，其生产经营通常也比较粗放。反之，随着人口密度提高，在那些自然条件适宜农耕的地区，发展作物种植并且不断提高其生产集约程度乃是必然的经济选择，采集捕猎和畜牧经济则随着山林砍伐、草泽垦辟和野生动物减少而逐渐衰退和萎缩，食物生产和消费结构自然而然亦愈来愈走向以谷类植物为主。

在所有这一切的背后起着根本决定作用的，乃是人类食物营养特别是热量供需关系的变化。作为一个生物类群，人类同他们的动物兄弟一样，必须摄入足够的热量才能维持正常的生命活动，以中国人民的体格大小而论，男女、少长、体脑相均，日摄入卡路里不应少于 2000 千卡。与今人相比，古人更多劳作、奔走，体能消耗更大，每天所需摄入的食物热量自当更多。食物能量是一种刚性的需求，粮食供给和热量摄取长

[1] 参潘纪一主编《人口生态学》，复旦大学出版社 1988 年版，第 60 页。

期不足，必然带来一系列问题，小至个体生死健康，大至国家治乱兴亡，莫不与此关系密切。因此，自进入农牧时代以来，在一定的技术水平下，任何一个地区的土地生产力、承载力和环境容量都是有限的，即便是在那些自然条件农牧兼宜的地区，虽然人们更加喜爱肉食，但随着人口不断增加，人们都不得不选择具有更高能量转换效率的谋食方式，被迫逐渐减少肉食而增加五谷杂粮，以满足最基本的食物热量需求。

具体到华北地区，正是由于人口逐渐增长，当地人民的谋食方式经历了采集捕猎到采捕农牧混合，再到农耕种植为主的逐渐变化。春秋、战国以后，具有更高食物能量转换效率的农耕经济已经取得了支配地位，耕作种植不断走向精耕细作。虽然此后当地农业经济曾经多次遭到战乱破坏，几度发生严重衰退，但高效率的食物能量转换方式——农耕种植技术并没有倒退或者遗失，相反却在不断地积累、传播、创新和提高。相应地，这个地区的环境容量和土地承载力亦持续提高，人口与资源的关系一直处于动态调整和基本平衡的状态。那么，中古时代这个地区的人口—资源关系状况如何？人口密度是否达到当地环境容量的饱和程度甚至超过当地的土地承载能力呢？

虽然我们并不擅长于人口史研究，历史文献有关中古人口的可靠资料又极为有限，但根据人口史家已有的研究成果，我们可以完全肯定地做出这样的判断：中古华北的人口，就整个区域而言，还没有达到那个时代的生产技术条件下环境容量的极限，亦即还没有超过当地土地资源的承载能力。人口与土地以及其他自然资源之间的关系，总体上说还是相当舒缓的。我们之所以做出这样的判断，是因为有西汉元始二年（公元2年）以及唐玄宗天宝十四载（公元755年）两个人口高峰值可以作为比较。

根据葛剑雄的研究，西汉末的“人口集中在关东，即北自渤海湾，沿燕山山脉而西，西以太行山、中条山为界，南自豫西山区循淮河至海滨之间的地区。此范围内的人口平均密度约77.6（每平方公里），其中仅鲁西南山区、胶东丘陵和渤海西岸人口较稀，其余均接近超过100（每平方公里)。”其中济阴、淄川的人口密度分别达到每平方公里 261 人和 247 人，人口密度在 150—200 之间的有真定(190.63)、颍川(192.06)、东平(164.5)、鲁国(165.23)、高密(186.56)。此外，人口密度在每平方公里 100 人以上的郡国还有：河南、陈留、东郡、千乘、北海、齐郡等等，均在华北范围之内。[1] 天宝时期的情况，根据费省的研究，全国人口密度最高的地区除成都平原之外，基本上在华北地区，其中每平方公里在 100 人以上的仅有魏、博、贝等州，约每平方公里 105.95 人，此外瀛、深、冀、莫等州为 99.1，京兆地区为 87.43，滑、汴、濮、曹、郓、齐地区为 86.73，整个华北平原地区的人口密度为每平方公里 35 人左右。[2] 所以，无论就整个区域，抑或就人口密度最高的局部地区而言，官方统计数字所反映的唐代华北人口密度都远低于西汉末年。

当然，正如历来史家所指出的那样，唐代户口隐漏情况较西汉为严重，天宝十四载的人口数字并不能反映盛唐时期人口的真相。但即使如大多数研究者所赞同的那样，唐代人口峰值达到了 7000 万—8000 万，[3] 那时华北地区的人口数量和人口密度也不会高出西汉甚远，因唐代人口的分布格局较之西汉时期已经发生了很大的变化：在西汉时期，淮河—秦岭以南的广大南方地区仍是人烟稀少；而至唐代，由于六朝以来南方经济持续发展，人口持续增长，南北人口在全国总人口中分别所占的比重已经相差不大。如果唐代人口较之西汉时期有了一定增长，也主要是由于南方人口增长所造成的。

再退一步，即使假设盛唐时期华北地区的人口密度较之西汉末年略有提高，也并不表明前者遇到了更为严重的人地矛盾和更大的生存压力，因为：第一，如前所述，唐代黄河中下游地区的生态状况较之两汉时代似有改善(主要指黄河比较安稳，决溢之患较少)；第二，更重要的是，

---

[1] 葛剑雄：《中国人口发展史》，福建人民出版社 1991 年版，第 327—332 页。

[2] 费省：《唐代人口地理》，西北大学出版社 1996 年版，第 94 页。

[3] 葛剑雄：《中国人口发展史》，第 151—152 页；费省：《唐代人口地理》，第 41 页。

与汉代相比，唐代华北地区的食物生产技术取得了一些新的进步，其中包括土壤耕作、良种选育繁育、施肥等方面的技术进步和农作制度改革以及复种指数提高等等，单位面积粮食产量较之两汉也相应有所提高。这意味着，在可垦土地总面积不变的条件下，由于新的技术进步，华北地区的环境容量较之西汉时期有所扩大。根据我们取唐代旱作地区亩产量的低值所做的推算，当时华北每平方公里土地（以耕地占全部土地的2/3计算），在理论上至少可以供养60余人，这一数字远远超过学者们所估算出来的天宝时期的人口密度。因此，在唐代人口高峰时期，虽然局部地区人地矛盾已经相当尖锐，并带来了一些严重的社会问题（比如出现了大量隐逃户口），但整体说来，人口—资源关系尚未达到土地严重不足、导致社会矛盾全面爆发的程度。事实上，唐代人口最多的时期，正是其经济繁荣、仓廪殷实、物质生活相对富足的时期。单就人地关系和技术水平所容许的经济发展潜力而言，如果没有发生“安史之乱”，盛唐经济也许还能持续繁荣更长一段时间。

当然，我们断言中古华北人口数量和人口密度没有达到当地环境容量的饱和状态，没有超出当地土地的承载能力，是基于以精耕细作农耕种植为主要谋食方式而言的，以上述人口数量和密度而论，华北居民要获得必要的食物能量，也只有通过精耕细作的农耕种植，舍此之外亦别无他途。即使在东汉末至北魏初的人口锐减时期，史书关于户口耗减、土地荒芜的记载比比皆是，令人怵目惊心，畜牧经济曾经由于人口减少而一度得到扩张的机会，但华北地区并未全面转农为牧。这是因为：以畜牧为主的谋食方式仍然无法获得足够食物来供养当地战乱之后剩存的人口，更无法供养政治安定之后快速恢复和不断增长的人口。因此，在整个中古时代，华北食物生产方式始终以农耕种植占据主导地位。

最后，我们对本章的讨论做以下几点小结：

1. 中古时代华北地区曾经有过较明显的气候冷暖波动，其中魏晋北朝时期处于一个显著寒冷期，气候比现代要寒冷；北朝以后至唐代前期气候转暖，与现代相差不大，但晚唐之后又曾偏冷。

2．中古华北的森林植被，在战乱之后人口锐减时期得到一些恢复，一些地区土地荒为草莱，次生林地有所增加。但总体来说，森林资源呈逐渐减少趋势。当然，与晚近时代的情形相比，当时华北森林植被状况仍属良好。

3．中古华北的陆地野生动物资源仍然比较丰富，特别是鹿类等食草动物的种群数量仍然相当可观；在该区边缘地带仍然栖息活动着相当庞大的兽群。

4．中古华北水资源环境远比当代优越，河流径流量大，湖沼陂泽众多，鱼类水产资源尚称丰富。

5．中古华北人口密度曾经长期低于两汉，即使在盛唐人口高峰期，人口总数和人口密度可能仍然没有达到西汉末年的水平，更没有达到中古食物生产技术条件之下环境容量的饱和状态。

中古华北人民正是在上述自然环境条件之下开展他们的饮食活动，这些自然环境条件也是我们在探讨、解说当时诸多饮食文化现象及其发展变化之时需要认真考量的重要历史因素。

第二章

食料生产结构的变化（上）

在任何一个饮食文化体系中，食物原料都是最基础的部分。食物原料在很大程度上决定着饮食生活的基本面貌，包括饮食内容、造食方法和营养结构等。因此，当我们展开具体讨论时，首先想要了解的，是其时其地的食物原料主要由哪些物产构成？如何获得这些产品？与此前时代相比发生了哪些改变？与当今的情况相比又有着怎样的不同？这些问题，是接下来的两章将要专门讨论的话题。由于内容很多，情况复杂，我们分为上、下两章分别讨论植物性食料和动物性食料的情况。

一、中古之前食物体系的演变

为了方便解说中古华北饮食的独特性，特别是正确评估中古华北食料结构的一系列重要调整变动在整个华北饮食文化变迁史上的重要意义，我们先对中古以前的发展演变稍做追述。由于生产技术进步、人口数量增长和生产关系变革，同时（这是需要特别提醒的）也由于自然环境的变化，华北地区的食物生产体系和食料结构处在不断发展演变之中。这一过程，在中古之前大体可以划分为四个阶段：即采集捕猎时期、原始农业时期、“夷夏杂处”时期和传统农业定型时期。

1. 采集捕猎时期

在农业发生之前极其漫长的时期，同中国和世界上的其他地区一样，采集和渔猎是华北食物生产的基本方式，食物原料全部取自野生动、植物。考古资料反映，那个时代华北居民采捕、食用的对象是非常广谱性的。动物性食物生产方面，种群众多、数量庞大的食草动物，特别是鹿类的麋、獐、梅花鹿、麃，啮齿类的兔、鼠，以及野猪、野马、野牛等大型有蹄类动物，乃是人们的主要捕食对象；野象、野犀等在后世华北陆续绝迹的大型动物，也有可能曾经成为华北居民火堆上的烤肉；河流湖沼之中种类繁多的鳞介类动物，无疑也是非常重要的生存资源，对那些濒临河流、湖泽和海洋的原始人群来说，甚至乃是主要的食物来源。随着捕猎技术手段的发展进步，包括陷阱、网罟、弓箭和火攻等等设施、工具和方法的相继发明和使用，众多的鸟类和一些大型的食肉动物如虎、豹、狐、狼、熊等等，也不断成为捕食的目标。

一般认为，在原始时代的社会劳动中，男女两性自然分工：男子主要从事捕猎活动，女性则主要从事采集活动和料理家务、哺育子女。如果那样，动物性食料就主要是男人们的劳动成果，植物性食料则主要是女人们的收获。不过，某些动物性食料如鸟蛋、贝类等等，也是妇女们的食物采集对象，各地考古资料证实：远古先民的采食对象非常广泛，既有枣、栗、橡、栎等众多树木的果实，也有分布广泛的禾本科植物籽粒，还有其他众多植物种类的根、茎、叶、花、果——一切可供食用的植物或其可食部分，都被采食，或者经过一定处理后成为果腹充饥的食品。那个时代的华北先民，尚未形成具有多大区域一致性和固定性的食物生产与消费结构，而是因不同部族人群所在环境中可食资源的分布差异而各不相同。

2. 原始农业时期

大约距今一万年前，华北地区开始踏入农业时代的门槛。这一时期，作物种植和动物饲养已经产生并逐步取得发展。考古资料显示，华北地区的原始农业生产，是在高原、山地与平原交接的山前洪积冲积扇地带首先发展起来的。河南裴李岗文化和河北磁山文化，是现今已经发现的早期农耕文化，时间距今大约8000年。不过，在这些文化遗址中，除出土有磨制石斧、两刃石铲、带肩石铲及带齿石镰、石磨盘和石磨棒等耕垦、收获和加工工具之外，还有不少已经炭化的粟类籽粒，和家猪、家犬、家鸡等家养畜禽的骨骸，表明当地的种植和饲养已经历了相当长的一段历史发展。

距今约7000—5000年前，是著名的仰韶文化时期，农业经济较之前一阶段有了显著的发展，生产工具的种类更多，制作更加精细，人们除了主要种植粟类以外，还种植黍和麻，晚期还开始种植水稻，栽培蔬菜也已经出现。牲畜饲养以猪和狗为主，还出现了牲畜栏圈和宿夜场。

到距今四五千年前的龙山文化时期，华北地区进入了锄（耜）耕农业阶段，农耕种植的规模较之仰韶文化时期有所扩大，生产工具也更为先进，相应地，粮食产量也有显著增加，已经拥有可观的粮食窖穴贮藏。此外，在这一时期的文化遗址中还出现了不少酒器，这意味着当时粮食已经出现了一定剩余。这一时期的畜禽种类，除猪、犬、鸡之外，又增加了羊和牛，养马也可能已经出现，我国传统家畜中的主要种类——“六畜”都已齐备，而猪逐渐上升为主要的肉食来源。从各地墓葬中大量出土猪骨骸可知，家猪饲养占据了支配地位。

总体上说，新石器时代，华北居民开始通过栽培和饲养获得食物，栽培作物以粟为主，还有黍、麻、稻以及若干蔬果；家畜饲养则以养猪为主，还饲养鸡、犬、马、牛、羊。这些栽培作物和家养动物，不仅成为原始农业时代华北人民较为稳定的食物来源，而且从此成为与斯土斯民互利共生、共同进化的资生物种，成千上万年来一直滋养着中华民族。不过，在原始农业时代，种植和饲养技术水平毕竟十分低下，农耕和牧养尚不足以支撑当地人民的饮食生活，采猎经济仍然占有相当重要的地位，来自天然野生的食料仍然占有很大的比重。

3. “夷夏杂处”时期

所谓“夷夏杂处”时期，指种植和畜牧两种食物生产体系逐渐“特化”，分别成为农耕部族与畜牧部族主要生业，但尚未完成地域分野和空间隔离的历史阶段。

自原始社会末至春秋时期，华北人民的食物生产体系不断发展演变，取得了许多重要进步。首先是食物生产体系开始分化：一些部族不断朝着农耕生产定向化发展，另一些部族则转向以放牧为主，也有少数部族仍然主要以采集和捕猎为生。这些部族在华北地区长期错杂而居，各谋生计，从而形成了一个“夷夏杂处”的特殊历史局面。[1]

农耕部族乃是当时华北地区的主要居民，农业生产在当地食物生产体系中亦愈来愈占据了支配地位。但农耕部族自一开始就并非从事单一的农耕种植而没有畜禽饲养。事实上，那个时代他们也往往饲养有大群的牧畜。由于那时黄河中下游地区人口仍然稀少，农田之外的森林、草

---

[1] “夷夏之辨”当然不完全只根据农耕、畜牧或渔猎等不同生计模式来进行判别，夷夏之间的差别表现在许多方面，包括服饰、语言、礼仪制度……。但经济类型和生计模式无疑具有基础意义。事实上，先秦两汉时期人们经常使用“粒食”和“不粒食”来判分华夏族与异族。从字面上看，“粒食”指以谷物籽粒为食（当然还意味着谷米是整粒烹煮而食），以谷物为主食的人民自然可以叫作“粒食之民”。这个词在《墨子》一书中出现过三次，其中《天志上》说：“四海之内，粒食之民，莫不犓牛羊，豢犬彘，洁为粢盛酒醴，以祭祀于上帝鬼神。”《晏子春秋》卷3亦云：“四海之内，社稷之中，粒食之民，一意同欲。”与“粒食”相对的是“不粒食”，儒家经典多次提到，西戎、北狄都被称作“不粒食者”。《礼记·王制》云：“西方曰戎，被发衣皮，有不粒食者矣；北方曰狄，衣羽毛穴居，有不粒食者矣。”郑注云：“不粒食，地气寒，少五谷。”汉代王充《论衡·艺增》亦云：“周时诸侯千七百九十三国，荒服、戎服、要服及四海之外不粒食之民，若穿胸、儋耳、焦侥、跋踵之辈，并合其数，不能三千。天之所覆，地之所载，尽于三千之中矣。”所以“粒食”“不粒食”，并非两个简单的饮食词汇，而是有着特定的文化语境和丰富的历史内涵，反映了不同地域、民族之间的重大经济文化差异。在上引文字中，所谓“粒食之民”，指以谷物为主粮的人民；“不粒食者”则指王化之外的异域族类，特别是游牧民族，如西方的戎和北方的狄。因此，“粒食”与“不粒食”是一个非常重要的文化分野，是区分、辨别华夏族与非华夏族类的一个重要标志。这是一个耐人寻味的历史现象。

莱还很广袤，客观上为以农耕作为主要生业的民族兼营大群家畜放养提供了充裕的草场。甲骨卜辞中的相关资料显示：殷商时期用于祭祀的大型牲畜数目相当可观，一次用牲百头以上者不乏其例，最高可达“五百牢”或“千牛”，即便这些牲口是由各地方国贡献而来，也说明当时拥有数量相当大的存栏牲畜。[1] 姬周向以农耕立国，是一个典型的农耕民族，但西周时期的旷野之上仍然可见“三百维群”的羊群和“九十其犉”的牛群，畜牧业亦堪称发达，至少尚未出现后代农耕、畜牧两种经济畸轻畸重的局面。[2] 不仅如此，捕猎和采集即使在农耕部族之中也仍然具有一定的重要性，《诗经》里有大量关于采集和捕猎的记颂，说明采集、捕猎在当时仍然是常见的经济活动，因而天然野生食物在当时华北人民的饮食生活中仍然具有一定的重要性。

那个时期的农业生产仍然相当粗放，表现在农业工具和生产力上，虽然商周时期已经拥有繁荣发达的青铜冶铸，但青铜并未大量应用于制作农具从而替代石器和木器，也就没有显著提高农地耕垦能力。但是，与原始农业相比，仍然取得了显著的发展进步。其重要表现之一，是农耕区域不断由山前洪积、冲积地带和河流两岸的岗丘、台地，向更加广大的低湿平原地区推进，并在农田区域逐渐形成了较为完整的沟洫川遂系统。随着农业生产进一步发展，耦耕、垄作、条播、中耕、选种育种以及治虫、除秽技术陆续出现，落后的撂荒耕作制逐渐被比较先进的休闲农作制所替代。当时，农耕种植以禾谷类作物栽培为主，粮食生产形成了比较完整的作物体系，后世中国的主要粮食作物，如黍（糜子）、稷（谷子）、稻、来牟（即小麦和大麦）、菽（大豆）、麻（大麻）等等，在

[1] 参梁家勉主编《中国农业科学技术史稿》，农业出版社 1989 年版，第 77—78 页。

[2] 《诗经·小雅·无羊》云：“谁谓尔无羊？三百维群；谁谓尔无牛？九十其犉（按：黑唇黄牛曰犉）。尔羊来思，其角濈濈；尔牛来思，其耳湿湿，或降于阿，或饮于池，或寝或讹。尔牧来思，何蓑何笠，或负其糇，三十维物，尔牲则具。”这是吟诵牧人在野外放养大群牛、羊的情景，其中羊三百成群，黑唇的黄牛则九十成群，反映西周民族的畜牧规模亦甚可观。

这个时期都已经被大量栽培，有的作物还出现了成熟早晚不同、质性口感相异的多个品种。蔬菜种植也取得了一定发展，根据《诗经》等文献记载，西周时期的食用蔬菜（包括野生和栽培种类）已经达到二十多种，其中韭、芸（即芸薹）、瓜、瓠肯定已属人工栽培。果树栽培也开始发展起来，杏、梅、桃、枣、栗等是先秦文献中的常见果品。至于畜牧业，马、牛、羊、猪、犬、鸡仍然是主要的家养畜禽，殷商时代可能还试图驯养大象和鹿；家畜去势和配种的技术方法，亦已见于文献记载，这无疑有助于提高畜产量。与此同时，食物加工、贮藏技术也取得了显著发展，粮食贮藏除窖藏之外，又出现了大型仓廪；食品加工酿造技术也取得新的发展，酒的生产规模扩大，酿造技术进一步提高，蔬菜的盐渍（菹）、肉鱼的腌制和干制（脯、腊、修、鲍）以及醯（醋）、醢（酱）等调味品的酿造，都已经出现并且取得了一定发展。

总体而言，这个时期华北地区食物生产的发展，是以农耕种植逐渐排挤畜牧饲养和采集捕猎为主线而不断展开的，当时夷夏部族之间的激烈冲突，在一定程度上可以理解为不同食物生产体系之间的竞争，其结果是从事农耕种植的华夏部族取得了彻底胜利，[1]华北居民的主要食物来源进一步集中于若干栽培谷物（五谷），不仅具有广谱性的天然野生食物的地位不断下降，而且由于牧养经济的规模逐渐缩小，畜禽肉类产品在食料之中的比重亦呈逐渐下降之势，“肉食者”于是开始成为那些权贵富人的别称。这意味着，自彼时、彼地开始，华夏民族逐渐变成了一个主要依靠五谷杂粮、蔬茹素食来维持生命的民族。

4. 传统农业定型时期

战国、秦、汉时期，在一系列历史因素的推助下，华北地区的社会

[1] 有关历史上农耕与游牧部族分化与斗争的详细讨论，可参李根蟠等《我国古代农业民族与游牧民族关系中的若干问题探讨》，收入翁独健主编《中国民族关系史研究》，中国社会科学出版社1984年版，第189—206页。

经济日益朝着“以农为本”的方向定向发展，不论从生产关系还是生产力角度来看，中国传统农业的基本模式和特征都在这个阶段得到确立，因此我们将那个时期视为中国、特别是华北传统农业的定型期。单就饮食史角度而言，那也是以“五谷”作为主粮的食物生产和消费结构之确立时期。那是一个风云激荡、影响深远的历史时代，从兼并战争到天下一统，自礼崩乐坏到帝制建立，从封建隶属到编户齐民，先“百家争鸣”而后“独尊儒术”……，无论哪个方面，都对后来两千多年的中国历史发展具有肇启性或奠基性意义。但还有一个发展变化可能更具基础结构性的影响，这就是农耕与游牧两大经济类型和文明板块分离、对峙格局之形成。这两大经济类型和文明板块，以万里长城作为它们的基本分界线，这一分界线大体沿着 400 毫米的年均等降水线，呈东北—西南走向延伸。从此以后，长城以南成为农耕者独占的天下，长城以北则是游牧者的家园；他们分别以谷物和畜产为主食，形成了明显的民族经济和文化分野。

上述经济类型、文明板块以及它们之间的分离、对峙格局，是经过长达若干个世纪的博弈与冲突、分化与重组、兼并和整合之后最终形成的。原本在这个区域从事畜牧的部族，或则被农耕部族同化于无形，或则被驱离到不宜耕种的北方草原地带。农耕和游牧是两种具有不同环境适应性的迥然不同的食物生产体系，能量转换效率和单位面积土地的人口承载力亦是差异十分显著。正是由于这些差异和不同，草原游牧民族饮食以“食肉饮酪”为典型特色，中原农耕民族则以谷米蔬食为主要传统。这些特色和传统，都是在战国、秦、汉时代最终确立的。

仅就华北农耕区域而言，这个时代，随着牛耕、铁器的发明和使用，农业生产力得到了空前的提高，在人口压力的驱动和国家“耕战”“农本”政策的激励下，大片草莱被垦辟为耕地，以谷物栽培为主体的农业经济取得了长足的发展。但与此同时，可供野外放牧的公共草地不断缩小，畜牧经济在这个区域愈来愈难以大规模发展，取而代之的乃是千家万户的小型畜禽饲养，其在整个区域食物生产和消费体系中的地位大大降低。同样由于森林砍伐和草莱垦辟，野生动物栖息地和野生植物生境不断加快减缩，导致采集、捕猎生产的实际经济地位进一步显著下降。由此，华北人民只能几乎完全仰赖于黍、粟、麦、麻、稻、菽等少数几种谷物获得食物热量和营养。正是在这一时期形成了一直沿用至今的“五谷”概念，并且成为粮食的通称，[1]中华民族主体——汉族人民数千年以谷物素食为主的食物结构也最终确立了下来。

一般认为，自进入传统农业时代以来，中国的食物生产就一直是以种植业特别是谷物栽培占据绝对支配地位，畜牧业则处于非常次要的地位，甚至是微不足道，曾有农业史家形象地将中国传统农业比喻“跛足农业”，即作物栽培与畜禽饲养极不平衡的农业。[2]由于这一经济生产结构所决定，自周秦以后，在占中国人口绝大多数的汉族人民的食物结构中，谷物、蔬果的比重占据了绝对的优势，鱼、肉、蛋、奶对大多数人来说，一直都是难得享用的珍贵食物。

就整体情况而言，这个观点是可以接受的。不过，这种概括性的论断毕竟过分笼统，不足以说明每个特定时代和地区的实际情况和具体变化。虽然战国以来华北地区的畜牧经济就一直处于次要地位，并且两千多年来呈现总体下降趋势，但其在整个经济（食物）体系之中所占比重，并非一直都像最近几个世纪这样低下，也并非一路都是直线下降，历史上亦曾有过阶段性的升降和起伏。相应地，当地人民固然是以素食为主，

---

[1] 先秦至两汉文献对于粮食作物的概括，有所谓“五谷”“六谷”“九谷”“百谷”等等用词。其中“五谷”一词，初见于《论语·微子》：“四体不勤，五谷不分”；至战国时期，“五谷”之说已普遍起来，如《礼记·月令》有“阳气复还，五谷无实”；《荀子·王制》有“五谷不绝而百姓有余食也”；《管子·立政》有“五谷宜其地，国之富也”；《孟子·滕文公上》有“五谷熟而民人育”，又《孟子·告子下》有“夫貉，五谷不生，惟黍生之”等等。但对于“五谷”的具体所指，各家说法不一，排序先后也很不一致，但大体不出黍、稷、菽、麦、麻、稻六种作物。参梁家勉主编《中国农业科学技术史稿》，农业出版社1989年版，第118—119页。

[2] 见中国农业遗产研究室编《中国农学史》（上册），科学出版社1984年版，第56页、第75页。

很少能够吃上肉，但动物性食料的地位亦并非一直都像明清以来这样微不足道。换言之，历史上华北地区的食物生产结构并非一成不变，而是处在不断调整和变化之中。在某些时代、某些地区，肉类生产和消费可能少得可怜，甚至可以忽略不计；但在另一些时代、另一些地区，则可能相对较多，甚至能够达到较高的比重。另一方面，粮、蔬、果、肉、蛋、奶等各类食料构成情况，在不同的时代和地区也不尽相同，而是因时、因地不断呈现出一定的差异，发生一定的变化。因此，关于历史上的食料生产和消费结构，应当针对具体的时代和地域，进行具体的历史考察和分析，而不能满足于某些固定的观念和笼统的印象。

下面根据有限的史料，概述中古华北的食料生产结构，着重考察与前代相比所发生的重要调整、变化，努力解说这些调整、变化与技术、经济、文化和生态环境的历史关联。

二、粮食生产结构的重大调整

如上所言，自先秦开始，华北的粮食生产和消费就以“五谷”为主，直到玉米、甘薯等美洲作物在明清时代传入和推广之前，这个情况都没有发生明显改变。但是，“五谷”中不同粮食作物种类之地位轻重，则伴随着历史前进的步伐发生了很大的变化，中古时代正是一个重要变化时期。为了行文方便，我们对“五谷”逐一进行叙述，对一些重要问题相机展开讨论。

1. 黍：由“主帅”降做“先锋”

黍是禾本科黍属植物，古代文献或称为“穄”，今西北地区称之黍子、糜子，其籽实脱壳后则称为“黄米”，原产于我国，是黄土地带最早驯化栽培的粮食作物之一。黍类具有耐干旱、对杂草的竞争能力强等特性，故古代常将其作为新垦荒地的先锋作物加以种植。

先秦文字资料显示：商周时代，黍与稷并列为最重要的粮食作物。于省吾曾有统计称：在殷墟卜辞中，卜黍之辞有一百零六条，出现频率远高于其他粮食作物；[1]在《诗经》时代，黍的地位依然是与粟不相上下的主谷，齐思和曾统计《诗经》共有十九篇谈到黍，仍居各种粮食作物之首。[2]先秦时代，黍米除炊煮食用之外，最重要的用途是做酿酒原料。

战国以后，华北农业逐渐走向精耕细作，许多地区的耕地逐渐熟化，而人口增长亦驱使人们更倾向于选择种植产量较高的粟和其他农作物，黍则可能因为产量较低且籽粒细微、更加难以舂碓出米，所以逐渐不再当作主谷种植，在五谷之中的地位逐渐下降，到了两汉时期便逐渐无足轻重了。不过，魏晋北朝时期，华北地区由于长期战乱，土地时荒时垦，在杂草丛生的新垦、复垦土地上，黍对杂草竞争力强的意义又显现出来，因此常常作为新开荒地上的先锋作物被加以种植，《齐民要术》已经清楚地指出了这一点。该书设有专篇讨论黍穄种植，并记载了将近二十个黍的品种（包括所引《广志》的记载）。[3]北朝时期，黍似乎仍然具有一定重要性，北齐皇帝藉田所播种的粮食作物中就有“赤黍”“黑穄”。[4]但在藉田这种具有固定仪式的活动中所选种的那些作物，是否仅仅沿袭礼制旧规只具象征性，还是基于当时生产中的实际地位，是值得讨论的。遍检当时文献相关记载，我们感到黍远未恢复其在先秦时代的那种尊贵地位，完全不能与稷（即粟）相比，故《齐民要术》等书记载黍的品种

[1]　于省吾：《商代的谷类作物》《东北人民大学人文科学学报》1957 年第1期。

[2]　若把禾、苗、粟、粱、芑等等都算作稷的别称，则稷的出现频率要高于黍。齐思和：《〈毛诗〉谷名考》，收入氏著《中国史探研》，中华书局 1981 年版。

[3]　《齐民要术》记载黍仍然主要作为新垦荒地的先锋作物。如其《耕田》篇云：“耕荒毕……漫掷黍穄……明年，乃中为谷田”，好像种黍乃是为了给后茬种谷做准备。《黍穄》篇亦称：“凡黍穄田，新开荒为上，大豆底为次，谷底为下”，说明黍宜种于新开荒地。

[4]　《隋书》卷 7《礼仪二》记载：“北齐藉于帝城东南千亩内，种赤粱、白谷、大豆、赤黍、黑穄、麻子、小麦，色别一顷……”

个数比粟类少了很多。及至唐代，《四时纂要》仍然记载了种黍技术，但似乎只在晋冀山地和陇西地区有成片黍作，平川地区很少种植。

中古时代，黍米用于做饭和粢饵，也用作熬煮肉羹的配料（即所谓“黍臛”），还煮成浆粥用于食品酿造（帮助食品酸化发酵）和制作饴糖。[1]但黍之所以受到重视，主要因它是酿酒的好原料。从《齐民要术》卷7的记载可知，北朝时期酿酒的主要原料就是黍米和秫粟（黏性的粟）米；中古文学作品也反映黍是酿酒的主要原料之一，例如前秦时期的秘书侍郎赵整曾作过一首“酒德之歌”，其中有云：“获黍西秦，采麦东齐，春封夏发，鼻纳心迷”；隋唐之际的王绩亦称“河中黍田，足供岁酿”。[2]翻开《全唐诗》，到处可以见用黍米酿酒的诗句。虽然诗文之中也时常出现以“鸡黍”待客的记载，但这主要是作家因袭旧文，其中的“黍”乃不过是谷米的代指，并不能说明黍米在当时作为粮用有若何重要。

2. 粟："五谷之长"开始动摇

粟，先秦文献多称为“稷”，[3]系禾本科狗尾草属植物，其籽实俗称“谷子”，破壳之后则为小米，亦为我国原产和最早栽培的粮食作物之一，

[1] 参《大唐六典》卷15《光禄寺》；《初学记》卷4《岁时部下》引《玉烛宝典》；《齐民要术》卷8《作酢法》《脏腤煎消法》以及卷9《作菹藏生菜法》《作饧脯法》。

[2] 《太平御览》卷842《百谷部六》引崔鸿《十六国春秋·前秦录》；《全唐文》卷132王绩：《答程道士书》。

[3] 关于粟与稷的关系，农史学家夏纬瑛指出：“谷名中的稷，向有二说：汉人经注多以稷为粟，是现在谷中产小米的一种；本草家多以稷为穄，是现在黍中不黏的一种。”夏纬瑛：《〈管子·地员篇〉校释》，中华书局1958年版，第89—90页。以稷为穄，出自唐代本草书，可能因二字同音所致。目前国内农史学者基本上同意稷即是粟，参见《中国农业科学技术史稿》，第56—57页；缪启愉：《〈齐民要术〉校释》，第64—65页。美籍华裔学者何炳棣则主张粟与稷为不同的属种，参见何炳棣《黄土与中国农业的起源》，香港中文大学1969年出版，第124页；许倬云在《中国中古时期饮食文化的转变》（许氏惠赠的论文）一文中也主此说。兹采用国内农史学者比较公认的观点。

并且从一开始就是中国北方旱地农业的当家作物。

自西汉至唐代前期，粟在“五谷”之中一直处于绝对领先地位，被称为“五谷之长”。[1]在《齐民要术》的时代，粮食作物及其禾苗通称“谷”“禾”，而时俗乃用作粟的代名词。该书《种谷》云：“谷，稷也，名粟。谷者，五谷之总名，非止谓粟也。然今人专以稷为谷，望俗名之耳。”这个通俗叫法本身就说明了粟在当时粮食作物中所处的首要地位，与现在南方人把稻谷直称为谷，正复相同。直到唐朝前期，粟仍然是当家粮食，国家征收地租、地税，以粟为正粮，其他作物则被称作“杂种”；[2]租税额折算也是以粟为准。[3]

中古时代，粟类品种众多。北魏前、中期成书的《广志》记载了粟的品种十一个，[4]《齐民要术》又增加了八十六个；如再加上优质粟类——粱的品种四个、黏性粟类品种六个，当时华北的粟类品种至少有一百零七个之多，超出了当时其他谷物品种数量的总和。这些品种，有的早熟，有的晚成，或高产，或耐旱、耐湿，或抗虫灾、雀暴，或易舂、味美，形成了完整的品系，从一个侧面反映了华北粟作高度发达的事实。

及至唐代，虽然粟作已经受到不断扩张的麦作的挑战，但仍然是种植最广泛的一种粮食作物。据华林甫研究，唐代的粟类种植几乎遍及整个华北地区：在华北大平原上，北起燕山，南达淮河，西起太行、洛阳，东尽大海，除山东丘陵之外，都普遍种植粟类，“其分布具有多而集中的特点”；黄土高原除代北和陇右西部局部之外，也是处处粟田弥望，关中

[1]《风俗通义》卷8引《孝经〈神援契〉》。

[2] 唐朝租庸调制度规定：凡受田课户，丁租每年纳粟二石；义仓征纳，亦以粟为主，“乡土无粟，听纳杂种充”。《大唐六典》卷3“仓部郎中员外郎”条。

[3] 开元二十五年定《义仓式》：每亩纳粟二升，“诸出给杂种，准粟者，稻谷一斗五升当粟一斗”。见杜佑：《通典》卷6《食货六·赋税下》。

[4]《广志》，郭义恭撰，为中古时代重要的博物志书，历代文献多所征引。自明代陶宗仪《说郛》以来，学人多认为是西晋作品，但我们考证其成书年代当在北魏前、中期。参王利华《郭义恭〈广志〉成书年代考证》，《文史》1999年第3期。

盆地、汾河谷地以及泽潞山区，粟作生产更是繁盛。[1]

但在中古后期，粟类“五谷之长”的地位愈来愈受到挑战。就全国而言，它受到南方迅速成长的稻作的挑战；单就华北而言，粟类虽仍旧居于首要地位，但随着麦作不断推广种植，其比重渐呈下降趋势，及至中唐以后，不得不逐渐与麦子平起平坐，导致国家赋税征收方式相应发生变化。在麦子一节还将继续讨论。

作为中古华北人民的主粮，粟米主要用来煮饭、煮粥。按加工精粗不同，粟米有精白米和糙米之别，其中用糙米炊煮的饭，叫作“脱粟饭”，在中古文献中甚是多见（详见第五章）。粟米中之品质特佳者，古时称为“粱”，每与“膏”“稻”并称“膏粱”“稻粱”，是煮粥的上等原料，只有富人才能享用。黏性重的粟类则称为“秫”，其米多用于酿酒，也有少量碾磨成粉，用于制作粢饵之类的食品。

3. 麦：后来居上的主粮

中国古代的栽培麦类，有大麦（古称“牟”）、小麦（古称“来”）、燕麦（古称“瞿麦”，亦称“雀麦”）、稞大麦（亦称“元麦”，古称穬麦）以及荞麦（实非禾本科的麦类）等等。唐代河西地区还特产一种白麦，是当地土贡品之一，不知究为何种。小麦和大麦种植广泛，其他麦类则种植很少，主要分布在西北偏远地区。大、小麦种植又以小麦为主导，复分两种：一是前年秋种、后年夏收的冬小麦，因麦苗需在地里越冬过年，故古人称之为“宿麦”，是古今种植的主要麦种；另一种当年春种秋收，无须在地里越冬，所以古称“旋麦”，实即春小麦，一向主要分布于长城以北地区。也就是说，古代华北地区的栽培麦类主要为冬小麦，本节所讨论的亦主要是此种。

麦子非中国原产作物，但在华北地区的栽培历史也很悠久。先秦文献对麦作和食麦已颇有记载，名列“五谷”之一，但在那时还不能比肩

---

[1] 华林甫：《唐代粟、麦生产的地域布局初探》，《中国农史》1990年第2期。

黍稷。秦汉以后，华北麦作地位呈不断上升趋势，因麦子具有“接绝续乏”功能，[1]故两汉朝廷一直重视麦作推广。西汉时期，朝廷曾专门委派官吏在关中、山东地区“劝种宿麦”，但起初进展并不十分顺利，甚至遭到过一定程度的拒斥；[2]东汉时期国家推广麦作的力度进一步加大，《后汉书》记载皇帝针对农稼所下达的十多次诏书中，有九次涉及麦作。这个时期，大规模推广麦作的历史时机已经来到，若干基础条件都已具备：随着旋转石磨推广使用，面粉加工发展起来，改变了先前整粒蒸煮麦饭，或破碎煮作麦粥的食用习惯，饼食（面食）已经出现并且逐渐流行（详后论述），为麦作发展提供了需求动力；农田水利事业发展和抗旱保墒技术提高，为麦作推广提供了重要资源和技术保障；更重要的是，随着人口不断增长，东部平原低湿土地得到大规模垦辟，其时华北平原地下水位较高，年均降雨量也大于西部高原山地，在那里大规模种植需水量大、单产较高的麦类，比起种植耐旱、低产的黍稷，不仅更具经济合理性，而且更具环境适应性。正因如此，自两汉开始，华北麦作进入了显著扩张时期。[3]当然，对两汉时期华北麦作的经济地位和普遍程度，尚不宜做过高的估计。

魏晋南北朝时期，华北小麦生产进一步发展，栽培技术更趋成熟。《齐民要术》卷2设立专篇讨论大、小麦种植，记载了10多个麦类品种。由该书的记载可以看到：麦类在生长过程中需水量大、适宜种植于低田，已经成为当时农民的普遍常识，因此高田种粟类、低田种二麦（即大、小麦）是合理的安排，当时有民间歌谣唱道：“高田种小麦，稴穇不成穗。男儿在他乡，那得不憔悴？”[4]歌词的意思很清楚：种植在高亢之地

[1] 《礼记·月令·仲秋之月》云：“……乃劝种麦，毋或失时。其有失时，行罪无疑。”郑玄注曰：“麦者，接绝续乏之谷，尤重之。”

[2] 《汉书》卷24《食货志》。

[3] 卫斯：《我国汉代大面积种植小麦的历史考证——兼与（日）西嶋定生先生商榷》，《中国农史》1988年第4期。

[4] 《齐民要术》卷2《大、小麦第十》。按：后代编辑古诗集，或将“稴穇”改为“终究”，看似更通俗易懂，实则丢弃了最关键的技术信息。

的大、小麦，如同远在异乡的游子，不能安然生长，故多穗而不实。恰恰由于麦子具有明显不同于粟类的生物学特性和适宜生境，在人口和土地关系不太紧张的中古前期，两者在种植空间上不会产生严重的冲突和相互排挤，故能够各得其宜，并行发展。

这个时期，华北麦作的分布区域比起两汉文献中所见显然要广泛得多。《晋书》卷3《武帝纪》记载：太康九年（公元288年）“郡国三十二大旱，伤麦”，虽然不能确知这32个郡国的具体所指，但由此可见其时麦作分布之广泛。同卷特别记载：“三河、魏郡、弘农雨雹，伤宿麦”“齐国、天水陨霜，伤麦”“陇西陨霜，伤宿麦”，等等，可以肯定这些地区都有大面积的冬小麦种植，否则就不会出现这些灾情报告。根据《晋书》中的其他零散记载，可以判断那时种植麦类较多的地区有：沛国、东海，[1]任城、梁国、义阳、南阳，[2]巨鹿、魏郡、汲郡、广平、陈留、荥阳，河东、高平、河南、河内、弘农、东平、平阳、上党、雁门、济南、琅琊，城阳、章武，齐郡临淄、长广、不其等四县，乐安郡的梁、邹等八县，琅琊临沂等八县，河间易城等六县，高阳北新城等四县。[3]未见于《晋书》记载的地区亦可能有成片的麦作，例如徐州一带，早在三国时期就是麦作区；[4]北魏时期，青、齐、冀、殷、雍、河等州亦多麦类分布。[5]缘淮河一线，乃是魏晋南北朝时期推广麦作的重点地区，当时文献多有讨论，兹不具引。概括地说，魏晋南北朝时期，在华北平原和黄土高原上，西起陇西，东极于海，北起上党、雁门，南至淮河的广大地区，都有成片麦类种植，虽然我们难以估计麦作总面积有多大，但上述资料多是来自灾情报告，或者是与麦类有关的灾异、祥瑞现象记录，我们有理由据以猜想，种植总面积是相当可观的。

---

[1] 《晋书》卷4《惠帝纪》。

[2] 《晋书》卷26《食货志》。

[3] 《晋书》卷29《五行下》；《宋书·五行志》记载略同。

[4] 《三国志》卷1《魏书·武帝纪一》“裴注”引《魏书》，卷10《荀彧攸贾诩传》。

[5] 《魏书》卷112上《灵徵志上》。

正因如此，那个时期麦类特别是冬小麦在时人心目中的地位，较之两汉时期亦明显提高。两汉文献中几乎不见“麦”“粟”并称，此一时期人们则时常将它们连词并提。例如南燕慕容超曾经夸耀他所占据的五州之地（在今山东半岛一带）“拥富庶之民，铁骑万群，麦禾布野”；[1] 北周武帝建德三年（574 年）正月，皇帝“诏以往岁年谷不登，民多乏绝，令公私道俗，凡有贮积粟麦者，皆准口听留，以外尽粜。”[2] 都是“麦”“粟”并提之例。华北冬小麦一般在中、晚秋播种，次年初、中夏收获，当时文献把夏季麦收称为“麦秋”，与主要收获粟类的秋收同等看待，可见粟、麦并重的趋势逐渐明朗。

隋唐时期华北麦子的地位继续提升，中唐时期已堪与粟类相颉颃，这就为制定和实施“两税法”提供了生产依据和先决条件。值得注意的是，夏税麦与秋税粟数额不相上下，有时甚至略高于后者。唐代宗大历四年（769 年）十月敕令：“……大历五年夏麦所税特宜与减常年税，其地总分为两等，上者一切每亩税一斗，下等每亩税五升，其荒田如能开佃者，一切每亩税二升……。”同年十二月又敕：“……其京兆来年秋税宜分作两等，上下各半，上等每亩税一斗，下等每亩税六升，其荒田如能佃者，宜准今年十月二十九日敕，一切每亩税二升。”夏、秋两税数额大致相同，仅下等地之秋税每亩要多收 1 升。但大历五年（770 年）三月重新规定的税额是：“……夏税上田亩税六升，下田亩税四升；秋税上田亩税五升，下田亩税三升；荒田开佃者亩率二升。”[3] 上田、下田夏税都比秋税多收 1 升。这些税额规定，无疑说明麦作不仅已与粟作平起平坐，而且渐呈蓦越之势。每当遇到灾荒，减轻或放免夏麦之税也成为皇帝实施德政的一项新内容，在代宗统治时期即是如此。[4]“两税法”因麦作发展得以制定和实施，反过来又促进其进一步发展，麦子最终摆脱

---

[1] 《资治通鉴》卷 115《晋纪三七》“安帝义熙五年”。

[2] 《周书》卷 5《武帝纪上》。

[3] 《册府元龟》卷 487《邦计部·赋税一》。

[4] 可参见《全唐文》卷 47。

“杂种”地位成为当之无愧的主粮。

按常理推测，隋唐时期麦作分布范围和种植规模定然比魏晋南北朝时期进一步扩大。特别是在华北大平原上，由于土地极其辽阔，自然环境更宜麦作，农地开发和麦作推广形成同步共进的关系。只可惜当时文献史料并不具足，散碎的记载难以拼合成一幅清晰完整的历史图像。不过，《册府元龟》所收录的一份五代后唐政权的征税规定，对我们颇有帮助。后唐明宗长兴元年（930年）下制：“河南府、华、耀、陕、绛、郑、孟、怀、陈、齐、棣、延、兖、沂、徐、宿、汶、申、安、滑、濮、澶、商、襄、均、房、雍、许、邢、邓、洺、磁、唐、隋、郢、蔡、同、郓、魏、汴、颍、复、曹、鄜、宋、亳、蒲等州四十七处，节候常早，大小麦、曲麦、豌豆取五月十五日起征，至八月一日纳足……幽、定、镇、沧、晋、隰、慈、密、青、登、淄、莱、邠、宁、庆、衍十六处，节候较晚，大小麦、曲麦、豌豆取六月一日起征，至八月十五日纳足……并、潞、泽、应、威塞军、大同军、振武军七处，节候更晚，大小麦、曲麦、豌豆取六月十日起征，至九月纳足……”[1]根据这份规定，可知后唐时期，从华北平原到黄土高原，从内陆腹地到黄、渤海滨，各地州郡几乎无不种麦。后唐去李唐覆亡时间很近，应能够说明唐朝后期该区域麦作分布的基本情况。唐诗中的诸多记咏，也反映那时许多地方麦田弥望，麦陇如云。信手拈来，如张说有“邺中秋麦秀，淇上春云没”之句夸赞邺中麦作之盛，又有“渭桥南渡花如扑，麦陇青青断人目”描绘关中陇上麦田；[2]卢纶《送绛州郭参军》一诗言河东麦作之广，有“炎天故绛路，千里麦花香”之句……诸如此类，不能遍举。[3]至于华北大平原，因地势低平，湖沼众多，灌溉方便，麦作之盛更无须多言。

[1]《册府元龟》卷488《邦计部·赋税二》。

[2]《全唐诗》卷86张说二《相州山池作》《奉和圣制初入秦川路寒食应制》。

[3]《全唐诗》卷276卢纶一。

要之，自两汉而下，华北麦作持续扩展，地位不断上升，至中唐已与粟类平分秋色甚至初呈后来居上之势，这无疑是华北粮食发展史上意义最为重大的一次结构性调整。它是一系列自然、社会因素共同作用的结果——环境变化、土地开发、人口增长、饼食普及和耕作制度、种植技术发展，都是不可忽视的促进因素和驱动力量。其中，饼食日益普及对麦作发展的促进作用尤其直接和重要。反过来说，华北人民改变千古传承的“粒食”方式，将麦子磨粉做成花色无数的“饼”，日日以之为食，既得益于加工工具技术的发展，更是因为麦作不断推广和普及这个生产基础——两者是协同发展、演进的关系。

这一历史协同发展、演进背后还有更加深层的生态关系。毫无疑问，汉代以降特别是进入中古之后，华北麦作推广与低湿平原土地开发相伴行进。由于其生物学特性所决定，麦类既不像黍、稷等耐旱作物那样适宜种植于高亢的土地，也不像水稻那样需要非常丰富的自流灌溉水源，在华北特别是东部大平原地区的气候、土壤和水资源条件下，麦作（特别是冬小麦种植）在初兴阶段与粟、稻栽培之间既无激烈的空间争夺，在生产时令安排上亦无严重抵牾，相反，在这个自然区域，它具有更强的环境适应性、更大的竞争优势和经济发展潜势，这是麦作随后继续强势扩张、最终超越粟类成为华北第一主粮的根本原因，同时也是“北方吃面”这一强固饮食传统得以确立并长期延续的文化—生态学基础。

中古时代，麦子主要磨面作饼食（即面食，后面将有专节详细讨论），但仍有不少整粒蒸煮麦饭和破碎煮麦粥、做干粮（麨）者。此外，麦子还是做酒曲和酿造酱、醋、饧糖等调味品的重要原料。

4. 稻：嘉谷亦曾盛兹土

稻与黍、稷、麦同属禾本科植物，是中国本土原产和最早栽培的谷物之一。稻有水稻、旱稻，后者极少种植。水稻又分三个大类，即粳稻、籼稻和糯稻。古代华北地区主要种植粳稻。

历史上国人曾经长期持有一种印象，认为水稻是偏宜并主产于南方的粮食，所以与“北方吃面”相对应的是“南方吃米”。[1]关于其原因，一般看法是南北风土不同，南方气候湿热、土地卑下，而北方气候偏寒、天干地燥。这些印象与看法并非没有事实根据，然而从中国自然环境和粮食生产长期演变的动态过程来看，其中存在着严重的历史短见和误解。水稻栽培虽自古以南方为盛，但在华北地区至少已有八千年左右的栽培史，并且也是“五谷”之一。从其环境适应性而言，水稻并非偏宜南方亚热带和热带，在北方温带地区的气候条件下同样适宜生长。华北地区发展水稻生产的主要环境障碍是地表灌溉水源不足，当地光照、气温和土壤等因素均不构成严重的生态制约。因而，自古以来，凡水源充足、灌溉条件良好的地方，都可以并事实上曾经发展过规模可观的稻作，甚至可能有些令人难以置信的是：在现代农业科技发达之前的传统技术条件下，我国水稻单季亩产量最高的地方并不在湿热的南方，而是在湿热程度不及，但阳光辐射更强的华北地区。[2]

前章已经揭示：中古时代，华北地区的水资源环境整体良好，湖沼陂泽众多，河流水量可观，远非现在亢旱缺水的情形。这意味着，制约该区水稻生产发展的主要环境问题——灌溉水源短缺，在那个时代还远不及当今严重。至于其他环境影响因子如光照、积温等，古今并无显著

---

[1] 按：“北方吃面”是中古以后才形成的意象，“南方吃（稻）米”之说则早已有之，至少可以上溯到《史记》所谓楚越之地“饭稻羹鱼”。最近几十年，由于东北地区盛产的稻米行销全国，更由于商业和交通事业日益发达，东西南北饮食物品广泛流通，饮食习惯日趋混同，饮食文化观念中的地域色彩随之不断淡化，关于水稻生产和消费的传统观念也已不再像历史上那样流行。这是一种很有趣的文化历史变迁现象。

[2] 造成这一现象的原因主要是华北的太阳光辐射强度比南方大。关于这个问题，著名科学家竺可桢先生曾在《论我国气候的几个特点及其与粮食作物生长的关系》一文中指出：“以我国各省区而论，1952 和 1957 两年的稻米单位面积产量中，各省区平均最高产量并不在江南的两湖或江浙，而在日光辐射强大的陕西省。上海市的稻米单位面积产量不及天津和北京，天津市的水稻单位面积产量要高出上海的三分之一。可以推想夏季北方辐射能的强大胜于南方是起了一定作用的。”《竺可桢文集》，第 458 页。

变化；土壤状况变化颇大，但并无证据表明是逐渐变得恶劣。这意味着，中古及其以前，当地发展水稻生产的自然条件比现代好。由于具有比较适宜的自然环境条件，自夏商以下，华北水稻生产呈总体增长趋势，至于中古，呈现出相当繁荣的局面。[1]邹逸麟对历史上黄淮海平原水稻生产的兴衰过程曾经有过一段概括，指出："在汉代以前，水稻的种植还限于很个别的地区。""与小麦相似，汉唐时期的黄淮海平原上水稻的种植得到很大发展。所不同的是宋元以后小麦的种植日益发展，明清以来替代了黍稷成为平原的主要粮食，而水稻则自宋以后渐趋衰退。至今只占整个黄淮海地区耕地的6%左右。因此可以说汉唐是黄淮海平原历史上水稻种植的最兴旺时期。"[2]综合多方证据可以肯定：那时水稻在整个区域生产和消费中所占比重，与晚近时代相比要大得多。

有关中古华北水稻的记载不少，但散见于各类不同的文献。为方便读者了解其发展面貌，与诸多环境和社会因素之间的关系，我们分区罗列资料予以概要介绍。请特别留意稻作与屯田和农田水利建设，特别是与盐碱土地改良、利用之间的关系。

1）关中及其西北地区

早在先秦时代，关中已有水稻种植，《诗经·小雅·白华》中的"滮池北流，浸彼稻田"一句，讲的就是引滮池之水灌溉稻田。两汉时期，当地水稻颇受称赞，例如东方朔称关中"有粳稻、梨、栗、桑、麻、竹

---

[1] 关于华北稻作发展的历史，前人已经做过不少探讨，主要成果有张泽咸：《试论汉唐间的水稻生产》，《文史》第18辑；邹逸麟：《历史时期黄河流域水稻生产的地域分布和环境制约》，《复旦学报》（社会科学版）1985年第3期；张芳：《夏商至唐代北方的农田水利和水稻种植》，《中国农史》1991年第3期；华林甫：《唐代水稻生产的地理布局及其变迁初探》，《中国农史》1992年第2期；游修龄：《中国稻作史》，农业出版社1995年版；等等。其后，李增高于2005—2008年连续发表了四篇论文，较系统地讨论先秦至唐代华北农田水利和稻作问题。李增高：《先秦时期华北地区的农田水利与稻作》《秦汉时期华北地区的农田水利与稻作》《魏晋北朝时期华北地区的农田水利与稻作》《隋唐时期华北地区的农田水利与稻作》，分见《农业考古》2005年第1期、2006年第1期、2006年第4期、2008年第4期。

[2] 邹逸麟主编：《黄淮海平原历史地理》，第298—299页。

箭之饶，土宜姜芋，水多蛙鱼”；东汉时期也有人称赞雍州“畎渎润淤，水泉灌溉，渐泽成川，粳稻陶遂。厥土之膏，亩价一金。”[1]西汉时期郑国渠、六辅渠灌区曾有内史所掌管的大片稻田。[2]个别地方甚至可能是以种稻为主。

汉末以降，关中迭经战乱，水利失修，水稻生产情况不明，估计比两汉有所萎缩，种植较少，但唐朝时期又有所恢复，具备较大的种植规模。根据唐代官员的议论：秦汉郑国渠溉田四万顷，白渠溉田四千五百顷。至唐高宗永徽（650—655年），两渠灌浸的耕地已不过万顷；代宗大历（766—779年）初年更减少到6200余顷，都是水田。[3]导致灌溉面积缩小的主要原因，是权贵之家占水设置碾磨，影响了稻田灌溉。为了维护当地水稻生产，唐代宗广德二年（764年），李栖筠主持拆毁郑白渠上的水力碾磨共七十余所，“以广水田之利”“计岁收粳稻三百万石”。[4]若以稻谷亩产三石计算，唐代郑白渠灌区的稻田仍然可达上百万亩（均按唐计量），这个规模仍然可观。唐玄宗时期，关中还新开垦了一些稻田，开元二十六年（738年）曾把京兆府的新开稻田分赐给贫民耕种。[5]唐朝还曾设置官吏专门管理关中稻田事务，唐玄宗开元十年王鉷就曾经担任过京兆尹稻田判官一职，可见朝廷很重视当地的水稻生产。[6]唐朝后期，这里仍然有不少稻作，为解决关中水田灌溉问题，唐文宗曾亲自颁下水车样式，

[1] 《汉书》卷65《东方朔传》；《后汉书》卷80上《文苑列传上》。

[2] 《汉书》卷29《沟洫志》。

[3] 《通典》卷2《食货二》称：唐高宗永徽六年雍州长史长孙祥奏言：“往日郑、白渠溉田四万余顷，今为富商大贾竞造碾硙，堰遏费水，渠流梗涩，止溉一万许顷。请修营此渠，以便百姓。至于咸卤，亦堪为水田。”到了唐代宗大历年间，水田才得六千二百余顷。可见自汉至唐，特别是在唐代，该灌区的水稻种植呈萎缩之势。这一方面是由于“富商大贾，竞造碾硙”影响了稻田灌溉；另一方面也是由于地表水资源渐趋减少等环境变化所致。

[4] 唐·王谠：《唐语林·政事》；《唐会要》卷89《碾硙》。

[5] 《旧唐书》卷9《玄宗纪下》。

[6] 《旧唐书》卷105《王鉷传》。

“令京兆府造水车，散给缘郑白渠百姓，以溉水田”。[1]可能正是由于京兆府一带的稻作比较集中而且品质不错，《新唐书》把稻米列为当地土贡物产之首。[2]郑白渠灌区之外，关中东部地区也有成片稻作，开元六年，时任同州刺史的名臣姜师度在朝邑、河西二县引洛水和黄河之水入通灵陂，“以种稻田，凡二千余顷，内置屯十余所，收获万计”，因此得到唐玄宗褒奖。[3]同一时期，官府在栎阳等县咸卤之地也开垦了不少稻田，其中一部分被分给贫民和逃还百姓耕种。[4]关中西部的灞、渭之间也有大面积水稻种植，唐诗时有描绘，例如郑谷诗云：“桑林落叶渭川西，蓼水弥弥接稻泥”；韦庄吟诵鄠、杜一带的景致，有“秋雨几家红稻熟，野塘何处锦鳞肥”“一径寻村渡碧溪，稻花香泽水千畦”等句，说明当地稻田颇广。[5]正因如此，唐人曾对关中农业做过如下概括，称：“三秦奥壤，陆海良田，原隰条分，沟塍脉散。泾渭傍润，郑白疏流，荷锸成云，决渠降雨，秔稻漠漠，黍稷油油，无爽蝉鸣之期，有至凤冠之稔”。[6]

关中以西、以北，远及河西、陇右，也有不少地方曾经种植水稻。早在汉代，著名将军马援曾在陇西郡“为狄道开渠，引水种秔稻，而郡中乐业……”；[7]曹魏明帝时，徐邈在凉州“上修武威、酒泉盐池，以收虏谷。又广开水田，募贫民佃之，家家丰足，仓库盈溢”；[8]唐代名将郭元振曾“遣甘州刺史李汉通辟屯田，尽水陆之利，稻收丰衍。旧凉州粟

[1]《旧唐书》卷17上《文宗纪上》。

[2]《新唐书》卷37《地理一》。

[3]《旧唐书》卷185下《姜师度传》；《全唐文》卷28唐玄宗《褒姜师度诏》称：当地“原田弥望，畎浍连属，繇来榛棘之所，遍为粳稻之川，仓庾有京坻之饶，关辅致珠金之润”。

[4]《册府元龟》卷105《帝王部·惠民一》。

[5]分见《全唐诗》卷676郑谷：《访题表兄王藻渭上别业》；同书卷698韦庄：《户杜旧居二首》。

[6]《全唐文》卷980阙名氏：《对射田判》。

[7]《水经注》卷2《河水二》。

[8]《晋书》卷26《食货志》。

斛售数千，至是岁数登，至匹缣易数十斛，支积谷十年，牛羊被野”。[1]可见种植甚广，收获颇丰；兰州一带也有水稻种植，唐代甚至有人说“兰州地皆粳稻”。[2]此外，唐朝中期，杨炎曾想在丰州屯田区开渠种稻，严郢称：“旧屯肥饶地，今十不垦一，水田甚广，力不及而废。”可见当地水稻种植面积曾经相当不小。[3]在西北地区发展水稻种植，并不只是各地将帅、官员个人或者地方官府行为，朝廷对此一直颇为重视，北魏皇帝不止一次下诏要求“六镇、云中、河西及关内六郡，各修水田，通渠溉灌”。[4]显然很看重在那些地区发展稻作。这些史实反映：中古时期，即使是西北内陆半干旱、干旱地带，水资源环境也不像如今这样恶劣，不少地方仍能成片地种植水稻。

2）河东地区

中古以前，河东地区的水稻生产少见记载。不过，从西汉河东太守番系引汾水灌溉皮氏、汾阴，引黄河水灌溉汾阴、蒲阪，将部分垦田交付越人耕种等情况来看，当时这个地区已有稻作。[5]又据《水经注》记载：在汾阴县一带，古人曾引瀵水种稻，称：“河水又南，瀵水入焉。水出汾阴县南四十里，西去河三里。平地开源，濆泉上涌，大几如轮，深则不测，俗呼之为瀵魁。古人壅其流以为陂水，种稻……”[6]可见当地很早就导泉种稻。到了隋唐时期，文献记载当地引水种稻事例渐多，如隋代蒲州刺史“（杨）尚希在州，甚有惠政，复引瀵水，立堤防，开稻田数千顷，民赖其利”。[7]隋文帝开皇六年（586年），地方官曾“引晋水溉稻田，周回四十一里”，规模甚为可观；[8]宋人薛宗孺《梁令祠记》载：开皇十六年，

[1]《新唐书》卷122《郭震（元振）传》。

[2]《全唐文》卷716刘元鼎：《使吐蕃经见纪略》。

[3]《新唐书》卷145《严郢传》。

[4]《魏书》卷7下《高祖纪下》。

[5] 事见《史记》卷29《河渠书》，《汉书》卷29《沟洫志》，《通典》卷2《食货二》。

[6]《水经注》卷4《河水四》。

[7]《隋书》卷46《杨尚希传》，《册府元龟》卷678《牧守部·兴利》。

[8]《元和郡县图志》卷13《河东道二·太原府》。

临汾县令梁轨在前代基础上，开凿12条水渠，灌田500顷，亦是种稻。[1]至唐太宗贞观年间（627—649年），榆次县令孙湛曾导引温泉灌溉水田，种稻甚广，以至人们形容当地盛夏之时“稻田绿满”；而文水县“城甚宽大，约三十里，百姓于城中种水田”。[2]可见中古时期河东地区水稻生产达到一定规模，兴修水利多为种稻。河东地貌和地质条件特殊，泉水资源非常丰富，故文献记载多称引泉种稻，这是当地水稻生产的一个显著特点。

3）河北地区

河北地区位于黄河下游，那里平原辽阔，地势低湿，地表水资源更加丰富，发展稻作的灌溉条件更为优越，因此早在先秦时代水稻就成为当地主粮之一。《尚书·禹贡》称青州“宜稻麦”；《周礼·职方典》亦称幽州“宜三种”即黍、稷、稻；河北平原西南部、太行山东侧的漳水流域，战国时期就以水利、稻作著称，民间有歌谣称颂邺令史起的治水功绩云：“决漳水兮灌邺旁，终古舄卤兮生稻粱。”[3]汉代地方官员在当地兴修水利、广开稻田的事迹颇多见诸记载，例如东汉时，渔阳太守张堪在狐奴（今北京顺义一带）“开稻田八千余顷，劝民耕种，以致殷富”，受到百姓歌颂；[4]崔瑗曾在汲县“开渠造稻田，薄卤之地更为沃壤，民赖其利”，受到民众赞扬。[5]至中古时期，文献记载黄河以北有三个集中成片的稻米产区：一是河内地区（今河北部西南部和河南省北部），二是幽蓟地区（今北京一带），三是邻近渤海的黄河尾闾地区（唐代沧、棣等州）。

河内地区稻米品质优良，汉魏时期甚为时人所称，所产青稻与河南新城的白粳稻齐名。[6]左思《魏都赋》称当地开凿水渠，“畜为屯云，泄

---

[1] 清·雍正《山西通志》卷201《艺文二十》引薛宗孺《梁令祠记》。

[2] 均见《元和郡县图志》卷13《河东道二·太原府》。

[3] 《汉书》卷29《沟洫志》。

[4] 《后汉书》卷31《郭杜孔张廉王苏羊传》。

[5] 《太平御览》卷268引《崔氏家传》。

[6] 《艺文类聚》卷85引表（按：表当作袁）准《观殊俗》曰：“河内青稻，新成（“成”当作“城”）白粳”；同书卷86引何晏《九州论》称：“河内好稻。”

为行雨，水澍粳稌，陆莳稷黍”，名产有“雍丘之粱，清流之稻”。清流之稻上贡朝廷，称为“御稻”。[1]唐朝曾在邺城附近重开天平渠，增凿金凤、菊花、利物、万金等渠，引漳水以灌稻田；[2]丹、沁水一带水稻生产亦颇可观，曹魏时因来自西部山区的凶猛洪水冲毁了当地木制堰门，致使“稻田泛滥，岁功不成”，于是司马孚花大力气加以整修，改木门为石门，以捍卫当地稻田不受洪水侵害；[3]枋口堰之修筑和维护对这一带的农田灌溉意义重大，历代都非常重视，当地水稻生产持续发展，在很大程度上即仰赖该堰，故唐人称：“……堰洪□巨流，缺乐南之岸，分流一派，溉数百万顷之田。荷锸兴云，决渠降雨，黄泥五斗，粳稻一石，每亩一钟，实为广济。由是河内之人，无饥年之虑……”[4]虽不免有些夸大其词，但当地自战国以降一直拥有较大规模的水稻种植，则是无可置疑的。另外，共城县一带因有百门陂灌溉，所产稻米“明白香洁，异于他稻”，北朝、隋唐时期一直是贡品，[5]五代后周时期还曾专门在此设立稻田务，说明当地水稻生产也一直持续发展。[6]

从文献记载中出现的顷亩数字来看，幽蓟地区的稻作规模似乎更大一些，或者更加集中成片。自东汉张湛开渠灌溉狐奴稻田八千顷，之后历代均在此地垦辟大片稻田。曹魏时期，刘靖在蓟城（今北京西南部）附近开渠灌溉稻田二千顷；不久，朝廷派谒者樊晨组织实施扩建、改造，灌溉面积增至一万余顷。[7]北魏时，卢文伟主持整修督亢陂，灌田一万余顷，积稻谷于范阳城；北齐时，平州刺史嵇晔重修该陂，扩大灌溉面积，“岁收稻粟数十万石，北境得以周赡”。唐代幽州都督裴行方复“引

[1] 《文选》卷6《赋丙》。
[2] 《新唐书》卷39《地理志三》。
[3] 《水经注》卷9《沁水》。
[4] 《唐文续拾》卷10阙名氏《沁河枋口广济渠天城山兰若等记》。
[5] 《元和郡县图志》卷16《河北道一・卫州》。
[6] 《唐文拾遗》卷11《遣赵延休相度租赋敕》。
[7] 《水经注》卷14《鲍丘水》,《三国志》卷15《魏书・刘靖传》。

泸水（即卢沟水）广开稻田数千顷，百姓赖以丰给”。[1] 这些史实说明：今北京一带，自汉至唐一直是规模可观的水稻产区。

黄河下梢、邻近渤海地区，因海浸关系，盐碱非常严重，农业开发相对迟缓。但唐朝已经在那一带试种水稻。唐玄宗时，沧州刺史姜师度“于鲁城界内种稻置屯”，竟因境内蟹多成灾，未能取得明显成功！[2] 但这并没有完全阻碍当地水稻生产发展。至唐僖宗乾符元年（874 年），那一带竟然“生野稻水谷二千余顷，燕、魏饥民就食之。”[3] 若当地不曾有大片稻作，这种情况是不可能出现的。其实，由于黄河下游尾端低平多水，在当地垦田种稻一直受到关注，唐代不时有人提出建议。例如唐玄宗时担任河南北沟渠堤堰决九河使的宇文融就曾建议并组织“垦九河故地为稻田”，[4] 虽然未能成功，但说明当时人们试图利用这个地区的自然条件发展稻作。

4）河南地区

与以上三个地区相比，黄河南岸、淮河以北地区，水资源更丰富，无霜期也更长，更加适宜发展水稻种植。事实上，远在新石器时代的仰韶文化时期甚至更早以前，这个地区就已开始稻作，考古学家在河南舞阳贾湖遗址中就发现了炭化的人工栽培稻，[5] 该遗址距今大约 9000—7500 年。其他考古资料也可以证明。夏商周以后，黄、淮之间的水稻生产不断发展，中古时代达到相当繁盛的程度。以下自西向东略作叙述。

豫西伊洛河盆地至洛阳一带，稻作久负盛名。《战国策》记载东周欲种稻、西周不下水，是众所熟知的故事。自战国以降，那里一直是北方

[1] 分见《北齐书》卷 22《卢文伟传》，《隋书》卷 24《食货志》，《册府元龟》卷 678《牧守部·兴利》。

[2] 《朝野佥载》卷 2。

[3] 《新唐书》卷 39《地理志三》。

[4] 《新唐书》卷 134《宇文融传》。

[5] 陈报章等：《舞阳贾湖新石器时代遗址炭化稻米的发现、形态学研究及意义》，《中国水稻科学》1995 年第 3 期。

稻作发达地区。曹魏时期，出现了一个名闻遐迩的著名品种——“新城稻”，那是一种优质的香粳稻，曹丕曾夸耀新城粳稻“上风吹之，五里闻香”。约略同一时代的袁准、桓彦林等人都对新城稻大为赞美。[1]西晋朝廷曾发派大批邺城奚官、奴婢前往新城，“代田兵种稻，奴婢各五十人为一屯，屯置司马，使皆如屯田法”。[2]及至唐代，当地稻作依然发达，规模可观。史书记载：唐高宗永徽五年（654年），洛阳地区水稻大丰收，每斗粳米价格仅十一钱；[3]唐人诗文对当地水稻也多有赞咏，例如宋之问诗赞洛阳西南陆浑县一带“粳稻远弥秀”；白居易则以“红粒陆浑稻”特别记咏当地所出产的红粒稻，又有“枣赤梨红稻穗黄”描绘内乡一带的稻熟景象；韦庄则以“满畦秋水稻苗平”描述虢州一带的稻作……[4]诸如此类，不能尽引。

由此往东的淮河流域，淮、汝、汴、颍、涡、濉众水纷流，湖陂众多，灌溉便利，应是中古华北最重要的稻作区。隋唐时代，淮泗之间多盛稻米，人所公认，孟诜就很直接地说：“淮泗之间米多。”[5]这个地区水稻生产，早在汉代就已经具备较大规模，东汉汝南太守邓晨在这一带“图开稻陂，灌数万顷，累世获其功”。[6]汉末以降、经魏晋南北朝至隋唐时期，历史都不断有人在此组织大开水屯、广种水稻，稻作生产愈益兴盛。例如，汉末曹操下令屯田许下，一岁即得谷百万斛，实际上主要是水稻；后来邓艾在淮、颍之间开垦了更大规模的屯田，并曾建议“省许昌左右诸稻田，并水东下”，以利于灌溉下游的屯区，他亲自主持组织

---

[1]《艺文类聚》卷85引曹丕《与朝臣书》。《北堂书钞》卷142引桓彦林《七设》称：“新城之粳，既滑且香。”又引袁准《招公子》云：“新城白粳，濡滑通芬。”

[2]《晋书》卷26《食货志》。

[3]《资治通鉴》卷199《唐纪十五》“高宗永徽五年”。

[4]分见《全唐诗》卷51宋之问《游陆浑南山……》；同书卷453白居易《饱食闲坐》，卷443白居易《内乡村路作》；同书卷695韦庄《虢州涧东村居作》。

[5]《食疗本草》卷下。孟诜此条文字是讨论稻米的食疗作用，故其“米”乃指稻米。

[6]《艺文类聚》卷22引孔融《汝颍优劣论》；《后汉书》卷15《李王邓来列传第五》则称：“晨兴鸿隙陂数千顷田，汝土以殷，鱼稻之饶，流衍它郡。”

兴修陂塘，溉田多达二万顷，也是以种稻为主。[1]夏侯惇、郑浑等人也先后在这一带兴修渠陂水利，同样主要为了保护和发展水稻。[2]到了唐代，还有更大规模的兴屯、种稻之举。开元年间（713—741年），名臣张九龄出任河南开稻田使，于陈、许、豫、寿四州大开水屯，种植水稻，史载他在这一带共设水屯一百零七处，约占全国总屯数的九分之一，[3]后来这些水屯稻田有一部分交由无地的贫民耕种。再往后，唐德宗时，崔翰也在汴州一带开垦水田五百顷种植水稻。[4]

徐州及其以东以北地区，也是早有可观的水稻生产。东汉末年，陈登为典农校尉，在那里"巡土田之宜，尽凿溉之利，粳稻丰积"；[5]北魏薛虎子上表称："徐州左右，水陆壤沃，清、汴通流，足盈激灌，其中良田十万余顷。若以兵绢市牛，分减戍卒，计其牛数，足得万头。兴力公田，必当大获粟稻。"[6]《太平御览》卷169引无名氏的《郡国志》也称赞那一带"北对清泗、临淮，守险有平阳、石龟，田稻丰饶"。位于今山东境内的密州，高密县曾"有稻田万顷，断水造鱼粱，岁收亿万，世号万匹粱"；[7]又有浯水堰，曾溉田数万顷，至唐时尚有余堰，"而稻田畦畛存焉"；诸城县北则有潍水故堰，"蓄以为塘，方二十余里，溉水田数万顷"。[8]说明那个地区的稻作面积曾经相当广大。

了解了那时华北各地的稻作情况，对于《齐民要术》为何专篇讨论水稻栽培且详细程度远超前代农书，我们也就不感到奇怪。由该书可知：当时北方水稻栽培技术已达到了一定高度，从选地、耕作、选种、

[1]《三国志》卷1《魏书·武帝纪》，卷28《魏书·邓艾传》，《晋书》卷26《食货志》。
[2]分见《三国志》卷9《魏书·诸夏侯曹传》，同书卷16《魏书·郑浑传》。
[3]事见《旧唐书》卷9《玄宗纪下》，《新唐书》卷126《张九龄传》。并参张泽咸等著：《中国屯垦史》（中册），农业出版社1990年版，第105页。
[4]《全唐文》卷566韩愈《崔评事墓志铭》。
[5]《三国志》卷7《魏书·吕布传》。
[6]《魏书》卷44《薛野月者》传。
[7]《太平御览》卷180引《郡国志》。
[8]《元和郡县图志》卷11《河南道七·密州》。

田间管理到收获，整个生产过程相当精细。[1]

叙述至此，我们突然感到：对于中古华北何以拥有规模可观的稻作而后代却不能继续，尚需做一番讨论分析。从以上的叙述之中，细心的读者不难发现：在古籍有关华北稻作的记载中，通常伴随出现的内容可用两个常用词汇概括，一是“化除斥卤”，二是“兴修水利”。这意味着，水稻种植与盐碱土地利用和农田水利兴修，有着密不可分的关系。

作物生长离不开水。华北地区降水年际和季节变差都很大，且因地形、地势、地质等多种因素影响，水资源分布极不均衡，需水时间与降水时、农地与水源地总是存在一定的“时空错位”。因而，兴建农田水利工程包括开凿引水沟渠、兴筑蓄水陂塘等等（当然还包括排水防涝工程），成为保证作物水分供给之所必需。这些都是不难理解的。但必须特别指出的是，水稻生长所需水量远远高于黍、稷、麦等旱地作物，种植水稻必须拥有更加充裕的水资源和良好的灌溉设施作为基础保障。以往对古代（特别是中古以前）北方兴修农田水利的目的，通常只做笼统的理解，好像是要对所有农田和作物实施灌溉，很少做出具体细致的区分。然而当我们更仔细地解读相关史料，发现大多数记载都相当明确地指出凿渠、筑陂乃是为了灌溉水田、种植水稻！在发现这一现象之后，我们便将凿渠、筑陂与种植水稻的具体地点进行比对，发现两者之间存在着相当明显的重合关系——凡发现某地兴建大型陂渠堰塘工程的记载，均不妨先设想那里也有相当规模的水稻种植。对于此种关联，前贤已经有所探讨，只是没有像我们这样突出强调。[2]

更加值得特别做一番讨论的，是水稻种植与“化除斥卤”之间的特殊关系，这直接关乎我们如何更好地理解古代华北粮食生产结构的前后差异和变化。

---

[1] 《齐民要术》卷2《水稻第十一》。

[2] 参张芳《夏商至唐代北方的农田水利和水稻种植》，《中国农史》1991年第3期。

众所周知，土壤盐碱化自古即是华北农业生产的一大难题。[1]这个区域盐碱土地分布很广，东起黄海、渤海，西至西北内陆，都有斥卤之患。盐碱土地大体上分为两个类型：一是滨海盐渍土，主要分布于黄河尾闾的渤海湾沿岸，是由于海水浸渍而形成的；二是内地盐碱土地，主要由于排水不畅，地下水位高，天气干燥时地面水分蒸发量大，土壤下层盐碱随着水分蒸发上升到地面，从而形成盐碱地，对农作物造成危害。无论是哪个类型，都与当地的水环境分不开，治理盐碱地当然也要从治理水环境入手，而兴修水利的重要功效之一就是化除斥卤。其作用机理有二：其一，引水灌溉可以利用流水对土壤进行冲洗，从而降低土壤中的盐分含量；其二，一些地区（如关中）河渠流水泥沙含量较大，可通过灌溉以淤泥压盐肥地。历史文献关于华北各地水利工程兴修的许多记载，都很清楚地说明了两者之间的关系。然而，让我们感到讶异的是，古代改造和利用盐碱地不仅通过兴修农田灌溉工程，还通过发展水稻种植。当我们结合水稻的生物学特性及其用水用地特点进行分析时，发现这也是不难理解的：其一，与麦、粟等旱地作物相比，水稻是一种耐盐作物；其二，种植水稻过程中，经常性地实施水流灌溉，同样可以取得洗降盐碱的效果。如此一来，那些不能种植旱粮的盐碱斥卤之地，却可以开垦为水稻田，古人显然很早就已经认识到了这一点。[2]正因如此，在那些盐碱严重，不适宜种植粟、麦旱粮的地区，只要拥有一定的水资源可资引灌，筑凿陂渠、开垦水田、种植水稻乃是一种优先选择的合理策略，其结果是形成修水利—治盐碱—种水稻三位一体的关系。这是古代华北环境与经济关系——具体来说是水土环境与粮食生产关系演变的一个特别值得注意的现象。为了证实这一重要发现，我们不妨分区引证一些史料予以具体说明。请读者勿嫌烦言跑题。

[1] 在古代文献中，盐碱地被称为“斥卤”“泽卤”或者“潟卤”之地，早在先秦时代就已经被视为一大生产难题，并试图加以改造。

[2] 比如《通典》卷2《食货二》引唐高宗永徽六年雍州长史长孙祥上奏称：“……至于碱卤，亦堪为水田。”

战国时期华北地区最大的两个灌溉工程——郑国渠和漳水渠，都是引水灌溉泽卤之地，把盐碱地改造为良田。《史记》卷29《河渠书》云：（郑国）“渠就，用注填阏之水，溉泽卤之地四万余顷，收皆亩一钟。于是关中为沃野，无凶年，秦以富强，卒并诸侯，因命曰郑国渠。”《汉书》卷29《沟洫志》则称：“……史起为邺令，遂引漳水溉邺，以富魏之河内。民歌之曰：‘邺有贤令兮为史公，决漳水兮灌邺旁，终古舄卤兮生稻粱。’”两大灌渠所在之地——关中和河内正是在古代著名的盐碱区，同时又是水稻生产长期发达的地区。这并非巧合，而是因为引水灌溉并且种植水稻，确实是易斥卤为良田的有效方法。当然，前提条件是有水可引。汉代以后文献提及这两个地区的灌溉工程，往往也都同时提到盐碱和水稻。同在关中，西汉时期庄熊罴上言“临晋民愿穿洛以溉重泉以东万余顷故卤地”，认为这一大片卤地“诚得水，可令亩十石”。有意思的是，该渠开创了中国内地井渠引灌的历史。[1]正因兴修引灌工程、改造斥卤之地取得较大成功，关中成为繁盛的农田沃野，人们称赞关中富饶总是不忘指出这一点。例如晋代江统就说：“夫关中土沃物丰，厥田上上，加以泾、渭之流，溉其舄卤，郑国、白渠，灌浸相通，黍稷之饶，亩号一钟，百姓谣咏其殷实，帝王之都每以为居……。”[2]只是他以“黍稷”统称当地粮食作物而偏未直言水稻，未免因文害意。中古文献记载关中水利与农业，往往还是同时提到盐碱治理。例如，曹魏明帝青龙元年（233年）“开成国渠自陈仓至槐里；筑临晋陂，引汧、洛溉舄卤之地三千余顷，国以充实焉”；曹魏齐王嘉平四年（252年），关中饥荒，司马懿上表请迁冀州农夫五千人“佃上邽，兴京兆、天水、南安盐池，以益军实”。[3]至苻秦统治时期，苻坚“以关中水旱不时，议依郑白故事，发其王侯已下及豪望富室僮隶三万人，开泾水上源，凿山起堤，通渠引

[1]《史记》卷29《河渠书》。

[2]《晋书》卷56《江统传》。

[3]《晋书》卷26《食货志》。

渎，以溉冈卤之田。及春而成，百姓赖其利。”[1] 到了隋唐时期还是如此，隋文帝开皇（581—600年）初年，元晖“奏请决杜阳水灌三畤原，溉舄卤之地数千顷，民赖其利”；[2] 唐玄宗下诏称：“顷以栎阳等县地多咸卤，人力不及，便至荒废。近者开决，皆生稻苗，亦既成功，岂专其利！京兆府界内应杂开稻田，并宜散给贫丁及逃还百姓，以为永业。”[3] 这些事例说明：关中地区的引水灌溉、盐碱治理和水稻种植一直联系在一起。

河内位于太行山山前地带，众河自山区倾泻而下，背河两岸地势低湿，水流宣泄不畅，故盐碱一向十分严重。东汉应劭称：“其国斥卤，故曰斥漳。”[4] 因此之故，自战国以来，人们论及当地农事，往往都将治水、除盐和种稻联系在一起。《吕氏春秋·先识览》云：“邺有圣令，时为史公。决漳水，灌邺旁。终古斥卤，生之稻粱”；西汉贾让论当地“通渠有三利，不通有三害”，其“三害”是“民常罢（疲）于救水，半失作业；水行地上，凑润上彻，民则病湿气，木皆立枯，卤不生谷；决溢有败，为鱼鳖食”。但他指出：“若有渠溉，则盐卤下湿，填淤加肥；故种禾麦，更为粳稻，高田五倍，下田十倍；转漕舟船之便：此三利也。”因此他主张在这个地区伐薪采石，通渠立门，以“兴利除害”，并放弃禾麦而改种水稻。[5] 也就是说：当地除害兴利方略是兴修水利、引淤压盐和改种粳稻相结合。唐代张说在谈论兴屯田、种水稻的利益时也特别指出：“……若开屯田，不减万顷，化萑苇为秔稻，变斥卤为膏腴，用力非多，为利甚溥。”[6] 自汉代以下，史书记载当地官员发展农业、改善民生的政绩，往往都将凿渠修陂、种植水稻和化除斥卤三者联系在一起。除前举崔瑗在汲县开沟渠、造稻田变薄卤为沃壤的事迹外，隋朝怀州刺史卢贲亦曾“决沁水

---

[1] 《晋书》卷113《载记·苻坚上》。

[2] 《隋书》卷46《元晖传》。

[3] 《全唐文》卷24唐玄宗《春郊礼成推恩制》。

[4] 《水经注》卷10《浊漳水》。

[5] 《汉书》卷29《沟洫志》。

[6] 《全唐文》卷223张说《请制屯田表》。

东注，名曰利民渠，又派入温县，名曰温润渠，以溉舄卤，民赖其利”。[1]

不但关中、河内如此，其他地区凿渠引水、灌溉水稻，亦多因其地苦于盐碱之害。河北北部的督亢泽一带（约在今北京南部至河北涿州一带），是水利建设和水稻生产都颇有成绩的地区，同时也是很典型的斥卤之地，“督亢泽”或“督亢陌”就因此得名。《水经注》特意引汉代应劭《风俗通·山泽》解释说：“沆、漭也，言乎淫淫漭漭无崖际也。沆，泽之无水，斥卤之谓也。”[2]以今山西为主的河东地区自古以产盐闻名，土地亦多盐卤，故引水灌溉往往带有洗盐这个目标。唐人吕温记述韦武事迹，即包括“凿汾而灌注者十有三渠，环绛而开辟者三千余顷。舄卤之地，京坻勃兴……”。[3]

令人费解的是，中古及以前文献基本没有提到黄河以南地区的盐碱问题，兴修水利、种植水稻也不怎么与盐碱治理发生联系。根据当时文献，除海滨地区之外，关中及其西北、河东和河北内陆，都有众多产盐区和以盐命名的地名，黄河以南却几乎不见记载，而晚近时代黄淮之间包括苏北、皖北和豫东地区，盐碱问题都非常严重。这是否说明：直到中古时代，黄河以南地区盐碱尚未构成农业生产的一大难题呢？若果真如此，那就太有意思了！究竟是因为史籍缺载，还是因当地前后时代环境变迁所致呢？

一时之间我们还不能对此给出明确答案，但是不妨设想几种可能性：一是中古以前黄河以南地区水系尚较通畅，水潦宣泄总体较好，尚未形成严重的盐碱问题；宋代以后，因黄河多次南决并长期夺淮入海，导致当地水系紊乱，河道淤塞，泄水不畅，当地因而逐渐走向盐碱化；[4]二是由于那里的水资源比起上述三个地区更丰富，且无霜季节更长、活动积温更大，中古及其以前，当地农业是以水田稻作为主，即便有盐碱问题存

[1] 《隋书》卷38《卢贲传》。

[2] 《水经注》卷12《巨马河》。

[3] 《唐文拾遗》卷27吕温：《……京兆韦公神道碑铭并序》。

[4] 关于黄河南决夺淮的历史情况，请参韩昭庆《黄淮关系及其演变过程研究——黄河长期夺淮期间淮北平原湖泊、水系的变迁和背景》，复旦大学出版社1999年版。

在，亦不足以构成农业生产的一大难题。无论是哪种情况，都是关乎生态环境与粮食生产互动变迁的重大问题，值得进一步深入探究。

毫无疑问，华北地区水土环境是不断变迁的，古今盐碱分布范围和严重程度同样发生了很大变化。[1]这些变化必然影响到当地粮食生产，包括导致主粮结构改变。中古之前华北稻作能够持续取得发展，直接地，当然与社会对稻米的需求有关，然而水资源和土壤环境状况具有更基础性的作用与影响。在那个时代的环境生态条件下，因不同作物具有不同的生物特性和环境适应能力，粟、麦、稻这三种主粮作物的发展空间尚未发生严重冲突，水稻不仅是嘉谷美种，在盐碱土地的改良利用中还长期承担着先锋作物的角色，与黍在新开旱地所担当的角色相似。因此水稻与粟、麦发展可以并行不悖。令人感慨的是，随着华北水资源环境进一步变迁，可供稻田灌溉的水资源不断走向短缺、匮乏，华北地区的水稻生产逐渐丧失了大规模发展的环境基础和理由，在用地、用水等方面与粟、麦种植的矛盾冲突逐渐增大，最终不得不无可奈何地衰落下去。这是后话了，不能继续展开。

让我们回到本书正题。中古华北水稻生产发展，对当地粮食消费结构无疑具有一定影响。由于资料不足，我们无法估测当时该区域稻作的总面积有多大，总产量有多少，因此也难以估测稻米在粮食消费中到底占据多大比重，对当地人民的热量营养摄取影响几何？但是，综合相关史料信息，判断其明显高于后代，应当没有问题。[2]当然，即使是在那个时代，华北水稻种植终究不能与粟、麦比肩并论。还有不少记载反映：稻米在华北总

[1] 对此，文焕然等一批学者曾有专门系统的研究。有兴趣的读者，可参文焕然、林景亮《周秦两汉时代华北平原与渭河平原盐碱土的分布及利用改良》，《土壤学报》1964年第1期；文焕然、汪安球《北魏以来河北省南部盐碱土的分布和改良利用初探》，《土壤学报》1964年第3期；吴忱《华北平原河道变迁对土壤及土壤盐渍化的影响》，《地理学与国土研究》1999年第4期。

[2] 华林甫曾对唐代雍州和河南道的稻作面积和比重做过一番估计，认为永徽六年雍州稻田面积最多只能占总耕地面积的13.44%。开元二年河南道的稻田面积则仅占该地区耕地总面积的1.02%。这个估计显然过低。参华林甫《唐代水稻生产的地理布局及其变迁初探》，《中国农史》1992年第2期。

体上说还是比较珍贵的，稻米市场价格通常要比粟米、小麦高出两成。[1]因此，除那些稻米产地的人民之外，食用稻米是上层社会和富裕家庭的特权，普通百姓通常难得一食。可能也是因为如此，文献反映当时华北居民食用稻米，多是用于熬粥滋补，炊煮干饭作为主食的情况很少见有记载。最后附带指出的是，自唐代开始，南方稻米大量调运华北，前期每年不过二十万石，中唐以后已增至每年一百万石以上了。[2]南方稻米的输入对缓解华北稻米供应不足，特别是长安等地的粮食短缺发挥了一定作用。

5. 豆、麻以及其他

上述四种粮食作物皆属禾谷类植物，它们自古即是淀粉和热量的主要供给者。还有若干种禾本科植物也曾被种作粮食，但作用几可忽略不计。例如向来被视为杂草的稗子通常都要被拔除，但因其抗逆性强，古代农民偶尔也专门种植，用以防灾。还有若干作物（例如豆、麻和芋）并非禾谷类，但也被当作粮食作物或粮菜兼用，其中豆和麻还曾经进入“五谷”之列。

豆科植物是植物界中的一个庞大家族，仅在我国就分布有一百二十七属约一千二百种，其中有不少种类可供食用和做其他用途。[3]在我国历史上，种为粮食的主要是大豆，其他种类如赤豆、绿豆、豌豆、蚕豆……虽亦种为粮食，但都远不如大豆重要。

中国是大豆的故乡，栽培历史十分悠久，古名为“菽”，《诗经》已有记诵。[4]先秦时代，菽作为重要粮食作物被列入“五谷”；秦汉时期菽作为主粮之一常常与粟并提。[5]根据《氾胜之书》所反映的情况，西汉

[1] 据（日本）圆仁《入唐求法巡礼行记》卷2记载：开成年间，登州城内粮市上的粟米每斗三十文，粳米七十文；莱州粮市粟米每斗五十文，粳米九十文；青州粟米斗八十文，粳米一百文；禹城县粟米斗四十五文，面七十至八十文，粳米一百文。

[2] 《旧唐书》卷49《食货志下》，《新唐书》卷52《食货志三》。

[3] 参见《辞海》（缩印本），上海辞书出版社1980年版，第1956页。

[4] 如《诗经·大雅·生民》称颂后稷的农业功绩有“艺之荏菽，荏菽旆旆”，荏菽即指大豆。

[5] 参《中国农业科学技术史稿》，第119页。

时期大豆栽培面积可能达到粮食种植总面积的五分之一。

中古时代，华北豆类生产继续取得发展，豆类品种比前代有所增加。据《齐民要术》等书记载，当时栽培大豆品种有11种，小豆也有绿豆、赤豆、豌豆、豇豆等10个品种，其中大多数在华北都有栽培。新增的品种有不少是从外国传入，例如大豆品种有黄高丽豆、黑高丽豆，从名字来看，应是从朝鲜半岛传入的良种；胡豆则是从西域引进的，有青色、黄色两个不同品种。由于大豆的重要且种类较多，《齐民要术》卷2专门设立两篇，分别谈论大豆和小豆栽培技术；《四时纂要》在不同月份之下多次谈及大小豆种植，反映中古农家很重视豆类生产。众多记载特别是相关的征税规定和灾情报告表明：这个时代华北豆类生产分布十分广泛，基本上各个州郡县都有种植；由于它是重要作物，所以灾害年份豆类受损情况，是地方向中央报告灾情的重要内容之一。[1]

不过，与两汉及其以前有所不同，中古时代豆类一般不作主种作物单独种植，而多是在主谷生产的间隙充当轮作、间作、混种和套种作物。从上揭两部农书可以看到：当时华北地区谷豆、麦豆轮作是一种广泛推行的农作制度，谷豆、豆菜、豆桑的间作、混播和套种也十分普遍，目的在于利用豆类作物根瘤菌的固氮作用，保持和增进地力。[2]这是一个既具有重要经济意义，更具有长远生态意义的优良农作传统。那时，农民播种某些豆类并不只是为了收获其籽实，有时不待其成熟即行收割，称为“青茭”或“茭草”（即豆禾），用作牛、羊等家畜饲料；甚至漫撒播种、直接掩杀于地中作绿肥，这些在《齐民要术》等书中都有不少记载。[3]

豆类虽是重要粮食作物，常常与粟、麦并提，实则地位比较低下。

---

[1] 参《晋书·五行志》《魏书·灵徵志》《新唐书·五行志》等。

[2] 《中国农业科学技术史稿》，第262—263页。

[3] 关于种豆刈茭做家畜饲料，《齐民要术》卷6《养羊第五十七》云：“羊一千口者，二、四月中，种大豆一顷杂谷，并草留之，不须锄治，八、九月中，刈作茭。”关于种豆做绿肥，同书卷1《耕田第一》云：“凡美田之法，绿豆为上，小豆、胡麻次之。悉皆五、六月中种，七月、八月犁禾奄杀之，为春谷田，则亩收十石，其美与蚕矢、熟粪同。”

因豆子煮饭或熬粥食用，不仅口味不佳，而且多食易致气滞腹胀，所以，除饥荒年月之外，只有经济贫困的穷苦百姓才把豆类当作粮食，时人自述或讲述他人家境贫寒、生活窘迫之情状，每称其食豆菽饭或豆粥、豆糜。在唐代，豆类可以作为“杂种”折粟交纳租税，但其中有些豆类例如豌豆，实际上是征做家畜饲料，关于这一点，著名政论家陆贽说得很清楚。[1] 然而豆类蛋白质含量很高，一般都在 30% 以上，特别是大豆，蛋白质含量可达 40% 以上，且其氨基酸构成优良，贫苦百姓由于经济条件限制，肉食很少，以蛋白质含量高的豆子做饭粥食用，恰可弥补他们蛋白质摄入之不足。

在情出无奈地煮豆饭、豆粥外，人们倒是很乐意把豆子用于配制豉、酱。豆酱、豆豉既美味又经济，自秦汉以下一直是佐餐的主要副食加工品和调味品。《齐民要术》的相关记载反映：当时大户人家往往把数以十石、百石的豆子作为主要原料，大量作豉、造酱。至迟在唐代后期，豆腐加工技术也已经发明，但在唐代及其以前的文献之中，我们还没有找到一条关于豆腐加工和食用的可信记载。这些情况，后面将有章节专门进行讨论。

中国古代有两种麻曾经作为粮食，一种是大麻，另一种是胡麻（或名巨胜，即今之芝麻）。中古以前华北地区的栽培麻类是“大麻”，其韧皮纤维纺绩、织布，是重要的衣料来源之一，其籽实——“苴”与“蕡”则供食用。在先秦时代，这种麻子常被列为五谷之一，[2] 说明其作为粮食曾经具有重要地位，但秦汉以后地位不断下降，虽然《齐民要术》仍专篇讨论其栽培，[3] 但中古文献关于麻子食用已经很少记载，说明曾为“五谷”之一的大麻，作为一种重要的粮食作物已然退出历史舞台。

然而从西域地区传入不久的胡麻，在中古时代却是声名大噪，种植

---

[1] 《全唐文》卷 457，陆贽《请依京兆所请折纳事状》。前文所引材料说明：后唐政权向各州征收的税物中皆有豌豆，可能也是供给军马等牲畜饲料。

[2] 参《吕氏春秋·十二纪》和《礼记·月令》记四时之食等。

[3] 见《齐民要术》卷 2《种麻子第九》。

范围愈来愈广，《齐民要术》设有专篇讨论其种植方法，[1]《四时纂要》也有多处记载了胡麻栽培。[2]

中古时代，胡麻籽实曾经用于煮饭，但这主要限于那些有钱有闲的服食养生家，中古诗文时常提到隐逸、方术之士以胡麻为饭，行止、造作自是与众不同，一般民众极少炊煮和食用胡麻饭，用胡麻子做“胡饼”倒是很常见。“胡饼”是中古时代重要的面食品种，名为“胡饼”者，有两个既有关联又有区别的原因：一则这种饼食的做法乃是传自胡地、胡人，二则人们常在这类饼上撒上胡麻子。胡麻气味香馨，在松脆的饼面撒上一些再烤炙，顿时香气袭人，令人垂涎，中古特别是唐代诗文记咏颇多。不过，胡麻在中古时代更重要的用途，可能还是压制食用油，从那个时代开始，它就一直是国人食用植物油的主要来源之一，也一直是高档的油料。这些方面的具体情况，亦留待后面的章节再做详细讨论。

三、蔬菜、果树种类的显著增加

蔬菜和水果在人类饮食生活中具有十分重要的地位，与粮食相比，蔬果虽然不能大量提供热量，但它们却含有丰富的维生素、矿物质和微量元素，这些营养成分在以谷物为主的粮食中含量往往较少，不能满足人的生理需要。因此，食用一定量的蔬菜、水果对于抵抗疾病、维持体液酸碱平衡和消化机能的正常运转、保证和增进肌体健康，乃是必不可少的。《黄帝内经·太素》云：“……五谷为养，五果为助，五畜为益，五菜为埤，气味合而服之，以养精益气”，[3]说明古人很早就认识到食用

[1]　《齐民要术》卷2《胡麻第十三》。

[2]　见该书二月、三月、四月和五月的有关部分。

[3]　隋·杨上善撰注：《黄帝内经太素》卷2《调食》，人民卫生出版社1957年影印本。

果品、蔬菜对于调节体内阴阳、维护身体健康的重要性。

正因为如此，尽管中国人民的热量和营养来源愈来愈倚重于几种谷物，但自古至今一直都给蔬、果生产保留下一片土地，并且更加精心地经营着。历史文献反映：中古时代华北地区的蔬菜、果品生产，较之前代取得了显著发展，最主要表现是蔬、果种类和品种大大增加。当然，期间也经历了一定的历史筛选和变化。

1. 蔬菜

先来看看蔬菜生产发展变化的情况。

就食物原料而言，蔬菜最能体现中国饮食的丰富性。不过，在中古及其以前，蔬菜大多单称“菜”或“蔬”，二字并用情况很少。那时人们对于“菜”的理解，与今天视菜为佐餐下饭之物有所不同，还比较重视它们的果腹充饥功能，故古人将“谷不熟”与“菜不熟”相提并论，前者称为“饥”，后者叫作“馑”。[1]

因之，古时种植某些蔬菜，一方面为了佐餐助食，另一方面也为备荒、救饥。如汉桓帝曾因灾害下诏令百姓多种芜菁，以解决灾后严重的饥荒问题。[2]《齐民要术》亦称芜菁“……可以度凶年，救饥馑”，又说栽种芜菁，“若值凶年，一顷乃活百人耳”。[3]芋是既可为粮，亦可充蔬的作物，贾思勰在《种芋》一篇特别强调了芋的救饥功用。[4]所以，我们对于当时的“菜”，不能同现代意义上的“菜”等而视之。

---

[1]《说文》5下《食部》曰：“谷不孰为饥”，“蔬不孰为馑”。“孰”与“熟”通。

[2]《后汉书》卷7《桓帝本纪》云：永兴二年（154年）“六月，彭城泗水，增长逆流，诏司隶校尉、部刺史曰：‘蝗灾为害，水变乃至，五谷不登，人无宿储，其令所伤郡国，种芜菁以助人食’”。

[3]《齐民要术》卷3《蔓菁第十八》。

[4]《齐民要术》卷2《种芋第十六》说：“按：芋可以救饥馑，度凶年。今中国（主要指华北地区）多不以此为意，后至有耳目所不闻见者。及水、旱、风、虫、霜、雹之灾，便能饿死满道，白骨交横。知而不种，坐致泯灭，悲夫！人君者，安可不督课之哉？”

与粮食生产逐步向少数几种主谷作物集中不同，古代蔬菜生产是沿着栽培种类不断增加的方向发展的。古代历史早期，华北蔬菜生产发展较迟缓，人们长期依赖于野生蔬菜，这是因为当时农田垦殖未广，野外自然生长的各种蔬菜资源仍然相当丰富。但随着人口不断增长和土地不断垦辟，野蔬资源渐趋贫乏，而社会对蔬菜的消费需求在不断增加，乃不得不愈来愈多地通过人工栽培来获取所需，在漫长采集活动中早已被人们所熟知的那些野生的种类，逐渐被尝试栽种，那些易于驯化、适于栽培的种类逐渐被驯化成为栽培菜种，由此导致古代栽培蔬菜的种类不断增加。某些已经被驯化栽培的蔬菜，在持续不断的人为干预即定向选育、繁育下逐渐发生变异，演变出了新的栽培变种，是为古代蔬菜种类逐渐增加的另外一个重要途径。随着社会发展特别是文化交流的空间不断扩大，物产流通日趋频繁，一些外地菜种陆续传入华北，经过驯化添加到本地蔬菜的行列，使得这个地区的蔬菜种类进一步丰富。

根据《诗经》等文献的记载，早在先秦时代，华北地区已经出现了专门用于种植蔬、果的“园圃”，蔬菜生产在食物生产体系中逐渐成为一个专门项目。不过，那时的菜蔬还主要是来自于采集，人工栽培的种类只有瓜、瓠、芸、韭、葑（即芜菁或蔓菁）、葵、姜、葱、蒜等有限的几种。[1] 两汉时期华北地区的蔬菜种类，有农业史研究者根据《氾胜之书》《四民月令》和张衡《南都赋》等文献做过不太完全的统计，发现可以确定属于人工栽培的蔬菜已有二十多种，包括葵、韭、瓜、瓠、芜菁、芥、大葱、小葱、胡葱、胡蒜、小蒜、杂蒜、薤、蓼、苏、蕺、荠、蘘荷、苜蓿、芋、蒲笋、芸薹以及若干种豆类，[2] 远远多于先秦时代。及至中古时代，华北蔬菜种类在两汉基础上又有了显著增加，《齐民要术》《食疗本草》和《四时纂要》等书有比较集中的记载。为明了起见，兹将三书所载蔬菜列表如下（表 2-1）。

[1] 参《中国农业科学技术史稿》，第 142—143 页。

[2] 《中国农业科学技术史稿》，第 214 页。

表 2-1　中古华北的蔬菜

《齐民要术》	《食疗本草》	《四时纂要》
葵、冬瓜、越瓜、胡瓜（黄瓜）、茄子、瓠（葫芦）、芋、蔓菁（芜菁）、菘菜、芦菔（萝卜）、蒜（包括胡蒜、小蒜、黄蒜、泽蒜等）、薤、葱（包括胡葱、小葱等）、韭、芸薹、蜀芥、小芥（芥子）、胡荽（芫荽）、兰香（罗勒）、荏（白苏）、蓼、姜、蘘荷、苦荬菜、白苣、芹（水芹）、马芹子（野茴香）、堇、胡葸（苍耳）、莼菜、藕、苜蓿（紫花苜蓿）、芡实（鸡头）、芰（菱）、凫茈、藻、菰蒋（茭白）、荠、笋、青蒿、蒲、菰菌（蕈）、蜇淡（木耳）、紫菜、竹菜、蕺菜、蕨菜、荇菜等	黄精、甘菊、天门冬、地黄、薯蓣、白蒿、决明子、生姜、苍耳、栝楼、百合、蓟菜、牛蒡、小茴香、青蒿、菌子、菰菜、茭首、枸杞、木耳、藕、芰实（即菱）、鸡头子（芡实）、芋、荸荠、茨菰、葵、苋菜、胡荽、邪蒿、同蒿、罗勒、蔓菁、冬瓜、濮瓜、胡瓜、越瓜、芥、萝卜、菘菜、荏、龙葵、苜蓿、荠菜、蕨、翘摇、蓼、葱、韭、薤、荆芥、紫苏、鸡苏、香薷、秦荻梨、瓠子、大蒜、小蒜、胡葱、莼菜、水芹、马齿苋、落苏（茄子）、蘩蒌、鸡肠草、白苣、落葵、堇菜、蕺菜、马芹子、芸薹、雍菜、菠菜、苦荬、鹿角菜、莙荙	冬瓜、瓠、越瓜、茄子、芋、葵、蔓菁、萝卜、蒜、薤、葱、韭、蜀芥、芸苔、胡荽、兰香、荏、蓼、姜、蘘荷、苜蓿、藕、芥子、小蒜、菌、百合、枸杞、莴苣、薯蓣、术、黄菁（精）、决明、牛膝、牛蒡、地黄等

由上表罗列可以看到，仅就现存文献的记载看，中古时代华北地区的蔬菜种类已达 70 余种（其中有些种类可能仍以野生为主，或处在半栽培状态），用作蔬菜的豆类尚未列表、计算在内，比汉代增加了数倍。即使考虑到文献记载早晚、详略等因素，相信实际增加亦是相当显著的。

中古华北蔬菜种类增加，正如上文所述，主要通过三种途径：

一是野菜由采集逐渐走向驯化、栽培。举例来说，上表所列的苦荬菜在先秦时代已被采集食用，那时称为“芑”，《诗经·小雅》有《采芑》一篇咏及采集这种野蔬的情形，直到两汉时期它还没有被人工栽培，到了中古时代则肯定已经成为栽培菜种。食用菌（即蘑菇）、百合、白术、黄精、决明子、牛膝和牛蒡等等，原先也是从野外采集，这个时期都相继进入了菜园成为栽培种类，《四时纂要》专门记载了栽培的方法。[1]值得注意的是一些水生的蔬菜种类，这个时代有不少由野生走向了人工栽培，如莲藕、菱、鸡头、莼菜等等均是，《齐民要术》卷6《养鱼》篇附记了它们的栽培方法。不过由于水生蔬菜对水温、水质一般要求较高，在华北栽培自古就远不及南方普遍。

二是由于不断栽培选育而产生新的蔬菜变种。例如瓜类中就有从甜瓜演变而来的越瓜，甜瓜一向只作果品生吃，而它的变种越瓜，则是佐餐的蔬菜。在先秦文献中多次出现的"葑"，后来逐步分化出蔓菁、芥和芦菔等多个变种，均为中古华北重要的栽培蔬菜；自中古时期开始长期作为我国当家蔬菜之一的"菘"（即白菜），也是"葑"的后代变种。[2]

三是异地菜种不断传入。外国物种的传入历来令人感兴趣，西汉武帝时期，张骞通西域，建立"凿空"奇功，为中西物质文化交流打开了大门，中亚各国的许多新奇农产，从此通过"丝绸之路"陆续传入中原，其中就包括不少蔬菜。早在汉代，西域传入的苜蓿、胡葱和胡蒜等就已成为中原农家菜园里的新成员；魏晋以后，来自异国的菜种更不断增添，其中比较重要的有胡瓜（即黄瓜）、胡荽（又名芫荽，今称香菜）、莴苣、菠菜、莙菜（亦名莙荙、军荙）等等。黄瓜、莴苣和菠菜至今仍是华北人民的家常菜，胡荽则

[1] 其中某些种类如地黄、术、黄精虽可做菜食，但人工栽培难度较大，产量不丰，在当时可能主要是隐居山野的服食养生家们栽培作补养修仙的药食，民间种植未必很多，故后来又逐渐退回到野生状态。比如《四时纂要·春令卷·二月》种术一条称：术"其叶甚美，入菜用，其根堪为煎"。但同时他又指出："术与黄菁，仙家所重，故附于此。"可见此两种虽亦做菜用，但特别为仙家所重视，也可能就是他们首先开始种植的。又，该书中记载有很多服饵养生方法，药饵的重要来源之一就是书中所载的许多蔬果。不过，这对于开发华北蔬菜资源，还是有一定积极意义的。

[2] 唐代食疗学家孟诜《食疗本草》卷下说"北无菘菜，南无芜菁"，似乎当时华北并不栽种菘菜；但在另一处他又提到河西地区产一种名为"九英菘"的良种菘菜，叶子大，根粗长，和羊肉一起煮食味道甚美。菘菜首先种植于南方。传至河西地区须经过华北，而其自然条件也并不比后者优越，既然河西有之，在华北地区也理当有种植。《中国农业科学技术史稿》（第285页）认为："到南北朝时菘在北方已有种植，但似不普遍……"这种提法是较妥当的。

是一种具有特殊香气的香菜，既可生吃，也可煮食或腌食，种子则可作调味香料；菾菜如今基本上不专做蔬菜食用，但却是加工食糖的重要原料；至于苜蓿，中古华北人们采食甚多，《齐民要术》亦将其列入菜类，[1] 但现如今却并不怎么当菜吃，即使偶尔采食亦视同野蔬。由于时代久远，我们已经无法具体了解这些异国嘉蔬传入的故事，因为早在中古时代，关于它们的传入已是异说歧出，聚讼纷纭，但我们每日三餐都在品尝它们的美味。[2]

中古华北众多的蔬菜中，有若干种为常食。检索这一时期的文献记载，可知那时的当家菜种有锦葵科的葵菜，[3] 十字花科的蔓菁、萝卜、芸薹、芥菜，[4] 香辛类的姜、葱、蒜、韭，[5] 葫芦科的瓠、胡瓜等。[6] 此外

---

[1] 《齐民要术》卷3《种苜蓿第二十九》。

[2] 有关名物史实。请参阅（美）劳费尔著，林筠因译：《中国伊朗编》，商务印书馆1964年版。

[3] 诸菜之中，葵菜（即锦葵科的冬葵，古时又叫滑菜，又名冬寒菜）的出现频率最高，品种甚多，北朝时期已有紫茎、白茎二种，种复有大小之分，还有一种鸭脚葵，大约其叶形似鸭脚；如按栽培季节分，又有春葵、秋葵和冬葵之别。《齐民要术》将其列为蔬菜第一种，栽培方法记载最为详细，并且还讲到城郭附近商品性的规模经营。唐诗中关于葵菜的吟诵也不少，如杜甫《示从孙济》有："刈葵莫放手，放手伤葵根。"见《全唐诗》卷216杜甫一；裴度《中书即事》诗有："盐梅非拟议，葵藿是平生。"见《全唐诗》卷335裴度；白居易有《烹葵》诗称葵菜"绿英滑且肥"，又有《夏日作》诗云："宿雨林笋嫩，晨露园葵鲜，烹葵炮嫩笋，可以备朝餐，止于适吾口，何必饫腥膻"等，见《全唐诗》卷453白居易三十。

[4] 十字花科诸菜以蔓菁（又称芜菁）栽培最多，该菜肉质根肥大，根和叶供鲜食，也可腌渍作干菜供食；同科别种萝卜（时多称芦菔，或俗名雹突）及芥菜（有蜀芥、小芥诸种）和芸薹，当时种植亦多，萝卜根叶均可食，芥菜除茎叶供作菜蔬外，还取子作芥子酱，芸薹在当时主要作蔬菜，但其中一种后来被定向选育专做榨油原料，成为今天所谓油菜中的一种。

[5] 香辛类的姜、葱、蒜等，古代列为"荤菜"类，均各有不同品种，在中古时代已作为菜肴和饼食烹饪中重要的香料。需要特别注意的是，当时"荤"的读音同"熏"，指有熏臭气的蔬菜，并非今天所云荤素之"荤"。韭菜直接采供菜食，中古不少人嗜食之，如后魏尚书令李崇即是一例，参见《洛阳伽蓝记》卷3《城南》；北魏孝文帝曾在蔚州兴唐县（唐代地名）广种大叶韭菜"以济军需"，直到唐代当地尚有其遗种，见《元和郡县志》卷13《河东道·蔚州》。

[6] 瓠即葫芦（古代或称壶楼），实际上也有不同品种，今天常根据形状将瓠子和葫芦区别开来：形细长者称为瓠子，约颈圆腹者则为葫芦。中古时代葫芦或蒸（转下页）

茄子、蒿苣、蓼、堇等等也是经常被提起的重要菜种。[1]

那时，还有些栽培作物，原本并非为了获得蔬菜，实际上却经常被当作蔬菜而大量采食，其中最典型的大概是苜蓿。苜蓿最初主要是当作马的饲料而引入和种植的，后来逐渐有人采其嫩苗食用，至唐代，关中一带采食者甚多（华北主要是紫花苜蓿，与南方黄花者不同）。唐开元中，薛令之为东宫侍读，与同僚闲谈时在墙壁上写了一首诗，说自己虽为东宫之官，但生活清苦，日常所吃的菜是苜蓿羹。[2]但在时人心目中，苜蓿其实是一种不错的菜蔬，不仅可以作羹，而且能晒干食用。[3]比起苜蓿，更常见食用的乃是豆类的苗叶，古称为“藿”，自先秦时代即经常被采以作羹，中古时代亦复如此。直到今天，南方（如南京）菜市上还经常有卖豌豆苗的，其味清香可口。某些树木的嫩叶苗也经常被当作菜用，例如黄河以北平原多榆树，

（接上页）食，或制作干脯，也是华北家常蔬菜，食之者甚多，如唐代宰相郑余庆曾以蒸葫芦招待客人，以示清俭，事见《太平广记》卷165《郑余庆》引《卢氏杂说》；胡瓜即今常食的黄瓜，石勒讳“胡”字，曾改名为“王瓜”。

[1] 例如堇菜，在贾思勰生活的时代可能刚刚开始栽培，《齐民要术》卷3称：“堇及胡葸，子熟时收子，冬初畦种之。开春早得，美于野生。”但北朝时嗜食者已不少，《北史》卷44《崔亮传》载：“（崔）僧深从弟和，位平昌太守，家巨富而性吝，埋钱数百斛，其母李春思堇，惜钱不买。”又，崔鸿《十六国春秋·前赵录》曰：“刘殷七岁丧父，哀毁过礼。曾祖母王氏盛冬思堇，殷年九岁，乃于泽中恸哭，收泪视地，见有堇生焉。得斛余而归。食而不减，至堇生乃尽……”大概这是一种味道不错的菜，但其究为何物尚不得肯定，缪启愉认为是堇菜科的堇菜，见《〈齐民要术〉校释》第223页。其他菜种不一一做介绍。

[2] 其诗说：“朝日上团团，照见先生盘；盘中何所有，苜蓿上阑干。饭涩匙难绾，羹稀箸易宽；只可谋朝夕，何由度岁寒！”《太平广记》卷494《薛令之》引《闽川名仕传》。

[3] 农学家韩鄂就说：“凡苜蓿，春食，作干菜，至益人。紫花时，大益焉。”见《四时纂要·冬令卷之五·十二月》；食疗学家孟诜也说：“苜蓿，患疸黄人，取根生捣，绞汁服之良。又利五藏，轻身；洗去脾胃间邪气，诸恶热毒。少食好，多食当冷气入筋中，即瘦人。亦能轻身健人，更无诸益。彼处人采根作土黄耆也。又安中利五藏，煮和酱食之。作羹亦得。”（见《食疗本草》卷下）。

“河北人”常采其嫩叶作羹，[1]因此被“河南人”取笑。在唐代，对比关中人喜食苜蓿，“山东人”则常食榆叶，彼此亦互相取笑。[2]此外，《齐民要术》还记载：当时北方人们不仅采摘榆叶做蔬菜，还采集榆荚做酱，时称“榆酱”。[3]

最后，我们还要对食用油料及其生产情况略作介绍，不仅因为有些油料作物是由蔬菜演变而来，更由于植物油料的出现对食物烹饪方式的改变具有特殊重要意义。

两汉及其以前，国人的食用油来自于动物脂肪，植物食用油似乎尚未出现。[4]魏晋南北朝时期，至少胡麻、荏苏、大麻和芜菁等作物的籽实被用于压油，《齐民要术》有明确记载。该书卷3《荏、蓼第二十六》说：“收子压取油，可以煮饼。为帛煎油弥佳。”作者自注云：“荏油色绿可爱，其气香美，煮饼亚胡麻油，而胜麻子脂膏。麻子脂膏，并有腥气。然荏油不可为泽，焦人发……荏油性淳，涂帛胜麻油。”在这里，贾思勰明确提到了四种植物和动物油，即荏油、胡麻油、麻子油和动物脂肪；同卷《蔓菁第十八》说：“（芜菁）一顷收子二百石，输与压油家，三量成米，此为收粟米六百石，亦胜谷田十顷。”说明当时还种芜菁收籽压

[1] 赵九洲博士（河北武安人）告知：至今河北还有吃榆皮面的习俗，将榆树皮碾碎成面，掺入玉米面或白面中来制作饸饹、抿节，可以增加饸饹、抿节的韧性。榆皮面也可单独食用，有的地方吃榆皮面饺子。

[2] 例如《魏书》卷14《神元平文诸帝子孙列传》记载：“所在流人（河北流民）先为土人凌忽，闻（邢）杲起逆，率来从之，旬朔之间，众逾十万。劫掠村坞，毒害民人，齐人号之为‘舐榆贼’。先是，河南人常笑河北人好食榆叶，故因以号之。”《太平广记》卷257《山东人》引《启颜录》亦云：“山东人来京，主人每为煮菜，皆不为羹，常忆榆叶，自煮之。主人即戏云：‘闻山东人煮车毂汁下食，为有榆气。’答曰：‘闻京师人煮驴轴下食虚实。’主人问云：‘此有意？’云：‘为有苜蓿气。’主人大惭。”这些故事生动地说明当时华北平原地区的人民采榆叶为蔬这个事实。另外，上述故事还反映了古今都有存在的地域饮食文化差异和相互歧视现象。

[3] 《齐民要术》卷5《种榆白杨第四十六》。

[4] 东汉崔寔的《四民月令》虽然记载了胡麻和荏子种植，但前者主要作粮食，后者则种作调料，没有提到用它们的籽实压油。

油，其菜籽卖给压油之家压油，是一件获利甚厚的事情。

《四时纂要》记载唐代的植物油料，种类与《齐民要术》所载相同，但生产、加工的比重可能发生了显著变化，胡麻油、蔓菁油应当占据了主导地位。该书中多次出现的“油麻油”应指胡麻油；[1]关于蔓菁籽油，该书《夏令卷》之三《四月》有“压油”一条，称：“此月收蔓菁子，压年支油。”所谓“年支油”即常年取用的油，[2]说明以蔓菁子压油甚多。

植物油料出现是中国饮食史上的一件大事，与烹饪技艺变革——油煎快炒法的出现和流行联系密切（详后章讨论），植物油料出现及其生产发展为这一重要变革创造了重要条件。从文献记载可以看到，当时社会对植物油的需求不断在扩大，在唐朝的一些城市中，已经出现了专门以卖油为职业的生意人，所以在志怪小说中长安城里有扮作“卖油者”的精怪，他其实就是现实中卖油郎的影子。[3]

不过，也应该特别指出的是，中古时代的上述植物油料，虽然都可以食用，但并不局限于食用，它们还用于“涂帛”做雨衣，用做“车脂”（相当于润滑油），用于调漆，甚至用来做润发油（时称“泽发”），等等，这些在《齐民要术》和《四时纂要》二书中都有记载。因与本书主题无关，不做详细引证和考论。

---

[1]　书中蔓菁子油、大麻油等均有出现，而胡麻油则未见，不合情理，故我们推测“油麻油”即是“胡麻油”。缪启愉师指出：“芝麻的名称，《纂要》有‘胡麻’‘芝麻’‘油麻’三种。”可见他也认为该书中的油麻，乃是胡麻即芝麻的另外一个名称。参见缪启愉：《〈四时纂要〉校释》，农业出版社 1979 年版，第 56 页。

[2]　缪启愉：《〈四时纂要〉校释》，第 121 页。

[3]　段成式《酉阳杂俎》前集卷 15《诺皋记下》称：“京宣平坊，有官人夜归入曲，有卖油者张帽驱驴，驮桶不避，导者搏之，头随而落……（其卖油者乃精怪所变化）。里有沽其油者月余，怪其油好而贱。及怪露，食者悉病呕泄。”虽然作者写明是关于精怪的故事，本身并不可信，但是这个“精怪”之所以以“卖油者”身份出现，而坊里之中又有“沽其油者”，则显然说明当时社会上有人以卖油为业，而市民的食用油多来自购买。如果不存在这样的社会生活事实，这一精怪故事是无法凭空编造出来的。

2. 果品

与蔬菜相比，中古华北的主要果品种类还是从上古传承下来的枣、栗、桃、李、梨、杏、柿和瓜等，但是有两个发展、变化相当显著，其一是各种主要果树的品种增加显著，分布区域也有扩展，涌现了一批优质名产和著名产区；其二是自汉代开始陆续传入内地的葡萄、核桃和安石榴等西域果品，在中古华北内地不断推广种植，成为当地常见的果品，对当地人民的饮食生活产生了愈来愈重要的影响。为了叙述方便，下面对主要的果品种类逐一进行考述，以具体说明当时该区域的果品结构及其主要变化。

1）枣

枣是古代华北的当家果品之一，在先秦文献中就出现了栽种和收获记录，[1]秦汉时代在某些地区已经达到了相当可观的种植经营规模。《史记·货殖列传》称："安邑（今山西夏县、运城一带）千树之枣，……此其人皆与千户侯等。"可见西汉前期今山西南部地区有大量枣树种植。

魏晋北朝时期，华北地区涌现出了众多名枣。据北魏时期博物学家郭义恭的《广志》[2]记载：当时闻名于世的有河东安邑枣、[3]东郡谷城（今山东东阿一带）紫枣（长二寸）、西王母枣（大如李核，三月熟）、[4]

---

[1] 《礼记·夏小正》和《诗经·豳风·七月》均云："八月剥枣。"

[2] 兹据《齐民要术》卷4《种枣第三十三》引。

[3] 关于河东地区的枣，《艺文类聚》卷87《果部下》引梁简文帝赋咏枣曰："风摇羊角树，日映鸡心枝，已闻安邑美，永茂玉门垂。"《齐民要术》卷4《种枣第三十三》引《尔雅》郭璞注称："今河东猗氏县出大枣，子如鸡卵。"曹魏时期安邑枣为"御枣"，时人称龙眼、荔枝不能比，事见《艺文类聚》卷87《果部下》引"魏文诏群臣曰"；至唐代当地所产的干枣亦为贡品，见《元和郡县图志》卷12《河东道一·河中府》。

[4] 西王母枣，为中古名枣之一，《艺文类聚》卷87《果部下》引《晋宫阁名》曰："华林园枣六十二株，王母枣十四株。"《齐民要术》卷4《种枣第三十三》引《邺中记》曰："石虎苑中有西王母枣，冬夏有叶，九月生花，十二月乃熟，三子一尺。"该枣又名"仙人枣"，北魏时期洛阳景阳山南百果园内有之，其枣"长五寸，把之两头俱出，核细如针。霜降乃熟，食之甚美。俗传云出昆仑山，一曰西王母枣"。见《洛阳伽蓝记》卷1《城内》。

河内汲郡（今河南汲县、新乡等地）枣（一名墟枣）、东海蒸枣、洛阳夏白枣、安平信都大枣、[1]梁国夫人枣、大白枣（名曰“蹙咨”，小核多肌）、三星枣、骈白枣、灌枣；又有狗牙、鸡心、牛头、羊矢、猕猴、细腰、氐枣、木枣、崎廉枣、桂枣、夕枣等不同名目。随后，《齐民要术》又补载了当时青州齐郡西安、广饶二县所产的乐氏枣，其枣“丰肌细核，多膏肥美，为天下第一”，相传是名将乐毅破齐之时从燕地带来的良种。[2]

当时华北地区的枣子不仅名品众多，而且种植甚为普遍。晋人傅玄《枣赋》有云：其时枣子“北阴塞门，南临三江，或布燕赵，或广河东”，“离离朱实，脆若离雪，甘如含蜜，脆者宜新，当夏之珍，坚者家干，荐羞天人，有枣若瓜，出自海滨，全生益气，服之如神”。[3]诚为分布广泛的美味嘉啖。由于枣子在中古时代不仅是果品，而且还常作粮食，故国家对栽种枣树颇为重视，自北魏至于隋唐“均田制”，都规定受田民户要种植一定数量的桑、枣及其他杂树果木。[4]做出这一制度规定自然是基于社会生产实际和经济生活需要，其制度实施亦必然推动枣树种植进一步发展。

2）栗

栗亦向为华北重要果品，中古时代同样受到重视。《齐民要术》卷4有《种栗》专篇，《四时纂要》亦多次论说栗子的生产和加工。燕赵

[1] 安平信都，在今河北冀州市一带。当地盛产美枣，史书记载甚多，如《艺文类聚》卷86《果部上》引何晏《九州论》《太平御览》卷965《果部二》引卢毓《冀州论》均称赞“安平好枣”，左思《魏都赋》也提到“信都之枣”；另外，《太平御览》卷965《果部二》引杜宝《大业拾遗录》还记载当地有一种“仲思枣”，枣长四寸，五寸围，紫色细文文绉，核肥有味，胜于青州枣。传说是北齐时期一位名叫仲思的仙人得此枣种之，故亦名“仙枣”，“海内惟有数树”。隋炀帝大业二年（606年），信都曾上贡四百颗；《元和郡县志》卷17《河北道二·冀州》载称：当地有“煮枣故城”，“在（信都）县东北五十里。汉煮枣侯国城，六国时于此煮枣油，后魏及齐以为故事，每煮枣油，即于此城”。可见这个地区中古时代产枣甚盛，而且品质特佳。

[2] 见该书卷4《种枣第三十三》。

[3] 《初学记》卷25《枣第五》引。

[4] 《魏书》卷110《食货志》，《隋书》卷24《食货志》，《通典》卷1《食货一》、卷2《食货二》，以及《新唐书》卷51《食货一》，都记载了均田制有关于种植枣树的规定。

地区和关中一带盛产栗子，是最大的两个产地，所出产的栗子品质也最好。郭璞《毛诗疏义》说："五方皆有栗，周、秦、吴、杨（当作扬）特饶，惟渔阳、范阳栗甜美长味。"卢毓《冀州论》亦称："中山好栗，地产不为无珍。"[1]唐朝时期，栗子曾是幽州的重要土贡物品。[2]关中地区也出产好栗，郭义恭《广志》说：关中有一种大栗，"如鸡子大"。[3]同枣子一样，古时栗子不仅作为果品食用，是甜食的重要来源，在出产丰富的地区，亦以栗子作粮食。顺便提一句，华北地区还出产一种榛栗，即榛子，[4]不过自古以野生为多，中古时代发生饥荒之时，人们常采食之。

3）桃和樱桃

桃是我国最古老的果树之一，先秦时代已经被人工种植于园圃，《诗经·魏风》即有《园有桃》一篇，《诗经·国风·桃夭》中的"桃之夭夭"更为大家所熟悉，令人想象春日桃花盛开若美人灿然夭笑的景色，兴许还可能想象"人面桃花相映红"的情景？随着桃树不断扩大种植，品种不断增加，据《西京杂记》等书记载，汉代皇家内苑栽种的桃树品种就相当之多。[5]及至中古时代，华北地区桃树种植又有显著发展，《广志》记载当时的桃树就有冬桃、夏白桃、秋白桃、襄桃、秋赤桃等品种，其中秋赤桃品质甚美。[6]中古时代，华北地区的桃树，声名最著的品种有邺城勾鼻桃，曾栽种于石虎的宫苑之内，据称这种桃子大可重至2斤半或3斤；[7]又有洛阳华林园的"王母桃"，"十月始熟，形如括（引按：'括'当作'栝'）蒌。俗

[1]《太平御览》卷964《果部一》引。
[2]《新唐书》卷39《地理三》。
[3]《齐民要术》卷4《种栗第三十八》。
[4]《太平御览》卷973《果部十》引《诗义疏》曰："榛，栗属，有两种。其一种大小皮叶皆如栗，其子小，形似杼子，味亦如栗，所谓'树之榛栗'者也；其一种枝、茎如木蓼，生高丈余，作胡桃味，辽、代、上党皆饶。"
[5]《齐民要术》卷4《种桃柰第三十四》引。《西京杂记》多载汉代京师、宫苑名物事实，虽系后代人所作，但内容大体还是可以采信的。
[6]《齐民要术》卷4《种桃柰第三十四》引。
[7]《艺文类聚》卷86《果部上》引《邺中记》，《太平广记》卷410《勾桃》引《洽闻记》。

语曰：'王母甘桃，食之解劳。'亦名'西王母桃"。[1]

不过，中古特别是在唐代文人们说得最多的却是樱桃。樱桃，一名含桃，又名楔桃，虽然自古名之为桃，实则与桃子不是一类——同属蔷薇科，但并不是桃属植物，而是另为樱属。

早在先秦时代，樱桃就已经用于宗庙祭祀。[2]西晋时，宫廷内苑种植樱桃颇多，《晋宫阁名》称："式乾殿前，樱桃二株；含章殿前，樱桃一株；华林园樱桃二百七十株。"[3]唐代两京樱桃种植甚盛，宫廷内苑也栽种有不少，当时皇帝每以樱桃赏赐大臣，臣子承恩受赐之后，往往要写下感激涕零的谄媚诗章；[4]新进士及第，常要开所谓"樱桃宴"，时俗十分重视，以致一些人不惜重金置办。[5]

4）李

同样古老而且种植广泛的果树还有李，先秦时代亦已人工栽种。至汉代，据称汉武帝修上林苑时，群臣所献的李树佳种就有八个。[6]到了魏晋北朝时期，见于记载的李树品种增加了不少，仅《广志》一书就记载有赤李、麦李、黄建李、青皮李、马肝李、赤（应作房）陵李、糕李、柰李、劈李、经李、杏李、黄扁李、夏李、冬李、春季李等十五个品种，

[1] 见《酉阳杂俎》续集卷之10《支植下》。古代文献关于"西王母桃"的记载颇多，源于西王母传说。在古人想象中，西王母及所居之地多有珍异宝物，故上佳之物每多托名"西王母"。其中是否隐含"西来之意"，则需具体考证、分析。

[2] 《礼记·月令》曰："仲夏之月，天子……以含桃先荐寝庙。"

[3] 《艺文类聚》卷86《果部上》引。

[4] 随手拈来，即有王维《敕赐百官樱桃》、张籍《朝日敕赐百官樱桃》、白居易《与沈杨二舍人阁老同食敕赐樱桃玩物感恩因成十四韵》等，分别见《全唐诗》卷128王维四、《全唐诗》卷385张籍四、《全唐诗》卷442白居易一九，至于受赐樱桃等物后上谢表的就更多了。

[5] 《太平广记》卷411《樱桃》引《摭言》。

[6] 《艺文类聚》卷86《果部上》引《西京杂记》记载有合枝李、朱李、黄李、青房李、燕李、获李、沉朱李、浮素李等，《齐民要术》卷4《种李第三十五》引同书作：朱李、黄李、紫李、绿李、青李、绮李、青房李、车下李（实际非李）、颜回李、合枝李、羌李、燕李。

贾思勰又增记了木李和中植李两个品种。[1] 当然，那时声名最大的李子并非产于华北，而是出自房陵（今湖北房县），时人诗文屡有提及。魏晋时期人们对李子似乎很重视，有的人家有好李，因害怕别人得到其种，竟然在卖李之时把李核钻破。[2] 不过，唐代文献关于栽李、吃李的记载似乎不多，不知是何缘故，也许像当时禁食鲤鱼那样，因唐朝皇室姓李之故而禁食之？

5）杏

杏子在先秦时代已经栽种在苑囿之中，[3] 亦是华北原产并且广泛分布的一种古老果树，中古时代也涌现了一批著名品种，如《广志》记载："荥阳有白杏，邺中有赤杏、有黄杏、有柰杏。"[4] 魏晋时期魏郡出产好杏，时人甚称之；[5] 有的地方还有大片野杏林分布，《齐民要术》卷 4《种梅杏第三十六》引《嵩高山记》说："东北有牛山，其山多杏。至五月，烂然黄茂。自中国丧乱，百姓饥饿，皆资此为命，人人充饱。"(《艺文类聚》卷 87《果部下》引《嵩高山记》略同）济南郡东南的分流山也生长一种好杏，"大如梨，色黄如橘，土人谓之'汉帝杏'，亦曰'金杏'"。[6] 可能也是一种野杏子，或者由栽培杏退化成为野杏。杏子不但果肉可食，杏仁也是一种珍味，古人在寒食节多用之作粥。唐肃宗某年，"洎将寒食，京兆司逐县索杏仁以备贡奉……" [7] 可见唐朝宫中所需亦多。

6）梨

诸果之中，最能解烦释渴的是梨。早在先秦时代，《诗经》等文献

---

[1]《齐民要术》卷 4《种李第三十五》。

[2]《世说新语》卷下之下《俭啬第二十九》说："王戎有好李。卖之恐人得其种，恒钻其核。"

[3] 例如《礼记·夏小正》有"二月囿有见杏"的记载。

[4]《齐民要术》卷 4《种梅杏第三十六》引。

[5]《艺文类聚》卷 86《果部上》引何晏《九州论》称"魏郡好杏"；同书卷 87《果部下》引卢毓《冀州论》也说"魏郡好杏，地产不为珍"。

[6]《酉阳杂俎》前集卷之 18《广动植之三·木篇》。

[7]《太平广记》卷 260《徵君》引《玉堂闲话》。

已有关于梨树栽培的记载。[1]汉代不少地方已经以盛产梨子而著名，皇家苑囿中也栽种有不少良种梨树。[2]到了中古时代，梨子的品种就更多，产地也更广了，这从《广志》等书的记载可以看出。《齐民要术》卷4《插梨第三十七》引《广志》说：当时有“洛阳北邙张公夏梨，海内惟有一树；常山真定，[3]山阳巨野，梁国睢阳，齐国临淄、巨鹿，并出梨；上党楟梨，小而加甘。广都梨——又云巨鹿豪梨——重六斤，数人分食之；新丰箭谷梨；弘农、京兆、右扶风郡界诸谷中梨，多供御；阳城秋梨、夏梨。”此外《齐民要术》还记载齐郡出产的朐山梨和另一种别名为“糜雀梨”的张公大谷梨。[4]一种在汉武帝时就开始栽种的美梨——“含消梨”（可能即是上面的张公大谷梨），北魏时期仍然栽种在洛阳城南的劝学里，据说这种梨“重十斤，（梨）从树着地，尽化为水”，[5]可见是一种十分松脆的好梨。由这些记载可知，在魏晋北朝时代，华北各地均出产梨子，其中今河南洛阳、商丘、登封、灵宝，河北正定、平乡，山东巨野、临淄，以及山西东南部和陕西关中一带，都是著名的梨产区。关于唐代的梨，我们没有找到太多材料，但河东绛州、河中府一带（今山西南部）肯定出产上等的好梨，因为这些地方的土贡物品中就包括梨子；[6]真定所产的一种紫花梨，唐时也作为贡品上献皇帝，据说这种梨

[1] 如《诗经·秦风·晨风》有“隰有树檖”，“檖”即是梨；《韩非子·外储说左下》云：“夫树柤、梨、橘、柚者，食之则甘。”按：今本《韩非子》无此条，兹据《初学记》卷28引。

[2] 《齐民要术》卷4《插梨第三十七》引《西京杂记》有：紫梨、芳梨、青梨、大谷梨、细叶梨、紫条梨、瀚海梨、东王梨等。

[3] 真定在今河北正定县一带，中古时期这里的梨子名声甚响，文人记载颇多，如《艺文类聚》卷86《果部上》引何晏《九州论》《太平御览》卷969《果部六》引卢毓《冀州论》，都提到了真定的好梨。曹魏文帝曾在一份诏书中说：“真定郡梨，甘若蜜，脆若凌（即冰），可以解烦饴。”据《艺文类聚》卷86《果部上》引。

[4] 《齐民要术》卷4《插梨第三十七》。

[5] 《洛阳伽蓝记》卷3《城南》。

[6] 据《元和郡县志》卷12《河东道》记载，开元时河中府贡凤栖梨，绛州亦有贡梨。

还曾经用于治疗唐武宗的心热之疾。[1]

7）葡萄、核桃和石榴

应该说，中古华北果品最值得注意的发展，还是多种外来果树不断推广种植，其中最重要的是葡萄、核桃和石榴。这三种果树虽然是从汉代就开始陆续传入，但传播和引种驯化需要一个过程，在汉代还栽种得不多。直到魏晋—隋唐时代，它们才真正成为华北果树中的重要成员，并且在当地居民饮食生活之中扮演重要角色。

先来看看葡萄。葡萄，汉唐文献多称"蒲陶""蒲桃"或"蒲萄"，原产于地中海及里海地区，远古至上古时代随着中西亚各民族的活动迁徙逐渐东传。[2]据《史记》卷123《大宛列传》记载：汉时"（大）宛左右以蒲陶为酒，富人藏酒至万余石，久者数十岁不败。俗嗜酒，马嗜苜蓿。汉使取其实来，于是天子始种苜蓿、蒲陶肥饶地。及天马多，外国使来众，则离宫别观旁尽种蒲萄、苜蓿极望。"这是我们现今所掌握的关于西域果品内传的最早文字记载，其中惟一提到的果品便是葡萄，并没有明载是由张骞本人带回的。然而自魏晋时期开始，人们多将西域物产的传入附会于张骞，以至以讹传讹，贻误后人。[3]在汉代，葡萄主要种植在皇家苑囿，并未见有向社会大量推广栽培的记载。

魏晋北朝时期，葡萄仍是皇家园囿中的宠物之一，[4]但已经不再局限于皇家园林，它的藤蔓开始伸出皇家禁苑的墙外，社会上陆续有人栽种

---

[1] 《太平广记》卷411《紫花梨》引《耳目记》。

[2] 关于葡萄的传播，可参劳费尔：《中国伊朗编》之"葡萄树"一节。

[3] 这一错误的始作俑者可能就是西晋的张华，他在《博物志》中说："张骞使西域还，得安石榴、胡桃、蒲桃。"兹据《齐民要术》卷10引。张华的这些说法后来被人们广泛引用。

[4] 《艺文类聚》卷65《产业部上》引《晋宫阙名》曰："邺有鸣鹄园、蒲萄园、华林园。"又同书卷87《果树下》引《晋宫阁名》（案：与前者当系同一书）曰："华林园蒲萄百七十八株。"可见西晋皇家内苑葡萄种植甚多。

葡萄了。[1]

魏晋时期，北方人士已经开始把葡萄列为南方所无的“中国珍果”之一，并且因此颇为得意。[2]但总体上说，在当时社会心理中，这种美味果品毕竟还是一种新奇之物，不像中国本地所产的那些寻常果品轻易可得一食。到了唐代，情况发生了显著变化，华北地区不仅又从西域高昌引进了一个优质的葡萄新品种——马乳葡萄，[3]而且不少地方都有大面积的葡萄种植，与过去的零星栽种不可同日而语。唐代陇西、河东等地区已经成为著名的葡萄产区，拥有大片的葡萄园，葡萄栽培技术也已经相当成熟，唐人诗文对此多有记述。[4]到了唐玄宗开元时期，葡萄被列为太原府的重要土贡物产之一。[5]与此同时，葡萄酒逐渐不再是一般人士可想而不可得的天外奇酿，随着内地葡萄的不断推广种植和西域酿酒技术的引进，华北地区也开始酿造葡萄酒，河东地区甚至成为重要的葡萄酒生产中心。

下面说核桃。

核桃，中古文献一般称作“胡桃”，抑或作“羌桃”，即从胡、羌地

[1] 关于这个时期社会上种植葡萄的记载颇不少，如《太平御览》卷972《果部九》引《秦州记》曰：“秦野多蒲萄”，可见当时距离西域较近的秦州一带已多有种植；又引《本草经》（引按：疑为陶弘景《神农本草经注》）曰：“蒲萄生五原、陇西、敦煌，益气强志，令人肥健延年轻身。”可见魏晋之际那些地区都出产葡萄，亦因与西域距离较近，较早推广种植；同书又引钟会《蒲萄赋》曰：“余植蒲萄于堂前，嘉而赋之。命荀勖并作应祯……”是则曹魏时期内地的达官贵人也开始种植葡萄了。其后潘岳《闲居赋》、杨衒之《洛阳伽蓝记》等，都有关于栽种葡萄的记载。《酉阳杂俎》前集卷之18《广动植之三·木篇》引庾信（北魏后期人）称：葡萄“乃园种户植，接荫连架”。这样看来，《齐民要术》卷4《种桃柰第三十四》出现葡萄的栽种方法就不足为奇了。《齐民要术》还引《广志》说：葡萄有黄、白、黑三种，这是说葡萄总共有三种，还是指当时华北地区种植有三种，就不得而知了。

[2] 《太平御览》卷972《果部九》引魏文帝《与群臣诏》。

[3] 《唐会要》卷100《杂录》。

[4] 杜甫《寓目》一诗谈到陇西某县“一县蒲萄熟，秋山苜蓿多”；刘禹锡有《葡萄（一作蒲桃）歌》吟唱晋地葡萄栽培技术甚详，又有《和令狐相公谢太原李侍中寄蒲桃》一诗，显然说的也是河东葡萄。分见《全唐诗》卷225杜甫十；《全唐诗》卷354刘禹锡一，卷362刘禹锡九。

[5] 《元和郡县志》卷13《河东道二·太原府》。

区传入的一种“桃”，实际上这种果树与通常所说的桃子毫无亲缘关系。

关于它的传入，除了从张华《博物志》沿袭下来的附会之说（见上文注）外，我们没有找到任何新的线索。《西京杂记》记载汉上林苑中有“胡桃”，云是出自西域，是否即为核桃不得而知。[1]但曹魏以后有关胡桃的记载逐渐多了起来，据《艺文类聚》的引载，当时好友之间有互赠胡桃者，胡桃已经作为祭祀物品，而晋朝内苑华林园中则种有胡桃八十四株。[2]及至北魏时期，郭义恭乃记载了陈仓和阴平两地出产好胡桃。[3]然而此后，文献关于胡桃的记载又很少见了，《齐民要术》和《四时纂要》两书都没有记载这种果树的栽培方法。

相比起来，石榴的情况要好得多。石榴，汉唐文献多称为“安石榴”，[4]又或称之为“涂林”。关于石榴的传入，历史文献也是语焉不详，我们所知道的关于石榴的最早记载，来自西晋陆机的《与弟云书》和张华的《博物志》，[5]但从汉代史书中找不到关于张骞或其追随者引进石榴的记载。

---

[1]《中国农业科学技术史稿》（第213页）认为那“是桃的一种，非核桃”，待考。

[2]《艺文类聚》卷87引《后汉孔融与诸卿书》《荀氏春秋祠制》和《晋宫阁名》。

[3]《太平御览》卷971《果部八》引《广志》曰：“陈仓胡桃，皮薄多肌；阴平胡桃，大而皮脆，急捉则破。”

[4]称之为“安石榴”，应是因为时人认为这种果树乃是传自西域的安国和石国，意即来自安国和石国的“榴”，后来省去“安”字称为“石榴”。中国古代命名外来物种特别是谷物、蔬、果，多是按其形色、质性从本土物产之中挑选一种先确定其属类，然后前缀“胡”“羌”“蕃”等等说明其所从来，如胡瓜（黄瓜）、胡荽、胡麻（芝麻）、胡豆（蚕豆）、胡桃（核桃）；宋元明清时代新物种多从海上舶来，故多冠以“蕃”字，晚清民国则冠以洋字，如蕃薯（山芋）、蕃谷（玉米）、蕃茄（西红柿）、洋芋（土豆）……皆属此类。有些物种可能因为来源更加明确，所以直接冠其所来之地的名称，除这里所说的安石榴外，菠棱菜（即菠菜）是传自波棱国（即今尼泊尔），前节的高丽豆，是传自朝鲜半岛。当然，也有一些物种的名称是取自其原名的对音，除本节所说的葡萄（蒲桃、蒲陶）之外，烟草初传中国之时亦曾名为“淡芭菇”。

[5]《太平御览》卷970引陆机《与弟云书》曰：“张骞为汉使外国十八年，得涂林安石榴也。”《博物志》的记载已见上引。

根据目前所掌握的资料，魏晋北朝时期，安石榴在内地一些地方已有栽种。《太平御览》卷970《果部七》引《邺中记》曰："石虎苑中有安石榴，子（引案：指果实）大如碗盏，其味不酸。"又引《襄国记》曰："龙岗县[1]有好石榴。"而同时代人缪袭的《祭仪》称："秋尝果以梨、枣、柰、安石榴。"可见当时石榴已经用作祭品。北魏洛阳城中种植有这种果树，并且似乎颇受时人珍爱，故俗语有"白马甜榴，一实直牛"之说。[2]这个时期安石榴已经栽种较多的事实，还可以从《齐民要术》设立《安石榴》专篇讨论其栽种方法得到证实。[3]唐代《四时纂要》也记载了它的栽培方法，不过都是抄自《齐民要术》。[4]可能由于石榴形色甚可玩爱，故魏晋—隋唐时代文人雅士对它的吟咏颇为不少；石榴"房中多子"这个特点也被赋予了一种特殊文化象征意义，北齐时期它已经作为祝愿新婚夫妇多生贵子的"喜物"。[5]但无论就其对中古华北人民饮食生活的实际影响，抑或是其社会心理中的地位来说，石榴都远不能与葡萄相比。

8）其他果品

除上述而外，中古华北还有不少其他果品。比较重要的有瓜，即甜瓜。[6]据《齐民要术》引载诸书材料可知：那时全国各地瓜类品种很多，

[1]　缪启愉师认为在今河北邢台一带，见《〈齐民要术〉校释》，第305—306页。

[2]　《洛阳伽蓝记》卷4《城西》载："白马寺……浮屠前柰林、蒲萄异于余处，枝叶繁衍，子实甚大。柰林实重七斤，蒲萄实伟于枣，味并殊美，冠于中京。帝至熟时，常诣取之，或复赐宫人。宫人得之，转饷亲戚，以为奇味。得者不敢辄食，乃历数家。京师语曰：'京师甜榴，一实直牛'。"案：文中"柰林"，显系"涂林"之误，说的乃是石榴而不是另一种水果——柰。

[3]　见该书卷4《安石榴第四十一》。虽记载甚为简略，但毕竟设立了专篇。

[4]　该书《春令卷之一·三月》。

[5]　据《太平御览》卷970《果部七》"石榴"引载：北齐安德王延宗纳赵郡李祖收女为妃，皇帝前往贺喜，妃母宋氏献上两颗石榴，帝问魏收此是何意？魏收解释说："石榴房中多子，王新婚，妃母欲子孙众多。"皇帝听了十分高兴，并予厚赐。这一婚姻习俗在华北许多地区长期流传，直至当代。

[6]　按：唐朝以前文献中的瓜，除特别指明是什么瓜外，一般均指作为果品食用的甜瓜。

仅《广志》就记载了十多个品种名称；[1]《齐民要术》讨论瓜的栽培技术相当详细，说明当时瓜的地位很重要；《四时纂要》讨论种瓜的文字也有数条。从各类文献的零散记载看，中古社会各阶层，上自皇帝，下至平民百姓都食瓜，炎暑季节食之尤多，由此推知当时瓜的种植亦相当普遍。但今日产量最大、食用最多的西瓜，虽说已有唐代西瓜雕塑出土，可能直到五代宋初它才从西北地区传入中原，中古时代的华北居民尚未得此口福。

还有一种古老果树，角色比较特别，并不怎么当作水果来食用，而是作为调味之物，同时还是一种重要的观赏植物，这就是梅树。梅性喜湿，主要种植在南方地区，但先秦时代中原地区也有种植。[2] 梅子在历史上很早并且长期作为重要的调味之物，常常与盐并提，为日常饮食所需，《尚书》就有“若作和羹，尔惟盐梅”的说法。中古时代，由于生态变迁特别是气候转冷，华北地区已经不太适合栽种梅树了，但至少在宫廷内苑仍有所栽种，社会上也可能有人栽培，否则《齐民要术》和《四时纂要》中就不可能有关于种植梅树和加工梅子的讨论。不过，梅在中古华北饮食生活中的实际意义，终究与其在诗文歌赋中的声望不能相称。

另一种果品虽然名气不大，但却是一种值得提及的果品，这就是柿。关于柿，中古文献记载不多，我们只从《广志》记载得知：小型品种的柿，果实如小杏一样大，在晋阳一带出产一种“晋阳软，肌细而厚，以供御（即上贡给皇帝）”；《齐民要术》虽然记载了它的栽培方法，但只有寥寥数语。[3] 在唐代，许州出产的干柿品质不错，所以常上贡给皇帝。[4] 虽然名气不大，但社会上还是有不少人喜爱柿子，唐末人段成式说：当时“俗谓柿树有七绝：一寿、二多阴、三无鸟巢、四无虫、五霜叶可玩、

[1] 《广志》曰：“瓜之所出，以辽东、庐江、敦煌之种为美。”都不在本书所讨论的范围之内，所载瓜的品种亦多非华北所产。参《齐民要术》卷2《种瓜第十四》。

[2] 参《诗经·陈风·墓门》等。

[3] 《齐民要术》卷4《种柿第四十》。

[4] 《元和郡县志》卷8《河南道四·许州》记载：开元、元和贡都有干柿。

六嘉实、七落叶肥大”。[1]当然，文中所谓的“俗”，恐怕主要还是文人雅士的习俗。

最后还有柰和林檎。前者是绵苹果，后者则是沙果，也叫花红，古时常被混为一谈。柰在河西地区出产甚多，《广志》说：“柰有白、青、赤三种。张掖有白柰，酒泉有赤柰。西方例多柰，家以为脯，数十百斛以为蓄积，如收藏枣、栗。”[2]但既然《齐民要术》有专门篇章讨论到了它们的栽培和果品加工方法，此两种果品在内地亦当有所栽种，只是文献记载十分缺乏。据记载：唐太宗贞观年间，顿丘县有人在黄河滩上偶然拾得一果实，持归种植，所结果实十分酸美，故将其上献给皇帝，这种果子后名为“朱柰”，亦称“五色林檎”，后来又得俗名，叫“文林果”，不少地方引种。[3]

由以上叙述可以看到：中古时代华北地区的果品生产，在继承前代果品的基础上，品种显著增多，产地也有扩展。汉代以后陆续传入华北的西域果品，在这个时期真正开始推广栽种，并在华北居民的饮食消费中产生实际的影响，这是中古食物结构变化在果品方面的主要反映。

需要补充的一点是，随着国家统一和南北经济沟通加强，南方丰富的果品资源也开始对华北果品消费产生一定影响，许多果品如甘蔗、柑橘等等经过转输、贩运来到华北，[4]出现在华北居民特别是社会上层人家的果盘之中。顺便一提，不作展开讨论。

---

[1]《酉阳杂俎》前集卷之18《广动植之三·木篇》。

[2]《齐民要术》卷4《柰、林檎第三十九》引。

[3]《太平广记》卷410《朱柰》条引《朝野佥载》，又《文林果》条引《洽闻记》。两则故事虽有不同，但似同出一源，其事未必可信，聊记于此。

[4]《全唐文》卷985收录有《对梨橘判》，称：“郑州刘元礼载梨向苏州，苏人宏执信载橘来郑州。”说明唐代南北果品已经通过民间贩运形式互相流通。至于南方各地向朝廷进贡果品，史书记载就更多了，史实俱在，不一一引述。

第三章

食料生产结构的变化（下）

上一章我们讨论了中古华北粮食、蔬菜和果品的发展变化，接下来专题考察动物性食料，[1]重点关注四个方面：一是畜牧经济（包括大型放牧业和家庭小饲养业）的波动；二是肉畜生产结构的变化；三是游牧地区的畜产输入；四是“野味”食料的补苴作用。

本章的讨论虽然聚焦于中古华北，但我们需要回应几个带动全局的老问题：为什么中国人一向以素食为主而很少吃肉？为什么普遍喝茶却不喝牛奶？这些问题早在清末民初就让传教士之类来华洋人颇为不解，其实国人亦感困惑。最近四十余年来，特别是本书初版以来的这十多年，中国经济飞速发展，物资充盈，旷古未有，国人鱼肉餍足，数代忘饥，对吃肉、喝奶问题已经不再像从前那样纠结，问题本身似乎也已经变成一个“历史问题”。不过，这些问题对于理解中华民族的过去，包括她的奋斗历程、生存状况、习俗传统乃至精神心理和身体素质，都具有非常重要的认识意义和实践价值，以往的历史研究者并没有很好地回答。

严格地说，上述问题，更准确、恰当的提问方式是：何以几千年来占据中国人口绝大多数的汉族人民一直很少有，甚至几乎完全没有肉吃？为什么我们的父祖以上世世代代都不怎么喝牛奶？面对这样的提问，

[1] 动物性食料，包括肉、蛋、奶等畜产品、野畜野禽和鱼类产品；但我们将乳类产品归入饮料部分，安排在第六章加以讨论。

历史学家可能给出多种答案。最可能的回答是“由于中国落后贫穷”，但这并不能真正释疑解惑，因为在过去几千年中，中国曾经长期引领世界文明，经济发展水平和物阜民富程度罕有匹敌，就是距今不远的清代，前期和中期仍然并不那么落伍，这些都是中外经济史家基本公认的事实。另一个回答可能相对专业一些，认为这是由于“中华民族是一个典型的农耕民族”。这个回答部分地是正确的，真正的答案可能即在其中。但它过于笼统抽象，需要进行更具体深入、更系统圆融的解说，才能更加具有说服力。否则，一定会有人继续追问：难道农耕民族生来就只能以谷米、蔬茹为食，注定吃不上肉、喝不上牛奶吗？若是这样，为什么中国先民偏偏选择了这样一条清苦的生存路线，而不积极发展畜牧生产、采用“食肉饮酪”的生活方式？

不论从人性来说还是史实来说，以谷物素食为主，都并非中华民族天生或本能的一种饮食取向，而是一种生态与文化共同胁迫的无奈。从遥远的非洲辗转迁徙而来的第一个原始人群并不是一群素质主义者，而是一群具有“广谱食性”的捕食者，他们的中国后代也从不拒绝任何一种能够捕获并且无毒、可食的猎物，大量考古资料可以充分证明。在农业发明之后的大部分年代，仍然是采集、捕猎与农耕牧养并重，并不偏倚于谷物蔬茹。但是，自两三千年前（具体来说是春秋战国时期）踏上“以农为本”“以农立国”的发展道路之后，华夏民族渐渐主要依恃五谷杂粮、果蓏菜茹维持生命和延续族群，肉食渐渐减少。远古巢穴之中，大小火堆周围，羽、毛、鳞、介各类动物产品杂陈堆积的情景，早已只剩得“上古之世，人民少而禽兽众”和“茹毛饮血”之类模糊的历史想象；[1] 弥漫了数十万乃至上百万年的诱人烤炙香味渐渐散去，抑或被锁进了富室豪门的深宅大院。虽然“六畜”早就被驯化饲养并且成为可靠

---

[1] 例如《韩非子·五蠹》称：“上古之世，人民少而禽兽众，人民不胜禽兽虫蛇。有圣人作，构木为巢以避群害，而民说之，使王天下，号曰‘有巢氏’。民食果蓏蚌蛤，腥臊恶臭而伤害腹胃，民多疾病。有圣人作，钻燧取火以化腥臊，而民说之，使王天下，号之曰‘燧人氏’。”

的肉食来源，但随着人口增长、农田扩张，林麓草场不断被垦辟，野外放牧空间亦被逐渐挤占，“五谷”栽培（植物性食料生产）与“六畜”饲养（动物性食料生产）愈来愈失去平衡，农业史家形容这种农重牧轻的经济是一种“跛足农业”，与相同时代西欧国家的农牧并重相比，中国农牧生产的确是畸重畸轻、跛行发展。[1]当然，倘若采用中华民族“多元一体”的历史视阈，对中国大地上所有民族的经济进行整体历史观察，“跛足农业”或许过于笼统，失之偏颇，故而引起驳议。[2]因为在现今中国疆域版图之内，自古都有一半以上土地属于游牧区域，不应将它们排除在中国经济史之外。然而，在中国东部地区，就始终占据全国人口90%以上的汉族人民而言，若非最近几十年工厂化饲养的迅速发展扭转了局面，动物饲养在整个食物生产体系中的地位和比重，确实总体上呈不断下降的趋势，越来越成为作物种植的附属和补充而无足轻重，这也是毋庸置疑的历史事实。

经济生产决定食物消费。与上述情况相应，除了那些在草原大漠上“逐水草而居”的牧民和江海湖泊之滨以放舟捕捞为生的渔家，对于绝大多数中国人来说，终年之食无非饭糗茹蔬，吃肉吃鱼很早就变成了一种生活特权和身份象征。于是，“肉食者”成为“庙堂诸公”的代称，“食无鱼”或“食有鱼”成为衡量家境贫富或客居是否受人待见的标准。在那个政治权力宰制一切的时代，能够享用多少鱼肉也成为官品大小和地位尊卑的一种重要标识（看看唐朝是怎样严格按照官位品级配给食料的吧）！亿万平民百姓，糗饭淡茹尚且不足，鸡鸭鱼肉只在梦中，“今天有肉吃”是终年难得几回的最高生活享受。在那个时代，精英圣贤与凡庶草莽，思想境界虽有天壤之别，“可以食肉”却是不约而同的生活理想：早在战国时期，孟子就把“七十者可以食肉”作为“仁政”所追求的目

[1] 参中国农业遗产研究室编《中国农学史》上册，科学出版社1984年版，第56页、第75页。

[2] 对这一观点的批评和讨论，可参李根蟠《略论春秋以后我国畜牧业的发展——兼论我国封建社会农牧关系的特点及其演变》，《东岳论丛》1980年第4期。

标之一；千百年来多少升斗小民一直做着“吃肉”的美梦，连那些被迫啸聚绿林、截道剪径、杀人越货的强盗，也是以“大块吃肉”相号召，为此而甘冒刀斧，不惧身首异处！这难道是农耕民族在几千年前就“命中注定”的悲催生活吗？是否曾经有过畜牧相对发达、肉食比较丰富的时期？这是我们一直很想了解的问题。

单就饮食营养而言，最近四十年诚可谓旷古未有的繁荣盛世，差不多已有两代人不曾经历饥饿煎熬。对于绝大多数中国人来说，今天吃鱼还是吃肉？吃猪肉还是吃羊肉？品茶、品咖啡还是喝牛奶？都但凭个人的偏好、习惯或者视场景、氛围而定，祖祖辈辈先人们的那些关于吃肉的梦，40岁以下的几代人恐怕已经完全无法理解了。除非发生“瘦肉精”“三聚氰胺”之类的严重食品安全事件，人们已经很少关心吃肉、喝奶问题。偶有历史爱好者在茶饭之余突生疑问：为什么唐宋以前中国人主要吃羊肉而很少吃猪肉？这也是我们所关注的另外一个问题：几千年来，中国人的主要牧养对象——“六畜”是否也像“五谷”那样曾经发生什么重大变化进而导致肉食结构的显著改变？

带着这些疑问，我们从中古史籍及其他文献中尽力搜集有用的信息，设想自己再次回到上上个一千年的华北大地，根据古人在字里行间所透露出来的各种蛛丝马迹，前往一探究竟。以下几节，是这段多少带有一些想象成分的思想旅行的结果，对若干相关问题的顺便观察亦附记其中。

一、畜牧经济波动和畜产结构变化

首先需要指出的是，虽然战国以后农耕与游牧两种经济文化类型在长城两侧各自特化发展，在华北内地不断走向畸重畸轻，畜禽饲养愈来愈成为作物种植的附属，但经济比重亦并非直线性下降，而是经历了一些曲折，呈波浪式衰减。在某些历史时期，自然、社会、人口、经济、民族、政治等诸多因素交互作用，形成十分复杂的“生态关系”，华北内地畜牧经济亦曾多次出现某种程度的阶段性回升，最显著的一次就是发生在中古特别是魏晋北朝时期。在中古畜牧生产显著回升阶段，畜产品在食物生产、消费中的比重亦有明显增加，[1] 畜产结构亦经历了显著的调整、变化。这一具有深远意义的起伏、变动，导因于汉末以后战争动荡、人口锐减、农业衰退以及游牧民族人口大量内迁，其结果之影响相当强烈而持久，不仅直接影响了中古华北居民的食料结构、饮食习俗和营养水平，而且间接影响到时代风尚、文化气质等等方面，有些影响一直持续到了宋元时代。

中古华北畜牧经济波动和变化，可以分解为两个具体方面：一是畜牧空间扩张，饲养规模扩大，在整个区域经济体系中的地位一度显著回升，相应地，肉类等动物性食料在食物结构中的比重有所增加；二是不同家畜种类的重要性发生了显著变化，突出表现为羊和猪这两种主要肉畜的重要性互相对调，羊成为那时家畜放养和肉类供应的主角，猪则退居明显次要地位。这些重要变动，是在特定历史契机和场景之下由于一系列自然因素和社会因素交相影响与协同作用的结果，须从多方面特别是要从文化—生态关系的动态变化中查找其原因，观察其后果，解说其机理。由于具有直接针对性的资料十分缺乏，我们不得不较多地借鉴文化生态学、生态经济学等学科理论知识进行合理推断，以期揭示出诸多因素和变量之间的因应—协同关系，对一些重要问题的看法因而难免具有较大的主观性。

前章已经指出：从原始社会末期开始，华北经济发展经历了多个演变阶段，总体趋向，先是农耕、畜牧逐渐替代采集、捕猎，尔后农耕种植不断排挤家畜牧养。在此过程中，采集、捕猎逐渐退居补苴地位，牛、马、羊等典型食草类牲畜的牧养亦由于野外草场不断减少渐渐难成规模，以猪、鸡、狗等杂食性动物为主的家庭小饲养业则渐成主流并附属于农耕种植。因此之故，战国以后人们谈论畜禽生产，乃多据家庭小饲养业

[1] 参梁家勉主编《中国农业科学技术史稿》，第299页。

而言。[1]两汉时期，虽有个别像卜式这样以畜牧致富的大户，养羊数以百计，甚至可达千头，[2]但这毕竟稀少，并且愈来愈罕见，整个社会都是以家庭小饲养为主，畜产构成以杂食性的猪、鸡等畜禽为主。养羊虽亦相当广泛，但其普遍性和重要性都不能与养猪相比。[3]

自东汉末叶开始，历史形势发生了戏剧性变化。经过旷日持久的战争动荡，华北人口急剧下降，社会经济十分萧条，大片农田废为蒿莱丛生的荒地；与此同时，西北游牧民族乘虚大量涌入华北内地，同时带来了他们以放牧为主的经济生产传统、大量畜群以及“食肉饮酪”的生活习惯。两者结合，给中古华北食物生产结构调整提供了特殊的历史契机：一方面，长期战乱所造成的地旷人稀的局面，客观上给大型放牧提供了比较充裕的荒闲草场；另一方面，随着游牧民族涌入内地的畜群，不仅改良了华北内地的家畜品种，同时改变了家畜的构成——单纯草食性的羊变成了这个地区的主要肉畜；与此同时，由于徙居内地而狃于“食肉饮酪”传统的游牧民族人口显著增加，肉畜产品需求相应地显著增加，为当地畜牧经济发展提供了强大动力。在这一特殊历史背景下，战国以后被排挤到长城以北的大型畜牧业得到了重新扩张的机会，家庭饲

[1] 如《荀子·荣辱》说：“今人之生也，方畜鸡狗猪彘，又畜牛羊。”《管子·立政》说：“六畜育于家，……国之富也。”《孟子·梁惠王上》则云：“五母鸡、二母彘，无失其时，老者足以无失肉矣。”又说：“鸡、豚、狗、彘之畜，无失其时，七十者可以食肉矣。”诸如此类，不一一具引。值得注意的是，从这些议论看，作为重要肉畜之一的羊，在当时的地位似乎不甚显赫，所以孟子两次议论都不曾提及。

[2] 《汉书》卷58《卜式传》。

[3] 《齐民要术·序》中列举了多位汉代循吏教民治生的事迹，俱称其督导百姓养猪、鸡、牛等。如黄霸在颍川（今河南禹县等地）“使邮亭、乡官皆畜鸡、豚，以赡鳏、寡、贫穷者”，龚遂在渤海（汉渤海郡辖今河北沿渤海地区），令“家二母彘、五鸡”；僮种在不其，“率民养一猪、雌鸡四头，以供祭祀，死买棺木”；颜斐在京兆“课民无牛者，令畜猪，投贵时卖，以卖牛”；杜畿在河东（汉河东郡辖今山西西南部），“课民畜字牛、草马，下逮鸡、豚，皆有章程，家家丰实”等等。但所举事迹中都未曾言及课民养羊，足以说明当时华北内地养羊并不发达。另外，《世说新语》记载魏晋故事，有多处条文涉及猪，但羊几乎未被提到。

养规模也有所扩大，饲养对象也显著改变。在一个时期中，华北在某种程度上又恢复到战国以前"华夷杂处"（即农牧交错）的局面。相应地，在相当长的一个时期，动物性食料生产在当地食物体系之中所占比重，比起两汉以前和宋代以后，都是明显较高。

中古华北畜牧生产的恢复和回升，首先表现为黄河中游畜牧区域的扩展，这一扩展过程始自东汉，迤及唐初，十六国和北朝前期为最盛期。

从自然条件来说，冀晋山地和关中盆地以西以北地区农牧兼宜，秦朝至西汉时期，国家通过徙民实边，大举开垦屯田，将农耕区域一直扩展到了阴山脚下，秦长城以南地区，处处阡陌相连，村落相望，其中"河南地"[1]农业生产尤为繁荣，堪与关中地区相媲美，故时人称为"新秦中"。然而自东汉甚至从西汉末年开始，可能由于气候转冷的关系，西北边境的匈奴、羌、胡、休屠、乌桓等少数民族朝着东南方向的运动渐趋活跃起来，加以东汉王朝绥抚失当，边境冲突不断加剧，农耕区域逐渐由西北向东南退缩，至东汉末年以后，"黄河中游大致即东以云中山、吕梁山，南以陕北高原南缘山脉与泾水为界，形成了两个不同区域。此线以东、以南，基本上是农区；此线以西、以北，基本上是牧区"。[2]历十六国、北朝至于唐初，黄土高原地区一直是胡、汉混杂居处而以少数民族为主体，当地经济生产也以畜牧为重，无疑，其食物生产结构是以肉畜生产为主。

北魏中期以后，由于国家力量积极推动农业和少数民族不断汉化，上述地区又开始出现由牧而农的转变趋向，但转变过程相当缓慢。在数个世纪之中，这些地区的大型畜牧业相当发达，不论役畜还是肉畜，匹、口、头数都甚是可观。例如北魏时期，尔朱氏世居水草丰美的秀容川，[3]

---

[1] 指关中盆地往北的黄河以南地区。

[2] 谭其骧：《长水集》（下）第22页；又参史念海《黄土高原及其农林牧分布地区的变迁》，收于《河山集》（三集），第55—75页。

[3] 据《魏书》卷106上《地形志上》记载。按：当时秀容为郡，辖秀容、石城、肆卢、敷城四县，在今山西忻县、原平县一带。

且以畜牧为业，其“牛、羊、驼、马，色别为群，谷量而已”，[1]可见当地畜产极丰。陇右地区直至隋代，人民仍“以畜牧为事”，不便定居屯聚，[2]在唐朝武则天统治时期，人们仍然认为“陇右百姓，羊马是资”。[3]由于那些地区畜牧经济发达，故自北朝至于唐代，国家对牧民实行特殊赋税政策，赋税征纳以羊、马等牲畜为准，北魏时期曾经多次诏令向民间征调戎马、大牛；[4]唐代的情况，据《唐六典》记载：“诸国蕃胡内附者，亦定为九等……附贯经二年已上者，上户丁输羊二口，次户一口，下户三户共一口。”[5]国家从这些地区获得了相当丰富的畜产。唐朝中期以后，位于京兆府西北的邠、宁等州依然产羊甚多，成为商人贩羊的好去处。[6]

正是由于这些地区具有发展畜牧业的良好条件，故自北朝以来一直是官牧分布和发展的主要地区。而国营官牧的繁荣发展，是中古华北畜牧经济回升的一个重要表现，尤以北魏和唐朝最盛。

拓跋魏氏起于畜猎，对官牧经营十分重视，曾先后设立了四处大型官牧场。早在道武帝天兴二年（399年）即于平城附近地区开鹿苑牧场，至明元帝泰常六年（421年），又“发京师六千人筑苑，起自旧苑，东包白登，周回三十余里”，[7]对旧牧场进行了扩建；若干年后，太武帝拓跋焘又在鄂尔多斯以南地区大兴官牧，《魏书》卷110《食货志》称：“世祖之平统万，定秦陇，以河西[8]水草善，乃以为牧地。畜产滋息，马至二百余万匹，橐驼将半之，牛羊则无数。”其后复于漠南建立牧场。孝文

[1]《魏书》卷74《尔朱荣传》。

[2]《北史》卷73《贺娄子干传》。

[3]《全唐文》卷269张廷珪《请河北遭旱涝州准式折免表》。

[4]参见《魏书》卷3《太宗纪》，同书卷4上《世祖纪上》。

[5]《唐六典》卷3《户部郎中员外郎》。

[6]《太平广记》卷133《朱化》条引《奇事》即载洛阳人朱化于贞元初年西行邠、宁等州贩羊事。

[7]《魏书》卷3《太宗纪》。

[8]按：此“河西”指自今山西渡黄河而西的鄂尔多斯东南地区，非指河西走廊。

帝迁都洛阳以后，复有宇文福主持兴建河阳牧场，《魏书》卷44《宇文福传》载："时仍迁洛，敕（宇文）福检行牧马之所。福规石济以西、河内以东，拒黄河南北千里为牧地。事寻施行，今之马场是也。及从代移杂畜于牧所，福善于将养，并无损耗……"这一牧场"恒置戎马十万匹，以拟京师军警之备。每岁自河西徙牧于并州，以渐南转，欲其习水土而无死伤也"。[1]

唐代为古代中原王朝官牧经营极盛时期，史书记载："国家自贞观中至于麟德，国马四十万匹在河陇间。开元中尚有二十七万，杂以牛羊杂畜，不啻百万，置八使四十八监，占陇右、金城、平凉、天水四郡，幅员千里，自长安至陇右，置七马坊，为会计都领。岐陇间善水草及腴田，皆属七马坊。"[2]关于以原州为中心的监牧，《元和郡县志》记载甚为具体，其称："监牧：贞观中自京师东赤岸泽移马牧于秦、渭二州之北，会州之南，兰州狄道县之西，置监牧使以掌其事。仍以原州刺史为都监牧使，以管四使：南使在原州西南一百八十里，西使在临洮军西二百二十里，北使寄理原州城内，东宫使寄理原州城内。天宝中，诸使共有五十监，南使管十八监，西使管十六监，北使管七监，东宫使管九监。监牧地，东西约六百里，南北约四百里。天宝十二载，诸监见在马总三十一万九千三百八十七匹，内一十三万三千五百九十八匹课马。"[3]在陇山以东的岐、邠、泾、宁诸州界也设有八坊，《新唐书·兵志》称："自贞观至麟德四十年间，马七十万六千，置八坊岐、豳、泾、宁间，地广千里……"此外，夏州设有群牧使，盐州有八监，岚州有三监；同州朝邑县的沙苑监，则专门牧养诸牧所送牛羊，以供朝廷宴会、祭祀及尚食之用。值得注意的是，唐代官牧的主要分布区域，正是东汉以后畜牧业甚为发达的地区。至于华北地区的其他州郡，也有一些国家经营的牧

[1]《魏书》卷110《食货志》。

[2]《旧唐书》卷141《张孝忠传附茂宗传》。

[3]《元和郡县志》卷3《关内道三·原州》。另参《全唐文》卷226张说《大唐开元十三年陇右监牧颂德碑》，《资治通鉴》卷212《唐纪二八》"玄宗开元十三年"。

养业，例如虢州即曾有官豕三千。[1]

关于中古官牧和马政，前贤已多有论述，[2]这里不拟对官牧经营进行全面介绍，只想特别指出：中古时期的官牧，毫无疑问是以牧养军需用马及其他役畜为主，这也是历来研究者最关注的方面；但我们也不能忽视官牧中的肉畜，特别是羊的生产。实际上，在唐代监牧中，羊是除马之外数量最多的一种牲畜，其中养羊数额相当可观。据张说《大唐开元十三年陇右监牧颂德碑》一文记载：开元元年（713年）监牧共有马24万匹，至十三年（725年）发展到43万匹；除此之外，牛由开始的3.5万头发展到5万头，而羊则由开始的11.2万口发展到28.6万口；[3]又据天宝十三载（754年）六月陇右群牧都使奏判官、殿中侍御史张通儒及副使平原太守郑遵意等人的清点，当时陇右群牧总共有牲畜605603匹口，其中包括羊204134口，[4]超过总匹口数的三分之一，说明羊是当时官牧的重要经营内容。唐代关于牧养的制度法令也证实了这一点。[5]

中古时代官牧中的肉畜生产，至少在皇族和朝廷各司的肉食原料供应中，发挥了相当重要的作用。据《魏书》记载：北魏晚期，由于诸官牧相继丧失，朝廷不得不大量减少内外百官及诸蕃客的肉料供给；[6]唐代御厨及诸司肉料供应，除上述同州沙苑监以外，在末期还由河南府的

---

[1]《新唐书》卷223下《卢杞传》。

[2]例如朱大渭曾对北魏国家牧场建立的动因、实况及其与北魏统一北方和国势强盛的关系等问题进行了系统论述，朱大渭：《北魏的国营畜牧业经济》，收入氏著《六朝史论》，中华书局1998年版；马俊民等对唐代马政（主要在黄河中下游地区）进行了全面考察，马俊民、王世平：《唐代马政》，西北大学出版社1995年版。

[3]《全唐文》卷226。

[4]《册府元龟》卷621《卿监部·监牧》。

[5]具体内容，参见《唐律疏议》卷15《厩库律·厩牧令》，《大唐六典》卷17《太仆寺·典厩令》。

[6]《魏书》卷110《食货志》记载：当时群牧相继遭到破坏，“而关西丧失尤甚，帑藏益以空竭。有司又奏内外百官及诸蕃客禀食及肉悉二分减一，计终岁省肉百五十九万九千八百五十六斤，米五万三千九百三十二石”。说明北魏时期朝廷肉料供应主要仰给官牧。

官牧供进。[1]

中古华北不仅牧区大型畜牧业有显著发展，农耕地区的家庭饲养规模亦似乎有所扩大，地主、官僚亦多以牧养作为重要经营内容。比如西晋时期以豪奢著称的石崇在其河南金谷园中“有田十顷，羊二百口，鸡猪鹅鸭之属，莫不毕备。”[2]农学家贾思勰称自己曾养有二百口羊，因为没有准备足够的过冬茭豆，而致群羊饥死过半；[3]并且他在《齐民要术》中谈论养羊经营时，每以千口为言。[4]石崇的金谷园和贾思勰的生活区域，都在华北东部农耕地带，而他们家养的畜禽，单羊即达二百口，已是很不小的畜群了；但当时似乎还有养羊千口之家，否则贾思勰就不会屡言羊千口。以单个家庭而论，这样的家畜饲养规模即使在游牧区域也是少见的。当然，这类关于家养大畜群的记载只出现在魏晋北朝时期，在唐代文献中则未尝见之，这应是因前一时期人口较少，剩余土地较为充足，可以发展较大规模畜养业之故，对此后文还将述及。不过，至少在初唐时期，华北地区的肉畜生产依然甚盛是可以肯定的，《唐大诏令集》卷130引唐太宗贞观十八年（644年）十月《讨高丽诏》中的一段话很值得注意，附引于此。诏书有云：“……况今丰稔多年，家给人足，余粮栖亩，积粟红仓，虽足以为兵贮，犹恐劳于转运，故多驱牛羊，以充军食，人无裹粮之费，众有随身之廪，如斯之事，岂不优于曩日……”肉畜之众，竟至于大量驱作征伐高丽的军粮，叫今人当作何种

[1] 《册府元龟》卷621《卿监部·监牧》引唐哀帝天祐三年（906年）十一月敕称：“牛羊司牧管御厨羊并乳牛等，御厨物料元是河南府供进，其肉便在物料数内，续以诸处送到羊，且令牛羊司逐日送纳。今知旧数已尽，官吏所由多总逃去，其诸处续进到羊，并旧管乳牛，并送河南府牧管。其牛羊司官吏并宜停废。”

[2] 《太平御览》卷919《羽族部六》引石崇《金谷诗序》。

[3] 《齐民要术》卷6《养羊第五十七》。

[4] 如《齐民要术》卷6《养羊第五十七》云：“羊一千口者，三四月中，种大豆一顷杂谷。并草留之，不须锄治，八九月中，刈作青茭……”又云：“一岁之中，牛马驴得两番，羊得四倍。羊羔腊月正月生者，留以作种；余月生者剩而卖之。用二万钱为羊本，必岁收千口……。”

想象呢？！[1]

中古华北畜牧生产的另一显著变化是畜产结构发生了重大调整，具体来说是羊在当时肉畜中占据了绝对支配地位，自新石器时代后期一直作为农耕地区主要肉畜的猪却一落千丈，远远不及羊的地位重要。

中古时代华北地区养猪也还比较普遍，故《齐民要术》中也有专篇讨论。但与两汉时期相比，养猪业的地位明显下降，不成规模，不仅与农耕地区家庭养羊百、十成群不能相比，与黄土高原畜牧地带的大规模养羊更是无法同日而语。中古文献记载羊的数量，常以百、千、万乃至十万、百万计；关于猪，前文提及虢州有官猪三千头，这已经是我们所见到的最大数字了。从《齐民要术》和《四时纂要》二书关于养猪、养羊的技术资料也可以非常清楚看到：当时农学家对养羊的重视程度也远远超过养猪。[2]中古文献记载猪、豕、彘、豚等等牲口的文句，出现的频率也远低于羊。[3]

为了进一步说明这个问题，我们不妨再来比较一下当时文献有关两种肉畜食用情况的记载。关于食羊肉，魏晋文献记载尚较少，十六国之后则迅速增多。北朝社会是胡人占上风，牛、羊当然是主要肉食，反映在礼俗上，北齐时期聘礼所用的肉料即主要是羊，其次是牛犊，还有雁（鹅），但没有猪。[4]此外，北齐制度规定：百姓家“生两男者，赏羊五

[1] 当然，这些用于充军食的牛羊可能是从内附的蕃胡民户中征调得来的。自北朝至唐代。国家一直从这些游牧民户那里征调一定口数的羊为赋税。《大唐六典》卷3《户部郎中员外郎》云：“诸国蕃胡内附者，亦定为九等……附贯经二年已上者，上户丁输羊口，次户一口，下户三户共一口。”（据《通典》卷6《食货六·赋税下》引“大唐武德元年诏”说明唐朝在立国之初即实施这一政策）但从历史的实际情形来看，这些内附牧民一般被安置在华北北部沿边地带，但大体上也在本文所讨论的区域范围之内，可以用来说明当时华北畜牧发展的情况。

[2] 《齐民要术》记载养羊技术甚详，其篇幅超过养猪、鸡、鹅、鸭等篇之和很多；而《四时纂要》中关于养猪的条文有8条，与养羊有关的条文则有13条。

[3] 我们随机收集到的关于猪的条文不到二百条，而关于羊的条文则超过三百条，这虽然不能作为有力证据，但也能说明一些问题。

[4] 《隋书》卷9《礼仪四》。

口”。[1]唐代的情况，我们只需看看关于官员食料配给的制度规定便可做出基本判断。《唐六典》记载：唐朝自亲王以下至五品官食料配供都有肉料。其中亲王以下至二品以上，每月常食料有羊二十口，猪肉六十斤，一只羊的肉，即便是小羊也远远不止二斤，可见羊、猪肉的配给数额相差很大；[2]三品至五品官更只供羊肉而没有猪肉，其中三品官每日羊肉四分（即每月十二只羊），四、五品官每日羊肉三分（即每月九只羊），当时官员的肉食料显然是以羊肉为主。有意思的，唐人似乎用一生能够吃多少羊肉来卜测某人的官运。《太平广记》卷156《李德裕》引《补录纪传》的一则故事就很有趣，说是有位僧人曾预测李德裕一生当食羊万口，故事本身当然未必当真，但其言居官食禄是以食多少口羊而论，却没有类似的故事说一生当食千头或万头猪（若现在有人这样算命，应该会说他能吃多少头猪）。此外，中古文献记载朝廷大庆之时官员献食和所司供进，都没有提到猪肉，而只提到了犊（小牛）和羊，也是以羊肉为主。[3]另一条资料虽是关于后唐御厨的肉食用料，因其去唐不远，这里也不妨将其引录下来，进一步证明羊肉的地位远高于猪肉。《册府元龟》卷484《邦计部·经费》云：

> （后唐明宗长兴）三年（932年）十二月乙亥，三司使冯赞奏奉圣旨赐内外臣僚节料羊，计支三千口，帝曰：“不亦多乎？”范廷光奏曰：“供御厨及内史食羊每日二百口，岁计七万余口，酿酒糯米二万余石。”帝闻奏敛容良久，曰：“支费大过，如何减省？”初庄宗同光时御厨日食羊二百口，当时物论已为大侈，今羊数既同，帝故骇心。

---

[1] 《北史》卷43《邢峦传》。

[2] 据畜牧专家统计，当代华北地区羊均产肉约13公斤，中古的情况当与此相差不远。羊二十口约产羊肉260公斤（唐制430余斤）。

[3] 《大唐六典》卷4《膳部郎中员外郎》。

由这条资料可见，后唐内廷及诸司羊肉的消费量是十分惊人的。后唐去唐亡不远，在一定程度上当亦能反映唐时的情形，如据上文所引《六典》，唐代羊肉的消费量可能还有甚于此；而这种情形是绝不可能出现于猪肉消费的。

同样可以证实猪、羊地位高下变化的还有许多关于皇帝赐羊的记载。中古特别是北魏至隋代，皇帝常常把数目可观的羊和其他畜产赐予大臣，以示褒宠。比如北魏时期王建因战功受赐“奴婢数十口，杂畜数千”；[1] 北齐时期，高欢曾经一次赐予司马子如五百口羊，[2] 高洋也曾经一次赐予平鉴二百口羊；[3] 北周时期，元景山因从周武帝平齐有功而受到重赏，赐物之中有“牛羊数千”。[4] 隋朝皇帝的赏赐就更重了，重臣高颎、杨素及宇文忻、李安等，均曾受隋文帝赐羊千口以上，其中杨素曾一次受赐达两千口。[5] 这些事实，进一步说明当时华北养羊很发达，而肉畜（不包括马、牛等役畜）之中独以羊作为赐物，说明羊最受重视，是当时的主要肉食。除了唐德宗曾经把官猪三千头赐予贫民之外，[6] 却找不到另外一条关于赐猪的记载。通过上述事实罗列，中古华北猪、羊地位之高下、轻重应已明了。

当然，中古时代这个地位不只饲养猪、羊，还饲养有马、牛、驴等役畜。由于马是军国所需，牛为农耕必具，驴亦是行旅所资，对于当时国家来说，乃是关乎军国大计的战略资源，所以它们乃是官牧经营的重要对象，不论在北魏国有牧场还是在唐代牧监中，都是主要角色。由于马、牛、驴特别是前二者，乃是最重要的役畜而非肉畜，所以是不能轻易宰杀食用的，国家禁令一直非常严厉，私自偷宰和盗杀他人牛、马、

[1] 《魏书》卷 30《王建传》。

[2] 《北史》卷 54《司马子如传》。

[3] 《北史》卷 55《平鉴传》。

[4] 《隋书》卷 39《元景山传》。

[5] 分见《隋书》卷 41《高颎传》、卷 48《杨素传》、卷 50《李安传》以及卷 57《贺娄子干传》。

[6] 《册府元龟》卷 106《帝王部·惠民二》；《新唐书》卷 223 下《卢杞传》。

驴，都要受到很严重的刑罚。[1]但史料也反映：当时宰杀食用役畜的事情还是时有发生，朝廷不断下令禁止，正说明这一点。

中古华北也有一些家禽饲养，主要家禽有鸡、鸭和鹅等，但后二者饲养较少，鸡则是普遍饲养的家禽。同今天一样，中古华北人家养鸡不仅为了吃肉，也为了取蛋，当时文献有关于食用鸡蛋的记载。不过，关于乡俚野老烹“鸡黍”待客的诗文记咏更是多见，“斗酒只鸡”也是当时文献中常见的话语，说明鸡是相对易得的肉食。但若因此说时人不以猪、羊肉待客，则未必符合事实。宰鸡待客，不只是因为鸡比较易得，更重要的原因恐怕是那时乡野买肉甚为不便，而家家户户都饲养的鸡个体很小，宰杀之后一顿两顿就能吃完。在没有制冷保鲜条件的时代，人们毕竟不能为招待某位来客而轻易杀一头猪或一口羊，那样做也未免太浪费了。事实上，通常情况下，只有遇到大事或者大年节，人们才杀猪宰羊。从《齐民要术》等书所反映的情况，深冬年前是比较集中的屠宰时节，既是为了迎接元旦（过年），亦因那时天气寒冷，动物宰杀之后肉类不易腐臭变质，可以比较从容地腌制或干制成脯腊，留待来年慢慢食用。所以，寻常人家除杀鸡外，用脯腊之类招待客人也是常有之事，频繁见于文献记载。

---

[1] 比如唐代在这方面有明确的法律规定，《唐律疏议》卷19《贼盗律》规定：“诸盗官私马、牛而杀者，徒二年半。疏议曰：马、牛军国所用，故与余畜不同。若盗而杀者，徒二年半。若准赃重于徒二年半者，以凡盗论加一等。其有盗杀牦牛之类，乡俗不用耕驾者，计赃以凡盗论。”朝廷也一再颁下诏令禁止屠杀。《册府元龟》卷42《帝王部·仁慈》引“（开元五年）十一月丙辰沼曰：……马、牛、驴皆能任重致远，济人使用，先有处分，不令宰杀。如闻比来尚未全断，群牧之内此弊尤多，自今以后，非祠祭所须，更不得进献牛、马、驴肉。其王公已下及天下诸州诸军宴设及监牧，皆不得辄有杀害，仍令州、县及监牧使诸军长官切加禁断，兼委御史随事纠弹。”又《全唐文》卷968引《（大中二年二月刑部）请禁屠牛奏》称：“牛者稼穑之资，邦家所重，虽加条约，多有违犯，今后请委州府县令并录事参军严加捉搦，如有牛主自杀及盗窃杀者，即请准乾元元年二月五日敕，先决六十，然后准法科罪，其本界官吏，严加止绝。”大中五年正月中书门下又有类似上奏，不能一一引述。

最后要介绍的家畜是犬。这种最早被驯化的家养动物，一万多年来一直是人类最重要的动物伙伴，早在先秦时代就已经位列“六畜”之班。汉代以前，它也一直是重要的肉食来源之一，先秦至两汉时期不仅有屠狗的专门行当，也有以屠狗为生的豪侠；在陆续出土的汉代画像砖上有许多纪实性的“庖厨图”，其中每每见悬挂的狗肉甚至宰狗的场面。[1]特意把它放到最后才做介绍，是因为到了中古时代，在华北地区，它突然变得很不重要，中古文献之中再也不曾出现“狗屠”这个职业，也不见“以屠狗为业”的人物，关于杀狗吃肉的记载也是几乎不见。[2]这确实是一个十分有趣的变化，也是一个尚待解开的历史之谜。近年来，社会上赞成和反对杀狗吃肉的人士明显地分为两拨，他们彼此攻讦、剑拔弩张，直闹得昏天黑地，政府和法官也无法裁决这笔“狗肉账”。我们当然不能简单地斥之为“吃饱撑的”，因这种对抗的背后不仅有饮食观念的差异和冲突，还涉及人性、情感、动物权利等等伦理问题。然而无可争辩的是，只有在当今富裕社会才可能发生这种尖锐的对立，时间后退五十年，狗肉该不该和能不能吃根本不成其为一个问题，至少不可能闹得如此群情汹汹，愈来愈上纲上线。从长期历史观察和跨文化比较来看，东亚农耕民族地区，从朝鲜半岛到中国西南边陲都长期存在食用狗肉的习俗。在对待狗的问题上，包括汉族在内的农耕民族与

[1]　例如《史记》卷124《刺客列传》记载战国时代有“客游以为狗屠”的大侠聂政和与荆轲相善的狗屠高渐离；《汉书》卷41《樊哙传》称西汉开国名将樊哙亦曾以屠狗为事；山东诸城前凉台及河南南阳英庄等地出土的画像石上都有庖厨屠狗的描绘。有关问题可参黎虎主编《汉唐饮食文化史》第27—28页，及拙作《早期中国社会的犬文化》，《农业考古》1992年第3期。

[2]　遍检中古文献，我们发现《齐民要术》卷8引《食经》有“犬牒法”，《食疗本草》卷中有关于犬肉补益作用的说法，《全唐文》卷25引玄宗《禁屠杀鸡犬诏》谈到禁止杀犬，但都不能说是直接关于华北的材料。关于本地烹食狗肉的惟一直接材料，出自《太平广记》卷267《张易之兄弟》引《朝野佥载》记载：武则天的男宠张易之兄弟曾非常残忍地炙活狗而食，是否可信，不得而知。当然，我们不能因为文献缺少记载就断定中古华北人完全不吃狗肉，但可以肯定的是，这个时期吃狗肉的风气不如前代盛行。

游牧民族相比显得很是残忍。但他们对牛一直很爱惜甚至敬重，即便是对不能耕作的老迈之牛，亦是深怀怜惜、不忍之心，不会轻易杀害。并且自汉代以来国家法律一直严禁杀牛，犯者往往要受刑罚。这个情况与游牧民族和深受畜牧文化传统影响的欧美国家正好相反。因此，是否杀狗吃肉，各有经济生产和饮食生活方面的文化历史渊源，上纲上线、死去活来的争斗，甚是无谓。

根据以上相当冗长的叙述，不难做出两点基本判断：其一，中古时代华北畜牧生产（包括大型放牧和家庭饲养）经历了一个显著回升的过程，在整个食物体系中动物性食料所占份额，应比起两汉时期有所提高，此后时代再也没有达到中古这样大的比重；其二，那时华北还同时经历了一次具有重要历史意义的畜产结构变动，其主要标志是猪、羊地位之互换。除了马、牛、驴等重要役畜之外，羊在肉畜生产、供给中占据了绝对支配地位，猪的地位则显著下降，甚至无足轻重。这一变动造就了与新石器时代晚期至两汉时期迥然不同的肉类生产结构——以羊为主，猪、犬、鸡、鸭等畜禽仅作补充。这个结构在华北地区维持了一千余年，直到明朝才重新回归养猪为主。对于这一重大结构性变动，及其与当地经济、社会和文化的相互影响，很值得认真做出一番解说。

二、畜牧业变动的文化—生态解说

那么，应当如何认识中古华北畜牧饲养业的上述波动和变化？这些重大历史变动的契机、原因和动力是什么？对华北经济生产、饮食生活造成了哪些即时和长期的影响？尤其需要解谈的是：在经历这段重大历史曲折之后，为什么华北最终回归到农重牧轻、猪肉为主的老路？

第一个问题，其实前面已经有所涉及，只不过先前主要是概述畜牧经济变动的历史背景。这里我们愿意进一步稍作申论。总体上我们认为：中古华北畜牧经济波动和畜产结构调整，具有深刻而广泛的内部与外在、文化和生态动因，是众多自然因素和社会因素交互影响、协同作用的结果。简要地说，自然环境变化、社会局势变化以及两个系统诸多因素之间的复杂运动，给畜牧经济变动提供了特殊契机、条件和动力。下面几项是其中最主要的方面：

首先，中原社会动乱造成边境防御力量削弱，为游牧民族及其经济文化的南向扩张提供了机遇。秦汉时期，两个民族社会和两种经济文化的对峙大体处在平衡状态。但西汉末期之后，汉朝在西北的防御能力逐渐减弱；至东汉末期以后，中原地区长期战乱，由于内部社会的激烈政治动荡，西北防御几乎完全瘫痪，为游牧文化突破农耕文化疆防深入内地提供了良机。原本被阻挡在关塞之外的游牧民族趁着中原王朝社会动荡、军事力量虚弱，越过长城，长驱直入，甚至掌握了这个地区的政治统治权，畜牧经济因此得以越过“农牧分界线”，朝东南方向大举扩张。

其次，战争造成中原人口大量死徙，客观上缓解了人—地关系，为大型野外放牧提供了发展空间。自黄巾战争以后，多个世纪华北战祸蜂起，人口密度显著下降，社会劳动力锐减，甚至出现许多空荒地带，西北地区的农耕经济更是不断退缩，黄土高原由农转牧，“农牧分界线”大幅南移，曾经禾麦被野、村落相望的广袤农区，由于人口急剧减少，劳动力严重匮乏，蒿莱丛生，废为荒野。这种地旷人稀、农耕萧条的局面，却给游动放牧提供了充裕的草场，为大规模放牧牛、马、羊群提供了前提。

复次，游牧民族内迁及其文化移入，为畜牧经济回升与结构调整提供了经济动力和文化条件。游牧民族大量涌入中原内地，带来了他们以畜牧为主业的生产习惯、以“食肉饮酪”为特色的饮食生活习惯，也带来了他们的优良畜种和先进的牧养经验与技术。尤其是随着狃于肉酪的游牧人口增加，对畜产品的需求量显著扩大，这就为国营和私营畜牧业发展提供了强大的经济动力。来自北方草原的牧民一向崇尚“羊肉酪浆”，他们入主中原更直接促使羊取代猪的地位成为当地主要肉畜。

在上述所有这一切的背后，还有一只来自于自然界的巨大推手——

气候冷暖变化。自东汉以降，中国东部的气候逐渐转向寒冷，魏晋南北朝至唐初正值一个气候寒冷期。[1] 由于气候转冷，草原地区的植物生产量降低，牲畜产量相应下降，生活资源渐趋匮乏；而寒冷期的冬季，异常酷寒的天气频繁出现，更造成牧区人畜大量冻死，给游牧民族带来了极大的生存危机，迫使他们逐渐向气候较为温暖的南方地区迁徙运动，畜牧生产区域亦随之南移。当此之时又适值中原丧乱，人口锐减，游牧民族更得以直驱中原腹地，成为当地的主人。由于他们的到来，大片农田沃野一度变成了驱马放羊的牧场。可见，中古时期农牧分界线大幅度南移、黄土高原退为牧区，与当时气候转冷直接相关，平原地区一度由耕稼独盛、养猪为主，转为农牧交错、羊马布野，亦与气候变凉有着莫大关联——凉干比湿热气候更适合羊马。

更为复杂和具有理论挑战性的问题是，既然中古华北畜牧经济曾经一度明显回升，似乎具备了改变战国以后愈来愈“跛足”的农重牧轻局面，为什么最终并没有走上农牧并重乃至以牧为主的道路，而是在经历一番波动之后，重新回归农耕种植占据绝对支配地位的老路呢？还有一个与之相连并且一般历史学者更感兴趣的大问题，这就是农耕与游牧两

---

[1] 关于中古时代的气候及其变化，自竺可桢开始，不少气候史家都进行了探讨，各家意见存在一定分歧，但东汉后期开始中国气候明显转冷、魏晋南北朝属于一个显著的寒冷期，这一点已经成为学界共识。不少学者曾论及中古气候波动对民族迁徙活动和社会经济发展的重大影响。参竺可桢《中国近五千年来气候变迁的初步研究》，《考古学报》1972 年第 1 期；王会昌《2000 年来中国北方游牧民族南迁与气候变化》，《地理科学》1996 年第 3 期；王铮《历史气候变化对中国社会发展的影响——兼论人地关系》，《地理学报》1996 年第 4 期；满志敏等《气候变化对历史上农牧过渡带影响的个例研究》，《地理研究》2000 年第 2 期；方修琦等《环境演变对中华文明影响研究的进展与展望》，《古地理学报》2004 年第 1 期；蓝勇《从天地生综合研究角度看中华文明东移南迁的原因》，《学术研究》1995 年第 6 期；蓝勇《唐代气候变化与唐代历史兴衰》，《中国历史地理论丛》2001 年第 1 期。历史学家许倬云曾发表《汉末至南北朝气候与民族移动的初步考察》等文多次申论此事，见许倬云《许倬云自选集》，上海教育出版社 2002 年版；许倬云：《历史分光镜》，上海文艺出版社 1998 年版。

种不同生业的选择与中古北方民族融合的关系：为什么曾经据有华北政治统治权的少数民族，并没有坚持其固有的游牧经济文化传统，更没有将华北地区被统治的汉族人民改造成为牧民——尽管有人曾经想这么做，相反却是他们自己逐渐放弃，甚至是主动放弃游牧而走向定居的农耕生活？这些逐水草而牧畜的“食肉饮酪”者，究竟为什么做出了这样的选择？这些恐怕不是仅仅使用“汉族先进文化的吸引力”或者“游牧民族仰慕先进的汉族文化”之类虚头巴脑、笼统抽象的话语所能解释得了的。就本书主题来说，这是一些不应当轻易绕过的历史重大问题。下面我们仍试图从文化与生态的交互关系入手，尽力做出自己的解说。

在前文的叙述中，我们曾经不止一次暗示畜牧经济比重的升降与人口密度大小有着直接关系：先秦时代畜牧业逐渐被排挤出华北内地，是由于人口增长和农田垦辟使大型野外放牧失去了发展空间；魏晋北朝时期畜牧业的阶段性回升，则是由于这一时期人口锐减和农田荒废给畜群提供了草场。魏晋北朝之后华北畜牧经济再次向西北退却，而农耕生产重新恢复绝对支配地位，根本原因仍在于人口逐步恢复并得到进一步增长。其背后存在着一个非常重要的生态学原因，或者说是受到生态规律的最终支配。

我们知道，农耕主要是通过栽培食用植物来获得植物性食品，而畜牧则是通过饲养动物来获得动物性食品，这两种生产体系获得食物能量的途径是截然不同的，根本区别在于：与种植业相比，畜牧生产是从更高的营养级上获得食物能量，即：以农耕种植作为主要食物获得途径，食物消费者——人类就主要是一种“食草者”，其食物能量获得之多寡决定于农田生态系统中的净初级（或言净第一性）生产量（primary production）的多少；而若以畜牧作为食物获得途径，生产对象（主要是各种食草畜禽）相当于农耕系统之中的人类所在的营养级，人却变成了更高一个营养级上的“食肉者”。在这个生态经济系统中，人类食物获得量的多少已经不再与植物生产量直接相关，而是取决于系统中的净次级（或称第二性）生产量（secondary production）亦即畜产量的高低。

生态学告诉我们：生态系统中的食物能量传递受热力学第二定律所支配，“当能量以食物的形式在生物之间传递时，食物中相当一部分能量被降解为热而消散掉（引按：比如通过呼吸、排便、运动消耗等），其余则用于合成新的组织作为潜能储存下来。所以一个动物在利用食物中的潜能时常把大部分转化成了热，只把一小部分转化为新的潜能。因此能量在生物之间每传递一次，一大部分的能量就被降解为热而损失掉……”“因此，在生态系统能流过程中，能量从一个营养级到另一个营养级的转化效率大致是在 5%—30% 之间。平均说来，从植物到植食动物（引按：即食草动物）的转化效率大约是 10%，从植食动物到肉食动物（引按：更准确的术语应是食肉动物）的转化效率大约是 15%。”[1] 美国生态学家史密斯更具体地指出：“当能量通过生态系统向比植物层次更高的层次传递时，能量大量减少，只有十分之一的能量从一个营养层次传递到另一个（更高）的营养层次。因此，假如食草动物所消耗的植物能量平均为 1000 千卡，那么将只有 100 千卡左右的能量转变为食草动物的组织（引按：即次级生产量），10 千卡的能量变成一级食肉动物的生产量，1 千卡的能量传递到二级食肉动物。”[2] 这些观点的依据就是生态学中著名的“林德曼效率”理论。由于这一规律的支配，在自然界中的一定空间范围内，处于上一营养级上的生物量和能量生产力，总是要远低于下一营养级的生物量和能量生产力（比如食草动物低于植物，食肉动物又低于食草动物），形成所谓“生态金字塔”。[3] 正因如此，设若某种食肉动物专以羊为食而其个体大小与羊相当，则这种动物的种群数量总要远远低于羊的种群数量，这可以解释为什么在自然界中大型食肉猛兽如虎、

[1] 孙泳儒等：《普通生态学》，高等教育出版社 1993 年版，第 245 页、第 253 页。

[2] ［美］R. L. 史密斯著，李建东等译：《生态学原理和野外生物学》，科学出版社 1988 年版，第 59—60 页。

[3] “林德曼效率”亦称“十分之一定律”，1942 年由美国生态学家林德曼提出。参孙泳儒等《普通生态学》，第 203—207 页，第 230—237 页；马传栋：《生态经济学》，山东人民出版社 1986 年版，第 59 页。

狼等等种群数量与鹿、兔等食草动物相比总是少得很多。

人类拥有高度发达的文化，主要运用各种文化手段（在这里主要指农牧生产技术）来扩大其食物来源。但人类毕竟仍然是生态系统“食物链”上的一员，其食物能量生产与消费，同样受到上述规律的最终支配。因而，同样的土地，如果以农耕种植和谷物素食为主，就可以养活更多的人口；反之，若以畜牧生产和肉类荤食为主，并且维持必需的食物热量摄取水平，则这片土地所能容纳的人口数量必须大大减少。换一个角度说，养活同样的人口，从事畜牧所需土地比采用农耕所需土地要广袤得多。现代农业生态学者曾经做过估算，称：“如以每人每天消耗3000千卡的热量计算，每人一年需109.5万千卡，以平均亩产400公斤粮食、每克粮食含4.15千卡能量计算，亩产能量是166万千卡，则每人只需0.66亩耕地。如再把种子和工业用粮的需要考虑在内，养活一个人的耕地面积还要大一些，需1—1.5亩。但如果把以粮食为食品改为以草食动物的肉为食品，按草食动物10%的转化效率计算，那么，每人所需的耕地要扩大10倍。实际上因为人们不能把所有食草动物在一年内利用完，还需要保持草食动物的一定群体，因此，实际需要耕地的面积还要大些。”[1]这说明农业生态学者们也认为通过畜牧生产获取食物，需要拥有比从事农耕种植广袤得多的土地。

不过，农业生态学者的上述估算容易引起歧义，因为他们将人类所消费的那些食物能量简单移置于食草动物，而事实上禽畜所能取食的植物部分毕竟与人不同，比如人不能食用禾谷类作物的秸秆，而有些家畜却可以，因此上文引述的意见尚不能准确反映两种不同食物生产对于土地需求的真正差距。为了使问题更加清晰、明朗，下面不妨就中古（具体到唐代）华北的情形做一个假设性（但却是合理的）估算。

首先估算一下在中古华北农耕技术条件下单位面积土地可能提供的食物能量。我们先假定有一平方公里的土地，折合成市亩为1500亩，

[1]　杨怀霖主编：《农业生态学》，农业出版社1992年版，第73页。

如据《汉书·食货志》估算方法，则其中1000亩可开垦为农田，[1]除去15%的蔬菜和桑、麻用地，剩余850亩可作为粮用耕地，折算成唐亩约1000亩；取唐代华北粮食亩产的低值即每亩收粟1石（均为唐计量），[2]共可收粟约1000石，再除去10%的种子、牲畜及其他用粮，余下900石真正作为粮用；以传统加工手段下粟的出米率约50%计算，则可得粟米共450石；又依当时少长相均每人日食粟米2升计算，人均年耗米粮约7石2斗。如此，则一平方公里的土地在唐代可以满足62.5人的用粮需求，并且热量摄取水平尚不甚低，日人均总热量摄入达3100千卡以上。[3]

下面再估算一下采取野外放牧方式获取食物能量这一平方公里土地能够养活多少人口。以自然条件而言，华北地区的西部属于半湿润、半

[1] 《汉书》卷24上《食货志上》记战国时期李悝"尽地力之教"说："地方百里，提封九万顷。除山泽邑居三分去一，为田六百万亩。"而《商君书·徕民》则云："地方百里者，山陵处什一，薮泽处什一，溪谷流水处什一，都邑蹊道处什一，恶田处什二，良田处什四。"两书估算农田约占全部土地的五分之三至三分之二。这些是春秋战国时人的估计，中古时代的情况不应与之相差太远；即使有差距，一般也是农田所占比例比前者有所提高，故我们取李悝的估计数字进行测算，不仅无害，反而增强我们的结论。

[2] 按：关于唐代单位面积粮食产量，学者有不同的估计，但都会不低于亩产粟1石；唐人估计当时粟的亩产量也都不下于亩产粟1石，如据《通典》卷7《食货典·历代盛衰户口》引开元中宇文融上疏论时事称："营公田一顷……计平收一年不减百石。"即亩收不少于一石；《李文公（翱）集》卷3《平赋书》称："一亩之田，以强并弱，水旱之不时，虽不能尽地力者，岁不下粟一石。"此类议论甚多，不一一具引。又，唐代粟麦两年三熟制和各种形式的套作、间作都有一定发展，复种指数提高了，单位面积粮食产量亦相应有所提高，所以亩产一石粟（唐制）应是中古华北单位面积粮食产量的最低值。

[3] 此处唐亩、唐石与市制的换算，以及粟的出米率和粟米比重，均依照李伯重《唐代江南农业的发展·导论》（农业出版社1990年版）的意见。又，唐人多有"日食二升"之语，二升约合今1.2市升，按小米每升重约1.5市斤计算，则唐人日均食米约1.8市斤，亦即日人均约食粟米900克。据中国医学科学院卫生研究所编制的《食物成分表》，每100克小米含热能约351千卡，则当时日人均摄入的热量可达3100千卡左右，高出1980年我国人均每日摄入热量2450千卡不少。

干旱典型草原，东部则是落叶阔叶林植被带；后者的净第一性生产总量要高于前者，但放牧条件则未必比前者优越。为了把问题简化，我们姑且将这一平方公里的土地都假定为载畜能力最高的草甸草原，并且假定畜物全部都是能量生产力较高的羊。

由于游牧区域村落、城郭、道路甚少，而山陵泽薮溪谷亦可为牧场的一部分，故我们假定这一平方公里土地全部都是有效放牧场。根据现代养羊学：在自然放牧状态下，草甸草原放养一只羊约需 8 亩草地，[1] 如此，则一平方公里草地共可放羊不到 190 只；现代华北养羊，年均出栏率约为 28.5%，假定中古时期略高于现代，以年均出栏率 30% 计算，则当时一年出栏的羊大约为 57 只；现代华北羊均肉产量约为 13 公斤，则 57 只羊共产肉大约 741 公斤，[2] 根据中国医学科学院卫生研究所编制的《食物成分表》，羊肉肥瘦相均每 100 克含热能 307 千卡，则这一平方公里土地所产羊肉共可提供热量 2274870 千卡，如果保持上述农耕条件下人日均 3100 千卡的热量摄入水平，则可供一人消费约 734 天，亦即：这块土地每年仅可养活 2 人。当然，这里尚未计算羊乳及内脏、头脚等部分，但即使假定这些部分所能提供的热能为羊肉的 2 倍，在这一平方公里土地上放羊，也只能供养 6 人。显然，在同样面积的土地上，从事畜牧与从事农耕相比，人们所能获得的食物能量相差十分悬殊，两者所能养活的人口数量至少相差十倍，亦即前者所能养活的人口仅有后者的十分之一。这就不难理解：为什么与农耕地区相比，草原游牧地区的人口是如此稀少！

由于农耕与畜牧在食物能量生产力和人口供养能力方面存在如上悬

[1] 李志农主编：《中国养羊学》，农业出版社 1993 年版，第 373 页。

[2] 关于出栏率和羊均产肉量，据上揭《中国养羊学》第 138 页。又按：阳晔《膳夫经手录》称其时“羊之大者不过五六十斤，惟奚中所产者百余斤”。唐制 1 斤约合今 1.19 市斤，是则当时羊之大者不过 30 余公斤（奚人地区不在华北范围内，姑置而不论），羊的平均重量肯定小于此数，而肉用羊的平均屠宰率在 40%—60% 之间，据此推算，当时华北羊的平均产肉量当不会超过现代水平。

殊差距，故典型放牧业之存在必须具有地广人稀这个前提。在一定的地区范围内，尽管畜牧生产曾经一度相当发达，但随着人口逐步增长，在有限土地上从事畜牧生产将越来越不足以维持基本食物能量的需求，人们必将被迫越来越多地牺牲美味的肉食，逐渐降低畜牧生产的比重，同时增加谷物生产——只要当地居民掌握了必要的耕作技术，且自然条件包括水、土、光、热条件具备这种可能。最终，大型野外放牧将被迫逐渐退缩到那些不适宜发展农耕种植的地区。基于同样的理由，农耕地区的家庭饲养规模也与人口密度大小和空闲地多少直接相关。在地多人少的情况下，家庭饲养规模有可能较大，但随着人口增加，土狭人众问题不断突出，家庭饲养也将逐渐缩小到难以开垦的边际草地、消费剩余的粮食蔬菜和薪柴燃料消耗剩余的秸秆所能够承受的规模。明乎此理，我们对于中古华北畜牧生产（包括家庭饲养）回升复又渐衰，就比较容易理解了。

至于猪、羊地位的互换变化，固然由于持有不同饮食传统的民族构成（特别是社会上层）发生了变化，时俗观念对羊肉品第较高、对羊肉的需求量增大等等因素的影响，但这两种肉畜具有不同的食性可能是一个更值得注意的因素。比较而言，猪的食性更杂，对饲料的要求不甚严格，养猪不必需要什么野外草场（汉代尽管仍有不少牧豕草泽的记载，但圈养和村宅周围散养已经占据上风）；而羊对草料的要求则要严格得多，在草场严重缺少的情况下，大量养羊是不合适的。不过，华北农区羊、猪地位再次互换倒也没有像农牧结构那样变化迅速，以养羊为重在这个地区至少保持到了元代；局部地区可能由于自然条件的特点，直到现代仍然重视养羊。

由此看来，猪、羊地位的变化，以及基于这个变化而发生的——唐宋人主要吃羊肉而少有猪肉，并不只是一个经济问题，也不只是一个仅由饮食观念、生活习惯和文化传统所决定的问题，背后还隐藏着可能更加重要的也更具决定性的生物基础和生态规律。

如果进一步放开视野，观察古今华北肉类生产和消费的全部历史，可以发现：当地人民的主要肉食经历过三次重大转变：第一次是鹿—猪，发生于新石器时代晚期；第二次是猪—羊，即中古时代的这次转变；第三次是羊—猪，发生在明朝时期。华北人民最长久的肉食供给者，既不是猪也不是羊，而是鹿类动物！虽然这有些难以令人置信，但我们不得不非常肯定地指出一个极其重要的历史事实：在悠悠数十万年乃至百万年的漫长岁月里，鹿类一直是当地人民最主要的肉食来源。它们不仅是主要肉食供给者，也是衣料、药物等多种物质生活资料的供给者，甚至还是制作各种工具器物的重要材料来源。[1]这个种类众多、种群庞大的动物家族对早期人类生存和繁衍的巨大贡献，可能超乎今人的任何想象。

根据动物考古学家的研究，在距今五千多年前的新石器时代晚期，人工饲养的家猪开始取代鹿类，成为更加稳定可靠的肉食来源，但这一过程经历了数千年之久，在华北地区大致完成于夏商时期。由鹿类为主向家猪为主的转变，伴随着牧养对捕猎的逐渐取代，或者说是动物牧养（畜牧经济）替代动物捕猎（狩猎经济）的主要内容，历史意义自与中古时代猪、羊地位互换不同。但两者背后都是伴随着一系列环境、经济、技术和生活变化。大量考古材料证实：新石器时代不同时期文化遗址出土的鹿、猪数量，前后呈现出相当明显的彼此消长趋势，这是远古自然资源—经济生产—社会生活协同演变关系中一个非常有趣的现象。更有趣的是，曾经供养了人类长达百万年的鹿类，表面十分温驯实则非常倔强，虽然一直在奉献，却并不愿意被人工驯化变成人类的附庸（尽管先民肯定为此进行过许多并且巨大的努力），自然也就不能位列“六畜”之班。可叹的是，正因如此，曾经庞大无比的鹿类家族未能摆脱渐渐凋零的悲惨命运。八千年来，因为遭到过度猎杀，更由于农业垦殖不断破坏

[1] 考古学家通常根据石器类型和制作技术进行远古分期，实则在非常漫长的时期乃是石、骨、木、陶并用。不论在华北还是在长江流域，制作骨器的最重要材料都是鹿类的骨骼。关于这个问题，拟在其他论著中展开，兹且从略。

其栖息地，鹿科动物的种群数量不断下降，黄河中下游地区原本最庞大的一个支房——麋鹿，早在汉代就几乎绝迹，其他种类也逐渐向边缘地带逃匿，只在特定历史阶段（如中古）发生较为明显的“回返”过程。与鹿类的境遇完全不同，曾经非常凶悍、令人恐惧的猪，和很可能是从草原地区引入的羊，在人工驯化之下不断脱除野性，与它们的主人互利共生，协同进化，在经济生产和饮食生活中一直占据着非常重要的地位。鹿、猪、羊的替代过程及其不同历史境遇所反映出来的人与动物关系，十分令人深思。可以说，它们的背后就隐藏着一部中国环境史。

由此看来，“吃肉”这一看似简单的问题，实在太不简单！牵连着非常众多的自然和社会因素以及它们之间极其复杂的历史关系。当然，不光是“吃肉”，任何一个历史问题和现象都不是孤立发生和单独存在的，而是巨大而且复杂关系网络上的一个节点。这个网络是由众多相互关联的自然因素和社会现象共同构成，对一个个节点采用不同的视角和思路进行观察、探讨，有可能揭示出不同的历史面相，发现不同的历史联系。对食物史上的具体历史问题进行“文化—生态关系”的多维分析，应是一个值得重视的研究进路。

最后，我们还要稍作延伸，谈谈所谓民族融合和“汉化”问题。它们与农牧结构变动和“吃肉”问题都具有一定的历史关联。

中古华北历史运动波澜壮阔，民族迁徙和文化交汇规模空前，北方游牧民族曾为这段历史打上了极其深刻的烙印，他们的许多文化成分被内地人民所吸收，成为华夏文化的有机组成部分。在中古社会生活的各个方面，我们都能深切感受到“胡风”的浓重影响，在物质生活方面尤为明显，“食肉饮酪”风气一度盛行便是其中一例。但另外一个显而易见的历史事实是，进入内地的少数民族更多地接受了汉族文化，并且逐渐彻底地融入汉族文化之中，有的甚至连其族名都消失得无影无踪。这就是史家通常所谓的以少数民族“汉化”为主要趋向的北方民族大融合。

所谓“汉化”，其实是一个非常综合的概念，它指少数民族在生业方式、政治制度、礼仪风俗、生活习惯乃至语言文字等等各方面全面接受中原汉族文化传统和模式。在讨论少数民族汉化问题时，人们常常习惯地将游牧民族文化定性为“落后的文化”而将中原汉族文化定性为“先进的文化”，于是，所谓“汉化”自然而然就被定义为：野蛮落后的征服者为被征服者的先进文化（或文明）所征服——其中包括接受被征服者先进的生业方式。这些事实判断和理论表述就一般或普遍历史规律而言是否正确，容有取舍，但我们认为：当学人立足于人与自然、文化与生态关系来衡量所谓“落后”与“先进”，特别是评判不同生业方式的“先进”与“落后”时，应当特别谨慎。

诚如我们所论证的那样，在华北这片土地上，以农耕种植作为获得食物的主要方式，比起采用游牧方式确实要高效得多，在一系列精耕细作技术被发明和使用之后更是如此。但是，农耕与游牧是两种属性截然不同的生业方式和食物能量获得体系，它们分别适宜于不同的生态环境，实际上无法脱离特定地域的自然条件，抽象并且绝对地评判其优与劣、先进或落后，正如我们不能判定使用筷子和使用刀叉这两种进食方式哪一种更为先进一样。在华北内地，我们承认农耕比游牧“先进”，但在这里，“先进”的含义乃是“更加适应环境”和“更加具有效率”。在华北这样一个水、土、光、热条件都更加适宜农耕生产的区域，种植作物确实比牧养牲畜具有更高的食物能量转换效率。但是，一旦越过年均降水量400mm的等降水线，农耕种植即不能产生更高效率，其先进性也就无从谈起；在华北内地，游牧生产的能量转换效率诚然不能与农耕相比，差距之大已如前述。但是在长城以北辽阔的草原地区，它却是一种经过长期选择的最合适的生业方式，农耕种植难以广泛发展，在那里，游牧生产方式更具有先进性。这样看来，进入华北内地的游牧民族放弃其逐水草而牧畜的游牧生活，转而接受定居的农耕生产和生活方式，尽管确实是受到农耕文化某些“先进性”的引诱，但不能证明两种经济文化类型的高下之分，其实古人早就知道它们各有各的好——看看西汉时期担任匈奴大单于首席军师的中行说是怎样说的，就一目了然了。否则，何以游牧民族在草原大漠不愿改变其生产、生活方式，而必待进入中原之后呢？一个更显而易见的事实是：历史上曾经也有大批内地汉族人口由于种种原因流落到塞外，这些人口大多是掌握了先进农业生产技术的农民，但他们并没有凭借其所拥有的“先进文化”，将草原大漠开垦为丰饶的农田——尽管一直有人试图这样做；相反，他们在“胡风”的熏习下，逐渐接受了“逐水草而居处”和“食肉饮酪”的游牧生活方式，“胡化”成地地道道的游牧民。

不可否认，在“汉化”过程中，游牧民族统治者的自觉选择发挥了重要作用。在古代历史上，有多个北方少数民族先后入主中原，面对中原地区这个新的生存环境，他们曾经就选择何种经济生产和政治统治方式而发生激烈争论乃至政治斗争，总有一部分人士顽固坚持要继续其传统游牧生活方式，甚至认为“汉人无补于国，可悉空其人以为牧地”，[1]但统治者们最终都选择了农耕道路，并且还颇有建树——北魏如此，元朝亦是如此，清朝就更不用说了。这当然是因为统治者清楚地认识了农耕的“先进性”：在长城以南，农耕毕竟是最具效率的食物及其他生活资料的获得途径。定居的农业生产，不仅有利于统治者聚敛更多物质财富，也有利于他们不断巩固中央集权统治——被牢固束缚于土地上的农民毕竟比马背上的那些倏忽往来如飓风、桀骜难驯的游牧者更容易控制和管理。然而，即使如元朝统治者那样设置森严的民族等级隔离，选择农耕生产方式的必然后果，都将是这些民族逐渐舍弃其固有文化传统，转而接受建立在农耕基础之上的汉族文化——生业方式变了，文化的其他方面最终也必然要发生相应改变。因此，论说北方少数民族“汉化”问题，不仅应该注意汉族典章制度、礼仪规范或生活习惯等等方面对他们的影响，而且应该深入考察这些民族接受农耕、转变为农业生产者的历史经历，因为，在“汉化”历程中，与最高统治者接受汉儒治国安邦之道相比，或者与社会上层某些人士学会吟风弄月、投壶博弈相比，广大族众接受农耕生产和生活方式，具有更加基础和更为深远的历史意义。至此，

[1] 《元史》卷146《耶律楚材传》。

我们对征服者——进入华北内地的游牧民族为什么未能同时在文化上征服被征服者——华北汉族人民，而是被后者“先进的”的文化所征服，似乎找到了一个比较具体的答案。

三、游牧地区的畜产输入及其影响

中古华北人民食用的肉类，毫无疑问是以本地生产为主，但通过不同途径从草原游牧地区输入的畜产数量也是相当可观的，对当时华北内地肉类消费也产生了一定影响，有必要略予考述。

亦如前章所言，早在春秋、战国时代，华北地区的大型畜牧业已经被农耕种植排挤到了北方干旱草原，这两种经济文化类型之间形成了明显的地域分野，万里长城是其大致的分界线。然而，空间上的分隔并不能完全阻断农耕与游牧两大民族集团之间的经济文化联系。由于游牧并不像农耕那样在经济上具有较高的稳定性和自足性，而是一种十分脆弱和不稳定的生计体系，因之游牧民族在物质生活上对周边区域具有很强的依赖性，他们必须通过种种方式从农耕区域获得粮食、布帛、盐铁以及其他各类生活必需品。因此，自秦汉以后，北方游牧民族在同内地的接触和交往中一般都采取积极主动的姿态，以期获得生活资源补给，对他们来说，无论是联姻修好、纳币称贡抑或是战争劫掠，经济需求都是主因；他们积极谋求同内地发展互市贸易，不用说更是直接出于经济目的。

在同北方游牧民族的接触交往中，中原王朝和内地人民总体上是被动和防御性的，但是，即使单从经济角度而言，这种交往并非完全无益，农耕区域也并非只有物资输出而没有输入。实际上，农耕区域与游牧区域在经济上具有很强的互补性，只不过前者对后者的经济需求并不像后者对前者那样迫切而已。

历史文献反映，中古时代通过各种途径从游牧地区输入华北内地的畜产品，数量是很庞大的，其对于中原社会的意义不可低估。过去关于这方面的问题虽有一些研究，但一直比较关注家畜品种的引进和役畜的输入，其中特别是马的输入，这是可以理解的，因为中古文献关于绢马贸易、茶马贸易的记载原本就特别凸显这个方面。但是，游牧地区的肉畜输入及其对内地居民饮食生活的影响，也不应该完全被忽略。

根据现存的资料，中古时代肉畜产品由游牧地区输入华北内地，主要通过三个途径：一是战争掠夺；二是政治馈赠；三是互市贸易。通过战争掠夺输入畜产品，历史记载一般比较具体。由这些相关记载可知：北朝（特别是北魏前期）时期战争掠获的牲畜数量相当巨大。为了使问题更加明了，兹将输入牲畜匹头数达十万以上者制成下表（见表3-1）。

表3-1　魏晋北朝时期战争掠获的牲畜

时代	战争对象	输入数量	资料出处
曹魏	河西叛胡	羊一百一十一万口，牛八万匹	《三国志·文帝纪》“裴注”
前燕（公元358年）	塞北丁零敕勒	马十三万匹，牛羊亿万头	《晋书·慕容儁载记》
代国（公元363年）	高车	马牛羊百余万头	《魏书·序纪》
代国（公元363年）	高车	马牛羊百余万头	《魏书·序纪》
代国（公元364年）	没歌部	牛马羊一百万头	《魏书·序纪》
代国（公元367年）	刘卫辰部	马牛羊数十万	《魏书·太祖纪》
北魏（公元388年）	库莫奚	杂畜十余万	《魏书·太祖纪》
北魏（公元388年）	解如部	杂畜十数万	《魏书·太祖纪》
北魏（公元390年	高车袁纥部	马牛羊二十余万	《魏书·太祖纪》
北魏（公元391年）	刘卫辰部	牛羊二十余万	《魏书·太祖纪》
北魏（公元391年）	刘卫辰部	马三十万匹，牛羊四百余万头	《魏书·太祖纪》
北魏（公元391年）	刘卫辰余部	马五万余匹，牛羊二十余万头	《魏书·太祖纪》
北魏（公元399年）	高车	马三十余万匹，牛羊百四十余万	《魏书·太祖纪》
北魏（公元399年）	莫侯陈部	马牛羊十余万头	《魏书·太祖纪》
北魏（公元402年）	刘卫辰等	马、骆驼、牦牛、牛羊等合十万余	《魏书·太祖纪》

续表

时代	战争对象	输入数量	资料出处
北魏（公元 402 年）	没弈干部	马四万余匹，杂畜九万余口	《资治通鉴》卷 112
夏国（公元 407 年）	南凉	牛马羊数十万	《晋书·赫连勃勃传》
北魏（公元 408 年）	越勤倍泥部落	马五万匹，牛二十万头	《魏书·太宗纪》
北魏（公元 427 年）	夏	马三十余万匹，牛羊数千万	《魏书·世祖纪》
北魏（公元 429 年）	蠕蠕	戎马百余万	《魏书·蠕蠕传》
北魏（公元 429 年）	高车	马牛羊百余万	《魏书·高车传》
北魏世祖时	蠕蠕	马羊一百余万	《魏书·高车传》
北魏世祖时	焉耆	橐驼马牛杂畜巨万	《魏书·西域传》
北魏（公元 460 年）	什寅	畜二十余万	《魏书·高宗纪》
北齐（公元 553 年）	契丹	杂畜数十万头	《北齐书·文宣纪》
北齐（公元 554 年）	山胡	杂畜十余万	《北齐书·文宣纪》
北齐（公元 555 年）	茹茹	牛羊数十万头	《北齐书·文宣纪》

由上表可见，北魏前期通过战争方式从游牧民族掠获而来的牲畜数量十分惊人，这给以平城（今山西大同）作为政治中心的北魏带来了巨额财富。史称：北魏在攻破高车后获得大量畜产，“由是，国家马、牛、羊遂至于贱，毡皮委积”。[1]不过，此时的北魏还不能算作中原王朝，这些畜产所提供的肉食资源固然可观，其影响毕竟不能深入华北内地。北魏中期以后，上述那样巨量的畜产掠获记载已经不太多见，但也并非没有。除上表所列北齐时期的几次掠获外，唐代亦多有数量较大的战争掠获记录。例如贞观年间李靖部将薛万钧、薛万彻兄弟“破吐谷浑天柱王于赤水源，获其杂畜二十万计”；[2]在此前后，契必何力在突伦川袭击吐谷浑牙帐，“斩首数千级，获驼、马、牛、羊四十余万头”；[3]再往后，幽州长史薛楚玉攻破契丹，据说也掠获牲畜三十余万，其中有羊十六万

[1] 《魏书》卷 103《高车传》。

[2] 《册府元龟》卷 357《将帅部·立功十》。

[3] 《册府元龟》卷 420《将帅部·掩袭》。

口；[1]天宝十四载，安禄山破击奚、契丹等，“除戮之外，应获生口、驼马、牛、羊、甲仗共一百三十二万”。[2]单是这些比较明确记载的数字就已经说明，中古时代中原王朝曾从北方游牧民族那里掠取了数量相当可观的畜产品。

通过政治性馈赠输入的畜产品，单次输入的数目不如掠夺，但有可能更加频繁和持续。事实上，文献之中也有一些馈赠记载数量颇为不小。比如北周时期，突厥可汗曾一次赠给史宁个人“奴婢一百口，马五百匹，羊一万口”；[3]唐太宗时，薛延陀真珠可汗派遣其侄突利设来纳币，“献马五万匹，牛橐驼万头，羊十万口”；[4]郭元振任安西大都护时，西突厥首领娑葛遣使献马五千，驼二百，牛羊十余万；[5]等等。中古时期这类馈赠是经常发生的，由此途径输入内地的畜产亦应相当可观。当然，政治性馈赠不是单向的，中原王朝也将大量物资馈赠给对方，主要有丝织品、粮食、盐、铁，后期还有茶叶。从本质上说，这种政治性互赠乃是一种变相的商业交换。

对于华北民众饮食生活产生较大影响的，可能还是周境游牧民族与内地的互市交易，尽管史书关于这方面的具体数量记载很少，但从一些概括性文字记载中还是可以窥知一二。比如唐朝建立不久，即有“突厥、吐谷浑各请互市”，起先中原地区由于战争破坏，耕牛十分缺乏，由于开设互市，“至是资于戎狄，杂畜被野”，[6]可以推想通过互市从游牧民族那里输入的畜产是很丰富的。这一点，从开元九年（721年）唐玄宗给突厥可汗的一封书信中也可以看出，信中说：“曩昔国家与突厥和亲，华夷安逸，甲兵休息；国家买突厥羊马，突厥受国家缯帛，彼此丰给。”[7]说

[1]《全唐文》卷352樊衡《为幽州长史薛楚玉破契丹露布》。

[2]《册府元龟》卷434《将帅部·获捷一》。

[3]《周书》卷28《史宁传》。

[4]《资治通鉴》卷197《唐纪十三》“太宗贞观十七年”。

[5]《新唐书》卷122《郭元振传》。

[6]《资治通鉴》卷191《唐纪七》“高祖武德八年”。

[7]《资治通鉴》卷212《唐纪二八》“玄宗开元九年”。

明互市对弥补华北内地畜产不足确实发挥了重要作用，其中当然也包括对华北内地肉食资源的补充。除官方互市之外，民间互市当亦输入了不少羊之类的肉畜，在文献中不难找到关于内地人士从边州贩羊的记载。[1]由于史料很不充分，我们无法对中古华北由草原游牧地区输入的畜产数量做出最起码的估测，但可以肯定对补充内地肉食不足还是发挥了一定作用的。

四、渔猎、采集和食料中的“野味”

按照今天的分类，凡取诸自然野生而非人工饲养和栽培的食料，不论飞禽走兽、鱼鳖昆虫还是山蔬水草，统统可以归之“野味”。自从农耕和畜牧出现以后，人们不再完全依赖于天然资源，而是越来越倚重于种植和饲养，但是从未失去对“野味”食物的兴趣。在不同的时代、区域和社会上的不同阶层，寻求野味食料的目的迥然不同：对经济富裕人士特别是那些达官显贵来说，“野味”是满足奢侈食欲的山珍海味，偶尔食用野蔬亦只是厌倦了膏粱肥鲜之后想调剂一下口味；热衷于长生不老之术的医家、方士对野味则另有企图，在他们看来，某些野生动植物具有神奇功效，可供服饵养生求得长生不老；而对于普通百姓，“野味”则是聊以果腹充饥、苦涩难咽的野菜野果，是饥荒岁月苟延残命的替代食品。概而言之，“野味”背后蕴藏着丰富的历史内涵，它不仅指示着一个时代和区域的环境生态面貌特别是动植物资源状况，亦反映了不同阶层的经济能力、物质追求、饮食趣味和营养观念，是生态、经济和文化共同作用的产物。

众所周知，采集捕猎与农耕种植之间存在着此消彼长的竞争关系。

[1]《太平广记》卷125《卢叔伦女》引《逸史》称：卢叔伦之女自云前生曾从夏州贩羊到内地，这个故事自然是对当时社会事实的一种曲折反映。

农业生产越发展，生态环境的人工化程度就越高，相应地，可以提供食料的野生动植物资源亦愈趋减少。然而在古代历史上，采集和狩猎活动并未随着农牧时代的到来而很快消失，相反，采捕与农牧一直同时并存，只不过前者在食物生产中的地位逐渐下降，而后者则取得越来越显著的支配地位。《诗经》反映了西周至春秋时代，采集和渔猎生产仍是华北居民的重要经济活动内容。当时这一地区可供捕猎的野生动物资源仍相当丰富，野生动物之多且成为田间农作物的重要危害，故此先秦农民在庄稼地里所要对付的主要不是虫害和病害而是各种禽兽，此时所谓"田猎"乃是配合农业生产而进行的一种必要的辅助性活动；[1]至于捕鱼，《诗经》中也有许多具体记颂，可知当时华北的鱼种类甚多，捕鱼方式多样，渔具也甚为齐全。秦汉以后至于中古时代，虽然渔猎生产的经济意义进一步下降，但渔猎活动在华北地区仍长期相当活跃，特别在一些人口较少、野生动物资源较为丰富的地区，渔猎甚至仍是一部分人的主要生计来源，对于补苴食物，特别是肉食来源的不足，具有不可忽视的作用。

渔猎生产经济意义的大小，主要取决于野生动物资源的丰富程度，即与自然生态环境直接相关。在第二章我们已经论证：中古华北生态环境仍属良好，森林植被虽持续遭到毁坏，但直到中古时代，许多地方仍然有较大面积的森林覆盖，由于数个世纪的社会动荡，有些地方的次生林草地还有所恢复，给许多陆地野生动物提供了栖息地，在战乱之后人口较少时期，以鹿类为代表的各种野生动物种群数量还有一定回升；当时华北地区水资源环境远较现代优越，河流水量大，湖陂沼泽多，鱼类水产资源亦相当丰富。这些都为当时渔猎生产提供了自然基础。

除受到自然因素影响之外，渔猎生产还在很大程度上受到国家山林

[1] 关于田猎的讨论，参汪宁生《释田猎》，收入南开大学历史系先秦史研究室编《王玉哲先生八十寿辰纪念文集》，南开大学出版社1994年版，第152—162页。

川泽控制和管理政策的约束。由于渔猎生产在经济生活中仍具有一定重要性，所以历代国家都没有放弃对山泽经营包括渔猎生产的控制和管理。在先秦时代，统治者通过法令、税收和礼俗对山林川泽资源进行控制，具体事务由所谓“虞衡”严格掌管，其中特别是对渔猎季节、渔猎对象等有相当严格的规定，其目的主要在于控制过度渔猎，以维持天然食物资源的再生产能力，这是当时经济生产的特点所决定的，对现代环境保护和自然资源管理当然具有重要借鉴意义，但不能等而视之。[1] 历秦汉至中古，国家对山林川泽资源的控制逐渐有所松弛，但即使在十六国至北朝这样混乱的时期，国家对山林川泽也不是完全放任不管。例如后赵时期，石虎专门下令“公侯卿牧，不得规占山泽，夺百姓之利”；[2] 前秦苻坚曾“开山泽之利，公私共之”；[3] 北魏前期为满足帝王狩猎需要，亦实行山泽之禁，北魏中期山泽之禁逐渐松弛，太和年间孝文帝曾两次下诏罢山泽之禁，[4] 说明当时国家对山泽资源仍有一定控制和管理。

唐代法令健全，山林川泽管理也形成了一套较完备的制度，国家一方面规定“山川薮泽之利，公私共之”，[5] 对私占山泽实行抑制；另一方面也继承了先秦时代所形成的“时禁”制度。唐代山林薮泽事务，由工部下属的虞部郎中员外郎统一掌管，主要掌握采捕、畋猎的季节时令，严禁非时采捕。制度规定：“每年五月、正月、九月，皆禁屠杀采捕。”[6]

---

[1] 先秦两汉文献中有不少关于合理利用和积极保护山林川泽资源的议论，儒家经典《礼记》和秦汉国家法令更有不少具体规定，代表了中国古老环境资源保护传统。不过，很多采集、狩猎部落都曾有此类思想意识、礼俗和习惯法。对它们既要充分肯定，但也不能脱离实际历史情境和问题做过高评赞。对有关问题的探讨，请参阅拙文《经济转型时期的资源危机与社会对策——对先秦山林川泽资源保护的重新评说》，《清华大学学报（哲学社会科学版）》，2011 年第 3 期。

[2] 《晋书》卷 106《石季龙载记》。

[3] 《晋书》卷 113《苻坚载记》。

[4] 《魏书》卷 7 上《高祖纪》；并参黎虎《北魏前期的狩猎经济》，《历史研究》1992 年第 1 期。

[5] 《大唐六典》卷 30《士曹司士参军》。

[6] 《大唐六典》卷 7《虞部郎中员外郎》。

此外，为保护动物繁衍孳息，还规定冬春之交不得捕鱼，春夏之交不得狩猎；为防止狩猎损害农事，又规定夏猎不得践踏庄稼，秋猎不得放火焚烧，等等。但捕猎威胁人畜安全的猛兽不受时间限制，猎获猛兽者还要受到奖励。[1]

除此之外，唐代法令对民间渔猎活动也有一定地域限制，例如制度规定："凡京兆河南二都，其近为四郊，三百里皆不得弋猎采捕。……"[2]都水监的河渠署对河渠渔捕之事也行使一定管理权，并直接参与部分经营。《大唐六典》卷23《都水监》说："河渠令掌供川泽、鱼醢之事，丞为之贰。凡沟渠之开塞，渔捕之时禁，皆量其利害而节其多少，每日供尚食鱼及中书门下官应给者，若大祭祀则供其干鱼、鱼醢，以充笾豆之实。凡诸司应给鱼及冬藏者，每岁支钱二十万，送都水，命河渠以时价市供之。"由此可知，河渠署除掌管"渔捕之时禁"外，还负责宫廷及诸司食用鱼料和祭祀用鱼的供应。《旧唐书·职官志》记载：河渠令之下有"河堤谒者六人，掌修补堤堰渔钓之事。典事三人，掌固四人，长上渔师十人，短番渔师一百二十人，明资渔师一百二十人"。其中"渔师"从各地征调，直接从事渔捕活动以满足宫内及诸司所需。[3]为了保证供应，京畿附近民间捕鱼活动受到严格控制，违禁者要遭处罚。[4]

唐代法律规定：山野陂湖之利应由公众共享，私自霸占者要受到一定刑罚，但处罚似乎相当轻。《唐律疏议》称："诸占固山野、陂湖之利

---

[1] 《大唐六典》卷7《虞部郎中员外郎》称："虞部郎中员外郎，掌天下虞衡山泽之事，而辨其时禁。凡采捕畋猎，必以其时，冬春之交，水虫孕育，捕鱼之器，不旋川泽；春夏之交，陆禽孕育，喂兽之药，不入原野；夏苗之盛，不得蹂藉，秋实之登，不得焚燎。若虎豹豺狼之害，则不拘其时，听为槛阱，获则赏之，大小有差。"同书同卷又称："诸有猛兽处，听作槛阱射窠等，得即于官。每一赏绢四匹；杀豹及狼，每一赏绢一匹，若在牧监内获豺，亦每一赏绢一匹，子各半匹。"

[2] 《大唐六典》卷7《虞部郎中员外郎》。

[3] 《旧唐书》卷44《职官三·都水监》。

[4] 《新唐书》卷48《百官三·都水监》称："渭河三百里内渔钓者，五坊捕治之。供祠祀，则自便桥至东渭桥禁民渔。"

者，杖六十。（疏议曰：）山泽陂湖，物产所植，所有利润，与众共之。其有占固者，杖六十。已施功取者，不追。”[1]

中古国家对山林川泽的管理和控制，从两个方面影响了渔猎生产活动：一是禁止私人霸占山林川泽资源。魏晋南北朝时期，势家豪强封占山泽曾十分猖獗，但北朝情况比起南朝相对要好，随着国家统一和中央集权加强，这种现象在隋唐时代基本得到了遏制，这对打破势家豪强垄断，让普通百姓前往山野草泽谋取生资是比较有利的；二是当时民间渔猎活动被限制在一定季节之中进行，在动物繁殖季节禁止渔猎，以保证野生动物能够正常蕃息，有利于渔猎生产持续发展。但在京畿附近一定范围内特别是占地广袤的皇家禁苑，国家严禁民众渔猎，京城附近百姓因而失去这一生计补苴；出于宗教或者其他原因，国家不时下令禁止渔猎、屠宰，造成不少以捕猎为业的百姓生计断绝。[2]崇信佛教的武则天频频颁布禁止屠宰、捕猎的诏令，对违禁者实施严厉处罚，更是造成千万百姓无以聊生。[3]

下面谈谈渔猎生产的具体情形。

首先看看狩猎。中古文献关于皇帝及皇亲贵族狩猎的记载不少，关于民间狩猎的记载却很有限。从我们所掌握的资料看，中古华北狩猎生产以西部山地及沿边草原地带较具规模，猎物种类以鹿、兔等食草动物为主，此外还有野马、野猪、熊、虎、狼、狐等大型野兽，以及野雉、雁等众多飞禽。

北魏前期狩猎业一度相当发达，那时都城尚未南迁洛阳，食物生

[1]《唐律疏议》卷26《杂律》“占山野陂湖利”条。

[2] 这方面的例子很多，如北齐天保八年夏四月庚午诏：“诸取虾蟹蚬蛤之类，悉令停断，惟听捕鱼。”乙酉诏：“公私鹰鹞俱亦禁绝。”见《北齐书》卷4《文宣纪》；唐代这方面的例子更多，如《全唐文》卷32和卷33即分别收录有玄宗《禁采捕诏》《禁弋猎采捕诏》，前诏将荥阳仆射陂和陈留郡蓬池分别改为广仁陂和福源池，禁止捕鱼弋鸟；同书卷60也收录有唐宪宗《禁捕狐兔诏》；此外还有一些属于时禁的诏令。

[3]《资治通鉴》卷207《唐纪二三》，“则天后久视元年”。

产仍保留着浓厚的游牧与狩猎相结合的色彩，平城周围特别是平城以北地区邻近大草原，鹿类及其他野生动物资源十分丰富，是重要的经济来源。史书记载反映：当时由魏主亲自出马带队的大规模狩猎活动经常性地举行，黎虎根据《魏书》记载统计：北魏前期五帝在位的八十五年间，共计出猎六十七次，平均每一年零三个月即出猎一次，[1]每次围猎都是收获甚丰。例如公元413年北魏明元帝拓跋嗣"西幸五原，较猎于骨罗山，获兽十万"；[2]公元431年、444年由太武帝拓跋焘组织的两次大规模围猎，前一次在漠南进行，敕勒莫弗库若干率所部数万骑"驱鹿数百万头，诣魏主行在，魏主大猎以赐从官"；后一次则在山北（平城以北），一次"获麋鹿数千头，诏尚书发车五百乘以运之"。[3]除鹿之外，野马也是重要狩猎对象，公元436年冬，拓跋焘从稒阳"驱野马于云中，置野马苑。"[4]大规模的狩猎活动为北魏前期提供了大量肉食和其他产品。北魏中期以后，狩猎不再受到统治者重视，但北部沿草原地带一直是狩猎业较发达的地区，唐代文献仍多记载这些地区的弋猎之事。[5]

内地一些山区的狩猎生产也相当活跃。例如关于豫西山地、陕豫之间的狩猎业，中古文献多有记载。唐初，突厥颉利可汗归降后，一直郁郁不乐，唐太宗甚为怜悯，"以虢州地多麋鹿，可以游猎，乃以

[1] 黎虎:《北魏前期的狩猎经济》,《历史研究》1992年第1期。

[2]《册府元龟》卷115《帝王都·搜狩》。

[3] 分见《资治通鉴》卷122《宋纪四》"文帝元嘉八年"，卷124《宋纪六》"文帝元嘉二十一年"；《北史》卷25《古弼传》。

[4]《资治通鉴》卷123《宋纪五》"文帝元嘉十三年"。

[5] 唐·张读《宣室志》卷8即记载：振武军都将王含之母金氏"常驰健马，臂弓腰矢，入深山，取熊、鹿、狐、兔，杀获甚多"；侨居雁门的林景玄"以骑射畋猎为己任"，"尝与其从数十辈驰健马，执弓矢兵杖，臂隼牵犬，俱猎于田野间，得麋、鹿、狐、兔甚多"；还有一条记载称邠州景云观道士王洞微"性喜杀，尚渔猎钓弋，自弱冠至壮年，凡杀狼、狐、雉、兔洎鱼鳖飞走，计以万数。"如此之类材料甚多，不能俱引。

颉利为虢州刺史……”[1]说明当时以这个地方为宜猎之地，在整个唐代那里的狩猎活动一直频繁，有不少百姓以此谋生。史书记载称：“东畿西南通邓、虢，川谷旷深，多麇鹿，人业射猎而不事农，迁徙无常，皆骄悍善斗，号曰‘山棚’。”这些以狩猎为生的“山棚”，常将鹿等猎物负出山外鬻卖。由于他们骁勇矫健，地方将帅常常试图将他们招募为兵。[2]由于朝廷土贡所迫，商州一带百姓直至年迈仍不得不从事猎麝活动，曹松《商山》有诗云：“垂白商于原下住，儿孙共死一身忙。木弓未得长离手，犹与官家射麝香。”[3]关中以西的秦陇山地，狩猎业亦较发达，除一些常见的野兽外，当地还有一些特殊的美味如竹鼠、竹牛可供捕猎。[4]幽州地区的狩猎活动亦甚可注意，鹿类动物似乎是那一带的重要猎物，当地曾有人用驴子驮运鹿脯南下至沧州贩卖。[5]

华北东部地区因山林较少，野生动物资源不甚丰富，狩猎活动较少，但也并非完全没有捕猎活动。比如唐玄宗开元前后，温县人屈突仲任嗜猎成性，“所居弓箭罗网叉弹满屋焉，杀害飞走，不可胜数，目之所见，无得全者……”据说他死后在阴司见到被自己所杀的禽兽包括牛、马、驴、骡、猪、羊、獐、鹿、雉、兔，乃至刺猬、飞鸟，数以万计。[6]这种宣扬因果报应的故事本身当然不可信，但可以说明两点：其一温县（今河南温县）一带也有猎者；其二獐、鹿、雉、兔乃至刺猬、飞鸟等，都是当地捕猎的对象；否则，这个故事也就不可能出现。三国时代的曹丕也提到：他在邺西游猎，大量猎获獐、鹿、雉、兔等等。[7]淮河流域的一些地方也

[1]《资治通鉴》卷194《唐纪十》“太宗贞观六年”。

[2]《新唐书》卷162《吕元膺传》;《资治通鉴》卷239《唐纪五五》“宪宗元和十年”记载略同。

[3]《全唐诗》卷717，曹松二。

[4]《太平广记》卷163《竹𩣡》引《王氏见闻》，卷434《仲小小》引《玉堂闲话》。

[5]《北齐书》卷10《高祖十一王传》。

[6]《太平广记》卷100《屈突仲任》引《记闻》。

[7]《艺文类聚》卷74《巧艺部》引《典论》。

有狩猎，如唐代徐州萧县（今安徽萧县一带）“有田民孟乙者，善网狐貉，百无一失”；还有一位孟氏“以善猎知名，飞走之属，无得脱者”；[1]开元名相姚崇少年时代居住在汝州广成泽畔，“惟以射猎为事”。[2]可见当时这些地区狩猎活动也不少，且有一些专业猎户。至于齐鲁地区，东汉末年，曹操曾于南皮“一日射雉，获三十六头”；[3]隋朝末年，山东齐、济之间有不少人以渔猎为生，一些渔猎手成为翟让义军中的精锐力量；[4]唐代这个地区的狩猎景象在李白诗中也有所反映。[5]由此可见，中古时代，华北各地都有不同程度的狩猎生产，有些猎者甚至专门擅长捕猎某种禽兽，例如《三国典略》记载：寿阳人徐思王因家境寒微，“以捕雁为业”。[6]

狩猎的主要目的是获取野味肉食，猎获之物当然都要烹饪食用。通过中古文献关于烹饪的记载，可以比较清楚地了解当时的猎物种类。《齐民要术》卷8、卷9记载了不少野味肉食的烹饪方法，主要有獐、鹿、兔、野猪、熊、雁、鸧、凫、雉、鹌鹑等等，其中关于獐、鹿（均为鹿类）肉加工、烹饪的材料最多，可见鹿肉是当时最常见的野味肉食。唐人孟诜在《食疗本草》中也记载了鹿、熊、犀、虎、兔、狐、豹、獭、野猪、豺、猬等野兽和鹧鸪、雁、雀、雉、鸲鹆、慈鸦、鸳鸯等野禽的食疗作用；韩鄂《四时纂要》也记载了若干种用獐、鹿和兔等野兽造肉酱和做肉脯的方法，[7]说明直至唐末五代时期，这些野生动物仍较多地被捕食。

---

[1] 均见《太平广记》卷500《孟乙》引《玉堂闲话》。

[2] 唐·吴兢：《开元升平源》，收入《开元天宝遗事十种》。

[3] 《初学记》卷9《总叙帝王·击蚊射雉》。

[4] 唐·温大雅：《大唐创业起居注》卷2称：翟让精锐部队的士兵“并齐、济间渔猎之手，善用长枪”。

[5] 《全唐诗》卷179李白十九《秋猎孟渚夜归，置酒单父东楼观妓》一诗说：“倾晖速短炬，走海无停川；冀餐圆丘草，欲以还颓年。此事不可得，微生若浮烟；骏发跨名驹，雕弓控鸣弦。鹰豪鲁草白，狐兔多肥鲜；邀遮相驰逐，遂出城东田。一扫四野空，喧呼鞍马前；归来献所获，炮炙宜霜天。出舞两美人，飘摇若云仙；留欢不知疲，清晓方来旋。”

[6] 《太平御览》卷917《羽族部四·雁》。

[7] 见《四时纂要·冬令卷之五·十二月》。

综合各种资料，我们对中古华北狩猎生产的基本印象是：这类活动在华北各地都比较普遍地存在，而以人口较少的偏僻山区和北部沿边地带最发达，狩猎活动仍然是重要的肉类补充途径；当时捕猎的目标相当广泛，既有兽类也有鸟类，其中鹿、兔、雉等都是被大量捕猎的对象，鹿类动物更是最常见的陆产野味。《颜氏家训》甚至记载有这样的一件事情：北齐时，有人用数脔獐肉招待女婿，女婿竟认为其岳父真是悭吝至极，因非常愤恨以至举止失态。[1]在我们这个鹿肉相当珍稀的时代，已经很难理解那位女婿怒从何来。

下面再看看渔业生产。

常言道："靠山吃山，靠水吃水。"不管这句话可以做多少种诠释，从最原始意义上说，它表达了一个关系饮食与环境关系的最朴素道理，人类谋食离不开所在自然环境的资源禀赋。华北西部多高原山地，林麓草地陆兽众多，故多行狩猎；东部地区河流交错，湖泽广大，水产丰富，故捕捞活动更加活跃。由于相关资料十分散碎，这里只能选择一些较典型的事例略作概述，顺便介绍不同地方的著名出产。我们以黄河为主轴，自西向东叙说。

先说关中。关中地区虽深处内陆，但在中古时代并不似当今这样严重缺水，当时这里还有一些不小的陂池，如兴平县的百顷泽、栎阳县的清泉陂、泾阳县的龙泉陂等，都颇有鱼蒲水族之利；[2]渼陂亦因鱼美而得名；[3]著名的昆明池是汉武帝时开挖的一个人工湖，后世长期未曾淤废，池中"有蒲鱼利，京师赖之"，[4]西魏时曾在池中大设网罟捕鱼招待南方使者；[5]唐中宗时，安乐公主曾要求私占该池，中宗以其为"百姓

---

[1]《颜氏家训》卷1《治家第五》。

[2]《元和郡县图志》卷2《关内道二·京兆下》。

[3] 宋·吴曾：《能改斋漫录》卷6《事实》称："唐元澄撰《秦京杂记》载渼陂以鱼美得名。故杜子美《渼西南台》诗：'空蒙辨鱼艇'。"

[4] 唐·刘餗：《隋唐嘉话》卷下。

[5]《南史》卷23《王彧传·附固传》："又宴昆明池，魏人以南人嗜鱼，大设罟网，固以佛法祝之，遂一鳞不获。"

捕鱼所资，不许”；[1]至德宗时又因该池“蒲鱼所产，实利于人”，下诏令京兆尹韩皋组织维修。[2]关中泾、渭等河都堪称大河，众多水渠中也有不少鱼类，河渠署负责采办内宫及诸司所需鱼类应主要来自本地河渠。虽然国家法令禁止百姓在长安周围捕钓，但民间仍有胆敢犯禁垂钓渭滨者，《太平广记》卷101《渭滨钓者》引《玉堂闲话》称：“清渭之滨民家之子有好垂钓者，不农不商，以香饵为业，自壮及中年所取不知其纪极，仍得任公子之术，多以油煎燕肉置于纤钩，其取鲜鳞如寄之潭濑，其家数口衣食，纶竿是赖。”可见当时渭河中的鱼确实不少，否则故事也不至如此夸张，说这位游手好钓之徒一家数口衣食全靠钓竿。由于缺少记载，我们不清楚当时关中主产什么鱼类，但据白居易诗记载：渭河之中有鲤鱼和鲂鱼；[3]当地应该还出产鳖和龟。[4]

关于河东地区捕鱼、食鱼的记载亦颇多见。据《元和郡县志》等书记载：河东道治内的文湖、鸡泽、大陆泽等都颇饶鱼蟹；[5]汾河中的鱼类也不少；[6]《搜神记》称：晋阳守宗叔林曾得到过十头鳖，[7]所以当地肯定出产鳖。

黄河中下游两岸鱼类水产一向丰富，文献记载甚多。北周时期，河

[1] 宋·孔平仲：《续世说》卷9《汰侈》。

[2] 《全唐文》卷53德宗《修昆明池诏》。

[3] 《全唐诗》卷429白居易六《渭上偶钓》云：“渭水如镜色，中有鲤与鲂。”

[4] 《隋书》卷74《酷吏·崔弘度》记载：（崔弘度诫其僚吏无得欺诳）“后尝食鳖，侍者八九人，弘度一一问之曰：鳖美乎？人惧之，皆云：‘鳖美。’弘度大骂曰：‘庸奴何敢诳我？汝初未食鳖，安知其美？’俱杖八十……长安为之语曰：‘宁饮三升酢，不见崔弘度；宁茹三升艾，不逢屈突盖。”’这个故事应是发生在长安。又，《全唐诗》卷88张说《端午三殿侍宴应制探得鱼字》一诗有“助阳尝麦彘。须节进龟鱼”之句，但不很肯定诗中的龟乃是实写，并且长安城里有端午食龟的节俗。

[5] 《元和郡县图志》卷13《河东道二·汾州》，卷15《河东道四·邢州》《洺州》。

[6] 崔鸿《十六国春秋·前赵录》记载：孝子王延曾于盛冬之日为继母叩冰求鱼，“得生鱼一只，长五尺”；《魏书》卷95《匈奴刘聪传》记载：刘聪荒嬉娱乐，不理政事，曾“晨出暮归，观鱼于汾，以烛继昼”。

[7] 兹据《太平广记》卷276《宗叔林》引《搜神记》。

北郡（今山西平陆一带）曾有“渔猎夫”三十人专门打猎、捕鱼供郡官享用，直到裴侠为郡守才废除这一陋制；[1]可是晚唐时期，这个陋习又卷土重来，危害百姓；[2]据记载这一带有鲇鱼。[3]黄河南岸渔事更多，洛阳附近伊、洛、汝水中的鲋、鲂早在《诗经》中就有记载，[4]中古时代仍声名甚著，北朝民间流传俗语说：“伊洛鲂鲤，天下最美；洛阳黄鱼，天下不如”；又说：“伊洛鲤鲂（引按：一作伊鲤洛鲂），贵于牛羊。”[5]说明这一带的鲂、鲤等鱼种甚受珍爱。直到唐代，文人雅士对洛阳一带的美味佳鱼仍是赞不绝口，白居易就多有诗咏。[6]

鲂鱼鳞细味美，不仅产于洛阳附近的伊、洛，黄淮之间的济、颍诸水也有出产。晋代博物学家郭璞说：“鲂魾，今伊、洛、济、颍鲂鱼也，广而薄脆，甜而少肉，细鳞，鱼之美者也。”[7]

淮河流域是中古华北重要的水产区，鱼类甚多，与鲂鱼形状相似但个头更大的鱮鱼即是一种。这种鱼在当时徐州一带被称为“鲢”或“鳇”，即今天常见的鲢鱼，系我国人工养殖的四大家鱼之一。不过时人对这种鱼的评价很低，民间俗语甚至说“买鱼得鱮，不如啖茹”；[8]淮河

---

[1]《周书》卷35《裴侠传》。

[2]《太平广记》卷261《李据》引《卢氏杂说》载：宰相李绛之侄李据，“生绮纨间，曾不知书，门荫调补渑池（今河南渑池）丞，因岁节索鱼不得，怒追渔师”。渔师声辩说：“缘獭暴，不敢打鱼。”请注意：有“獭暴”说明当地产鱼甚多，否则即不可能獭多成暴。

[3]《新唐书》卷36《五行三》记载：“如意中，济源（今河南济源）路敬淳家水碾柱将坏，易之为薪，中有鲇鱼长尺余，犹生。”

[4]《诗经》有多篇咏及于此。如《宛丘·衡门》有“岂其食鱼，必河之鲂”；《周南·汝坟》有“鲂鱼赪尾，王室如毁”等等。

[5]《太平御览》卷936《鳞介部八》引《河洛记》，杨衒之《洛阳伽蓝记》卷3《城南》。

[6] 如其《饱食闲坐》云：“红粒陆浑稻，白鳞伊水鲂。庖童呼我食，饭热鱼鲜香。箸箸适我口，匙匙充我肠。八珍与五鼎，无复心思量。……”又《狂吟七言十四韵》云：“洛堰鱼鲜供取足，游村果熟馈争新。”分见《全唐诗》卷453白居易三十、卷460白居易三十七。

[7]《太平御览》卷937《鳞介部九》引《诗疏义》。引按：应即《诗义疏》。

[8]《太平御览》卷937《鳞介部九》引《毛诗义疏》。

还出产一种鳆鱼，在魏晋时期是一种颇为珍贵的鱼类，曹操喜食，传输江南“一枚直数千钱”，魏文帝曾馈赠给孙权千枚。[1]淮河流域诸州湖陂众多，鱼类水产资源丰富。例如亳州城父县的高陂，“周回四十三里，多鱼蚌菱芡之利”；[2]泗州徐城县的永泰湖，“周回三百六十三里，其中多鱼，尤出朱衣鲋。”[3]丰富的鱼类水产是周围百姓的重要生计来源，在饥荒岁月，鱼、鳖、蟹、蚌更是疗饥偷生的食粮。西晋咸宁四年（278年），司、兖、冀、豫、荆、扬诸州发生重大水灾，皇帝询问大臣如何帮助百姓解决生活问题，度支尚书杜预上疏请求兖、豫等州除保留汉代筑凿的旧陂之外，“余皆决沥，令饥者尽得鱼菜螺蚌之饶”，认为这是解决当时饥荒的最好办法。[4]

在唐代，河南道曹、宋、齐、密、莱、兖诸州境都有不少湖陂沼泽，周围人民多以捕捞为业。如曹、宋二州西界有一地方名大剂陂村，村里有位陈君“少小为捕鱼业”；[5]齐州万顷陂“鱼鳖水族，无所不有”，周围民众亦多事网捕；[6]齐州长清县淯沟泊“东西三十里，南北二十五里，水族生焉，数州取给”，鱼类出产甚丰；[7]密州、莱州傍海，鱼盐之利自古闻名，唐代这二州分别向朝廷土贡海蛤和文蛤；[8]青州的蟹也很早著名，被视为珍味。[9]

河北道南部不少地方也有比较发达的渔业，例如沿海的沧州盛产螃蟹，姜师度曾试图在鲁城（今黄骅县）开田种稻，结果竟因蟹多成灾而

[1]《太平御览》卷937《鳞介部九》,《南史》卷28《褚裕之传附彦回传》。

[2]《元和郡县图志》卷7《河南道三·亳州》。

[3]《元和郡县图志》卷9《河南道五·泗州》。

[4]《晋书》卷26《食货志》《资治通鉴》卷80《晋纪二》“武帝咸宁四年”。

[5]《太平御览》卷936《鳞介部八》引《广五行志》，又卷133引《闻奇录》作“大鹤陂”，事同。

[6]《太平广记》卷469《万顷陂》引《朝野佥载》。

[7]《元和郡县图志》卷10《河南道六·齐州》。

[8]《元和郡县图志》卷11《河南道七·密州》《莱州》。

[9]《酉阳杂俎》前集卷之7《酒食》。

未成功！[1]当地出产的糖蟹、鳢鮬曾是重要贡品；[2]沧州西面的平原郡也上贡一种十分珍贵的糖蟹，但捕蟹十分辛苦；[3]这个地区还有鸬鹚陂、萨摩陂，俱是著名的大陂泽，鱼类水产丰富，是当地百姓取资对象；[4]其他地方的情况就不一一细说了。

总体来说，中古华北地区仍然拥有相当丰富的鱼类水产资源，乃是由于水资源环境依然良好，远非今日之情景。因此当时还有不少人家以渔捕为业，或以此补苴生计，吃鱼吃蟹都不像后世那么困难。也正因为这些，《齐民要术》关于食品加工、烹饪技术方法的论说，鱼是可与羊、鹿、禽并列的四大类动物性食料之一，在当地食料构成之中仍然占有相当重要的地位。尽管该书中的鱼类加工、烹饪方法有些可能来自南方，但在华北地区亦有实用参考价值，所以贾思勰才不厌其烦地予以引录。[5]见于中古文献记载的鱼类，有鲤、鲫、鲋、鲂、鳝、鳢、鲇、蟹、虾、鳖、蛤……众多种类，绝大多数是淡水鱼类，亦有少量海产。

同狩猎一样，中古时代的捕捞活动在一定程度上受到国家法令的约束和官府管控。在唐代还受到一个特殊限制：鲤鱼曾经被禁止捕食。段成式《酉阳杂俎》说："国朝律，取得鲤鱼即宜放，仍不得吃，号'赤鲜公'，卖者杖（案：一作决）六十，言鲤为李也。"[6]这自然是一种虚妄的谐音迷信，百姓生计口食却因此受到了实际损害。奇怪

---

[1] 《太平广记》卷259《姜师度》引《朝野佥载》说："唐姜师度好奇诡……于鲁城界内种稻置屯，穗蟹食尽。又差夫打蟹，苦之，歌曰：'鲁地一种稻，一概被水沫，年年索蟹夫，百姓不可活。'"

[2] 《元和郡县图志》卷18《河北道三·沧州》。

[3] 《酉阳杂俎》前集卷之17《广动植之二·鳞介》说：该蟹"采于河间界，每年生贡，斫冰火照，悬老犬肉，蟹觉老犬肉即浮，因取之，一枚直百金，以毡密束于驿马，驰至于京"。

[4] 《元和郡县图志》卷16《河北道一·相州》称：鸬鹚陂"周回八十里，蒲鱼之利，州境所资"；又卷18《河北道三·沧州》说：萨摩陂"周回五十里，有蒲鱼之利"。

[5] 参该书第8、第9两卷。

[6] 该书《前集》卷之十七《广动植之二·鳞介》。

的是，当时医家对鲤鱼的评价也不高，据说医方甚畏鲤鱼，把它比作鱼中的猪肉。中古医家对猪肉评价不高，是因为他们相信多食猪肉，易动风疾。[1]

中古华北地区应当已经出现人工养鱼。《齐民要术》卷6专有《养鱼》一篇，附记荷、菱等水生植物栽种，内容简略，且几乎全部抄自托名陶朱公（范蠡）的《陶朱公养鱼经》一书，从文字语言分析，该书应是出自江南某些人士之手。不过贾思勰亦将其收入《齐民要术》，可能当时北方也有人开展这个养殖生产项目。后来《四时纂要》也记载有“下鱼种”“养鱼池”“上庚日种鱼”等三条内容，只是因袭《齐民要术》旧文。从目前所掌握的材料来看，中古华北养鱼业尚未发展起来，当地鱼类水产基本上都是来自捕捞。

以上为中古华北狩猎捕捞和野味动物食料生产之概况。毫无疑问，“野味”食料还应包括被采集、食用的大量野生植物，种类繁多可能尤甚于野畜、野禽和鱼类水产。关于这些被采集、食用的植物，农书有所记载，但医书记载更多，许多采集植物乃是亦食亦药。关于它们，《北堂书钞》《艺文类聚》《初学记》和北宋初期编纂的《太平御览》等著名类书更有集中的分类编集，无虑数十、百种，在上一章列表叙述的蔬菜中，有些可能仍是野生或半野生的种类，主要得之采集而非种植。为避免过于冗赘琐碎，这里就不过多引证和考述，仅介绍其中经常被采食并且具有重要生态标志意义的两种。

一种是橡实。橡树分布很广，南北皆有，其果实被称为橡子或橡实，笔者幼年曾经食用，味苦涩，多食易致腹胀。但它很早就是重要的救荒食物，《齐民要术》说：“橡子俭岁可食，以为饭；丰年放猪食之，可以致肥也。”[2]古代史传偶尔提到一些贫寒之士在发迹前或去官后因为经济困顿，以橡实为食，如东汉的李恂、北朝的孔衍、唐代

[1] 《酉阳杂俎》续集卷之8《支动》。

[2] 见该书卷5《种槐……》。

的崔从兄弟和杜甫，都曾有过以橡实充饥的经历。孔衍《在穷记》称自己穷困之时曾蒙“彭城王送橡饭十斛”。[1]但是，依靠橡实饭度日的主要还是平民百姓，饥荒岁月往往是他们赖以苟延残命的主粮。唐文宗开成年间，山东蝗灾造成了大饥荒，日本僧人圆仁经过登州一带时，发现当地“百姓饥穷，吃橡为饭”，甚至“专吃橡子为饭”。[2]这在中古华北并不是一种稀见的。事实上，由于统治阶级的残酷剥削，贫穷百姓不单在饥荒岁月以橡实为饭，在平常年份完粮纳赋之后往往只能靠采集橡实度日，以弥补家中粮食不足。对此唐代诗人曾屡次咏及，兹引两首以证其事：

张籍《张司业集》卷2《野老歌》云：

老翁家贫在山住，耕种山田三四亩；苗疏税多不得食，输入官仓化为土。

岁暮锄犁倚空室，呼儿登山收橡实；西江贾客珠百斛，船中养犬长食肉。

《乐府诗集》卷100皮日休《橡媪叹》说道：

秋深橡子熟，散落榛芜冈。伛偻黄发媪，拾之践晨霜。移时始盈掬，尽日方满筐。

几曝复几蒸，用作三冬粮。山前有熟稻，紫穗袭人香。细获又精舂，粒粒如玉珰。

持之纳于官，私室无仓箱。如何一石余，只作五斗量？狡吏不畏刑，贪官不避赃。

农时作私债，农毕归官仓。自冬及于春，橡实诳饥肠。吾闻

[1] 据《太平御览》卷850《饮食部》引。

[2] 圆仁：《入唐求法巡礼行记》卷2。

田成子，诈仁犹自王。

吁嗟逢橡媪，不觉泪沾裳。

这两首诗都不是专门针对华北的咏叹，更有可能说的是南方，但其中所咏乃是古代南北地区广大民众共同的饥饿经验。

另一种是雕胡米。它可作为取诸水泽湿地野生植物的“野味”的代表，具有生态—文化标志性意义。中古时代，长江中下游和黄河中下游都拥有广袤湖沼湿地，生长着众多种类的植物和动物，除鱼类和水禽为人们提供肉食之外，许多水生植物的根、茎、叶和果自古即被大量采食，常见种类有莲子、莲藕、菱角、芡实、莼菜、菰蒋、芦笋等等。其中菰蒋属于禾本科水生植物，虽主要分布在比较温暖的南方水体之中，在黄河中下游亦多有分布。菰蒋下茎部因菰黑粉菌寄生而畸形膨大，形成肉质茎，嫩者供食用，甚为鲜美，如今称为茭白，很早就被采集作蔬菜，后来还逐渐被人工栽培。所谓雕胡米，又称菰米，是菰蒋所结的籽实，可以煮饭，米粒甘滑，气味芬芳。以雕胡米做饭，自先秦开始即频繁见于文献记载，[1]《周礼》和《礼记》亦有提及。虽然大量相关诗文记颂多是出自南方，但华北亦不罕见，《齐民要术》也专门记载了“菰米饭法”（详后）。[2]只是，经过一千多年的生态与文化历史变迁，雕胡饭早已退隐到历史记忆的深处。当我们读诵相关诗文，对古代湖沼辽阔、菰蒲弥望无际的生态景象，以及野村老媪和江湖逸士的香滑菰饭，不免产生几丝幽幽的怀想。

无论如何，我们谈论中国饮食史，不应当忘记橡树、菰米以及其他种类众多和曾经广泛分布的野生植物，它们的根、茎、叶、花、果实，有些给国人的饮食生活提供了特殊情趣，更多则是曾经无数次立下救荒济民之功。在中古华北人民的饮食生活中，这些难以详记的野生植物，不论生长

[1] 相关材料，可以集中参阅《御定佩文斋广群芳谱》卷90的钞录。

[2] 该书卷9《飧、饭》称“菰谷，盛韦囊中，捣瓷器为屑，勿令作末，内韦囊中令满，板上揉之取米。一作可用升半。炊如稻米”。

于山野还是分布在草泽，都还具有重要补苴作用，在饥馑之年尤其显示出特殊的重要性。所以，环境史家伊懋可把可食野生动植物资源集中的山林川泽视为古代民众抗御灾害、战胜饥馑的“生态缓冲带”，这是有道理的。[1]

行文至此，已觉过于冗长。让我们对中古华北食物的原料构成及其生产变动情况做一小结：

总体来说，中古时代，由于交通条件限制，商业经济落后，大宗物资流通困难，远远不像当今这样通畅易行，饮食生活资料基本上都是依靠本地自给性生产，体重价廉的谷米、薪柴更是难以远途贩运，早在西汉时期司马迁即记载民间“谚曰：‘百里不贩樵，千里不贩籴。’”[2]在华北这个特定的区域，食物原料构成状况主要取决于本地食物生产体系，农耕与放牧经济比重的变化，种植业和畜牧业的内部结构性调整，都必然导致饮食资料发生相应改变。采集、渔猎和域外食料输入也在一定程度上影响了当地饮食生活，但只是发挥补充作用，不占主导地位。

这一时期，华北的重要粮食为粟、麦、稻和豆类，以粟、麦为主。与前后时代相比，这一时期粮食生产与消费的特点是：一、粟仍居于首

---

[1] 伊懋可在《大象的撤退》一书中，曾多次谈到中国历史上森林和采集捕猎对荒歉的缓冲作用。例如他说：“…forest clearances and the eventual complete coverage of the surface by private property rights removed any significant environmental buffer when society was threatened by extreme events, notably drought”（p.7）. “At the less dramatic everyday level, and across the empire as a whole, supplementary hunting continued over the centuries until, region by region, the forests had shrunk or vanished to the point where this was often difficult or even no longer possible….we shall see how emergency hunting and gathering could even so provide an ecological buffer against inadequate harvests for some people into late-imperial times.”（pp.32-33）“Forests provided ecological services such as protection against erosion, and a buffer against hard times in the form of game and birds to hunt, and a supply of wild foods”（p.84）. Mark Elvin, The Retreat of the Elephants, An Environmental History of China, Yale University Press, New Haven and Landon, 2004.

[2] 《史记》卷129《货殖列传》。

位，但麦类特别是小麦的地位不断上升，到了中晚唐时期，麦已成为与粟并驾齐驱的主粮，这是中古华北饮食文化表现在粮食生产与消费方面的最重大变化；二、文献反映这一时期华北的稻作相当发达，许多地方有大面积的水稻生产，加之唐代以后南方稻米北调数额的不断增加。当时华北稻米消费的比重可能略高于其他历史时期，但与粟、麦相比仍属贵重食料；三、豆类的地位虽然重要，但多用作加工酱、豉的原料，副食化倾向更加明显，只有贫穷家庭和饥荒年岁才常作粮用；黍的地位进一步下降；麻子作为粮食则基本上退出了历史舞台。如此说来，中古华北的主粮即所谓“五谷”，虽然种类并未改变，但内部结构的变化和地位升降却很显著。

中古华北蔬菜、果品的生产和消费发展显著，主要表现在：一、由于不少野生蔬菜逐渐由采集走向栽培和国外菜种的引进，蔬菜种类由两汉时期的二三十种增加到七十余种，但当家菜种仍然是葵菜、芜菁、葱、韭、蒜、薤、瓠等若干种类；二、这一时期，植物油料生产、加工已经出现并且有了一定发展，胡麻（即芝麻）、荏苏、芜菁和大麻等作物籽实是当时主要的植物油料来源，这是中古食物史上一个十分值得注意的发展；三、中国传统原产果品如桃、李、杏、梨、枣、栗、瓜等等，在这个时代继续发展，涌现了不少果树名产和著名产区；汉代以后陆续传入中国的葡萄、石榴、核桃等外国果树，在中古时代真正得到了推广种植并成为华北地区常见的果品。

这个时代华北大型放牧业和家庭小饲养业都曾经一度明显回升，畜产结构经历了一次重大调整，肉食消费比重可能也有所增加。具体表现在：一、自魏晋北朝直至唐初，华北畜牧区域较之两汉时代有明显扩展，农耕地区的家庭饲养规模也有明显扩大的表现，北方游牧民族地区的畜产品输入对于补充华北肉料不足也发挥了一定作用；二、当时肉畜构成与两汉相比发生了显著改变，羊占据了绝对的支配地位，猪的地位则明显下降，鸡仍然是最重要的家禽，牛、马、驴等役畜被禁止食用，但仍然有一些食用的记载；犬则显然失去了其先前作为重要肉畜之一的地位。

文献记载中所出现的畜肉数字特别是羊肉消费的巨大数字，暗示这个时期的肉食消费比重很可能高于以往的历史时期。

这个时期华北地区仍存在一定规模的渔猎、采集生产。狩猎生产以西北边州和各个山区比较为发达，东部平原地区则有规模仍较可观的渔鱼活动，当时捕猎的各种飞禽、走兽和鱼类水产种类众多，鹿、兔、雉、雁及鲂、鲋、鲇、鳢、螃蟹等等，是当时文献中常见的野味食料；广谱性的植物采集活动依然存在，采集对象种类众多，橡实、菰米分别属于水陆野植物的典型种类。可以说，野生植物采集和野生动物捕猪，以及它们的产品——野味食料，在当时华北区域的食料生产和消费中仍然具有重要的补苴作用。

显而易见，中古华北的食物生产方式和食物原料构成，都并不是单一的：农耕种植、动物饲养和捕猎采集三种方式都存在，以农耕种植为主，禽畜牧养为辅，捕猎生产作为重要补充；食物原料来源广泛，种类十分丰富，但若干种类的主粮、蔬果、畜禽占据着主导和支配的地位，它们构成了中古华北饮食生活的基础条件，也是那个时代当地人民最基本的生存依托。而这个基本条件之成立，不仅依赖于食物生产技术和社会经济发展，而且取决于生态环境和社会文化众多因素的协同作用，气候冷暖波动、人地关系调整、社会局势治乱、民族关系发展……都程度不同地对它产生了这样或那样、直接或间接的历史影响。

第四章

食品加工技术的发展

以上两章对中古华北居民的食料构成做了概述，大致了解了他们主要吃些什么，与前代相比发生了哪些主要改变。若要对中古华北人的“吃”有一个较为全面充分的了解，还必须对他们“如何吃”进行一番系统观察。

从文化史视角来看，一个时代、地区或民族“吃”的特点，不单单甚至主要不是体现在人们“吃什么”，更重要的是他们“如何吃”。人们固然有权利选择以哪些植物和动物作为食料来源，但在很多情况下自然资源条件限制了他们的选择范围，甚至规定他们只能主要吃他们所吃的东西，而不是另外一些种类。与前者相比，“如何吃”则似乎主要取决于人们在这方面更具有“自由意志”的文化创造，虽然这些创造仍然在不同程度上受到自然环境因素的制约。

在我们看来，“如何吃”亦是看似简单、实则非常复杂的问题——既是一个科学技术史、社会文化史问题，也可以成为一个环境史问题，还可以从其他角度进行考察成为别的什么“史”，因为它所牵连的方面实在过于广泛。直接地说，“如何吃”包括如何加工食物、如何烹饪食品和如何进食用餐等多方面的问题，围绕造食进食所形成的加工技术、烹饪技艺、营养观念、礼仪制度、习惯风俗乃至审美意识等等，共同决定着人们“如何吃”；间接地，亦与所处时代和地区的种族构成、历史传统、经济类型、政治制度、社会伦理、宗教信仰……紧密联系在一起，人类社会诸多方面的发展和变化，在“如何吃”的方面多少都会有所反映。吃的方式方法，既因地而有差异，也因时而生变化，这些差异和变化，不仅可能导因于社会文化的多元性和变异性，同时亦可能根源于环境生态的地域差异及其时代变迁。

换言之，历史上食物加工技术、烹饪方法和用餐方式千变万化、花样迭出，是人们为谋求更佳的口味、更充足的营养或者其他什么而不断创造和改变的结果。但是应该看到：任何一项重要饮食创造和改进，都必定建立在特定的经济文化背景和自然生态环境之上，"吃法"必须与特定的自然生态和经济文化条件相适应。古今人们在"吃法"上的许多发明和创新，虽然更多地被视为"文化"而非"自然"现象，但也并不完全是文化自我规定的结果，不完全是出于人们的主观愿望，有些时候也是在外部自然条件（包括其变化）的胁迫之下所不得不做出的适应性改变，只是长期以来人们并未很清楚地认识到这一点。

由于所牵涉的问题过于广泛，相关的文献资料又很不充分，对于中古华北人民"如何吃"的问题，我们没有能力做出完整圆融的回答，只就食物加工和食品烹饪两个技术层面的问题稍做讨论。其他方面的问题，如饮食营养观念、餐饮习俗、礼仪制度、审美趣味等等，时或有所涉及，却不敢铺开讨论，只能留待具有高才卓识的其他学者。为了方便行文，有关讨论也分作两章，前章考察食料（包括粮食、蔬菜、果品、动物食品和调味品）加工技术的主要发展，后章则主要探讨膳食结构和烹饪技艺方面的新变化。

一、谷物加工

自农业发生以来，谷物即逐渐成为华北居民的主要食粮和营养来源，谷物加工从此逐渐成为当地食物加工最主要的内容，其中心活动是谷物的脱壳，有时还需要破碎。如果我们通过历史文献及考古资料追溯粮食加工的发展经历，不难发现中国传统的谷物脱壳和破碎（包括磨制）的工具和技术，乃是起源于农业发生时代前后。为简便起见，我们主要通过追述加工工具的演变来说明粮食加工技术的发展变化。

在远古及上古时代，杵臼曾是最为重要的谷物加工工具，杵臼舂捣也是最普遍采用的一种脱壳加工方法。根据古史传说，杵臼是农业发生前后某些远古圣人或帝王的发明；[1]现代考古发现也证实，在新石器时代，杵臼的使用已相当普及并且逐步改进，最初人们“断木为杵，掘地为臼”，[2]使用木杵、土窝（臼）进行谷物加工，后来又发展到石杵和石臼的制作、使用。据研究者统计，迄止20世纪80年代初，我们各地新石器时代遗址共有77处发现有石杵臼，其中有石杵135件，石臼12件，以华北居多。[3]虽然杵臼是最为原始的加工工具，最初不过是“断木为杵，掘地为臼”，形制甚为简陋，即使改进为石杵臼以后，也依然非常笨拙；然而这却是中国饮食生活史上一件非常伟大的发明创造，自杵臼发明之后，我们祖先的“粒食”口味得到很大改善，故古人称“杵臼之利，万民以济”。[4]直到两汉时代，杵臼仍然是极为重要的加工工具，所以在两汉文献中仍经常出现以杵臼舂粮的记载。

但以杵臼舂捣粮食，是一项非常繁重的体力劳动，舂米之时，舂者要

---

[1] 关于杵臼的发明者及其时代，古史记载有不同传说：一说以为它发明于尚处狩猎、采集时代的伏羲氏之世。汉·桓谭《新论》云：“宓牺氏之制杵臼，万民以济。”（兹据《太平御览》卷829《资产部九》引）据此，杵臼早在农业时代到来之前就已出现；另一说认为其发明者为黄帝，其时已进入了农业时代。《太平御览》卷762《器物部七》引《世本》曰：“雍父曰（王按：‘曰’疑为衍字）作舂杵臼。[原文小字注]《宋志》：雍父，黄帝名也。”据此，则杵臼是在农耕时代与谷物种植相伴出现的。我们倾向于前一种说法，因在作物种植发明之前，先民已经历了很长的谷物采集史，在前农业时代发明杵臼这样的谷物粗加工工具也是非常可能的。如果这样的话，《世本》“雍父曰作舂杵臼”，可以理解为：黄帝每天用杵臼舂捣粮食，而“曰”则为“日”字形近之误。

[2] 《周易·系辞下》。

[3] 陈文华：《中国农业考古资料索引》，《农业考古》1983年第2期、1989年第1期。

[4] 《周易·系辞下》。王充《论衡》卷12《量知第三十五》亦称：“谷之始熟曰粟，舂之于臼，簸其秕糠，蒸之于甑，爨之以火，成熟为饭，乃甘可食。”元·王祯《农书·农器图谱》也说：“昔圣人教民杵臼，而粒食资焉。”

"高肱举杵，正身而舂之"，[1] 非常吃力，体能消耗极大，故在秦汉时代，受佣为人舂谷者（时称为"赁舂"），常为那些家境非常贫困、生计无着的穷人；而国家官府处罚罪犯刑徒的办法之一，竟然也是强迫他们舂捣米谷。[2]

由于以杵臼舂米不仅劳动强度大，而且效率十分低下，因此随着生产技术水平的提高，它被改进和替代乃是必然之势。在两汉时代，人们已逐渐普遍地使用了在杵臼基础上发展而来的碓，[3] 从此，杵臼虽然仍长期存在并被使用，但逐渐不再作为主要的谷物加工工具，只在某些特殊情况下才见使用，比如偏僻乡野用于舂捣少量的谷物、用于加工药材等物或者偶尔用于应急。

初期的碓均为足踏碓，虽然碓舂仍是使用人力，作功原理也与杵臼相同即都是利用物体下落的势能捶击谷物使之脱壳和破碎，但已不再是"高肱举杵，正身而舂"，而是改为借身重足踏而舂，由于利用了杠杆原理，舂捣效率大大提高，体力消耗亦显著降低。

比碓本身的发明更有意义的，是畜力碓和水力碓的发明和使用。如果说畜力碓可以认为是马、牛拉车和拉犁的发展和延续（将畜力利用由土地耕作推进到谷物加工）的话，利用水力碓加工谷米，则是一件具有完全革命性意义的发明，因为它从自然界中开发了一种具有广阔前景的新动力资源。文献记载，至晚在东汉时代，畜力碓和水力碓都已经被发明和使用，当时人们已感到其功效远胜于足踏碓，桓谭《新论》指出："宓牺氏之制杵臼，万民以济。及后人加巧，因延力借身重以践碓，而利十倍杵臼。又复设机关，用驴、嬴（当作羸）牛马及役水而舂，其利乃

---

[1]《汉书》卷36《楚元王刘交传》注"晋灼曰"。

[2]《汉书》不仅在《刑法志》中明确记载对罪犯的处罚办法有强迫他们"为城旦舂"，并且还记载有多个具体事例，如吕后囚禁迫害戚夫人，曾强迫她舂米。具体史实可集中参阅《太平御览》卷762《器物部七》及卷829《资产部九》所引。

[3]《太平御览》卷762《器物部七》引汉·扬雄《方言》称："碓机，陈、魏、宋、楚，自关而东谓之柩。"按：此条文字显然有误，《四部丛刊》本《方言》作"碓机，陈、魏、宋、楚，自关而东谓之梴碓，或谓之碡。"文字虽有所出入，但碓在关东陈、魏、宋、楚等地有多个异名，说明当时这种用具的使用很是普遍。

且百倍。”[1]“役水而舂”一词用得很好，非常贴切地表明当时已能驾驭流水冲击力推动工作部件作功，实施谷物加工。不过，畜力碓和水力碓在汉代的普及程度似乎还不是太高。[2]

及至魏晋时代，水碓开始在谷物加工中大显身手，是当时文献中出现频率最高亦最先进的谷物加工机具。三国时，张既曾在陇西、天水、南安一带“假三郡人为将吏者休课，使治屋宅，作水碓”，以稳定人心，[3]说明当时偏远的陇山以西地区已经使用了水碓；西晋时期，水碓乃是京城、都市谷物加工不可缺少的设施。“八王之乱”期间，张方兵逼京师，开决了洛阳附近的千金竭，致使近郊“水碓皆涸”，军队的粮食供应发生了严重困难，朝廷不得不采取特殊应急办法，“乃发王公奴婢手舂给兵廪，一品已下不从征者，男子十三以上皆从役。……公私穷蹙，米石万钱”。[4]正因为平日京师洛阳城的粮食加工主要依赖水碓，故一旦因为缺水导致水碓不能运转，军队的大宗粮米供给就会发生严重问题。史料显示：西晋时期，不仅沿用了东汉以来的普通水碓，还有智巧之士创制了更加机巧的连机水碓，《晋诸公赞》称：“征南（将军）杜预作连机碓。”[5]但这种更加复杂的水碓，似乎因制造不易，未能推广使用。

由于水碓形制较复杂，造价较高，且其运转必须拥有充足水源，平民百姓无力亦无权使用，因而拥有水碓经营谷物加工牟取利益，就成为

---

[1] 兹据《太平御览》卷829《资产部九》引。

[2] 从两汉文献中，我们仅找到两条关于水碓的记载，一条即是上引桓谭《新论》的那段文字，另一条出自孔融《肉刑论》，《太平御览》卷762《器物部七》引其文曰：“贤者所制，逾于圣人；水碓之巧，胜于断木掘地。”但孔融生活的年代已是东汉末年。

[3] 《三国志》卷15《魏书·刘司马梁张温贾传》。

[4] 《晋书》卷4《惠帝纪》；《资治通鉴》卷85《晋纪七》“惠帝太安二年”。

[5] 据《太平御览》卷762《器物部七》引。宋·高承《事物纪原》称：“晋杜预作连机之碓，借水转之。”元代农学家王祯描述连机水碓的形制说：“今人造作水轮，轮轴长可数尺，列贯横木相交，如滚枪之制；水激轮转，则轴间横木间找所排碓梢，一起一落舂之，即连机碓也。”（王祯：《农书》之《农器图谱十四·利用门》）杜预所发明的连机碓可能与此相似。

势家大族的一种经济特权。西晋时期，拥有多具水碓是家富势重的一个重要标志，一些著名重臣、豪族都不仅占有广袤园宅，而且拥有数量可观的水碓；皇亲国戚占水设碓，就更不稀奇了。在这方面，可以找到不少例子。例如《世说新语》称："司徒王戎既贵且富，区宅、僮牧、膏田、水碓之属，洛下无比。"[1]《晋书》说他"好治产业，周遍天下，水碓四十所。"[2]另一位以豪侈著称的人物——石崇也拥有水碓三十余区。[3]对有功之臣，皇帝或赐予水碓。[4]可能为了保证京师附近农田、漕运及城内生活用水，西晋时期，洛阳百里之内禁止占水设碓，但仍有人经过皇帝特许，或者擅自设置。[5]当时，由于洛阳一带人口集中，米粮消费量大，故那里水碓加工经营规模最大；河内地区的水碓也不少，西晋时曾有公王（公主？）所设水碓三十余区，"遏塞流水"，侵夺民利，河内太守刘颂曾上表封禁。[6]及至唐代，在一些丘陵山区，水碓仍有较多使用，深山古寺的水碓亦时见于文人诗咏。[7]

由于水碓运转需借助较强的水流冲击力，除必须拥有充足水源之外，还必须有适宜的地形形成水流落差，因此水碓加工主要在地势起伏较大的丘陵山区发展。明代科学家宋应星在《天工开物》中仍说："凡水碓，山国之人居河滨者之所为也。"[8]因此之故，中古文献关于华北水碓的记载，基本上出现在西部地区，从太行山东麓、豫西到陇右地区都有

[1] 该书卷下之下《俭啬第二十九》。

[2] 兹据《太平御览》卷762《器物部七》引。今本《晋书·王戎传》作"广收八方园田，水碓周遍天下"。《太平御览》所引，或出王隐《晋书》。

[3] 《太平御览》卷762《器物部七》引王隐《晋书》；又参《晋书·石苞传》。

[4] 例如《太平御览》卷762引王隐《晋书》说："卫瓘为太子少傅，诏赐园臼（按：'臼'应为'田'字之误）水碓，不受。"

[5] 《太平御览》卷762《器物部七》引王浑《表》曰："洛阳百里内，旧不得作水碓，臣表上先帝，听臣立碓，并挽得官地"。

[6] 《晋书》卷46《刘颂传》；又参《太平御览》卷762《器物部七》引王隐《晋书》。

[7] 例如岑参有"岸花藏水碓，溪水映风炉""野炉风自燕，山碓水能舂"等句。《全唐诗》卷200岑参三《晚过盘石寺礼郑和尚》《题山寺僧房》。

[8] 《天工开物》上卷《粹精第四》，商务印书馆1933年排印本。

记载；但在地势平衍的华北大平原上，尚未发现有使用水碓的记载。

虽然水碓在中古时期曾经一度声名大噪，但普通百姓加工谷物仍然主要使用足踏碓。资料显示：在魏晋北朝时期，足踏碓使用是很普遍的。北魏时期，西兖州刺史高佑曾“令一家之中，自立一碓，五家之外，共造一井，以供行客，不听妇人寄舂取水”。这说明足踏碓在北魏时期使用较多，这也是普通百姓之家力所能办的加工工具。[1]

历史上另外两类重要的谷物加工用具，是磨和碾。

自先秦至中古，华北地区的磨由人力旋转石磨到畜力、水力旋转石磨逐渐变化发展，总体趋向是愈来愈省力增效。

在石转磨发明之前，华北地区曾经长期使用过用于谷物搓磨去壳的石磨盘和石磨棒。[2]但它们并非我们通常所说的磨，做功方式也完全不同。考古资料证实：早在旧石器时代晚期，这类工具即已出现，山西下川旧石器时代晚期遗址中曾出土有三件石磨盘，“中间由于多次研磨而下凹”，[3]是为迄今所发现的我国最早的谷物加工工具。随着作物种植的起源和发展，至新石器时期，华北各地石磨盘的使用逐渐普遍，在距今七八千年的磁山文化、裴李岗文化的众多遗址中都出土有石磨盘，其中以鞋底形石磨盘最具典型性和代表性；[4]据研究者检索统计：迄止80年代后期，我国共有六十处新石器时代遗址出土有石磨盘或石磨棒，[5]其分布地域与北方粟作区域大体相当。

---

[1] 《魏书》卷57《高佑传》。

[2] 按：原始石磨盘和石磨棒虽有“磨”名，但其做功方式与后世之石转磨明显不同：前者做功方式是用磨棒在磨盘上前后来回碾压，主要用于谷物籽粒去壳；后者则兼用碾压和旋转摩擦力而以摩擦力为主，用于谷物破（粉）碎。倒是后来的碾子（特别是碌碾）做功方式与原始石磨差近，只不过碾子为旋转运动，原始石磨则是前后来回往复运动。

[3] 王建等：《下川文化——山西下川遗址调查报告》，《考古学报》1979年第3期。下川文化距今24000—16000年。

[4] 佟伟华：《磁山遗址的原始农业遗存及相关问题》，《农业考古》1989年第1期。

[5] 陈文华：《中国农业考古资料索引》，《农业考古》1989年第1期。

人们通常所指的磨，是一种以旋转摩擦方式做功破碎和粉碎谷物的加工工具。与杵臼和碓的垂直运动方式不同，石磨的运动方式是水平旋转。石磨的工作部件主要由上下两扇圆形磨盘构成，底座盘中心有榫，用以固定上座盘；上座盘中心有孔或装漏斗，用于进料；上下两扇磨盘的摩擦面有齿，以增强摩擦力。上座盘一般装有推磨棍，与地面或平行，或垂直。其动力部件则因其所利用动力的不同而有差异。

磨的本字为“礳”，汉唐文献或称为“硙”（磑），抑或谓之“礳”。[1]这种机具大约出现在春秋战国之际，《说文》云：“硙，礳也，从石岂声，古者公输班作硙。”《世本》亦载“公输般作硙。”[2]可见古人多将其发明权归属于鲁班。考古资料也证实战国时期已经使用了石转磨。例如河北邯郸即曾出土了战国时期的石磨，[3]陕西栎阳秦都遗址也出土有秦代石磨。[4]两汉时期，旋转石磨在华北地区应已普遍推广使用，上世纪 80 年代以前，考古工作者在陕西、山西、河北、河南、山东、江苏、安徽、湖北、宁夏、北京十个省、市、自治区五十余县的汉代遗址中，共发现属于明器的汉代石磨和陶磨七十件以上，[5]石磨实物也有颇多出土，例如河北满城、山东济南、山西襄汾、河南洛阳及淇县等地均出土较完整的汉代石磨。其中满城西汉中山靖王墓出土，乃是一种铜石复合磨，磨盘石制，漏斗则为铜制。根据考古发现的实物资料分析，当时应当主要是人力手推磨，但畜力拉磨可能已经开始。中山靖王墓出土的大型石磨旁同时出土有马骨架，暗示那时已经开始使用以马牵引的石转磨。及至东汉末年，以马牵引的畜力转磨继续发展使用，汝南人许靖被政敌排挤之

[1] 汉·史游《急就篇》卷 3 云：“碓硙扇隤舂簸扬。”唐·颜师古注云：“硙，所以礳（磨）也，亦谓之礳。”

[2] 《太平御览》卷 762《器物部七》引。

[3] 参陈文华等《中国农业考古资料索引》，《农业考古》1983 年第 1 期。

[4] 陕西省文管会：《秦都栎阳初步勘探记》，《文物》1966 年第 1 期。

[5] 参李发林《古代旋转磨试探》，《农业考古》1986 年第 2 期；卫斯：《我国汉代大面积种植小麦的历史考证》，载《中国农史》1988 年第 4 期。

后，生活困顿，不得不“以马磨自给”。[1]魏晋时期，随着手工机械制造技术的进步，智思奇巧的工匠们又发明了以牛力牵引的“八磨”，以一牛之力可以同时牵拉八座转磨，实在有些匪夷所思。[2]

从现存的文献来看，与碓、磨相比，碾（亦作辗）出现较晚，直到东汉时期才首次出现于服虔《通俗文》的简略记载，谓“石碣轹谷曰辗”。[3]据此寥寥数字推测，东汉时期业已出现“辗”这种采用石轮碾压方式加工谷物的器具，至于其在当时的具体形制，则无从知晓。

就运动做功方式和加工效率而言，磨、碾与碓三者甚为不同，对此，现代农史研究者做过很好的比较、总结，他们指出：“碾和磨都能连续加工，不同于只能间歇加工的碓。但磨是两扇圆磨盘用一根中轴贯穿，下扇固定，上扇转动；而辗只有一扇圆磨盘，由中轴固定，中轴上安一小横轴，横轴上再装上一个碣轮（磨盘上有圆槽）或石辊（磨盘上无圆槽），一般由牲畜拉着横轴的一端以中轴为中心作圆形运动。它可以把谷碾成米，也可以把米、麦磨成面。”[4]在近代轧米机和磨粉机传入之前，碓、磨与碾一直是中国谷物加工的主要手段，沿用了一千多年乃至两千年，[5]它们与扬扇（或扇车）、簸箕、筛罗等等，共同构成了较为完整的谷物加工工具体系。

---

[1] 《三国志》卷38《蜀志·许麋孙简伊秦传》。

[2] 关于八磨，《魏书》卷66《崔亮传》载：“亮在雍州读《杜预传》，见其为八磨，嘉其有济时用，遂教民为碾……”按：杜预为“八磨”，可能出自王隐《晋书》，今本《晋书·杜预传》未载；《太平御览》卷762《器物部七》引晋·嵇含《八磨赋》曰：“外兄刘景宣作为磨，奇巧特异，策一牛之任，转八磨之重。因赋之曰：‘方木矩跱，圆质规旋，下静以坤，上转以乾，巨轮内建，八部外连。’”想来是一种甚为复杂机巧的机具。关于“八磨”的形制，元代农学家王祯在《农书·农器图谱·杵臼门》中有具体记载，称“连磨”（即八磨）“其制中置巨轮，轮轴上贯架木，下承镈臼，复于轮之周回列绕八磨，轮辐适与各磨木齿相间，一牛拽转，则八磨随轮轴俱转，用力少而见功多”。但由于形制复杂，难以推广，故王祯亦称：“世罕有传者。”

[3] 按：服虔《通俗文》已佚，兹据《太平御览》卷762《器物部七》引。

[4] 《中国农业科学技术史稿》，第251页。

[5] 按：历史上南方还曾长期使用了一种称为“砻”的加工器具，形制略同于磨，主要用于稻谷脱壳。因与华北粮食加工并无关系，不作专门介绍。

中古时代是我国传统谷物加工机具和加工技术取得显著发展并且走向定型化的重要阶段，不仅碓、磨、碾的形制结构基本定型，而且在古代科技条件下所能开发利用的动力资源，均被应用于谷物加工。除前述水碓之外，南北朝时期，水力磨、碾相继出现。据《魏书》记载："(崔)亮在雍州，读《杜预传》，见为八磨，嘉其有济时用，遂教民为碾。及为仆射，奏于张方桥东堰榖水造水碾磨数十区，其利十倍，国用便之"；[1] 北齐时期，高隆之"凿渠引漳水，周流城郭，造治水碾、硙"；[2] 东魏灭亡时，北齐文宣帝高洋封孝静帝元善见为中山王，其诸子为县公，封赐之物中有"水碾一具"。[3] 可见北朝时期水力碾、磨均已出现，且在都城周围可能已经颇多使用，故《洛阳伽蓝记》有"碾硙舂簸，皆用水功"的记载。[4]

但是，在历史上，一种新型机具从其出现到普遍使用之间，一般都有一定的时间差，水力碾、磨虽已出现于北朝，但当时其发展仍然有限。隋代水磨加工比前代多见，如权臣杨素在两京及其他地区拥有大量水磨；[5] 大业八年，一名叫王文同的人曾与僧人争夺水碾之利。[6] 但水力磨、碾经营的蓬勃发展却是在唐朝。各类文献记载反映：唐代华北水力碾、磨加工相当繁荣，在关中地区，经营水力碾、磨加工更是一种引人注目的经济行业，权贵、富商和寺院竞相霸占水源，广设碾磨，以牟取厚利，对关中地区的农业生产、都城长安的饮食生活，乃至朝廷政治都产生了重要影响。

关于唐代关中地区碾硙经营的发展，中日学者都曾经做过一些探讨，其中最著名的成果是日本学者西嶋定生的《碾硙寻踪——华北农业两年

[1] 《魏书》卷66《崔亮传》;《北史》卷44《崔亮传》略同。

[2] 《北齐书》卷18《高隆之传》;《北史》卷54《高隆之传》。

[3] 《魏书》卷12《孝静帝纪》。

[4] 该书卷3《城南》。

[5] 《隋书》卷48《杨素传》称素"负冒财货，营求产业，东、西二京，居宅侈丽，朝毁夕复，营缮无已，爰及诸方都会处，邸店、水硙并利田宅以千百数，时议以此鄙之"。

[6] 《广弘明集》卷6。

三作制的产生》一文。[1] 在这篇论文中，西嶋概括了唐代碾硙的四个特征：其一，“碾硙是利用水利的大规模设施”；其二，“它是作为营利事业来经营的”；其三，“在多数情况下它是庄园经营的附属部分”；其四，“其生产内容以加工小麦粉为主”（兹从韩译）。他还探讨了碾硙经营发展与两年三作制形成的关系以及唐代国家碾硙政策的转变，指出唐代碾硙经营发展以及国家碾硙政策转变的背景，是以小麦生产发展为基础的两年三季制的形成、两税法的推行、庄园经营的增大等一系列社会经济变化。西嶋定生的研究思路和方法是很具启发性的，然而，他对唐代碾硙四个特点的概括，我们却不能完全赞同。

对于他所概括的唐代碾硙的第一、二个特征，我们没有什么异议；其所概括的第三个特征，与本书主题关系不甚密切，暂不置论；对其所概括的第四个特征，则有必要作一番讨论。首先我们不能苟同西嶋对碾硙及其功用的解释。[2] 西嶋注意到了历来关于碾硙的两种不同解释，但他视碾硙为一物，即韩译的“石磨”或冯译的“石碾”，他说：“概言之，碾硙是水平运动的磨，主要用来制造小麦粉。”（兹从韩译）他根据文献对唐太宗施舍给少林寺的“碾”或“硙”的记载，认为石磨在不同场合下可以分别称为“碾”“硙”或“碾硙”，也就是说，三者是同一物的异称。[3] 这样一来，唐代所谓水力碾硙经营的发展，理所当然也就主要是水磨经营即小麦制粉业的发展。

---

[1] 该文的韩昇译本，收入刘俊文主编《日本学者研究中国史论著选译》第四卷《六朝隋唐》，中华书局 1992 年版，第 358—377 页；又收入西嶋定生著，冯佑哲等译《中国经济史研究》，题名《碾磑发展的背景——华北农业两年三季制的形成》，农业出版社 1984 年版，第 167—183 页。按：“两年三作制”，规范的农学术语应为“两年三熟制”。

[2] 对西嶋定生的这篇论文，韩译与冯译稍有不同，比如文章开篇对碾硙（碾）的解释，韩译作：“碾硙就是石磨……”而冯译作“碾磑即石碾……”后文若干处对于碾硙的解释亦是如此，其中必有一误；似以韩译较妥。

[3] 将碾硙视为一物，西嶋定生并非始作俑者，元代人王元亮对碾硙的解释是：“碾，磨上转石也；硙，磨下定石也。”明显将碾和硙视为同一机具——石磨的上、下两个部分。见《唐律疏议·附释文》。

我们认为，尽管碾、硙或碾硙在历史文献记载中确有含混不清、判分不明的情况，[1]但“碾”与“硙（即磨）”在后代农学家的著作中却是分得很清楚的，它们是做功方式和用途功能都存在明显差别的两种机具（二者的差别，我们在前文已经述及，兹不赘）；至于“碾硙”则是这两种不同机具的合称。同时我们还认为，唐代甚为引人注目的水力碾硙经营，其实也并不仅仅是加工小麦，制造面粉，同时也应包括谷物的脱壳和精白加工。这样，尽管我们赞同西嶋关于唐代小麦生产比重增加并由此形成华北谷物两年三熟制种植的论断，但却不能赞成他将唐代碾硙经营问题主要归因于小麦生产和面粉加工发展的意见。我们认为，唐代华北谷物加工的发展，并不仅仅体现在面粉加工业的发展，同时也应体现在水力碾米业的同步发展；唐代碾硙经营问题（指其与水田灌溉的矛盾），是由磨粉和碾米经营共同造成的。

其实，唐代关中碾硙经营中所产生的用水矛盾在魏晋时期就已经产生，只不过那时不是在关中，而是在河内和洛阳周围地区。因此，它不是唐代特有的问题。即便在唐代表现出了什么新特征，也并不是陡然出现的，而是此前问题的自然发展。这是因为：

第一，唐代小麦种植和面粉加工比重较之此前时代确实有所提高，但并非陡然提高，自汉魏以来，华北小麦生产一直在逐步扩展（见前文第二章所述）。唐代以前的面粉加工，由于饼食的出现和逐渐普及（详后文讨论），经历了相当长的一个发展过程，战国以降石磨的不断发明和推广说明了这一点。

第二，如前所述，水力碾、硙并非创始于唐代，它们在北朝时期就已经出现。也就是说，利用水力进行面粉加工在北朝时代已然有之（如果我们遵从西嶋的意见将水力碾、硙都视作水磨的话），即令这些机具没有出现，根据我们自己的生活经验，水碓同样可以进行制粉加工——尽

[1]　在历史上，由于地域、时代不同以及记述者对所记载事物了解程度不一，同物异名或异物同名的情况很多，并非只发生于碾、硙。

管碓确实主要用于谷物脱壳和精白，以碓加工面粉效率也不如磨制（事实上，笔者幼年所见的碓主要是用来舂捣米粉）。所以，西嶋所谓的“碾硙问题”，即由于采用水力进行面粉加工所造成的加工与农田灌溉矛盾，并不完全像他所说的那样“从内容上看是唐代特有的”。

第三，假定我们赞同西嶋的意见，将水力碾硙视作一物，即利用水力运转的水磨是制粉而且主要是制造小麦粉的工具而不是两种工具（即主要用于谷物脱壳、精白的水碾和主要加工面粉的水磨）的合称，而我们又没有发现唐代关中地区大量拦水设碓的记载，就将势必产生一个难以解答的问题：难道唐代关中不采用水力机具进行谷物例如粟、稻的脱壳和精白加工？

回过头来，尽管我们不完全赞同西嶋关于唐代“碾硙经营问题”及其与小麦生产和面粉加工发展关系的富于思辨性的论述，但我们却不否认这一时期华北面粉加工较之前代确有显著发展。这一发展不仅体现在豪门贵戚、富僧巨贾利用大型水力加工设施所进行的营利性面粉经营，也体现在民间采用畜力和人力而进行的小型面粉加工的发展。[1] 而且我们相信，民间小型面粉加工在当时具有更普遍的意义。事实上，民间小型面粉加工，不仅仅是为了满足个人家庭消费需要，也经常卷入市场、参与营利，例如唐宣宗时期京兆一带的百姓就大量加工面粉运进长安市场出售，造成西北边地丰年粮价高居不下，以致皇帝不得不下诏禁止。[2]

[1] 唐代利用畜力进行面粉加工相当普遍，所用家畜主要有马、骡等，例如《朝野佥载》卷5即记载隋末唐初大宛国所献千里马“师子骢”曾流落于朝邑市面家挽硙；《太平广记》卷252《俳优人》引《玉堂闲话》记载胡趱的朋友擅自用他的驴子拉磨；至于人力手推磨，虽然缺乏直接记载，应当更为普及。

[2] 《唐会要》卷90《和籴》载：“其年（大中六年）六月敕：近断京兆斛斗入京，如闻百姓多端以麦造面，入城贸易，所费亦多，切宜所在严加觉察，不得容许。”《册府元龟》卷502《邦计部·平籴》“以麦造面入城贸易”一句作“以面造曲入城贸易”，其中“曲”指酒曲，似亦可通，意蕴却大为不同。古代粮食短缺时期，国家往往以严厉政策措施限制，乃至禁止私自酿酒，若皇帝下诏禁止“以面造曲入城贸易”，即属于此类禁酒政策。

不同规模的面粉加工经营的发展无疑表明：唐代华北居民，特别是长安等大型城市居民的面粉消费较之前代有了进一步的明显增长，从更深一层的意义上说，它标志着华北居民的主食结构在由以粟米"粒食"为主转向粟米与面粉并重、"粒食"与"饼食"并重并最终走向以面粉"饼食"为主的不断变迁的道路上，又向前跃进了一大步。正是面粉加工业的发展为唐代饼食进一步盛行（详后）提供了另一个重要的前提条件。

综上所述，我们对于中古华北谷物加工的发展，可以获得这样的基本印象：这个时代，中国古代最大型的生产工具——水碓、水磨和水碾甚至更复杂的连机碓、连磨，陆续发明和推广使用，标志着那时的谷物加工工具和技术已经接近了中国传统时代的最高发展水平，这些机具构成了中古华北谷物加工手段的主体，也构成了传统粮食加工的基本技术能力。随着大型加工机具的发明和推广，中古华北谷物加工逐步分化：在经济文化中心地带以及自然条件（主要是水资源条件）适宜地区，出现了营利性的粮食加工行业，比如大型水碓经营和水力碾硙经营；民间谷物加工则仍然是以零散的人力和畜力加工。

随着麦作不断发展和饼食日益普及，面粉加工和面粉消费均显著增长。以水碓、水碾和水磨等水力机具作为谷物加工的重要手段，并与粮食市场紧密联系形成一个重要的营利性产业，无疑是中古华北粮食加工的一个显著历史特点，也是饮食生活变迁在食物加工方面的进步表现。然而中古华北较大规模的水力加工经营之所以成立，则不但因为它顺应了经济生产和粮食消费的新需求，同时亦仰赖于那个时代该区域特定的生态环境条件，是自然和社会两个方面众多因素共同作用的结果：

首先，得益于能工巧匠的一系列卓越的发明，中古水力加工机具标志着中国古代科技发展达到了新的高度。由上文叙述可以看到：从原始石磨、杵舂，到人力、畜力再到水力碓、磨、碾，古代粮食加工工具的一连串发明、创新前后脉络十分清晰。中古智巧之士似乎特别热衷于机具创制，除杜预发明连机碓、"八磨"外，有位名叫解飞的人发明了"旃檀车”，还有人发明“舂车”，[1]另有所谓“磨车”，惜皆不详为何物。这一系列新创制都是朝着利用外在动力、减轻劳动强度和提高生产效率的方向发展，汉代以后“役水而舂”，相继发明水碓、水磨和水碾，更不仅节省人力，而且节省畜力。因粮食加工乃是基本生计，日日所需，而且体力消耗极大，古人在这个方面特别用心是完全可以理解的。在前工业时代，只有水力加工，不仅利用了自然力——水力，而且实现了“发动机”“传动机”和“工具机”的完整结合，在那个时代再也没有比这些更加复杂的机械工具了。事实上，不仅中国，整个亚欧大陆也都是在粮食加工中“最早使用了真正的机械动力”，[2]率先采用大机械生产。我们不妨说，中古华北水力加工完成了一场早期“机械革命”。

其次，它与社会经济结构变动和大地主经济发展联系密切。尽管对西嶋定生等人的某些具体意见，我们尚存疑议，但他们确实揭示了这一利用水力的大规模设施与多种社会经济因素之间的历史关联。中古华北的粮食水力加工，集中分布于豪家贵戚、富僧大贾聚居之地特别是都城周围，经营者亦基本上都是那些经济实力雄厚和拥有政治特权的权势之家，其经营目的并非为了满足自家的需要，而是作为一项面向市场的重要牟利产业。如果我们认真地罗列一下，水力加工作为一个特殊营利性事业得以成立，并不仅仅因为有了水碓、水碾和水磨，还因为同时具备了多种要素，包括市场（面粉需求）、经营者（碾磨主）、技术工人（硙户）、资本和利润等等。然而，这些要素的互相结合，“并没有引起生产方式的革命”，[3]更没有导向工业革命和资本主义生产方式的建立。相反，其中似乎保留着更多“落后的因素”，例如政治特权与经济特权的结合、

[1]《太平御览》卷672《器物部七》引《邺中记》曰：“解飞者，石虎时工人，造作旃檀车，左毂上置硙，右毂上置碓，每行十里磨麦一石，舂米一斛。”又同书卷829《资产部九》引同书曰：“有舂车，作木人反行，碓于车上，动则木人踏碓舂，行十里成米一斛。”

[2]《马克思恩格斯〈资本论〉书信集》，人民出版社1976年版，第175页。

[3]《马克思恩格斯全集》第23卷，人民出版社1972年版，第412页。

"硙户"对碾硙主的严重人身依附关系等等。在往后的历史进程中，由于政治中心转移和经济区位变动，在中古时代甚受重视的这个特殊产业，不但没有显示出更大的经济意义，反而从国家和社会的重要经济话题中逐渐淡出，这是十分耐人寻味的。

最后，水力加工是以特定自然环境条件（具体来说是水资源、地形条件）作为前提的。正如第一章所述，中古华北水资源环境仍然良好，其中西部内陆亦是河渠溪流众多，水量也比较大，可为水力加工机具运转提供较多动力。因为华北中西部地势较为高峻，地形起伏较大，河渠溪流落差较大因而形成较大的冲击力，故水碓、水磨和水碾主要分布于那些地区，而极少分布在东部平原。随着自然环境逐渐退化，地表水资源渐趋匮乏，水力加工亦如水稻种植和水上航运，无可奈何地逐渐衰落。及至晚近之世，只有那些更加僻远、溪泉较多的山区，仍然较多存留着水力粮食加工。[1]由此看来，水力粮食加工的兴衰固然有其社会经济原因，但自然环境条件即水资源约束乃是根本性的。由于这个自然约束，水力加工作为一种产业，在持续变迁的华北自然环境中注定不可能持续发展壮大，更无法引导社会生产方式的变革。

二、蔬菜加工

接下来谈中古华北蔬菜加工。

感谢贾思勰这位华北土生土长的伟大农学家，在其杰出的农学巨著——《齐民要术》中，他记载了北朝时期华北居民所采用的数十种蔬

[1] 关于华北水力加工发展变化的全部历程，方万鹏博士近年进行了系统考察。见方万鹏《相地作磨：明清以来河北井陉的水力加工业——基于环境史视角的考察》，《中国农史》2014 年第 3 期；《水硙与北宋开封的粮食加工》，《中国农史》2014 年第 1 期；以及他的博士论文《资源、技术与社会经济——中国北方水磨的环境史研究》（2016 年，南开大学）。有兴趣的读者可以参阅。

菜加工方法，该书卷9《作菹、藏生菜法第八十八》是现今所见最集中的隋唐以前蔬菜加工技术史料。以下主要根据该书，并参以其他零碎资料，对中古华北蔬菜加工的主要技术方法略作介绍。

中古华北蔬菜加工，主要采用腌渍作菹和干制等法，以作菹最为普遍。

作菹是一种十分古老的蔬菜加工方法，先秦时代已经发明采用。《诗经·小雅·信南山》云："田中有庐，疆场有瓜，是剥是菹，献之皇祖"，是则《诗经》时代已用瓜作菹。《周礼·天官·醢人》更记载有"菁菹""茆菹""葵菹""芹菹""笋菹""韭菹""箈菹"等七种，[1]若《周礼》确能反映周代生活史实，则菹法在当时已应用于多种蔬菜加工。

什么是"菹"？许慎《说文》云：菹，"酢菜也"；刘熙《释名·释饮食》则称："菹，阻也，生酿之，遂使阻于寒温之间，不得烂也。"[2]也就是说，"菹"是经过腌制发酵、不易坏烂的酸菜。根据郑玄的注解，腌制加工的蔬菜凡两类：细切而后腌渍的叫作"齑"，整棵和大片切而腌渍的则称为"菹"。[3]以现代食品加工学解释，两者均是利用乳酸发酵作用加工、保藏的盐腌菜或酸泡菜，其中盐腌咸菹"利用食盐溶液的强大渗透压，造成蔬菜和微生物生理脱水来达到保藏的目的"，这是我国历史上最早出现的化学加工保藏法。[4]

经过长期技术积累，至贾思勰生活的年代，作菹已成为应用最为普

---

[1] 对于《诗经》及《周礼》所载之"菹"，目前尚存在不同的看法：一般认为"菹"即腌菜。而食品加工史家洪光住则力论其非，认为《诗经》中的"菹"只是去掉瓜上不要的东西。如摘削瓜叶、瓜秧、瓜泥等；《周礼》所载之"菹"也仅指粗切的菜而言，而与腌酸菜无关。本文采用多数人的意见，仍将"菹"作腌酸菜解。我们认为，在先秦时代人们已经有了对蔬菜进行腌渍加工的条件，而且也有这种需要。洪光住的论点见所著《中国食品科技史稿》(上册)。中国商业出版社1984年版，第158—161页。

[2] 对《释名》的这段文字，洪光住亦认为与蔬菜腌制无关（同上书第161—162页）；但文中既明言"生酿"（方法）和"使阻于寒温之间不得烂"（目的），则其"菹"指对菜进行腌渍加工，不必怀疑。

[3] 《周礼·天官·醢人》"郑玄注"。

[4] 《中国农业科学技术史稿》，第91页。

遍的蔬菜加工保藏方法,《齐民要术》卷9《作菹、藏生菜法第八十八》所记载的菹法不下三十种(见表4-1)。

表4-1 《齐民要术》所载之菹法

菹法	主料	配料	工序
咸菹法	葵菜	盐	择菜→盐水洗→装瓮→加盐水
咸菹法	菘菜	盐	择菜→盐水洗→装瓮→加盐水
咸菹法	芜菁	盐	择菜→盐水洗→装瓮→加盐水
咸菹法	蜀芥	盐	择菜→盐水洗→装瓮→加盐水
咸菹法	芜菁	黍米粥、麦䴷、旧菹水	旧菹入瓮→加䴷末→加热黍米粥清→加旧咸菹汁
咸菹法	蜀芥	黍米粥、麦䴷、旧菹水	旧菹入瓮→加䴷末→加热黍米粥清→加旧咸菹汁
淡菹法	芜菁	黍米粥清、麦䴷末	择菜→热水浸、冷水洗→加盐、醋→浇熟胡麻油
淡菹法	蜀芥	黍米粥清、麦䴷末	择菜→热水浸、冷水洗→加盐、醋→浇熟胡麻油
汤菹法	菘菜	盐、醋、胡麻油	择菜→热水浸、冷水洗→加盐、醋→浇熟胡麻油
汤菹法	芜菁	盐、醋、胡麻油	择菜→热水浸、冷水洗→加盐、醋→浇熟胡麻油
蘸菹法	干蔓菁	黍米粥清、麦䴷末	热水浸菜→择洗→开水淹渍→复洗→过盐水→箔上晒一宿→加黍粥清及麦䴷→入瓮封藏
卒菹法	葵菜	醋	酸浆煮→擘开→加醋
作葵菹法	干葵菜5斛	盐2斗、水5斗、大麦干饭4斗	葵、盐及饭分层入瓮布列。清水浇满
菘咸菹法	菘菜	水4斗、盐3升	菜与盐、水搅拌,或菜、曲分层布列
作酢菹法	菁蒿薤白	斗米煮汁3升、粥3升	纳菜入瓮→加米汁及粥淹渍→青蒿、薤白分层入瓮→初开水浇
作菹消法	菹2升、菹根5升	羊肉20斤、肥猪肉10斤、豉汁7升半、葱头5升	
蒲菹			
瓜菹法	越瓜	盐、酒糟、蜜、女曲	此有数法,其一为:盐揩数遍→日晒令皱→以酒糟及盐和藏数日→加盐、蜜、女曲及糟入瓮封藏

续表

菹法	主料	配料	工序
瓜芥菹	冬瓜	芥子、醋、盐	冬瓜切块→芥子、胡芹子研末→加好醋→下盐→下瓜（久藏佳）
汤菹法	菘菜、芜菁	盐、醋	去根→沸水速烫→趁热加盐、醋
苦笋紫菜菹法	苦笋、紫菜	盐、醋、乳	笋去皮细切→置水中→捞出→冷水洗紫菜细切→加盐、醋及乳拌
竹菜菹法	竹菜	胡芹、小蒜、盐、醋	净洗→过沸水→下冷水→搦出细切→细切胡芹、小蒜拌→加盐、醋
蕺菹法	蕺菜	盐、清米汁、醋、葱白等	择菜（不洗）→过沸水→加盐→温米汁洗净→入盐、醋中→加葱白
菘根榼菹法	菘菜叶柄	盐、醋、橘皮	净洗切约3寸长→束把入沸水片刻→趁热加盐醋→细切→和橘皮
蕈菹法	蕈菜	盐、醋、胡芹子	净洗→细长切→束把过沸水→趁热加盐、醋、胡芹子
胡芹小蒜菹法	胡芹、小蒜	盐、醋	胡芹、小蒜过初沸水→入冷水淹→捞出细切→加盐、醋
菘根萝卜菹法	菘根、萝卜	盐、橘皮	净洗→切细长条→束把过沸水→加盐→热水按压（又一法加橘皮）
紫菜菹法	紫菜	葱菹、盐、醋	紫菜冷水浸开→加葱菹→加盐醋
木耳菹	木耳	胡荽、葱白、豉汁、酱清、醋、姜椒末	湿木耳煮五沸→冷水净洗→酸浆水洗→细切→加胡荽、葱白、豉汁、酱清、醋及姜、椒末
藘菹法			
蕨菹法	蕨菜	小蒜、盐、醋	蕨菜、小蒜汤渍→细切→加盐、醋
荇菹法	荇菜	苦酒（醋）	苦酒浸之

《齐民要术》的其他部分，以及中古其他文献还记载有不少别的菹法，如《齐民要术》另载有胡荽菹、兰香菹、蓼菹及畜、蘘荷菹等等加工方法；[1] 唐代孟诜《食疗本草》卷下亦载白蒿可以“醋淹之为菹”；《周礼》中已经出现过的韭菹，在中古时代仍见食用，《洛阳伽蓝记》卷

[1] 分见该书卷3《种胡荽第二十四》《种兰香第二十五》《荏蓼第二十六》《种蘘荷……第二十八》。

3就提到后魏李崇嗜食韭菹。根据这些记载，我们可以列出一长串中古菜菹名字，芜菁、葵菜、菘菜、蜀芥、萝卜、越瓜、冬瓜、胡芹、小蒜、韭菜、蘘荷、蓼菜、兰香、胡荽、竹菜、蒢、蒲、笋、紫菜、青蒿、白蒿、薤白、蕺、熯菜、木耳、蕨菜、荇菜……均可为菹。其中既有栽培蔬菜，也有野生蔬菜；既有菜叶，也有根茎，还有瓜和菌。或许我们不妨说，当时几乎无菜不可加工成菹食用。

当时菹既有咸菹、淡菹之分，又有久腌菹与速成菹之别。咸菹的生化原理已如上述，不再重复；淡菹则主要通过添加粥清（即清粥浆）、干麦饭、酒曲、酒糟和醋等等促进乳酸菌生长。以达到蔬菜酸化、增味和耐藏等目的。久腌之菹可以保藏数月乃至更长时间而不至坏烂；而速成菹酿制数日即可成美食，甚至仅在沸水中焯一下加上盐、醋即可享用。

当时菹的酿制，很讲究佐料，葱、蒜、芥子、胡荽、胡芹子、椒、姜、橘皮以及酱、醋、豉等等香料、调味品均被大量应用于菹的加工酿造。此外，主料与配料的搭配及其用量、酿菹时宜和时间长短、温度控制等等，也都有一些特别的规矩。这一切，反映中古华北居民利用微生物和生物化学技术进行蔬菜酿制加工，已经积累了丰富的经验，达到了相当高的水平。文献记载反映：中古华北居民的作菹技术确实相当高超，所作的菜菹不仅滋味甚美，有的甚至还可以保持鲜绿的菜色，贾思勰就曾用“煮为茹，与生菜不殊”“味美”“香而且脆”等等词句来描绘当时所加工的菹，大诗人杜甫也曾夸赞“长安冬菹酸且绿”。[1]

值得注意的是《齐民要术》所载之蔬菜“藏法”。《作菹、藏生菜法第八十八》中记载有多种蔬菜藏法如“藏生菜法”“藏瓜法”“藏越瓜法”“藏梅瓜法”“乐安徐肃藏瓜法”和“藏蕨法”等等，除“藏生菜法”系鲜菜窖藏法之外，其余均为瓜菜类的腌藏法而非生藏。这些腌藏法，包括盐藏、糟藏、蜜藏、女曲藏和乌梅杬汁藏法等等，其方法的原理与上述菹法并无多大差别。此外，该书所载的“蜜姜法”“梅瓜法”等亦复如此。这进一步

[1]《全唐诗》卷217杜甫二《病后过王倚饮赠歌》。

说明作菹是中古华北居民蔬菜加工的主要方法，同时还暗示当时贮藏蔬菜的主要方法是将蔬菜腌制作菹，而作菹的主要目的之一是为了贮藏。

当然，中古时代的蔬菜加工、贮藏并非没有其他技术方法，干藏——即将瓜、菜通过晾晒等方式干制后贮藏，就是人们经常采用的一种方法，文献中有不少记载。例如《齐民要术》曾经提到蔓菁叶可以制作干菜，芜菁根可以蒸干藏并出售，蜀芥"亦任为干菜"，兰香亦干制取末瓮藏，等等。[1]《四时纂要》则记载，"枸杞、甘草、牛膝、车前、五茄、当陆、合欢、决明、槐芽，并堪入用"做干菜脯，基本做法是"烂蒸，碎捣，入椒、酱，脱作饼子"，以备一年之需；[2]同书还记载说："凡苜蓿，春食，作干菜，至益人。紫花时，大益焉。"[3]不过，比较而言，加工干藏远不及作菹普遍。

毫无疑问，增进滋味、改善口感，是各类蔬菜进行腌制和发酵加工的重要目的，通过添加盐、曲、醋、酱清（酱油）、麻油、蜂蜜、米汤粥乃至干饭以及各种植物香辛料，促进乳酸菌生长和发酵酸化，可让蔬菜变得更加美味。但更重要的目的乃是防腐烂、久贮藏，同时实现蔬菜消费的季节性调剂，弥补非生产季节特别是漫长冬季蔬菜供应之不足，防止因此而造成人体维生素等营养元素摄入不足。这同样可以理解为饮食生活适应季节环境变化的一种特殊机制。之所以如此说，既是基于蔬菜易腐烂、难收藏的事实，也是结合华北区域自然环境条件和古代蔬菜生产能力所得出的结论。我们知道，地处温带的华北地区，四季变化尤其是冬夏寒暑变化非常显著，在现代蔬菜棚栽技术出现之前，每年都有一个相当漫长的冬菜匮乏期，在当地居民的冬季膳食中，蔬菜往往严重缺乏，这容易导致维生素（特别是维生素C）摄入不足进而引起身体疾病。因此，从很早的时代开始，当地居民就自觉不自觉地设法在其他季节特别是秋季预贮一批蔬菜以备冬用。如今年龄四十岁以上的北方人士，应

[1] 分见该书卷3《蔓菁第十八》《种蜀芥……第二十三》《种兰香第二十五》。
[2] 《四时纂要·春令卷之二·二月》。
[3] 《四时纂要·冬令卷之五·十二月》。

当还能记得当年家家户户在冬季到来之前都大量购买、贮存大白菜的情景。但能够长时间贮存的新鲜蔬菜种类并不很多，大部分只能通过干制、腌藏等方法贮存以供冬用。直到最近几十年，一方面由于大棚蔬菜栽培不断推广，提供了大量反季节蔬菜供应；另一方面，随着交通运输事业的迅猛发展，巨量的包括蔬菜在内的生活物资得以远距离调运，南方乃至国外蔬菜可以源源不断地供给，上述的冬季匮乏状况才得以彻底改变。

在中古时代，贮备蔬菜以供冬食，是上起皇室官府、下至平民百姓都很重视的一个实际生活问题，当时文献其实已给我们提供了相当具体的资料信息，例如《四时纂要·秋令卷之四·九月》即专门列有“备冬藏”一目。更能够说明问题的具体证据，是唐朝内宫及诸司的“冬藏菜”供应。唐制规定：购办“冬藏菜”以满足内宫及诸司冬季膳食所需，是司农寺的重要职责之一；由于京兆府是“冬藏菜”的主要供应基地，因此京兆府官员也要参与“冬藏菜”购办事务；所购的蔬菜由太仓负责给纳。[1]一旦“冬藏菜”出现问题，司农寺、京兆府及其属县官员统统都要受到处罚，这类事例在唐德宗贞元七年（791年）就发生过一次。从同一事例中还可发现：每年司农寺供应内宫的“冬藏菜”数额相当可观，当年所供的冬菜是两千车。[2]为了绝对保证皇家生活需要，自然要宁多勿少，因而时常会出现大量的剩余，以至皇帝都想把剩余的冬藏菜卖给百姓以牟利。[3]虽然我们未能找到具体史料来证明，想必“冬藏菜”中应有相当一部分是经过酿制加工的“菹”之类；因为当时缺少制冷、保鲜的技术条件，与生菜鲜藏或者干制贮藏相比，无论是在延长保藏期，

---

[1]《唐会要》卷66《司农寺》引《太和七年八月九日敕》云：“司农寺每年供宫内及诸厨冬藏菜，并委本寺自供。其菜价委京兆府约每年时价支付，更不得配京兆府和市。太仓出给纳。”《唐大诏令集》卷29《太和七年册皇太子德音》文字略同。

[2]《唐会要》卷66《司农寺》记载：（贞元）“七年十月，司农卿李模有罪免官。初，司农当供三宫冬菜二千车，以度支给车直稍贱，又阻雨不时。菜多伤败。模以度支为辞，上责其不先闻奏，故免之。于是模奏司农菜不足，请京兆市之。京兆尹薛珏、万年令韦彤禁有菜者私卖，上令夺珏俸一月，彤俸三月。”

[3] 据《隋唐嘉话》卷中记载，唐高宗时即曾发生这类事情。

还是在增进口味和营养方面，作菹都是比较好的方法。

要之，中古华北以“菹法”为代表的蔬菜加工、贮藏技术之发达，既是当地居民为追求菜肴美味而不断努力的成果，同时也是他们长期以来为了顺应当地自然环境的季节变化、解决蔬菜供应的季节性匮乏问题而不断摸索的成果，是在特定自然环境压迫之下经过长期摸索而做出的合理技术选择。

当然，我们注意到：中古华北蔬菜加工贮藏技术发展，既是本地经验方法不断积累、创新的结果，同时也得益于区域内外日益频繁和广泛的饮食文化交流（包括经验方法和生物物种的传播）。《齐民要术》相当清楚地反映：这个时期华北蔬菜加工、贮藏技术受到南方饮食文化的明显影响，尽管对该书大量引载的《食经》和《食次》等书究竟出自北人抑或南人手笔至今仍存争议，但是我们肯定《齐民要术》所载之作菹与腌藏方法颇有一些源于南方，[1]还采用了不少南方特有的香料如橘皮、杬皮等等。此外，来自外国的香料、果品如胡荽、石榴等等亦见有使用；[2]至于“苦笋紫菜菹法”中用畜乳作配料，是否由于北方“胡风”的浸染，则不敢妄下断语。及至唐代，由于南北重新统一及中外文化交流进一步密切，外来文化对于华北蔬菜加工的影响应更进一步有所加强，可惜一时没有找到像《齐民要术》那样特别具体的史料加以证明；但唐人崇尚胡食，史籍言之凿凿，不容置疑。

三、果品加工

中古华北人民如何加工果品？根据现有资料，我们大致可以归纳出

---

[1] 例如其中明确记载一种藏瓜方法出自蜀人。

[2] 胡荽的使用已见上表，醋石榴子则见用于《作菹、藏生菜法第八十八》之“藏梅瓜法”。

如下几种主要方法，即干制、作脯、作油、作麨、腌渍。但有时是几种方法混合使用，难以区分。至于以果品酿酒，留待后章专节讨论，本章暂不叙述。

1. 干制

明确见于当时文献记载的果品干制方法有“作干枣法”“藏干栗法”和“作干蒲萄法”等，干制的目的主要是便于贮藏。《齐民要术》卷4《种枣第三十三》引《食经》的“作干枣法”是：“新菰蒋，露于庭，以枣著上，厚三寸，复以新蒋覆之。凡三日三夜，撤覆露之，毕日曝，取干，内屋中。率一石，以酒一升，漱著器中，密泥之，经数年不败坏也。”其技术要领是：先将枣置于菰叶中晾三日三夜，然后撤除菰叶，曝晒整日；晒干后的枣，每石以酒一升漱洒，密封藏于器物之中。这种方法，与现今华北一些地方的“醉枣”加工方法有相似之处，只是酒的用量比现在少得多。据称：如此处理过的干枣，可藏数年而不坏，可见是一种很好的加工贮藏方法。

板栗的干制方法有数种：其一法如《食经》所载，是取栗穰即栗的总包壳（外层带刺者）烧灰加水淋，以灰汁浇栗，然后曝晒直至栗肉焦燥，如此处理后可藏至来年春夏，不畏虫蛀；[1]另一法出自《四时纂要》，是将板栗用盐水腌渍一宿，然后晒干收藏，栗一石用盐二斤，加工后的栗子可免虫蛀，而且肉质不会变硬。此外当时还采用沙藏法贮藏鲜栗和榛子。[2]

葡萄干的加工方法，应当是传自西域。《齐民要术》记“作干蒲萄法”云：（取葡萄之）“极熟者一一零叠摘取，刀子切去蒂，勿令汁出。蜜两分，脂一分，和内蒲萄中，煮四五沸，漉出，阴干便成矣。非直滋

[1]　《齐民要术》卷4《种栗第三十八》引《食经》。

[2]　见该书《秋令卷之四·九月》。

味倍胜，又得夏暑不败也。”[1]这一方法的特别之处，是在葡萄中拌和一些蜂蜜和动物脂肪，然后煮开四五沸捞出阴干。为什么作葡萄干要加蜂蜜和动物脂肪，仅仅是为了增味，还是别有用途，我们一时还未弄清，不便妄解。不仅加工葡萄干，其他果品干制，有的用盐水、灰汁浸渍，有的要洒上一些酒水，这些用料在干制过程中能起什么作用都不清楚，不敢胡乱猜测，只能留待食品加工专家解答。

此外，《齐民要术》还记载有做白李、白梅和乌梅诸法，大抵亦可归入干制加工之类，其中前二者均以盐渍而后曝干，乌梅则采用烟熏方法干制，加工后的成品可以下酒或用作羹汤调料。[2]柿子加工，有一种“火焙令干”的方法，目的在于脱除涩味；还可采用灰汁浸泡而后曝干，目的大概亦是如此。[3]但经过这些方法加工而成的干柿，与后世常见的柿饼是否相类，或者是否即为柿饼的一部，不能肯定。前章曾经提到唐代许州土贡有干柿，说明当地干柿加工甚多而且质量精好。

2. 作脯

以果品作脯，在中古文献中屡有所见，柰、枣、梅、杏俱得作之。有些地方的果脯加工甚是不少，例如郭义恭《广志》记载：“柰有白、青、赤三种。张掖有白柰，酒泉有赤柰。西方例多柰，家以为脯，数十百斛以为蓄积，如收藏枣、栗。”[4]不过文献关于果脯加工方法的记载甚为简略，《齐民要术》载“作柰脯法”仅云：“柰熟时，中破，曝干，即成矣。”又记“枣脯法”曰：“切枣曝之，干如脯也。”[5]可能当时的果脯加工方法原本即很简单。

---

[1] 该书卷4《种桃柰第三十四》。

[2] 《齐民要术》卷4《种李第三十五》及《种梅杏第三十六》。

[3] 《齐民要术》卷4《种柿第四十》。

[4] 《齐民要术》卷4《柰、林檎第三十九》引。

[5] 分见该书卷4《柰、林檎第三十九》及《种枣第三十三》。

3. 作果“油”

将果品加工成“油”，这是中古果品加工比较特别的方法，似乎还相当普遍。可以加工为果“油”的，有枣、柰、杏和梅等等果品，其中以枣油为多见，而且历史最为悠久，战国时期可能即已出现。《元和郡县图志》卷17《河北道二·冀州》云：“煮枣故城，在（信都）县东北五十里。汉煮枣侯国城，六国时于此煮枣油，后魏及齐以为故事，每煮枣油，即于此城。”枣油的加工方法已见于汉代著作，《齐民要术》卷4《种枣第三十三》引“郑玄曰”：“枣油，捣枣实，和，以涂缯上，燥而形似油也。……”据此可知，所谓枣油者，实近于现今之“枣泥”。大约汉魏以来人们都以“枣油”为珍美食品，故时或用于祭祀，《卢谌祭法》曰：“春祠用枣油。”[1] 柰油和杏油的做法与枣油大体相同，刘熙《释名》卷4《释饮食第十三》曰：“柰油，捣柰实，和以涂缯上，燥而发之，形似油也。杏油亦如之。”推想它们应属于今日常见的果酱一类水果加工食品。

4. 作麨

更加多见采用的另一种特别的方法，是将果品加工成“麨”。所谓麨，原指炒米粉或炒麦粉，即将米、麦炒熟而后研磨细碎（抑或先磨而后炒），古人以作干粮，供离家外出食用。干制而成的果品粉末与此相类，故亦称作“麨”，简单地说即是果沙，类似当今市场上的酸梅粉、果珍之类，只是加工可能没有那么细致。根据文献记载，魏晋至隋唐时期，北方人民常以酸枣、杏、李、柰、林檎等果品制作这类果沙，《齐民要术》专门记载有“作酸枣麨法”“作杏、李麨法”“作柰麨法”“作林檎麨法”等等。各种“麨”的做法或有异同，但大抵都是将果肉研烂，取汁去滓，然后将果汁曝干，所留下的果粉末即为“麨”；只有林檎是直接晒

---

[1]《初学记》卷20《枣第五》；《太平御览》卷964《果部二》。

干磨粉。这类果沙味甜而酸，可以“和水为浆”，作为解渴的饮料；亦可与米麨相拌同食，以增进口味。[1] 其中以果沙冲饮浆水，实在是一项了不起的创造，为我国饮料生产与消费开辟了新路，我们至今仍受其惠。

5. 腌渍

果品的腌渍，主要加盐和蜜，也有用灰渍者。以盐、草木灰和蜂蜜腌渍果品，应主要利用它们所具有的渗透压造成果品生理脱水，抑制微生物生长，以防止果品腐烂，达到久藏目的；同时还可能具有除去涩味的作用。

梅子大概是最早实行腌渍加工的果品，《尚书·说命下》即有“若作和羹，尔惟盐梅”之句，或许“盐梅”即指用盐腌渍加工过的梅子而不是盐和梅子，不能肯定。《齐民要术》引《诗义疏》称梅“亦蜜藏而食”，即以蜂蜜腌渍、贮藏而后食用，不过没有谈及具体的方法；但同卷引《食经》“蜀中藏梅法”则云：“取梅极大者，剥皮阴干，勿令得风。经二宿，去盐汁，内蜜中。月许更易蜜。经年如新也。”同时采用了盐和蜜进

---

[1] 关于果沙的做法，《齐民要术》有较具体的记载，不妨略引如下：

卷4《种枣第三十三》云：“作酸枣麨法：多收红软者，箔上日曝令干。大釜中煮之，水仅自淹。一沸即漉出，盆研之。生布绞取浓汁，涂盘上或盆中。盛暑，日曝使干，渐以手摩挲，散为末。以方寸匕，投一碗水中，酸甜味足，即成好浆。远行用和米麨，饥渴俱当也。”

同卷《种梅杏第三十六》云：“作杏、李麨法：杏、李熟时，多收烂者，盆中研之，生布绞取浓汁，涂盘中，日曝干，以手摩刮取之。可和水为浆，及和米麨，所在入意也。”

同卷《柰、林檎第三十九》云：“作柰麨法：拾烂柰，内瓮中，盆合口，勿令蝇入。六七日许，当大烂，以酒淹，痛抨之，令如粥状。下水，更抨，以罗漉去皮子。良久清澄，泻去汁，更下水，复抨如初，嗅看无臭气乃止。泻去汁，置布于上，以灰饮汁，如作米粉法。汁尽，刀劚大如梳掌，于日中曝干，研作末便成，甜酸得所，芳香非常也。”

又“作林檎麨法：林檎赤熟时，擘破，去子、心、蒂，日晒令干。或磨或捣，下细绢筛；粗者更磨捣，以细尽为限。以方寸匕投于碗中，即成美浆。不去蒂则大苦，合子则不度夏，留心则大酸。若干啖者，以林檎麨一升，和米麨二升，味正调适”。

行腌渍，经如此处理之后的梅子能够久藏，“经年如新”，[1] 不知这种方法在当时北方是否亦被采用。

另一种常被腌渍加工的果品是木瓜，《齐民要术》转述了前人记载的两种方法：一种出自《诗义疏》，云：木瓜“欲啖者，截著热灰中，令萎蔫，净洗，以苦酒、豉汁、蜜度之，可案酒食。蜜封藏百日，乃食之，甚益人”；另一种出自《食经》“藏木瓜法”：“先切去皮，煮令熟，著水中，车轮切，百瓜用三升盐，蜜一斗渍之。昼曝，夜内汁中。以令干，以余汁密藏之。亦用浓杭汁也。”[2] 说明当时加工木瓜采用了灰渍、盐腌和蜜渍等方法，有时还添加些苦酒（醋）、豉汁和浓杭汁等，以增其味。后一种方法似是出自南方。

除以上主要类别之外，当时北方地区还有一些其他特殊的果品加工方法。例如《齐民要术》卷4《种桃柰第三十四》记载有一种“桃酢法”：“桃烂自零者，收取，内之于瓮中，以物盖口。七日之后，既烂，漉去皮核，密封闭之。三七日酢成，香美可食。”实即将烂桃子装入瓮中使其发酵变酸，做成桃醋；同卷《插梨第三十七》又记载了“醋梨”加工方法，但言“易水熟煮”而不及其他，大概因为煮熟的梨可以发酵变酸，故称“醋梨”。据称其味甜美而不伤人脾胃。这些特殊方法，兴许现代民间还有保留亦未可知。

四、肉鱼加工

与谷物、蔬菜和果品相比，动物性食料更容易腐败变质，若不及时处理便将异色生蛆，恶臭难闻，更不要说久藏了。虽然中古华北畜牧生产曾经明显回升，山林川泽之中还有不少野生的鱼、鹿和鸟类可供捕猎，鱼、

[1] 《齐民要术》卷4《种梅杏第三十六》。

[2] 《齐民要术》卷4《种木瓜第四十二》。

肉似乎不是那么稀罕。但是，那里的经济毕竟还是"以农为本"，动物性食料供给终究不可能非常丰足，比起粮食、蔬果，鱼、肉仍然珍贵得多，如何对它们进行合理的加工，以便贮存，人们自然也就更加用心讲求。

关于中古鱼肉加工方法的具体资料，仍然主要出自《齐民要术》。该书卷8《作鱼鲊第七十四》《脯腊第七十五》以及卷9《作脺、奥、糟、苞第八十一》集中记载了鱼、畜、禽等肉料加工技术方法二十多种，是中古及其以前文献所仅见的集中讨论动物性食料加工的重要资料，极其珍贵。为了叙述、解说方便，兹先以表格形式将其中所载加工方法列出一张清单（见表4-2），然后再做一些讨论。

表4-2 《齐民要术》中的肉、禽、鱼类加工方法

加工方法	主料	配料	方法和工序
鲤鱼鲊法	鲤鱼	盐、酒、粳米饭糁、茱萸、橘皮（或草橘子）、酒	鲜鲤鱼去鳞、切块→洗净、撒盐→榨除盐水→加粳米糁、茱萸、橘皮及酒等→布于瓮（鱼腹朝上，一行鱼，一行糁，以满为限）→竹叶（菰、芦叶）封瓮，置室内藏
裹鲊法	鱼	盐、糁、茱萸、橘皮	鱼脔切，洗净→加盐、糁→荷叶包裹（十脔一裹，两三日即熟）
蒲鲊法	鲤鱼	米（糁）、盐	鲤鱼（2尺以上）去鳞、净洗→米3合（作糁）、盐2合腌一宿（厚加糁）
作鱼鲊法	鱼	盐、饭	鱼去鳞→盐腌→沥去盐水、净洗→以饭裹鱼
长沙蒲鲊法	大鱼	盐、饭	大鱼去鳞、洗净→厚盐腌四五宿→洗去盐→以白饭渍清水中→和盐与饭共腌
夏月鱼鲊法	鱼块	盐、精米、酒、橘皮、姜、茱萸	鱼块1斗、盐1升8合、精米饭3升、酒2合、橘皮及姜半合、茱萸20棵，压置器物中合腌
干鱼鲊法	干鱼	粳米饭糁、（盐）、生茱萸子	好干鱼去头尾→温水净洗、去鳞→冷水浸数日→捞出切块→生茱萸叶摊瓮底→米糁、茱萸子掺和，与鱼分层入瓮藏→荷叶（芦叶、干苇叶）闭瓮口、泥封→日中藏（春秋一月、夏二十日熟）
猪肉鲊法	小肥猪肉	粳米糁、茱萸子、白盐	猪肉去毛、骨，切条（宽5寸）→水煮至熟→晾干带皮切块→粳米糁、茱萸子及白盐调和→泥封瓮藏（置于日中一月）
五味脯法	牛羊獐鹿野猪和家猪肉	牛羊骨汤、豉、盐、葱白、椒、姜、橘皮	诸肉切片或块—捶碎牛羊骨煮熟取清汁→以骨汁煮豉取汁去滓→冷却后加盐、碎葱白及椒、姜、橘皮末→以汁浸脯（令味入肉）→细绳穿，晾于北屋檐下阴干

续表

加工方法	主料	配料	方法和工序
度夏白脯法	牛羊獐鹿精肉	白盐、椒末	肉切片→冷水浸、搦去血→冷水淘盐、取清盐水→下椒末→浸肉两宿→捞出阴干
甜脆脯法	獐鹿肉		肉切片如手掌厚→阴干
鳢鱼脯法	鳢鱼	盐、姜椒末	整鱼用木棍穿之→盐汤和姜、椒末灌鱼至满→竹枝穿挂于北檐下阴干
五味腊法	鹅、雁、鸡、鸭、鸧、鸨、凫、雉、兔、鹌鹑、鱼	牛羊骨肉汁、豉	择洗净→去尾脂及生殖腔→煮牛羊骨肉取汁→浸豉调汁→整只浸四五日→（熟），置箔上阴干→火炙→捶击
脆腊法	同上，无鱼		白汤煮熟，捞出→置箔上阴干
浥鱼法	生鱼	盐	鱼去鳃，自腹破开、净洗→盐腌→冬藏堆积放置，夏则泥封瓮藏
脺肉法	驴马猪肉	盐、曲、䴷	（合骨）粗脔肉→盐、曲、麦䴷调和→泥封瓮藏→日曝（十四日）
奥肉法	猪肉	盐、酒	（两岁以上）猪屠治净、去五脏→取脂肪熬油→猪肉脔切（皮肉相兼）→水中熬煮熟→（待水汽尽）复以油脂煮（半日许）→捞出，合脂膏入瓮藏
糟肉法	不详	酒糟、盐	水和酒糟、搦如粥状→加盐→纳肉于糟→屋下阴地贮藏
苞肉法	猪肉		割肉（如炙肉形状）→茅、菅草（或稻草）包裹并泥封→悬挂于屋外阴处（风干）
犬牒法	犬肉	小麦、白酒、鸡蛋	犬肉（30斤）、小麦（6升）、白酒（6升）合煮三沸→易水，复以小麦、白酒（各3升）煮（令骨肉分离）→擘开→打入鸡蛋30个→裹肉，甑中蒸（至鸡蛋干）→石压
苞牒法	牛鹿头、猪蹄	熟鸡鸭蛋、姜、椒、橘皮、盐	牛鹿头去耳、口、鼻、舌及恶物，蒸熟→猪蹄切方寸小块，蒸熟→入甑中，混合熟鸡鸭蛋、姜、椒、橘皮、盐→复蒸（至极烂熟）→别蒸，一升肉、三只鸭蛋，令软→合包诸物，（以大木）压平→悬于井中贮藏
苞牒法	牛猪肉	鸡蛋	略同上

由上表罗列，大致可以了解中古华北肉类、鱼类和禽类加工的主要

技术方法。尽管其中一些方法显然来自于南方，但《齐民要术》既予引录，说明它们也可能应用于华北，至少作者认为适用。

大体上说，畜兽类（包括牛、羊、猪、犬、驴、马等家畜，獐、鹿、野猪等野兽）、鱼类和禽类（包括家禽和野禽）分别采用不同加工方法，加工成品主要有“鲊”“脯”“腊”“腜”等等。

鱼类多用鲊法加工。所谓“鲊”，主要指用米饭加盐酿制的鱼块，《释名·释饮食》说：“鲊，滓也，以盐、米酿之如菹，熟而食之也。”可见鲊的加工方法与“菹”类同，加盐特别是米（糁、米饭）一起腌渍酿制是其技术关键。有关原理缪启愉师曾做过比较详尽的分析。他说：

> 鲊和菹同类相似，都是利用乳酸细菌营乳酸发酵作用而产生酸香味，并有抑制腐败微生物干扰的防腐作用。乳酸菌须要有碳水化合物才能生长良好，但只靠鱼肉本身的碳水化合物是不够的，所以须要加入米饭（糁）以补其不足。……[1]

《齐民要术》的记载正体现了鲊法的这个显著特点，所载的每一种“鲊”，都无一例外是加盐和糁酿制而成。当然有时也添加一些香料和调味品，如茱萸子、橘皮、姜等等。

因鲊法主要用于鱼类加工，故字从“鱼”部；但也可用于其他肉类，《齐民要术》记载有一种“作猪肉鲊法”，其法与鱼鲊大体相同。

但畜、禽肉主要还是采用“脯腊法”加工制成“干肉”，它可能比作鲊更早出现，先秦文献已有相关记载。例如孔子授徒，收“束脩”当学费，这是众所熟知的故事，“脩”即是干肉。《周礼·天官·腊人》“郑玄注”云：“薄析曰脯。棰之而施姜桂曰锻脩。腊，小物全干。”大概区分了古代加工的几种“干肉”，可知干肉之中，“大动物牛猪等肉析成条或片的叫作脯，小动物鸡鸭等整只作的叫作腊，加姜桂等香料并轻捶使干

[1] 《〈齐民要术〉校释》，第575页。

实的叫作锻脩。”[1]《齐民要术》所载之“脯腊法”，正是将大畜肉切片或条加工称为“脯”，虽未沿用“锻脩”之名，实际上却是采用“锻脩”的加工方法；禽、鱼、兔和小羔羊整只加工，则称为“腊”。这说明从郑玄到贾思勰，两个时代的分类方法变化不大。

《齐民要术》记载的脯腊分咸、淡两类，加工方法既有相同之处，也有明显区别：相同之点是两者基本上都是采用阴干（风干）方法；区别在于是否用盐腌渍，此外淡制的脯腊比较脆。同是用盐加工的咸脯腊，具体做法也有所不同，有的要添加多种香料调味品（如五味脯和五味腊即添加葱、椒、姜、橘皮及豉），而另一些则用料较简单。

虽然用以加工作脯腊的主要是畜禽肉，但鱼类亦可，且并不少见，“鳢鱼脯法”即是一种加工鱼脯的方法。中古文献中的“干鱼”或者“枯鱼”，大抵即是采用“脯腊法”加工而成的；当然也不排除将鱼清除内脏后直接晒干者。“五味腊”亦可用鱼为原料，只是用来加工作脯的鱼要求个体较大。不过，单就《齐民要术》所载之“作浥鱼法”而言，虽列入《脯腊》篇，但从其具体方法看，称“腌鱼”或“鲍鱼”似乎更合适些；“腌鱼”或“鲍鱼”做成鱼脯（或咸鱼干）还需经过晒干、风干或者熏干程序。

除上述两类主要加工方法外，如表中所示，当时畜肉还可以加工为脺、奥肉、糟肉、苞肉等，缪启愉认为它们分别是带骨的肉酱、油煮油藏的油焖白肉、酒糟渍肉和用草包泥封而藏的淡风肉。[2]

值得一提的是，《齐民要术》卷8《作酱等法第七十》还专门记载了两种蟹的加工贮藏方法，虽列于作酱篇，实际与酱并无关系。这两种方法有相同之处，亦有所不同，比如配料都用了盐，还用了蓼和姜之类香辛料（盖因蟹肉性寒，故加蓼、姜等温热性香料）；但其一法采用了薄饧，大概属于所谓“糖蟹”或“蜜蟹”之类，另一种方法则不加饧。

[1] 《〈齐民要术〉校释》，第582页。
[2] 《〈齐民要术〉校释》，第629页。

隋唐时期没有《齐民要术》这样详细讨论食品加工的文献，但通过各类文献中的零星记载，仍可约略察觉一些发展进步。唐代以肉作脯相当普遍，《四时纂要》记载有以獐、鹿肉加工的“淡脯”，以牛、羊、獐、鹿肉制成的白脯和干腊肉，还有兔脯；[1]洛阳一带还出现了所谓“迎凉脯”，是重阳节的“节食物”。[2]至于作“鲊”，似乎也有某些新的发明，例如出现了在盛夏六月加工的“含风鲊”。[3]糖蟹加工虽然向以东南为盛，但华北也有著名的糖蟹产地，唐玄宗开元时期，糖蟹是河北沧州的重要土贡品之一。[4]

要之，虽然中古华北畜、禽、鱼类加工方法多种多样，但文献中出现频率最高的还是脯，牛脯、羊脯、獐脯、鹿脯、兔脯、鱼脯（干鱼、枯鱼）等等，均屡见于史传小说所载的生活实例之中，也是国家祭祀的常备之物；《唐律疏议》甚至还专门有一条规定，禁止出售有毒的脯肉，违者要受到十分严厉的处罚。[5]可见脯在当时应是最常见的食肉类加工品，之所以如此，正因为脯最便于久藏，同时也最便于贩运和携带。

中古华北动物性食品加工，技术方法虽然有很多，但无论采用什么方法，目的都不外乎两个：一为增味，二为保藏。增味的意图可从其丰富配料的利用上明显看出，而能否久藏亦是加工者所需要考虑的主要问题，所以《齐民要术》每每加以特别强调。

我们倾向于认为：对于古代华北动物性食料加工，贮藏比增味更加重要，理由与前节所说的蔬、果加工大致相同。固然，动物生长的季节性不像植物那样强，不像植物那样，几乎每个时令都不能改易或错过，但是动物生长和肉类生产仍然具有一定的季节限制。这些限制，有的纯

[1] 俱见该书《冬令卷之五·十二月》。

[2] 《唐宋白孔六帖》卷16说：“洛阳人家重阳则制迎凉脯。”

[3] 《唐宋白孔六帖》卷16引《叩头录》曰：“房寿六月调羊酪造含风鲊。”

[4] 《元和郡县图志》卷18《河北道三·沧州》。

[5] 该书卷18《贼盗律》说：“脯肉有毒，曾经病人，有余者速焚之，违者杖九十；若故与人食并出卖，令人病者，徒一年，以故致死者绞；即人自食致死者，从过失杀人法。”

属自然，比如动物对季节变化有本能的生理调节，在秋冬季节，禽畜一般都更加肥壮，此时宰杀，屠宰率（出肉率）相对较高，古人早就明白这个道理，所以秋冬捕猎活动最频繁；但也有一些限制是文化性的，来自于在长期自然顺应中所形成的制度规范和生产习惯，比如国家制度和民间习俗对渔猎活动都有一定的季节限制。在国家法令规定中，春夏渔猎有禁，秋冬则是狩猎的旺季（见第二章讨论）；再如自古民俗都于过年前后集中杀猪宰羊等等。在渔猎旺季和过年前后肉料集中，在其他季节则比较缺乏。为了调剂不同季节之间肉食供应的不平衡，就必须发明和采用种种技术方法，在肉料丰富之时对其进行有效的加工，防止腐败变质，贮藏起来留待来日食用。《齐民要术》和《四时纂要》等书的记载正反映：那个时代畜、禽和鱼类加工，确实明显地集中于秋冬特别是农历腊月。由此看来，自然环境及其季节变化对饮食生活的影响几乎无处不在。

五、调味品酿造

讲究“五味调和”是中国悠久的饮食文化传统，也是它的一个主要精髓。自古以来，中华民族在调味品的发明、造作和运用方面一直非常用心，食品加工和烹饪因为调味品的不断丰富而愈来愈精细。中古时代是中国烹调艺术史上一个非常重要的发展阶段，在此近八个世纪的时间里，作为中国经济、社会和文化发展中心的华北地区，一方面由于自身技艺的不断提升，另一方面因为领受“八面来风”，调味品种类显著增多，酱、醋、豉等古老调味品的酿造技术水平有了显著提升。

先来看看当时华北地区主要有些什么调味品。

根据其来源不同，我们也许可以将名目众多的调味品粗略划分为两类：一类是自然生成的，如盐、蜂蜜和各种香、辛、酸、苦、甜植物（通常为植物的某个部分，例如根茎、果实、叶子、韧皮等等；另一类则是由人工调制和酿造而来，例如酱、醋、豉、齑等等。据照其原料属性，又可划分为矿物、植物类、动物类等，但这在通常情况下是难以进行简单分类的，因为即便是自然生成的调味品，亦必经一定加工之后方能使用；人工调制、酿造的调味品，主要原料原本不作调味品使用，但在加工过程中添加了多种天然生长的调味之物，并且动、植、矿物常常混合使用。更常见的是把它们按照咸、甜、酸、苦、辛基本五味进行划分，如盐取其咸，蜜、糖取其甜，梅、醋取其酸，豉汁则取其苦，葱、蒜、姜、椒、桂皮、橘皮、芫荽、茱萸子则取其香辛等等，同类调味品往往包括多个“品种”；有一些如酱、齑乃是混合性的调味品。

《齐民要术》等书记载：在中古华北人的饮食中，调味品种类已经相当丰富。我们现今常用的植物香辛料在当时基本上都见有使用，这从上文关于蔬菜和肉食加工的两表即可清楚地看到，在此不拟详细论证。糖、醋、豉、酱、齑等调味品的人工加工酿造，则是本题最关心的方面。下面逐次简略介绍。

在砂糖加工兴起之前，国人的甜食除含糖比较高的果品如枣、栗及其加工品外，主要来自于蜂蜜（在蜂蜜之前还以蜂蛹为甜食）和饴饧即麦芽糖。关于蜂蜜和饴饧的源流，李治寰和季羡林二先生分别在他们的著作中做了较详细的考证，[1]我们只对中古华北的情况略做补充。

先说蜂蜜。学者认为：虽然华北居民食用蜜蜂的历史很长，据信早在东汉时期已经人工养蜂割蜜，但一直到唐朝，“蜜的主要来源还是采集野蜂蜜”，[2]为了获得甜蜜，人们可以毫不顾惜时间。唐代华北某些地方已经颇有些人工养蜂取蜜，《四时纂要》把“开蜜”列为六月的一项农事；[3]当时还出现有专门的“养蜂人”，如河东人裴明礼就是一个养蜂

[1] 李治寰：《中国食糖史稿》，农业出版社 1990 年版，第二、第三章；季羡林：《文化交流的轨迹——中华蔗糖史》，经济日报出版社 1997 年版，第一至第五章。

[2] 《中国食糖史稿》，第 25—26 页。

[3] 《四时纂要·夏令卷之三·六月》说：“开蜜：以此月为上。若韭花开后，蜂采则蜜恶而不耐久。”

取蜜的高手；[1]据记载：唐朝河东、关内、陇右等道都颇有州郡出产上好的蜂蜜。例如河东道的慈州、隰州等地以白蜜上贡，岚州、潞州等地则土贡石蜜，[2]石州进贡蜜、蜡；关内邠州新平郡亦贡白蜜。[3]所谓“白蜜”大概是出自人工养蜂，“石蜜”或者后来所说的“崖蜜”则是采自野外——生活在山区里的逸人野老常常“随蜂收野蜜”。[4]关于蜜的加工方法，中古文献几乎没有什么具体记载，只是有一条引自《晋令》的文字，让我们得知当时收集蜂蜜甚是不易，蜜工如能增煎二升蜜，就可得到十斛谷的赏赐，可见当时蜜价昂贵。[5]所以，当时的食蜜者，若非达官显贵和富人，便是隐逸山林的文人方士。

对一般平民来说，饴饧是较易获得的糖料。经过长期的经验积累，中古时代饴饧加工技术已达到了相当高的水平，《齐民要术》做了专篇讨论，[6]有“煮白饧法”“黑饧法”“琥珀饧法”“白茧糖法”“黄茧糖法”等多种饴糖加工方法，制蘖、杀米和熬饴技术都很成熟，饴糖品质也相当高，色味俱佳。例如用粱米、稷米加工的饧，“如水精色”；采用“琥珀饧法”加工的饴，“内外明澈，色如琥珀”。及至唐初，由于最高统治者关注，印度蔗糖加工技术被引进到中国，其后，晶体沙粒状的蔗糖（王灼称为“糖霜”）生产逐步发展。不过，在中古时代，砂糖或沙糖尚未对普通民众的甜食发挥显著作用。

---

[1]《太平广记》卷243《裴明礼》引《御史台记》称：裴明礼“周院置蜂房以营蜜，广栽蜀葵杂花果，蜂采花逸而蜜丰矣”。

[2]按：见于中古文献的“石蜜”，有时可能并非蜂蜜，而是比较坚硬的饧糖。例如，《艺文类聚》卷87《果部下》引《广志》曰：“干蔗，其饧为石蜜。”又，宋代王灼《糖霜谱》云：“古者惟饮蔗浆，其后煎为蔗饧，又曝为石蜜。”但唐代河东岚州、潞州所贡，应是产于高山崖石上的蜂蜜。

[3]《元和郡县图志》卷12《河东道一》，卷14《河东道三》；《新唐书》卷37—40《地理一》至《地理四》；《大唐六典》卷3《户部》。

[4]《全唐诗》卷510张祜一《寄题商洛山王隐居》。

[5]《太平御览》卷857《饮食部十五》引《晋令》曰：“蜜工收蜜十斛，有能增煎二升者，赏谷十斛。”

[6]《齐民要术》卷9《饧餔第八十九》。

对增进中国人民膳食滋味发挥了重要作用的酱和酱油，在中古时代取得了最令人惊讶的发展。为了充分展示这一发展，兹亦不妨将我们所收集到的不同种类的酱列一个简表（见表 4-3）。

表 4-3　中古华北的酱

酱名	主料	配料	出处
芜荑酱	姑榆果仁		《尔雅·释木》"郭璞注"；《食疗本草》卷上
榆（子）酱	榆荚子仁	清酒	《齐民要术》卷5卷8；《食疗本草》卷上
豆酱	黑大豆黄	白盐、黄蒸、草茅子、麦曲	《齐民要术》卷8
肉酱	牛羊獐鹿兔肉	曲末、白盐、黄蒸	《齐民要术》卷8
卒成肉酱	牛羊獐鹿兔及生鱼肉	酒、曲末、黄蒸末、白盐	《齐民要术》卷8
鱼酱	鲤鱼、鲭鱼、鳢鱼、鲐鱼等	黄衣、白盐、干姜、橘皮	《齐民要术》卷8
干鲚鱼酱	干鲚鱼（刀鱼）	曲末、黄蒸末（或麦芽末）、白盐	《齐民要术》卷8
麦酱	小麦	盐	《齐民要术》卷8
鱼酱	鱼脍	曲、清酒、盐、橘皮	《齐民要术》卷8
虾酱	虾	糁、盐	《齐民要术》卷8
燥脡[1]	生、熟羊肉和猪肉	生姜、橘皮、鸡蛋、豆酱清	《齐民要术》卷8
生脡[2]	羊肉、猪肉肥膘	豆酱清、生姜、鸡蛋、苏、蓼等	《齐民要术》卷8
鯼鮧	石首鱼、魦鱼及鲻鱼内脏	白盐等	《齐民要术》卷8
芥（子）酱	芥子末		《齐民要术》卷8

[1] 据缪启愉师解释，是一种生熟肉相和做成的肉酱，见《〈齐民要术〉校释》第545页。

[2] 脡，缪启愉师认为是生肉酱，见《〈齐民要术〉校释》第545页。

续表

酱名	主料	配料	出处
葫芦酱[1]	葫芦		《唐宋白孔六帖》卷16引《晋公遗语》
鹿尾酱	鹿尾		《安禄山事迹》卷上
十日酱	豆黄		《四时纂要·秋令卷·七月》
（豆酱）	豆黄	盐、汉椒、熟冷油、酒	《四时纂要·秋令卷·七月》
兔酱	兔肉	黄衣末、盐、汉椒、酒	《四时纂要·冬令卷·十二月》
凫葵酱	凫葵子		《太平御览·百卉部》六引《纂文》

由表可见，中古华北居民所酿制的酱至少已有二十种，假如将各种鱼肉酱分开来算，并将酱名虽同而实际造法差异较大的酱也算作不同的酱种，则当时酱的种类就更多了。单就这一点来说，中古时期华北酱的酿造已远胜于两汉。中古时代，上自皇宫御厨下至庶民之家，都十分重视造酱，唐代光禄寺主醢署里直接从事造酱的人数最多，达二十三人。[2]不过，由于社会身份和经济地位不同，人们所酿造和食用的酱显然有较大区别，平民百姓当以植物酱类即《四民月令》中的所谓“清酱”[3]为主，特别是价廉味美的豆酱，应是当时酱的主要种类；[4]酿造和食用鱼肉酱则可能相对较少。

随着豆酱加工的发展，现今比酱更常用的调味品——酱油也已出现，《齐民要术》中称之为“豆酱清”，是一种从豆酱中提取的清汁。不过，当时文献还没有记载其具体的加工方法。此外，《齐民要术》经常提到

[1] 按：实即《南史·王玄谟传》中已出现过的爬酱，《传》中有诗云：“堇茹供春膳，栗酱充夏飡。爬酱调秋菜，白卤解冬寒。”值得注意的是其中有“栗酱”之名，究为何物不得而知。

[2] 造醋的酢匠和造豉的豉匠都是十二人，另有负责造菹的菹醢匠八人。见《新唐书》卷48《百官三》；《唐六典》卷15《光禄寺》。

[3] 《齐民要术》卷8《作酱等法第七十》引“崔寔曰”。

[4] 中古时代的豆酱加工自原料处理、制曲到制醪成酱，工序相当复杂，有关技术已很成熟。参见洪光住《中国食品科技史稿》（上册），第95—96页。

“豉汁”，在食品加工、烹饪中应用甚多，其作用类同于后代的酱油；至唐代《四时纂要》又特别提到咸豉汁“煎而别贮之，点素食尤美”，[1]想来，这些“豉汁”也可以视作一种酱油。[2]

有一点需要特别指出：上古至中古时代的酱，不同于后代主要用作调料，虽然酱在当时抑或用作加工和烹饪食品的调料，但更多情况下是当作菜肴来食用。事实上，大量酿造鱼肉酱可以看作是时人保藏鱼肉食品的一种特殊方法，其主要目的与前述作脯、腊及腌藏相同。这样看来，《齐民要术》把有些不太像造酱的内容也列入《作酱等法》（比如在《作酱等法第七十》记载两种藏蟹法），是有其原因的。

中国膳食中的主要酸味调味品是醋，先秦文献称为“醯”，中古史籍“酢”“醋”并用，亦称“苦酒”，[3]系以谷物为主要原料，经淀粉糖化和醋酸菌发酵酿制而成。醋在历史上虽然出现很早，但在现存的魏晋以前文献中没有关于其酿造方法的具体记载，《齐民要术》给我们保存了南北朝时期各种食醋加工的详细资料，反映当时醋的种类很多，酿造方法也很成熟。

《齐民要术》卷8《作酢法第七十一》共记载有二十三种醋的酿造方法，分别是：作大酢法三种、秫米神酢法一种、粟米曲作酢法一种、秫米酢法一种、大麦酢法一种、烧饼作酢法一种、回酒酢法一种、动酒酢法两种、神酢法一种、作糟糠酢法一种、酒糟酢法一种、作糟酢法一种；另有作大豆千岁苦酒法一种、作小豆千岁苦酒法一种、作小麦苦酒法一种、水苦酒法一种、卒成苦酒法一种、乌梅苦酒法一种、蜜苦酒法

[1] 该书《夏令卷之三·六月》。

[2] 关于酱油的起源，洪光住认为：“我们至晚在西汉史游时期，社会上已有豆酱油了”，并且认为：东汉崔寔《四民月令》所载之“清酱”是关于酱油的最早记载，见《中国食品科技史稿》第94页。黎虎《汉唐饮食文化史》沿袭了这一说法。但我们认为，认真分析《四民月令》的记载，所谓“清酱”当指以豆酱为主的植物酱类，系与鱼、肉酱相对而言；关于酱油的最早记载应是《齐民要术》中的“豆酱清”。

[3] 关于其名称的演变，参缪启愉《〈齐民要术〉校释》，第550页；黎虎：《汉唐饮食文化史》，第96页。

一种、外国苦酒法一种等。作醋原料主要是谷物中的粟米、大小麦面粉、糯米、黍米（也用酒糟、黄衣、烧饼、饭粥，亦属谷物酿制的醋），大小豆、乌梅和蜜等也用于酿醋。其方法可谓多种多样，令人赞叹。食品酿造专家认为这其中有三个方面的技术发展最值得重视：其一，“当时人们已经学会了固态发酵制曲酿醋法”；其二，人们“已经学会利用各种谷物制曲和使用醋母传醅的科学方法”；其三，当时还开始酿制陈醋，“开创了我国酿造陈醋的历史”。[1]制醋方面的这些发展，为中古华北人民改善膳食滋味提供了另一重要技术条件。

中古华北的另一类重要调味品是豉。与酱、醋相比，豉的出现似乎较晚，先秦文献中不见有记载。[2]但在两汉时代豉的酿造和食用显然已经普遍，当时已有人以此为业并可能成为巨富。[3]及至中古时代，华北地区豉的种类和酿造方法已有多种多样，《齐民要术》卷 8 专设《作豉法》一篇，详细记载了当时流行的几种主要作豉方法。[4]从其记载可知，当时的豉有豆豉和麦豉两种，以前者为主；作豉的方法和工序已相当复杂，在造豉环境与时宜选择、主料和配料挑拣及主配料使用比例、温度控制、成豉曝晒收藏等等方面，都有非常严格的要求，处理得非常精细。不仅如此，魏晋时代还传入了一种“外国豉法”，作豉的豆子要先“以酒浸，令极干，以麻油蒸之，后曝三日，筛椒屑，以意多少合投之。”[5]想必是一种味道很鲜美的豆豉。到了唐代，不仅发明了不同于《齐民要术》所载诸法的一种“咸豉”加工方法，而且还出现了一种以面粉加工的副

---

[1]　洪光住：《中国食品科技史稿》（上册），第 118—119 页。

[2]　对此，宋代吴曾在《能改斋漫录》卷 1《事始》做过一番考证，他说：先秦文献包括《礼记·内则》《楚辞·招魂》等备论饮食的文献都未言及豉，结论是：豉“盖秦汉已来始为之耳”。

[3]　《史记》卷 129《货殖列传》。

[4]　其中记载有“作豉法”“食经作豉法”“作家理食豉法”“作麦豉法”等；此外卷 9《素食第八十七》还记载有所谓“油豉”，用豉、油、酢、姜、橘皮、葱、胡芹、盐合和蒸成。

[5]　《艺文类聚》卷 89《木部下》；《太平御览》卷 855《饮食部一三》引《博物志》。

产品——麦麸为主料而酿造的“麸豉”，据说这种豉“一冬取吃，温暖胜豆豉”。[1]《齐民要术》反映：虽然北朝时期商业经济并不发达，但其时做豉不仅供给家庭消费，还大量销往市场，所以《齐民要术》记载有规模颇大的专业化加工。其一“作豉法”称：“三间屋，得作百石豆。二十石为一聚。……极少者犹须十石为一聚……。”这样大量加工，肯定不只是供自家消费之用。

诚如研究者所指出的那样，汉唐时期的豉，主要是作调味品，“在菜肴的加工烹饪中被广泛而经常应用”。[2]豉常常与盐并提，作为食品加工和菜肴烹饪的必备调料，《释名·释饮食》也说：“豉，嗜也，五味调和须之而成，乃可甘嗜也。”可见它首先是一种调味品，在中古华北正是如此，与后世通常将豉作为下饭菜不同。这样说来，豉和酱的角色，在中古及其前后饮食发展中曾发生了非常有趣的置换。

最后还应该提到《齐民要术》记载的另一种美味调料——“八和齑”。齑“是一种辛荤酸味的细碎调味品”，[3]《齐民要术》记载有多种，如“蒜齑”“飘齑”等等，而“八和齑”则是一种混合蒜、姜、橘皮、白梅、熟栗黄、粳米饭、盐及酢八种物料酿制而成的多味调料，制作方法很不简易。大约它是当时的上好调料，故《齐民要术》为之专门列有《八和齑》一篇。[4]由“八和齑”也可以看出：中古华北居民特别是社会上层对饮食美味是何等的汲汲追求。

由以上所述可以看到：在前代积累的基础上，中古华北调味品的种类和酿造方法有了显著的增多，在寻求美味方面可谓“不拘一格”，不论是动物、植物还是矿物，也不管本地所产还是异地输入，凡有益于增进口味者都可以毫无偏见地加以利用。《齐民要术》所收录的这许多独特技术方法，得之于众多史无其名的古代发明家富于个性的创造，多样化

---

[1] 《四时纂要·夏令卷之三·六月》。

[2] 参黎虎《汉唐饮食文化史》，第100—101页。

[3] 《〈齐民要术〉校释》，第570页。

[4] 该书卷8《八和齑第七十三》。

背后有着共同的饮食理念和饮食知识基础，这就是古代中国人民对“五味调和”的积极求索和对丰富的微生物学及生物化学经验知识的娴熟运用——尽管他们并不知道什么是微生物学和生物化学。正是凭借这些理念和经验知识，人们不仅找到了更多天然的调味物料并进行巧妙搭配和精心调和，而且竟将原本粗粝寡淡的豆子、麦麸酿造成为“美味的制造者”——酱、豉、醋，取材方便，物美价廉，一千多年来贵贱同好，日日所需，试问化腐朽为神奇、极平淡而珍异者，谁出其右？！当然，从更广泛的生存意义和更广阔的历史背景来看，上述成就之取得，一方面是基于本土自然环境适应和食物资源开发的长期经验累积，另一方面也得益于中古特殊历史情境和契机之下区域内外广泛而密切的物种传播和文化交流，南方和外国香辛食料和造食技法的传入，无疑亦发挥了相当重要的作用。

六、豆腐问题

讨论中古华北的食品加工，不能不谈到豆腐。

豆腐是中国人民化平淡为珍鲜的最独特的饮食文化发明之一，对于改善国人的膳食营养结构，特别是对于弥补因肉食缺少而导致的蛋白质摄入不足，具有不可估量的重要意义。不仅如此，伴随着中外文化交流不断扩大的历史进程，豆腐逐渐在全球范围内广泛传播，为众多国家和地区的人民所共享，它无疑是中华民族对人类饮食文化的一项非常杰出的贡献。

然而，豆腐是由谁发明的？中国人从何时开始加工和食用豆腐，却是长期争论至今悬而未决的疑案。古人关于豆腐起源就有不同说法：或谓孔子的时代已有豆腐，[1] 或谓豆腐始于汉淮南王刘安。前一种说法支持者甚少，后一种说法则自宋代以来长期流传。

[1] 清·汪汲《事物原会》有云：“腐乃豆之魂，故称鬼食，孔子不食。”

豆腐起源于汉代的说法，要追溯到南宋的两位文化名人：一位是大思想家朱熹，他在其《豆腐》诗的自注中提到："世传豆腐本乃淮南王术"；[1]另一位是大文学家杨万里，其《诚斋集》中有一篇《豆卢子柔传》，纯属游戏之作，记事荒诞不经，并未明言豆腐出自淮南王，却称"豆卢子柔"（名鲋）因浮图（和尚）达摩而见汉武，最后又借"太史公"之口，称"豆卢氏在汉未显也，至后魏始有闻，而唐之名士有曰钦望者，岂其苗裔耶？鲋以白衣遭遇武皇帝，亦奇矣！然因浮图以进，君子不齿也。"[2]杨氏似乎亦认为豆腐在汉时已经有之。元明以后，原本并不怎么确定的"世传"愈来愈被坐实为"真实的历史"。不少学人，包括大医学家李时珍都接受了豆腐始于刘安的说法。[3]但是，汉代已有豆腐和淮南王刘安发明豆腐，在现存汉唐文献中找不到任何一丝根据。自上世纪中期以来，一些学者相继著文，对淮南王发明豆腐的说法提出怀疑，虽然对豆腐出现的具体时间，各家意见并不完全一致，但严谨的学者大多并不赞同豆腐始于汉代刘安，而更愿意根据现有文献中的确凿记载，将其出现时间推定在唐中期至五代之间。[4]

现今所发现的关于豆腐的最早文字记载，出自五代宋初人陶谷的《清异录》，其称："时戢为青阳（今安徽青阳县）丞，洁己勤民，肉味不给，日市豆腐数个，邑人呼为'小宰羊'。"[5]这条简短的文字向我们提供

[1] 宋·朱熹：《晦庵集》卷3《豆腐》诗云："种豆豆苗稀，力竭心已腐。早知淮王术，安坐获泉布。"

[2] 宋·杨万里：《诚斋集》卷117。

[3] 明·李时珍《本草纲目谷部第二十五卷》"豆腐"条称："豆腐之法，始于汉淮南王刘安。"

[4] 参袁翰青《关于"生物化学的发展"一文的一点意见》，《中华医史杂志》1954年第1期；［日本］篠田统：《豆腐考》，《乐味》1963年6月号；曹元宇：《豆腐制造源流考》，《中国烹饪》1984年第9期。

[5] 《清异录》卷上《官志门》"小宰羊"条。按：该书一向题为宋·陶谷撰。但陶氏生活于五代至北宋初年，卒于宋太祖开宝三年（公元970年），而书中称宋太祖谥号及南唐遗臣之名，甚至记载宋太宗时史事，故或疑其为伪作（参余嘉锡：《四库提要辨正》卷18）。不过，书中所记均为宋初以前史事，以晚唐五代为主。

了两个重要信息：其一，在时戢生活的年代，[1] 豆腐在地处江南的青阳县一带已经成为常见的副食品，每天都可以从市场上买到；其二，当时人们很清楚豆腐的特殊营养价值，将其称作“小宰羊”，亦即视之为最肥美肉类的廉价替代品。据此，我们完全可以推断：在时戢的年代，豆腐必定不是刚刚出现的，而是经过了相当一段时间的发展；这样，将豆腐起源时间的最下限定在晚唐五代是没有问题的。对此学界并无异词。

但究竟什么时候开始有豆腐？则依然没有取得一致的意见。对于本书，更确切的问题是：豆腐究竟是出现在西汉时期还是以后，中古时代华北人民有没有豆腐吃？

20 世纪 80 年代以来，随着河南密县打虎亭一号汉墓之发掘及有关资料发表，墓东耳室南壁的四幅石刻画像引起学者的强烈关注，一些研究者将该石刻画像断定为“豆腐加工图”。如此一来，曾因无确凿证据而被否定的豆腐“本乃淮南王术”这一说法被重新翻腾出来，陆续有人据此撰文，论证豆腐在汉代已经出现，[2] 有的甚至认为“早在公元 2 世纪，豆腐生产已在中原地区普及”。[3] 国人向来好古，乐见某项文化创造在更加古老的时代出现，因此这一观点令人兴奋，在社会上产生了广泛的影响。但是，也有学者持论谨慎，认为上述石刻画像所反映的是酿酒而非豆腐加工，汉代已有豆腐的说法并不可靠。看来，正反双方各有根据。[4] 由于汉唐文献之中尚未发现可靠记载，而打虎亭石刻图像本身又存在令人疑惑之处，相信在没有发现其他强有力的材料之前，这个争论还将持续下去，难以做出最后的定论。

---

[1] 我们无法完全确定时戢的生活年代，综合分析《清异录》的记载，估计应在晚唐至宋初之间。

[2] 《河南文物考古工作三十年》的作者称：“打虎亭一号墓有豆腐作坊石刻，是一幅把豆类进行加工，制作成副食品的生产图像，证明我国豆腐的制作不会晚于东汉末期。”《文物考古工作三十年》，文物出版社 1979 年版，第 284 页；又参黄展岳：《汉代人的饮食生活》，《农业考古》1982 年第 1 期。

[3] 陈文华：《豆腐起源于何时？》，《农业考古》1991 年第 1 期。

[4] 参《农业考古》1998 年第 3 期《豆腐问题的争论》专栏。

直到目前为止，我们也没有获得任何关于豆腐起源的新证据，对这个问题本不该多作评说：既不情愿在证据严重缺乏的情况下迎合人们的好古心理，但也不想遽尔否定豆腐的汉代起源说而惹恼众生。尤其是考虑到某些地方和部门曾是那样充满激情地把“淮南”“刘安”“豆腐”紧密联系在一起，为了地方和行业发展不惜投斥巨资打造豆腐文化标签——尽管这“淮南”与那“淮南”并非同一码事。但是这个问题对本书主题甚有意义，不好避而不谈。

坦率地说，尽管“汉代已有豆腐”的说法更加流行，但我们仍然心存疑惑——不仅因为目前支持此说的证据并非确凿无疑，而且因为从技术发明和文化传播角度来看，这个说法存在诸多难以解释之处。

首先，我们认为：豆腐加工是一个必须同时具备多种条件的技术发明，汉代是否已经具备了所有这些条件，令人怀疑。在传统食品加工中，做豆腐当然并不是技术最复杂的一项工作，至少不比某些酒类加工复杂，但也不是仅凭某个单项技术方法就能完成的。豆腐加工技术是由若干单项技术所构成的技术组合：将一担浑圆坚硬的大豆加工成为豆腐，要经过浸豆、磨豆、煮浆、过滤、点卤、去水压制等多个必要工序，每道工序都需要采用特定的工具和技术来完成，汉代是否具备了所有这些工具和技术事项？即使已经掌握了所有这些单项工具和技术，其中的任何一项都不难完成，我们也无法肯定那时已经将这些原本并不相干的单项技术联结为豆腐加工所需要的一套完整的技术组合。科学技术史上的众多事实表明：将若干单项技术联结起来，集成为另外一套新的彼此配套的复合技术，是一个相当复杂的发明创新过程，常常需要经过长期摸索才能实现。就豆腐加工来说，浸、磨、煮等工序自然没有问题，但过滤、点卤这两道工序，就并不是轻易能够想得到和做得到的。

不仅如此，任何一项新技术发明，都具有一定的逻辑顺序和规律，需要一定的“文化生境”。虽然新技术发明往往带有很大的偶然性，但创新灵感总是来自于社会生活实践和前期经验积累。诚如学者所指出的那样：“豆腐的出现可能是起源于煮豆浆时，人们由于加入食盐或盐卤汁调味，结果在无意中发现的。”[1]那么发明豆腐的人应当具有经常磨豆浆、喝豆浆的生活经验，其所处的时代和社会也应当具备这样的生活背景。然而根据我们有限的了解，尽管在汉代及其以前已有人将炒熟的豆子磨成干粮——糗，在两汉文献中还有不少煮食菽饭、豆糜的记载，但还不曾发现有人先将黄豆浸泡、磨浆而后煮食豆浆。因本书还要专门讨论饮料问题，我们发现中古以前国人解渴主要是饮浆，在那时的文献之中见过用不同材料做的许多名目的“浆”，却并没有发现任何一条材料反映汉唐之间人们磨豆煮浆饮用。因之，尽管汉代已经比较普遍地使用石转磨来加工粮食，磨豆的工具条件应已具备，但在技术上具备这种条件是一回事，是否真正实施则是另一回事，若无磨豆、煮浆食用或饮用的长期而普遍的生活习惯作为基础，无意中发现了磨豆—煮浆—打豆腐，是断然不可想象的——期间的思维跳跃实在太大了。就退一万步来说，即便有磨豆浆之事，豆浆过滤、点卤澄清等关键技术又是怎样被联结到一起的呢？

其次，从传播角度来说，汉代已有豆腐的说法更令人怀疑。姑且假定汉代已经有豆腐，而打虎亭一号汉墓的那些石刻图像确系东汉豆腐加工场面，甚至像论者所言的那样：除煮浆以外的整个过程都描绘得相当完整，与当代民间的豆腐加工并无明显差别——亦即豆腐加工技术已然相当成熟。那么我们完全可以沿着这个方向进一步思考：在墓主生活的年代，豆腐加工必定已经历了一个相当长的发展、完善过程。由于汉人视死如生，不仅“厚资多藏，器用如生人”，[2]而且还在其墓壁上以现实生活为摹本刻下了众多图像，这些图像很真实地反映了人世间的生活情状。那么，我们就完全可以做出这样的推定：完整的豆腐加工图既出现于打虎亭一号墓，无疑表明豆腐加工和食用，至少在墓主所在的上层社会和所在的北方地区，都并不是偶一为之的事情。

[1]《中国食品科技史稿》（上册），第54页。

[2]（汉）桓宽：《盐铁论》卷6《散不足第二十九》。

当加工和食用豆腐成为某个地区上层社会生活中的一个常见事实，其在平民百姓中流传开来应当无须花费太长的时日，这是因为：第一，虽然技术发明具有很多偶然性，需要经过长期的如同在黑暗中的摸索（在古代尤其如此），发明豆腐加工整套技术方法确实不易。但就其复杂程度而言，传播和学习这套技术并不十分困难；第二，豆腐加工所需的材料和器具，都不是普通百姓力不能办的：做豆腐的主料——大豆是当时最廉价的粮食之一，历来文献都将吃豆菽饭、喝豆糜视作生活清贫节俭的标志；贫贱百姓虽然常感食盐困难，但盐在他们日常饮食中亦是不可或缺之物；豆腐加工所需的磨、缸等器具也都是寻常人家所常用的家什；第三，即使豆腐果真出自淮南王之类为了长生不老而在饮食方面刻意追求新奇的术士之手，但豆腐毕竟不同于普通民众遥不可及的灵丹仙食，而是一种易为平民百姓所认同并有能力加工的食品，更何况与终年肉食餍足的上流社会相比，普通百姓对豆腐这类可以弥补肉食不足的廉价食品有更加强烈的需求？因此，肯定了“豆腐加工图”，即意味着肯定了前述的一个观点——“早在公元2世纪，豆腐生产已在中原地区普及”。

这样一来，就产生了一个完全无法解释的问题：如此一项具有广泛社会生活需求，并且易学易为的食品加工技术，如果已经在社会上普及开来，就理应在文献之中有所反映。可是，从东汉末期（打虎亭一号墓的年代）到宋初（《清异录》的著作时代）的各种文献中，长期关注这一问题的研究者，却始终未能发现一条关于豆腐的非常肯定的记载，[1] 而我们对这期间的历史文献进行全面检索，也是一无所获。虽然中古饮食方面的专门文献大多散佚，但尚存有对食品加工、烹饪记载甚详的《齐民要术》，其他文献中有关饮食的零碎记载也颇有一些。如果东汉以后豆腐

[1] 洪光住列举了一长串他所查寻过的书籍的目录，未能发现有关记载（上揭洪光住书，第47—48页）；而笔者尽管非常努力，也未能从汉唐文献中找到有关的蛛丝马迹。在开展中古饮食史研究的过程中，笔者采用竭泽而渔式的笨办法，力求遍检现存的汉唐文献，尽管不敢保证一部不落，也不是逐字逐句地研读，但对其中与饮食有关的内容，却没有轻易放过。

已经有所流传，哪怕在区域社会尚未普遍流传，都不应当出现七个世纪的记载空白，也不可能在经历了七个世纪的空白之后突然在宋代文献之中屡屡出现。

为了弥补以上证据缺失，一些饮食史研究者十分着力地试图从中古文献中找到证据，于是有人从《清异录》转引的隋代谢讽的《食经》中找到了“加乳腐”，认为这“可能指加奶的豆腐脑”。[1]但是，单凭这三个字所做的可能性推测，根本说明不了任何问题：把“加乳腐”解释为“加乳之腐”，当然便当省事，但这却是在心中认定已经有豆腐的前提之下的望文生义。且不说这份简单的食谱经多个世纪辗转传抄难免发生错讹脱漏问题——“加乳腐”未必不可以是传抄过程中前后脱文所致，或从前后食名中被错误地另行列出的结果；也未必不可以解释为在某种食品中添加“乳腐”——正如同书所记的“添酥冷白寒具”那样。更加重要的是，出现于中古文献的“乳腐”一词，有一个可以断定的确切解释——发酵的畜乳。[2]就算我们把“加乳腐”解释为“加乳之腐”，谁敢肯定其“腐”便是豆腐或豆腐脑？更进一步，谁又能告诉我们：把羊奶（牛奶，甚至其他什么奶）掺进豆腐脑里，那是一种什么特别好的吃法或者食品，以至被美食家专门记录了下来？！

也许还会有人争辩说：因为豆腐只是平民阶层的嘉馔而非上流社会的美食，《齐民要术》之类主要记载“肉食者”阶层饮食技术的文献对豆腐不重视、不记载并不奇怪，历来史籍都很少反映平民的饮食，而汉唐文献又已经大量散佚，因此现存文献未能留下关于豆腐的记载乃是可以理解的。看似很有道理！但是我们应该注意到：《齐民要术》卷9专门设有《素食》一篇，所载尽是当时流行的素食菜点，若当时确实早就有了豆腐，贾思勰没有理由故意将其排斥在外；尤其是该书对豆豉、豆酱等

[1] 王仁湘：《饮食与中国文化》，人民出版社1994年版，第26页。

[2] 《新唐书》卷163《穆宁传》云：“（穆宁四子）兄弟皆和粹，世以珍味目之：赞少俗，然有格，为酪；质美而多入，为酥；员为醍醐；赏为乳腐云。”这条记载将“乳腐”与其他三种乳制品并提，正说明其为乳制品的一种。

等以豆类为原料的食品加工，都有很详细的讨论和记载，没有理由单单把豆腐排斥在外、故意不提。同时，我们还应当注意到，汉唐时代诗文和笔记小说对逸人野老、僧侣道士和服食养生家们的饮食生活都有很多记载，基于这些人群长生摄养的饮食营养追求，或者戒荤茹素的宗教饮食戒律，富有营养的素食美味历来都是他们所汲汲以求、精心造作的食馔（自宋以来，豆腐亦在其中并且位列上品）。事实上，中国菜谱上的许多素食珍馔，正是由僧侣道士、逸人野老和服食养生家发明和创造的，将豆腐发明权归属于喜好方术的淮南王刘安，亦正是基于这一社会心理和文化史实。虽然豆腐"本乃淮南王术"的"世传"并不可信，但豆腐加工技术出自淮南王的后世同道则不无可能。设若汉代就已经有了豆腐，何以汉唐时代大量关于这些人群饮食生活的大量记咏中亦不曾留下任何蛛丝马迹呢？！这恐怕不是因为豆腐不受欢迎所以文献没有记载吧？最大的可能性是，那时还没有豆腐。因此，除非找到了更确凿可靠的新证据，我们就无法圆满地解释何以汉唐文献关于豆腐的记载全然空白，也就无法证明汉代已经发明豆腐，更不要说已经普及了。

如果我们采用反向思维，放弃论证豆腐起源于汉代的努力，而将其发明时间放在中唐以后，至少从技术传播角度来说，要容易解释得多。一般来说，一项技术从其发明到推广普及，通常都需要有一个过程，对于豆腐加工技术而言也是如此。但是，只要条件具备并且确实有益于国计民生，其推广普及的过程通常不会太长。假定豆腐果真起始于唐代至五代之间，其在五代宋初开始出现于文献记载，至两宋时期因为已经相当普及故而屡屡见迹于史籍，就变得非常自然和合情合理了，符合技术传播的一般规律。

总而言之，迄今为止，我们仍不敢断然否定豆腐在更早时间就已经出现的可能性。但是，在缺少强有力的文献证据的情况下，仅凭宋代以后才开始被文人提到的"世传"，仅根据打虎亭一号汉墓的那组石刻画像，就断定汉代已有豆腐并且在中原地区已经普及，还为时尚早。因为，不但"世传"无法确信，而且把那组石刻画像断定为"豆腐加工图"也是带着已有的先入之见而做出的过于主观的判断。在拥有历史文献记载的时代，对某个出土文物的鉴定和研究应尽量与文献相印证，在缺少文献记载而又无其他考古资料可作支持旁证的情况下，最好不要遽作结论。事实上，如果将画像场景与《齐民要术》关于酿酒的记载互相对照，把它们断定为“酿酒图”而不是“豆腐加工图”，可能更加合理一些。

回到本书主题。如此一来，虽然根据陶谷的记载，可以确定豆腐在晚唐五代时期已经登上江南人家的餐桌并且市中有售，还可由此推知它已经流行有时，但没有任何明确证据表明此前它也已经成为华北人民的盘中之餐——即便有之，那也已经到了中古行将结束之时。

第五章

膳食结构和烹饪技艺

对食品原材料进行加工，只是“吃”的第一步准备工作，多数食物（特别是主食和菜肴）加工之后还需采用相宜的方法加以烹饪，分为做成主食、菜肴、点心等等，而后方可食用。烹饪是“吃法”的核心，也是安全进食的最后关口。

在漫长的饮食生活史上，华北人民不懈努力探索和追求，食品烹饪方式经历了几次变革，方法不断多样化，技艺不断提高。早在史前时代，华北食品烹饪至少就经历了两次技术革命：第一次，是从生食到熟食的变化，始于距今数十万年乃至上百万年前，它以保存和利用自然火种作为开端，以发明和掌握人工取火方法得以确立。根据中国历史传说，在“燧人氏”时代，先民们不仅学会了利用自然火种烧烤食物，还发明了“钻燧取火，以化腥臊”。[1] 火在饮食领域的运用，使华北居民告别了“茹毛饮血”的野蛮饮食方式，实现了由生食向熟食的转变，这对于当地人类体质和文化进化都具有不可估量的意义；第二次技术革命，导因于制陶技术的发明。新石器时代，随着陶器的出现，食物烹饪改变了过去在火堆上直接烧烤或“释米捋肉，加于烧石之上而食之”[2] 的落后方式，煮食逐渐发展起来，这对改善谷米粒食尤其具有重大意义，也使得鱼肉及

[1] 《韩非子·五蠹》。

[2] 《礼记·礼运》“郑玄注”。

其他食物能够和汤水汁液而食。进入文明时代以后，华北食品烹饪技术体系更不断取得了新的发展：在器用方面，灶、炉、鼎、釜等炊食设备相继出现并不断改进和完善，铜质和铁质炊具相继被发明和使用，炊具种类不断增多并形成较为完整的功能体系；在烹饪技法方面，食品的蒸、煮、炮、炙技艺不断提高，熬、炸、焖、煨等其他方法亦逐渐被发明和应用，人们愈来愈注重食物搭配。讲求五味调和，烹调理论也开始出现并渐趋系统化。大体来说，在中古到来之前，华北居民对于谷米、蔬菜和鱼肉，已经分别形成了不同的烹饪方法，谷米烹饪以蒸饭、煮粥为主，“饼食”[1]虽已出现，但尚不甚普及；菜肴烹饪方面，蔬菜基本上是煮“羹”食用，肉类（包括畜、禽、鱼肉）烹饪则较为复杂，蒸、炮、炙等法均有用之，煮肉作羹（即所谓“臛”）甚是普遍；当然，菜肴——包括蔬菜和鱼肉，亦多有生食者。

中古时代是华北烹饪发展史上又一个非常重要的历史阶段，在这个阶段，当地无论膳食构成，还是主食、菜肴烹饪方法，前后都发生了一些引人注目的重大变化，其深远影响一直持续到当代。可以说，现今华北食物烹饪和膳食构成的若干主要特征，即是奠定或初步形成于中古。以下就若干主要问题略作讨论。

一、主食结构和品种的变化

中古时代，华北居民主食结构上的最大变化，是两汉时期已经出现的“饼”食，随着麦类生产和面粉加工的不断发展，日益普及，成为寻常人家的主食，与饭、粥平分秋色甚至位居其上。因此，这个时代饭、粥的品种进一步增多，而饼的花样名目更可谓层出不穷。以下罗列相关

---

[1] 按中古时代及其以前“饼食”的含义与如今之“面食”大体等同，各种粉制食品均属饼类。

资料分别加以介绍。

1. 饭

在中古文献中，“饭”除用作动词意指“吃饭”外，作为名词概念自狭至宽有三重含义：狭义的“饭”专指谷物（包括米、麦和豆）蒸煮的固态粒食，不包括面食和粥；含义较为宽泛的“饭”与“菜”相对，包括粒食（饭、粥）和面食（饼饵），与“主食”同义；含义最为宽泛的“饭”，则包括了一日三餐所食的全部饭菜羹汤。这里我们所谈的饭，仍是就其狭义而言。

中古时代的饭，大体上仍采用两种方式烹饪而成，一是甑蒸，二是釜煮，以前者为多见；而饭的品种名目则相当多，文献中常见的有粟饭（包括粝饭、脱粟饭）、麦饭、粳饭（稻饭）、豆菽饭、胡麻饭、雕胡饭（或称菰米饭）、橡饭等等，大体根据做饭的原料及原料的精粗而命名。

在相当长的历史时期中，粟米一直是华北人做饭的主料，这一情况在中古时代仍未改变。但由于经济地位不同，不同阶层所食用的粟米饭在品质上有较大差别，社会上层多食用精白粱米饭，而用粗加工（仅脱壳而不精白）的粟米蒸煮的饭，称为“脱粟饭”或“粝饭”，食用者一般家境较差或者生活节俭，比如隋末农民领袖窦建德“性约素，不喜食肉，饭脱粟加蔬具……”[1]唐玄宗西奔途中，百姓曾上献“粝饭”供皇子皇孙们充饥。[2]估计当时平民百姓通常所食用的正是这种“脱粟饭”或“粝饭”。

“麦饭”在中古文献中仍甚多见，小麦、大麦、瞿麦、青稞麦等均可炊煮麦饭，《齐民要术》即记载小麦、青稞麦可用于做麦饭。[3]由于麦饭口感较差，普通百姓常食，上层社会食用麦饭则被视为生活困窘或

[1]《新唐书》卷85《窦建德传》。

[2]《资治通鉴》卷218《唐纪三四》“肃宗至德元载”。

[3]该书卷2《大小麦第十》云：小麦做成“劁麦”（一种加工贮藏方法）后可“经夏虫不生”，“然惟中作麦饭及面用耳”；又云：青稞麦“堪作饭及饼饦，甚美。……”

俭朴的一种表现；[1]如果用麦饭招待来客，则可能会引起客人不满。[2]在唐代文献中仍可见到不少关于麦饭的记载，例如《资治通鉴》记载魏思温劝徐敬业起兵反周时说："山东豪杰以武氏专制，愤惋不平，闻公举事，皆自蒸麦饭为粮，伸锄为兵，以俟南军之至……"[3]可见当时认为蒸麦饭为食甚为普通。不过唐代的麦饭似乎更多是用作军粮，唐前期府兵上番服役，每个士兵所需自备的物资中即有"麦饭九斗"；[4]开元二十六年（738年），宁、庆二州麦贱伤农，朝廷下诏令"所司与本道支使计会，每斗加于时价一两钱，籴取二万石变造麦饭，贮于朔方军城"；[5]王杲、曹怀舜等率军讨吐蕃兵败溃退时，"遗却麦饭，首尾千里，地上尺余。"[6]这些记载说明，唐代至少在西北地区，麦饭曾一度是军队的主食。当然，这种麦饭是经过焙或晒的干麦饭。总体上说，在中古时代，随着面粉加工技术提高，麦类更多是制粉作饼食用，麦饭已逐渐接近了尾声。

华北水稻生产虽不及南方发达，但食用"稻饭"（或"粳饭"）亦时见记载。例如白居易记咏其在洛阳等地生活的诗中曾经多次提到"稻饭"。[7]不过北方稻米毕竟比较贵重，食用稻米饭者多是社会上层

---

[1] 例如北魏"（卢）义僖性清俭，不营财利，虽居显位，每至困乏，麦饭蔬食，忻然甘之。"汝南王元悦转崇佛法后"遂断酒肉粟稻，惟食麦饭。"分见《魏书》卷47《卢玄传》，《北史》卷19《孝文六王传》。

[2] 《世说新语》卷中之下《品藻第九》注引嵇康《高士传》曰："（井）丹，字大春，扶风郿人，（新阳）侯设麦饭葱菜以观其意，丹推却曰：'以君侯能供美膳，故来相过，何谓如此？'乃出盛馔……"

[3] 《资治通鉴》卷203《唐纪十九》"则天后光宅元年"。

[4] 《新唐书》卷50《兵志》。

[5] 《册府元龟》卷502《邦计部·平籴》。

[6] 《太平广记》卷255《李敬玄》引《朝野佥载》。

[7] 其《饱食闲坐》云："红粒陆浑稻，白鳞伊水鲂，庖童呼我食，饭热鱼鲜香，箸箸适我口，匙匙充我肠……"又《二年三月五日斋毕开素当食偶吟赠妻弘农郡君》云："稻饭红似花，调沃新酪浆。"分见《全唐诗》卷453白居易三十、卷459白居易三十六。

人士，平民百姓则很少食用；在不产稻米的地区，普通民众更是无缘一沾其味。

以豆煮饭，在中古文献中记载甚多，例如三国时人应璩的《薪诗》中即有“灶下炊牛矢，甑中装豆饭”之句；[1]唐文宗时，日本僧人行至山西某地一家寺院，因深山寺院乏粮，即“吃少豆为饭。”[2]诸饭之中，豆菽饭是最差的一种，通常只有那些身份卑贱和家境贫寒的人们才食豆饭。以豆菽为饭，也并非清一色只用豆子，因为这样大量食用容易引起食积不化、腹胀甚至中毒，故文献所记多是“杂菽为饭”，比如前引玄宗西奔剑南途中百姓所献之食，即是“粝饭杂以麦、豆”，[3]唐末长安人“……以黄米及黑豆屑蒸食之，谓之‘黄贼打黑贼’”。[4]也是一种杂豆杂米的饭。

除上述几种之外，中古文献中还出现有一些特殊的饭，其中最可提起的有胡麻饭、麻子饭、雕胡饭、橡实饭等等。胡麻饭即以芝麻籽炊煮的饭，《齐民要术》说当时胡麻有“白胡麻”“八棱胡麻”等品种，其中“白者油多，人可以为饭”。[5]只是以胡麻为饭者多是逸人野老、方士养生家，王维《送孙秀才》一诗有云：“玉枕双文簟，金盘五色瓜；山中无鲁酒，松下饭胡麻。”[6]上古曾列为五谷之一的大麻籽，在中古已甚少作粮食用，但“麻子饭”仍偶见记载，例如北魏时期蠕蠕首领阿那瑰向北魏“请给朔州麻子干饭二千斛”，[7]即是一例。雕胡饭，又称菰米饭，自先秦以来即颇有名气，系用菰蒋籽实炊煮的饭，[8]《齐民要术》记载有“菰米饭法”云：“菰谷盛韦囊中；捣瓷器

---

[1] 《太平御览》卷850《饮食部八》。

[2] 圆仁：《入唐求法巡礼行记》卷2。

[3] 《资治通鉴》卷218《唐纪三四》“肃宗至德元载”。

[4] “黄贼”指黄巢的军队。见《新唐书》卷35《五行二》。

[5] 《齐民要术》卷2《胡麻第十三》。

[6] 《全唐诗》卷126王维二。

[7] 《魏书》卷103《蠕蠕传》。

[8] 菰蒋，禾本科植物，学名Zizania aquatica，古人常以其籽实作饭。

为屑，勿令作末，内韦囊中令满，板上揉之取米。一作可用升半，炊如稻米。"[1] 由于菰蒋在华北出产不如南方之盛，故食用亦不如吴楚地区多；但由于隐者方士喜爱，故诗文中亦时有出现。比如唐代王维即有"蔗浆菰米饭""香饭青菰米"等句。[2]

与上述几种不同，煮食橡[3] 实饭者主要是生活贫困的百姓，特别在饥荒年月，煮食橡实饭者甚为多见，煮食的数量也较大。《齐民要术》称："橡子俭岁可食，以为饭；丰年放猪食之，可以致肥也。"[4] 可见当时认为橡实是重要的度荒代食品。北朝孔衍《在穷记》记载他穷困之时，曾有"彭城王送橡饭十斛"。[5] 我们在唐代文献中也查检到了若干实例，如《新唐书》卷114《崔融传附从传》称：（崔从）"少孤贫，与兄能偕隐太原山中。会岁饥，拾橡实以饭"；唐文宗开成年间，山东蝗灾严重，造成了大范围饥荒，日本僧人圆仁记载其所经过的登州一带"百姓饥穷，吃橡为饭"，甚至"专吃橡子为饭"。[6]

最后，《齐民要术》所记载的两种特殊的"饭法"值得一提：一种是引自《食经》的"作面饭法"，系用干蒸粉搅和米饭而蒸成的；另一种是"胡饭法"，大约是从外国传入的一种方法，从其内容来看，似与通常概念中的饭完全不同，倒与卷饼较为相似，但又不同于饼。[7] 不过，这种食品虽名之为饭，其实称为饼更合适，因它确实是一种卷有肉菜的卷饼。以上两种方法，一出南方，一出胡人，反映了外来饮食文化的影

[1] 《齐民要术》卷9《飧、饭第八十六》。

[2] 分见《全唐诗》卷127王维三《春过贺遂员外药园》《游化感寺》。

[3] 橡，即山毛榉科的橡树，学名 Quereus acutissima。

[4] 《齐民要术》卷5《种槐……第五十》。

[5] 《太平御览》卷850《饮食部八》。

[6] 圆仁：《入唐求法巡礼行记》卷2。

[7] 《齐民要术》卷9《飧、饭第八十六》云："胡饭法：以酢瓜菹长切，脟（同脔）炙肥肉，生杂菜，内饼中急卷。卷用两卷，三截，还令相就，并六断，长不过二寸，别奠'飘齑'随之。细切胡芹、蓼，下酢中为'飘齑'。"这种胡饭用料甚为复杂，既有酸瓜菹，又有脔肥肉，还杂有生菜和用胡芹、蓼及醋拌制的调料，想来营养和味道都甚佳。

响，故特附记于此。

2. 粥

粥也是中古华北居民的主食之一，这与此前时代没有明显变化。根据其厚薄的不同，粥有“糜”、“饘”等不同的异名；[1]此外文献之中还有“糜粥”“膏糜”“饘粥”“薄粥”“浆水粥”等不同叫法。

中古时代的粥，可用许多种原料（包括主料和配料）做成，也常据用料而立名。当时华北人用以熬煮粥食的原料主要有粟米、稻米、麦子和豆子；此外还有胡麻、面粉和某些植物的皮及叶等等；甚至还有用造酒的下脚料——曲糟、酒糟作粥食用。

由于粟是中古华北的主粮，煮食粟米粥也最为普遍，在灾荒年份人们常食粟粥度荒，慈善之家亦每煮粟粥救济饥民。[2]

其次是麦粥。在文献中最有影响的是寒食麦粥——即《齐民要术》记载的所谓“醴酪”。[3]关于醴酪的煮食方法，《齐民要术》未载，通过

[1] 《礼记·檀弓上》“饘粥之食”孔颖达疏云：“厚曰饘，稀曰粥。”汉·刘熙《释名》卷4《释饮食第十三》云：“糜，煮米使糜烂也。粥，浊于糜，粥粥然也。”

[2] 例如《魏书》卷45《韦阆传》载：某年大饥荒期间，“（韦）朏以家粟造粥，以饲饥人，所活甚众”。《南齐书》卷28《刘善明传》也记载：“元嘉末，青州饥荒。人相食。善明家有积粟，躬食饘粥，开仓以救，乡里多获全济……”

[3] 按：寒食节食粥是中古华北十分流行的一种节日饮食习俗，据《齐民要术》记载，这一习俗，与民间寒食断火以纪念介子推的活动有关。该书卷9《醴酪第八十五》称：“昔介子推怨晋文公赏从亡之劳不及己，乃隐于介休县绵上山中。其门人怜之，悬书于公门。文公悟而求之，不获，乃以火焚山。推遂抱树而死。文公以绵上（山）之地封之，以旌善人。于今介山林木，遥望尽黑，如火烧状，又有抱树之形。世世祠祀，颇有神验。百姓哀之，忌日为之断火，煮醴酪而食之，名曰‘寒食’，盖清明节前一日是也。中国流行，遂为常俗。”这一习俗虽附丽于介子推，但其文化内涵恐怕并不如此简单，对于这一习俗的来龙去脉，在此无暇展开讨论。寒食粥，除称作“醴酪”外，因其加有杏仁，又称作“杏粥”，《全唐诗》卷191韦应物六《清明日忆诸弟》有“杏粥犹堪食，榆羹已稍煎”之句；以其常加饧糖食用，故又称为“饧粥”。钱易《南部新书》乙部云：“每岁寒食，荐饧粥、鸡毬等。”此外，《唐宋白孔六帖》卷16引《金门岁节》记载：唐代洛阳人家还有寒食日煮杨花粥者。值得注意的是，贾思勰在记载这一习俗之后，（转下页）

中古其他文献记载，我们可以了解其大概：这种麦粥醴酪系以大麦煮粥，加配杏仁及饧糖等物做成。[1]《齐民要术》虽未记载寒食醴酪的做法，但却详细记载了一种“煮杏酪粥法”，大概与寒食醴酪的做法没有多大区别，这种杏酪粥系以舂去皮的“宿穬麦”[2]煮粥加杏仁做成，据说如果做得成功，则其“粥色白如凝脂，米粒有类青玉”，并且可藏一个多月，至农历四月八日亦不变质。[3]直至唐代，寒食节及平日煮食麦粥的习惯仍然流行，唐制规定：寒食节诸王以下的节日食料中包括有“寒食麦粥”，[4]皇帝甚至时以麦粥赐予大臣。[5]

同以麦子为原料做成的粥还有所谓“粉粥”，中古华北人亦常煮食之。只不过麦粥用整粒或仅舂去皮的麦子熬煮，粉粥则是用面粉煮成的面糊。唐制规定：百官廊中食（又称廊下食），夏月有“冷淘、粉粥”，[6]《太平广记》中转载有几则唐人食粉粥的实例，其一例云：“玄同初上，府中设食，其仓曹是吴人，言音多带其声，唤粉粥为粪粥。时肴馔毕陈，蒸炙俱下，仓曹曰：‘何不先将粪粥来？’举座咸笑之。”[7]另一故事则记载：开元十五年，青龙寺仪光禅师为一朝官之

（接上页）又特别加注说：“然麦粥自可御暑，不必要在寒食。世有能此粥者，聊复录耳。”这说明虽然寒食麦粥最为有名，但平时人们也常吃麦粥醴酪，特别是夏日多食之，以御暑热。

[1] 《初学记》卷4《岁时部下·寒食第五》引陆翙《邺中记》曰：“寒食三日醴酪，又煮粳米及麦为酪，捣杏仁煮作粥。”又引《玉烛宝典》曰：“今人悉为大麦粥，研杏仁为酪，引饧沃之。”（《太平御览》卷30《时序部十五·寒食》引同）又，《太平御览》卷859《饮食部十七》引《时镜新书》曰：“齐魏收当寒食饷王元景，（元景）与收书曰：‘始知令节，须御麦粥，加之以糖，弥觉香冷。’”

[2] 根据缪启愉师的意见，所谓“宿穬麦”，乃指越冬皮大麦。参《〈齐民要术〉校释》第647页。

[3] 《齐民要术》卷9《作醴酪第八十五》。

[4] 《大唐六典》卷4《膳部郎中元外郎条》。

[5] 参《文苑英华》卷629《状》引令狐楚《为人作谢子恩赐状五首》。

[6] 《唐会要》卷65《光禄寺》，《大唐六典》卷15《光禄寺》。

[7] 《太平广记》卷249《长孙玄同》引《启颜录》。

亡妻做修福法事，死者起而为禅师做粉粥。[1] 此外，圆仁在其《行记》中也记载他们一行曾于开成五年四月十一日，在河北某地“每人吃四碗粉粥”。[2] 由此可见，至少在唐代，各阶层都时常食用粉粥（即面粉糊）。

比较而言，稻米粥品位较高，滋味更美。但因华北稻米较为难得，以稻米做粥非寻常人家所能常有。《南史》卷62《徐摛传附孝克传》记载了一个令人伤感的故事，称：“陈亡，（徐孝克）随例入长安，家道壁立，所生母患，欲粳米为粥，不能常办。母亡后，孝克遂常啖麦，有遗粳米者，孝克对而悲泣，终身不复食焉。”正由于稻米粥比较珍贵，故华北人谈及美粥，每以粳米粥作对比。[3]

与粳米粥相比，豆粥可就差得远了。中古文献记载表明，当时华北常以豆粥为食者，基本上是家境贫寒的穷人，“啜菽饮水”“豆糜为食”等等，是当时用来形容某人家境贫困的常见用语。不过，豪族显贵中似乎也有人喜好这种下等的粥食。西晋时的石崇就曾因“为客作豆粥，咄嗟便办”，令其老对头王恺自愧不如，后者甚至不惜买通石崇帐下人以求取其秘方。[4] 比豆菽粥糜更等而下之的，还有以曲屑、酒糟、树皮、榆叶等等做成的粥。[5] 当然，这些粥一般在饥荒岁月才有人煮食，并非当时的常食。

---

[1] 《太平广记》卷330《僧仪光》引《纪闻》。

[2] 圆仁：《入唐求法巡礼行记》卷2。

[3] 《齐民要术》卷9《飧、饭第八十六》称：采用“折粟米法”加工的粟米“炊作酪粥者，美于粳米”。

[4] 《晋书》卷33《石苞传附崇传》。

[5] 如《初学记》卷26《粥第十三》引徐广《晋纪》曰：“愍帝建兴四年（316年），京城粮尽，屑曲为粥，以供帝食。”《太平广记》卷167《阳城》引《乾馔子》曰：“阳城贞元中与三弟隐居陕州夏阳山中，相誓不婚。啜菽饮水……或采桑榆之皮屑以为粥……”圆仁《入唐求法巡礼行记》卷2载：开成五年某月某日曾在“清河县界合章流村刘家断中，吃榆叶粥”。类似例子颇为不少，不一一具引。

中古上流社会追求长生的心情十分强烈，食粥作为一种长寿养生之道颇受重视，故甚为高档的养生粥品自然也不乏记载，这些养生粥品有的用极品珍米做成，有的则配上具滋补价值的草药。见于文献的有粱米粥、胡麻粥、地黄粥、防风粥、葱粥等等多种；[1]韦巨源《食单》中还记载有一种用外地（或外国？）进贡的原料熬煮的“长生粥”。虽然这些高档粥品在当时是出自上层社会的奢侈饮食，但从食疗养生方面来说，对于今天仍具有一定的参考价值。

由上可见，中古时代华北粥的品种可谓多种多样，不仅有高档的粳米、粱米粥，也有低档的麦粥、粉粥、豆粥以及饥荒岁月食用的各种所谓的“粥”；食疗养生粥品也有不少品目。或许有读者感兴趣，想知道当时人们通常在什么时候、什么情形之下吃粥？综合各类记载，以下几种情况下比较多见：

一是老人、病者食粥的记载很多；二是服丧期间孝子食粥者多；三是贫者及饥荒时期食粥多；四是岁时节日食粥。有关史实，黎虎《汉唐饮食文化史》已经列举不少，兹不重复。但有两点值得特别指出：

其一，中古文献有关食粥的记载表明，当时华北人民已经形成“早朝吃粥”的习惯，圆仁《行记》中提及他一行沿途吃粥之事不下二十次，基本上都是早朝吃粥，无论在寺院、官衙抑或是在村民之家都是如此。这一点唐人记载也可证明，例如白居易《风雪中作》一诗即云：“粥熟呼不起，日高安稳眠。”[2]显然也是早餐吃粥。后唐时期“堂厨”供给宰相的早餐也是粥类，时有“相粥白玄黄”之

[1] 如《齐民要术》卷2《粱秫第五》引《广志》曰：“辽东赤粱，魏武帝尝以作粥”；白居易《春寒》诗云：“今朝春气寒，自问何所欲？酥暖薤白酒，乳和地黄粥。岂惟厌馋口，亦可调病腹……”又《七月一日作》云：“饮闻麻粥香，渴觉云汤美。”《全唐诗》卷453白居易三十；又《云仙杂记》卷5引《金銮密记》云：“白居易在翰林，赐防风粥一瓯。”又，《太平广记》卷219《梁革》引《续异录》有“葱粥”。

[2] 《全唐诗》卷453白居易三十。

语，[1] 这虽是后唐时期的事情，想来唐代的情况也差不多。这些记载说明，中国人早餐吃粥的习惯，至晚在唐代的华北地区已经养成并流行；虽然粥在当时并非是惟一的但却毫无疑问是最重要的早餐食品。早餐食粥习惯的形成，在中国饮食生活史上是一个具有重要意义的事情，也符合科学膳食养生之道。

其二，除了正常情况下在早餐食粥外，上述几种特殊情况下的食粥，大致不外乎两点需要：一为生理上的需要特别是养生滋补的需要；二为节省粮食需要。老年人体衰齿落，食量减退，一般食品常难消化，故自上古以来，粥糜一直被当作供奉老人的常用食品；生病的人身体虚弱，消化吸收能力也很差，故生病期间或大病初愈之后常常食粥，这一点古今也无多大区别；至于服丧之人食粥，虽然历代史籍都津津乐道地将其记为孝子的一种异迹卓行，但提倡之初也未必完全没有健康方面的考虑：服丧期间摈弃酒肉，多食浆粥，固然是为了表示对逝去亲人的哀悼心情，另一方面实在也有一番营养学上的道理：失去亲人者常因哀伤过度而食欲减退，消化力弱，此时食粥应是一种符合生理需要的合理选择。只是如果长期食粥，特别是品质较差的粥而不注意增添其他食物，可能导致营养摄入严重不足，对身体显然也有所不利。至于饥荒时期或贫穷人家常常只有粥食，当然完全是迫于粮食匮乏，不得不如此。

3. 饼

“北人食面，南人食米”是长期以来关于我国南北饮食差异的一般看法。“南人食米”，古今皆然；“北人食面”，却并非有史以来便是如此。以面食为主，乃是中古华北饮食变迁最为突出的成果之一，正是在这个时代，华北人民逐渐改变曾经延续了近万年“粒食”（指谷米整粒煮食）

[1] 陶谷：《清异录》卷下《馔羞门》。白、玄、黄，分别指加乳粥、豆沙加糖粥和粟米粥。

传统，确立了以面食为主，面食与粒食并存的膳食结构，并且一直延续到当代。

在中古及其以前的古籍文献中，用面粉制作的各种食品通称为“饼”（“粉粥”除外）。以面粉作“饼”食用，可能在战国时期就已经出现。《墨子·耕柱》云：“见人之作饼，则还然窃之。”到了西汉，食饼之事逐渐多见，城市之中已有买卖饼食的营生。[1]东汉时期出现了一些饼食品种或名目，刘熙《释名》卷4《释饮食第十三》云：“饼，并也，溲面使合并也。胡饼，作之大漫冱也，亦言以胡麻著上也。蒸饼、汤饼、蝎饼、髓饼、金饼、索饼之属，皆随形而名之也。”崔寔《四民月令》亦记载了煮饼、水溲饼和酒溲饼等。[2]后世通常采用的烤烙、蒸、煮、炸四类饼法，在汉代大抵都已出现。只是，与后代相比，饼食的花色品种还比较少，对饼食发展具有关键意义的面粉发酵技术尚未见诸文献记载，即使已经发明，也没有推广。《四民月令》所载之“酒溲饼”虽然以酒溲面有帮助发酵的作用，但毕竟与面曲发酵不同。

魏晋以后，粮食生产结构变化和食品加工烹饪技术进步，都为饼食全面普及创造了必要的条件：首先，麦作进一步推广普及，给饼食发展提供了原料基础；其次，畜力和水力加工发展，显著提高了面粉加工效率，饼食制作变得日益简便易行；[3]其三，饼食制作的关键技术——面粉发酵方法在西晋时期应已出现，至南北朝时期则肯定已经较多应用。《齐民要术》卷9《饼法第八十二》引《食经》曰：“作饼酵法：酸浆一斗，煎取七升；用粳米一升著浆，迟下火，如作粥。六月时，溲一石面，著二升；冬时，著四升作。”面粉发酵对于改善饼食口感、帮助消

[1] 《汉书》卷8《宣帝纪》曰：宣帝微时“每买饼，所从买家辄大售，亦以（是自）怪”。

[2] 崔寔《四民月令》曰：“（五月）距立秋，无食煮饼及水溲饼。”又云：“夏月饮水时，此二饼得水即强坚难消，不幸便为宿食作伤寒矣。试以二饼置水中即见验，惟酒溲饼入水则烂也。”

[3] 前文对这两点已经分别作了讨论，兹不重复。

化具有特殊重要意义，为饼食全面普及和逐渐替代“粒食”开辟了广阔的前景。

那么，中古华北人民制作和食用了些什么饼？有哪些作饼方法？饼食普及程度究竟如何？关于这些问题，20 世纪 40 年代以来，陆续有学者进行了颇有成绩的考论。[1] 为进一步展示中古“饼食文化”的发展，我们仍在前人基础上勾画一个总体面貌，并就若干重要问题略做展开考论。

中古华北饼类食品名目众多，散见于各类文献记载的饼名不断增加。为简便从事，下面先将汉唐文献中所见之各种饼名列一简表（见表 5-1），然后进行一些名实考证，附带说明其制作方法。

表 5-1　汉唐文献所见饼名一览

时代	饼名
两汉	1．胡饼　2．蒸饼　3．汤饼　4．蝎饼　5．髓饼　6．金饼　7．索饼　8. 怅馄（疑即馄饨）　9．煮饼　10．水溲饼　11．酒溲饼
魏晋南北朝	1．安（特）干　2．粔籹　3．纠耳　4．狗后（狗舌）　5．餢飳　6．髓烛　7．曼头　8．薄壮　9．起溲　10．汤饼　11．白饼　12．烧饼　13．髓饼　14．膏环　15．粲（一名乱积）　16．鸡鸭子饼　17．环饼（一名寒具）　18．截饼（一名蝎子）　19．餢黐　20．水引　21．馎饦　22．切面粥（一名棋子面）　23．麸麴　24．粉饼（一名搦饼）　25．豚皮饼（一名拨饼）　26．薄夜（薄壮？）　27．白环饼　28．起漱白饼　29．牢丸　30．乳饼　31．环饼　32．雀瑞（喘？）　33．馅饼　34．胡饼（搏炉、麻饼）　35．蒸饼

[1] 这方面的主要论著有（日本）青木正儿：《华国风味》等，参青木正儿著、范建明译《中华名物考》（外一种），中华书局 2005 年版；洪光住：《中国人饮食文化中的面食》，收入《中国食品科技史稿》（上册）；黄正建：《敦煌文书与唐五代北方的饮食生活（主食部分）》，《魏晋南北朝隋唐史资料》第 11 辑（1992 年）；以及黎虎：《汉唐饮食文化史》和许倬云：《中国中古饮食文化的转变》关于面食的部分。此外，黄正建《唐代衣食住行研究》（首都师范大学出版社 1998 年版）、杨希义：《唐人饮食与饮食文化》（《周秦汉唐研究》第 1 辑，三秦出版社 1998 年版）、朱大渭等《魏晋南北朝社会生活史》（中国社会科学出版社 1998 年版）、李斌城等《隋唐五代社会生活史》（中国社会科学出版社 1998 年版），都用一定篇幅叙述了中古饼食，但重点不同，详略不一。

续表

时代	饼名
隋唐	1. 急成小餤　2. 千金碎香饼子　3. 花折鹅糕　4. 云头对炉饼　5. 紫龙糕　6. 象牙馅　7. 滑饼　8. 汤装浮萍面　9. 帖乳花面英　10. 朱衣餤　11. 添酥冷白寒具　12. 乾坤夹饼　13. 含酱饼　14. 撮高巧装檀样饼　15. 杨花泛汤糁饼　16. 单笼金乳酥　17. 曼陀样夹饼　18. 巨胜奴　19. 贵妃红　20. 婆罗门轻高面　21. 七返膏　22. 二十四气馄饨　23. 鸭花汤饼　24. 见风消　25. 唐安餤　26. 玉露团　27. 金银夹花平截　28. 火焰盏口馅　29. 水晶龙凤糕　30. 双拌方破饼　31. 汉宫棋　32. 天花饆饠　33. 甜雪　34. 八方寒食饼　35. 馎饨　36. 素蒸音声部　37. 金粟平馅　38. 古楼子　39. 煎饼　40. 斫饼　41. 獐皮索饼　42. 银饼餤　43. 樱桃饆饠　44. 羊肝饼　45. 鸣牙饼　46. 饫饼　47. 搭纳　48. 胡饼　49. 荞麦烧饼　50. 笼饼　51. 冷淘　52. 不饦　53. 侧粥　54. 切面筋　55. 夹粥　56. 蘸粥　57. 劈粥　58. 鹘（胡）突不饦　59. 牢丸　60. 袖饼　61. 二仪饼　62. 羊肝饼　63. 鸣牙饼　64. 诸王从事

资料来源：（汉）扬雄《方言》、（汉）刘熙《释名》、（汉）崔寔《四民月令》、（后魏）贾思勰《齐民要术》、（唐）虞世南《北堂书钞》、（唐）欧阳询《艺文类聚》、（唐）徐坚《初学记》、（唐）释玄应、释慧琳《一切经音义》（二种）、（日本）圆仁《入唐求法巡礼行记》、（唐）阳晔《膳夫经手录》、（唐）段成式《酉阳杂俎》、（唐）白居易及（宋）孔传《唐宋白孔六帖》、（宋）陶谷《清异录》、（宋）李昉等《太平御览》、（宋）李昉等《太平广记》，等等。

由于相关文字记载过于零散繁芜，我们不得不非常遗憾地承认：上表罗列并非没有遗漏，而且这样简单罗列各种饼名，不能充分反映中古华北饼食发展的客观实际，一个饼名可能也并不代表一个饼食品种，自古以来，同物异名或异物同名实在是非常普遍的现象，在食品方面也是如此。尽管如此，通过该表，我们仍能看到这样一个基本事实：自两汉至于隋唐时代，文献之中的饼食名目是不断增加的。一个时代一个民族，用于标识某类事物的语词数量多少及其出现频率高低，通常与该事物对社会影响之大小呈正比例关系。中古时期饼食名目不断增加，不仅反映饼的花色种类在不断增加，而且暗示饼在饮食生活中的地位在不断上升。下面我们以表 5-1 为线索，对文献中出现频率较高的饼名略做考证，并在此基础上对中古华北饼的主要制作与食用方法略做介绍。

综合备类文献的记载，我们可以将中古华北的饼食大概地分成若干类：即烤炙饼类、煮饼类、蒸饼类和煎炸饼类。

（一）烤炙自古以来即是做饼的主要方法之一，汉唐文献中记载有多种烤炙饼食，其中最负盛名的是胡饼。根据刘熙《释名·释饮食》的解释，胡饼之所以得名，乃是因为饼的表面撒有胡麻（芝麻）籽（已见上引）；但似乎也与其制法传自西北胡人有关。[1] 从中古文献记载来看，胡饼是用专门的饼炉即"胡饼炉"烤炙而成。[2] 因此之故，胡饼又称"搏炉"或"麻饼"。[3] 具体做法是：和面做成饼，在饼面撒上一些芝麻籽和油（或不撒油），贴于胡饼炉壁烤熟。

东汉末期，胡饼已在洛阳等地流行开来，包括皇帝在内的京师之人都很喜爱，[4] 此后愈来愈广泛地成为华北人民经常食用的饼。据《英雄记》载：李叔节之弟进先曾经"作万枚胡饼"招待吕布及其部属。[5] 到了唐代，胡饼更可谓声名大噪，当时文献关于胡饼的记载随处可见。日本僧人圆仁称：立春时节，京城长安无论僧俗，都时兴吃胡饼，[6] 可见长安一带非常流行。当地胡饼因为香脆可口而著名天下，以至外地人们都要仿照京师的式样和制法，大诗人白居易有《寄胡饼与杨万州》一诗云："胡麻饼样学京都，面脆油香新出炉；寄与饥馋杨大使，尝看得似辅兴无？"正反映了这一情况。[7] 文献反映：当时华北许多地方特别是城市中开有不少胡饼店，有的甚至就是胡人所开，人们随时随地都可以买到胡饼，颇有一点古代"肯德基""麦当

[1] 释慧琳《一切经音义》卷37《陀罗尼集卷十二音义》说："胡食者，即饆饠、烧饼、胡饼、搭纳等是。"显然他认为胡饼传自外国。

[2] 《齐民要术》卷9《饼法第八十二》记载有"胡饼炉"之名。

[3] 《太平御览》卷860《饮食部十八》引《赵录》曰："石勒讳胡，胡物皆改名，胡饼曰搏炉，石虎改曰麻饼。"

[4] 《太平御览》卷860《饮食部十八》引《续汉书》曰："灵帝好胡饼，京师皆食胡饼。"

[5] 《太平御览》卷860《饮食部十八》引。

[6] 《入唐求法巡礼行记》卷3云："……立春节赐胡饼、寺粥；时行胡饼，俗家皆然。"

[7] 《全唐诗》卷441白居易十八。

劳”的光景。[1]总之，胡饼在中古华北是非常流行和常见的一种饼食。

与前代相比，唐代胡饼的做法似乎有所发展，或者说可能又有新的胡饼法传入。据王谠《唐语林》记载：“时（中唐）豪家食次，起羊肉一斤，层布于巨胡饼，隔中以椒、豉，润以酥，入炉迫之，候肉半熟食之。呼为‘古楼子’。”说明当时社会上层制作胡饼的食材不再只是面粉、芝麻和油，而是夹有羊肉、椒、豉和酥油。值得注意的是，烤炙熟度是羊肉半熟，这显然是胡人食风。[2]当然，社会上普遍食用的胡饼并没有这样奢侈讲究。

同属烤炙类的饼还有多种，例如“烧饼”和“髓饼”，也是两种比较高档的饼食。《齐民要术》记载了它们的制作方法：前者拌和有羊肉、葱白、豉汁和盐等多种材料，后者则更用了动物骨髓、脂肪和蜂蜜。[3]谢讽《食经》中的“云头对炉饼”，韦巨源《食单》记载的“曼陀样夹饼”“甜雪”等等，也都属于烤炙饼类。[4]不仅面粉可以做饼烤炙而食，荞麦粉亦得做之，唐代汴州城西的板桥店有位三娘子即“常作荞麦烧饼卖”；[5]某些豆类也可以磨粉做饼烤炙食用。[6]此外，唐代流行的胡食之中也有一种

[1]《太平广记》卷193《虬髯客》引《虬髯传》载：李靖在前往太原途中与虬髯客在灵石相遇，“靖出市买胡饼”共餐；又卷451《李麐》引《广异记》载：“东平尉李麐初得官，自东京之任，夜投故城店中，有胡人卖胡饼为业”；《唐宋白孔六帖》卷16引《肃宗实录》载：玄宗奔蜀，至咸阳时已是中午，而尚未进食，“杨国忠自入市，衣袖中盛胡饼”。如此之类，不可尽举。

[2]该书卷6《补遗》。又，关于唐五代胡饼的大小，前揭黄正建文对敦煌地区的胡饼大小进行了考证，可参阅。

[3]该书卷9《饼法第八十二》“作烧饼法”：“面一斗，羊肉二斤，葱白一合，豉汁及盐，熬令熟。炙之。面当令起。”又“髓饼法”：“以髓脂、蜜，合和面，厚四五分，广六七寸，便著胡饼炉中，令熟。勿令反复。饼肥美，可经久。”

[4]《食单》在“曼陀样夹饼”旁加注“公厅炉”三字，说明它是烤炙饼类，大约其形类曼陀果实，故名；又在“甜雪”下加注“蜜爁太例面”等字，爁的意思即是以火烤炙，说明这是一种加蜜的烤炙饼食。

[5]《太平广记》卷286《板桥三娘子》引《河东记》。

[6]《食疗本草》卷下云：“绿豆……作饼炙食之，佳。”

名叫“烧饼”，[1]不知与《齐民要术》所载的“烧饼”是否相同。

（二）汤煮饼是中古华北饼食的另一大类，名目繁多，常见的有“汤饼”“水引”“斫饼”“索饼”“馄饨”“冷淘”“馎饦”（又写作“餢饨”或“不托”）、“切面粥”（又名“棋子面”）、“麸䴵”“粉饼”（一名“搦饼”）、“豚皮饼”（一名“拨饼”）、“滑饼”等均属此类，根据形状，大致可分为线状（如“水引”“索饼”“冷淘”等，即今面条之类）、片状（如“斫饼”“豚皮饼”等，即今面片、面皮之类）、丸粒状（如“棋子面”“麸䴵”）以及带馅的煮饼（如“馄饨”“偃月”即饺子）等等类别，分别因形立名。汤饼和煮饼应是此类饼食的通称。

文献记载反映中古华北僧俗各阶层汤煮饼制作、食用都甚为普遍。早在南北朝时期，颜之推就已指出：“今之馄饨，形如偃月，天下通食也。”[2]隋唐以后的情形，在笔记小说中可以找到很多相关记载，不仅官厨煮食汤饼，应试举子也常以汤饼为食。[3]日本僧人圆仁曾经多次记载寺院和民家食用“馄饨”“馎饦”之事，其中一些汤煮饼是重要的节日食品。[4]唐末大乱之时，因为严重乏粮，昭宗及诸王、嫔妃只能以粥和汤饼，苟保残命。[5]

魏晋—隋唐时期，汤煮饼类烹饪制作技艺不断发展。晋人束皙已称当时所作汤饼“柔如春绵，白若秋练。”[6]关于做汤煮饼食的具体技法，《齐民要术》有若干颇详细的记载，[7]说明魏晋北朝时期社会中上层做煮饼已是十分讲究，煮造水平相当之高；而唐代文献记载“烧尾食宴”上

---

[1] 见上引释慧琳《一切经音义》卷37《陀罗尼集卷十二音义》。

[2] 段公路《北户录》卷2《崔龟图注》引。

[3] 《太平广记》卷153《李宗回》引《逸史》，卷157《郑延济》引《中朝故事》，以及卷348《牛生》引《会昌解颐录》，均记载此类故事。

[4] 如圆仁《行记》记载山东登州一带八月十五日食“馎饨”，长安一带冬至节和过年前后食“馄饨”，平日也常以此类汤煮饼为食。分见该书卷2和卷3。

[5] 《资治通鉴》卷263《唐纪七九》“昭宗天复二年”。

[6] 《太平御览》卷860《饮食部十八》引束皙《饼赋》。

[7] 该书卷9《饼法第八十二》记载有“水引、馎饨法”“切面粥（一名棋子面）”“麸䴵粥法”“粉饼法”“豚皮饼法”等等，均属于煮饼类的制作方法。

有一种“汉宫棋”，是将面粉做成双钱形的棋子小饼煮食，上面还印有花纹，可见其讲究的程度；[1]士宦之家的著名美食中，有“萧家馄饨”，“漉去汤肥，可以瀹茗”，清爽至极，[2]煮制技术之高超可见一斑。随着饼食经验不断积累，做法愈来愈是花样百出，同一品种的汤煮饼类，常常衍生出多个“变种”。例如“餺饦”在《齐民要术》中仅有一种做法，到了唐代，据阳晔《膳夫经手录》记载：属于“餺饦”一类的，就有“侧粥”“切面筋”“夹粥”“菰粥”“劈粥”等等多个名目，“皆不饦之流也。”“又有羊肉生致碗中，以不饦覆之，后以五味汁沃之，更以椒、酥和之，谓‘鹘突不饦’”。仅此一例，足可说明唐代汤煮饼类变化之繁复。

中古时期的汤煮饼，一般都是趁热和汤食用。晋人束皙《饼赋》称：“玄冬猛寒，清晨之会，涕冻鼻中，霜成口外，充虚解战，汤饼为最。”[3]可见当时汤饼多在寒冷季节制作煮食，热气腾腾，正可暖身驱寒。《世说新语》记载魏明帝让何晏夏日吃热汤饼的故事，也可以反证这一点。[4]正由于汤饼宜于热食，炎夏一般不宜食之，所以唐代供应百官膳食的制度规定，也将造食汤饼安排在冬季。不过也有宜于冷食的汤煮饼，如《齐民要术》所载之“豚皮饼”，即需“著冷水中”浸后方才食用；唐代更有一种被称为“冷淘”的冷浸面，偏宜炎夏食用，在当时甚是有名，朝官夏季膳食供应中即有“冷淘”一目。[5]大诗人杜甫还记咏了一种“槐

---

[1] 韦巨源：《食单》记“汉宫棋”：“二钱能（态），印花煮”。

[2] 《酉阳杂俎》前集卷之七《酒食》。

[3] 《太平御览》卷 860《饮食部十八》引。

[4] 《世说新语》卷下之上《容止第十四》载：“何平叔美姿仪，面至白，魏明帝疑其傅粉，正夏月与热汤饼，既啖，大汗出。以朱衣自拭，色转皎然。”明帝故意反其时令，让何晏夏月吃热汤饼以检验其面色白皙是否因为傅了粉。这个故事反证夏季一般不吃汤饼。

[5] 《大唐六典》卷 15《光禄寺》载，唐制：“凡朝会宴享，九品以上并供其膳食。”其中“冬月则加造汤饼及黍臛，夏月加冷淘、粉粥，寒食加饧粥，正月七日、三月三日加煎饼，正月十五日、晦日加糕糜，五月五日加粽糧，七月七日加斫饼，九月九日加糕，十月一日加黍臛。并于常食之外而加焉……”。

叶冷淘”，采嫩槐树叶煮浸凉面，色碧而味美。[1]华北地区多槐树（已见前述），想来当地煮食槐叶冷淘者不少。除此之外，《入洛记》还记载唐代洛阳有一种“水花冷淘”，称：“野狐泉一姥善制水花冷淘，切以吴刀，淘以洛酒，潦菜于铛耳中过，投于汤中，其疾徐鸣掌趁之不及。富子携金就食之。”[2]想来这位老妇必是做饼高手，所卖的特殊冷浸面定是口味特佳，故能招来很多食客。

当时人们制作和食用汤煮饼非常讲究汤料，比如《齐民要术》记载“切面粥”等“须即汤煮，别作臛浇”，即煮熟后再浇上肉汤食用；“粉饼”一般不用肉汤，而是煮熟后加芝麻汤、乳酪食用；“豚皮饼”则“臛浇、麻、酪任意”。[3]《食疗本草》卷上也记载有一种“羊肉汤饼”。有趣的是，《四时纂要》记载的饮食禁忌竟然说：“此月（五月）君子斋戒，节嗜欲，薄滋味，无食肥浓，无食煮饼。”显然将煮饼列入滋味肥厚的一类食品，说明当时煮饼通常油水较多。[4]精制的煮饼配以鲜美的汤料，自然非常可口。

（三）蒸饼也是中古华北饼食的一大类，系用蒸笼等器具、利用水蒸气加热作用而制作的，花色、品种也是为数众多。不过，魏晋南北朝文献常以“蒸饼”称之，唐代文献则统称之为“笼饼”。如上所言，蒸饼在汉代已经出现，其后逐渐推广普及，在汉晋之际已多用于祭祀，《太平御览》卷860《饮食部十八》引《缪袭祭仪》《卢谌祭法》《荀氏四时列馔注》及《徐畅祭记》中所提到的“蒸饼”“曼头”“薄液（壮？）”“起溂（溲）白饼”都属蒸饼一类食品。制作蒸饼，面粉发酵是关键，从何曾“蒸饼上不坼作十字不食”[5]的故事来看，当时面粉发酵水平已达到一定

[1]《全唐诗》卷221杜甫六《槐叶冷淘》。

[2]《唐宋白孔六帖》卷16引。

[3]《齐民要术》卷9《饼法第八十二》。

[4]《四时纂要·夏令卷之三·五月》。不过，这种禁忌在《四民月令》中就已经明确记载。

[5]《晋书》卷33《何曾传》。

水平，束皙《饼赋》中提到“曼头”“薄壮”“起溲”等蒸饼的制作和烹饪情形，有“火盛汤涌，猛气蒸作”“笼无逆肉，饼无流面，姝媮咧敕，薄而不绽”和“三笼之后，转更有次”等等字句，从中可知：当时蒸饼以旺火沸汤，有专用蒸笼，所蒸之饼有带馅者，皮薄而不破裂，与今天的包子或肉馅饼很相似。[1]又据《赵录》记载：“石虎好食蒸饼，常以干枣、胡桃瓤为心蒸之，使拆裂方食。”[2]则当时的蒸饼又有一种与今之果馅饼相似。

唐代蒸饼类，除称为“蒸饼”外，更多称作“笼饼”即由蒸笼蒸造的饼。《太平广记》卷258《侯思止》条引《御史台记》载：酷吏侯思止“尝命作笼饼，谓膳者曰：‘与我作笼饼，可缩葱作。’比市笼饼，葱多而肉少，故令缩葱加肉也。时人号为‘缩葱侍御史’。”这里的“笼饼”也包裹有葱和肉，与今之包子和肉馅饼相同。当然，肯定也有不加馅的蒸饼，例如现在的馒头。当时已有“曼头”一词，只是不能确定是否加馅。也许像今天这样，虽然都叫馒头，但有的无馅（北方的馒头），有的其实就是包子（如江南小馒头）。

事实上，当时蒸饼类品种花色甚多，例如韦巨源《食单》所载“单笼金乳酥”当是一种加酥油的蒸饼。[3]据其旁注可知：当时除普通蒸笼外，还有所谓“独隔通笼”；该书还记载有一组造型复杂的蒸饼，名为“素蒸音声部”，[4]虽然我们无法想象其复杂多变的样子，却有理由推测那时蒸饼已被做成各种各样的形态，达到了很高的造型水平。

唐代华北特别是城市中有不少人做蒸饼生意。上引侯思止故事已经说明当时街市上多有卖蒸饼者；《朝野佥载》记载：同样在武周时期，令史张衡曾因退朝之时在路旁买了一个新熟的蒸饼吃，被御史弹

[1]《太平御览》卷860《饮食部十八》引。

[2]《太平御览》卷860《饮食部十八》引。

[3] 其中记载：该物“是饼。但用独隔通笼，欲气隔”。

[4]《食单》云：“素蒸音声部：面蒸，象蓬莱仙人，凡七十事。”

奏，还因此失去了升官机会；[1]同书又载：长安还有一位名叫邹骆驼的人，“以小车推蒸饼卖之。”[2]这些事实充分说明，那时造食蒸饼相当普及。

（四）单从花样品种来说，煎炸类饼食的情况最复杂，可以列举的饼名最多。晋代束皙《饼赋》中提到的“粔敉”，早在先秦文献中就已出现，[3]可能是我国古代文献中最早出现的煎炸饼食。不过，“粔敉”“饵饦”是用糯稻米屑做成的，且最早出现于《楚辞》，应是南方稻作区域的饮食发明。《齐民要术》记载了一种“膏环”，制作方法是：“用秫稻米屑，水蜜溲之，强泽如汤饼面。手搦团，可长八寸许，屈令两头相就，膏油煮之。”看来“膏环”是一种用糯米粉拌和水、蜜，以膏油煎制而成的环形饼，有点儿像今天的甜饼圈。《齐民要术》还从《食次》中引述了另一种以糯米粉为原料做饼的方法，做成的饼名叫“粲”，又名“乱积”，其实是一种油炸馓子。[4]最早以小麦面粉做成的煎炸饼食可能是刘熙《释名》中所载的“蝎饼”，北朝时期此类饼食已有多种，《齐民要术》记载有“细环饼”（又名“寒具”[5]），“截饼”（一名“蝎子”，可能即是《释名》所载的“蝎饼”），还有一种名叫“䊵䴺（亦写作“餢飳”或“餢飳”），均是和面粉做饼、以油脂煎炸而成。其中“细环饼”和“截饼”均是油馓子：一为环形，一作长条如蝎子形；而“䊵䴺”则是一种油炸圆饼，似乎是一种外国传入的饼法。[6]值得注意的

[1]《太平广记》卷258《张衡》引《朝野佥载》。

[2]《太平广记》卷400《邹骆驼》引《朝野佥载》。

[3]《楚辞·招魂》曰：“粔敉蜜饵，有饵饦些。”

[4]均见《齐民要术》卷9《饼法第八十二》。

[5]按：“寒具”在中古文献中屡有出现，据说起源于寒食禁火纪念介子推的风俗。缪启愉师根据明代方以智《通雅·饮食》的记载，认为所谓“寒具”实即各种油炸馓子的通称，凡用面粉、糯米粉制作的各式各样的油炸馓子，不论甜、咸，都可以叫作“寒具”。见《〈齐民要术〉校释》，第638页。

[6]释慧琳《一切经音义》卷37《陀罗尼集卷十二音义》云：“䊵䴺……顾公云：‘今内国䊵䴺以油酥煮之。’案此油饼，本是胡食。中国效之，微有改变，所以近代方有此名。……胡食者，即饵饦、烧饼、胡饼、搭纳等是。”

是，据《齐民要术》介绍，这几种煎炸饼类，除使用了面粉、动物油脂外，还用了蜜（或枣汁）和畜乳，当是几种高档的饼食。此外，《齐民要术》还记载一种“鸡鸭子饼”，“锅铛中膏油煎之”而成，[1]但并非主食。

魏晋北朝时期，煎饼制作已是十分讲究，后秦时人程季说：做饼取“安定噎鸠之麦，洛阳董德之磨，河东长若之葱，陇西舐背之犊（当作犊），枹罕赤耻之羊，张掖北门之豉，然以银屑，煎以金铫……”[2]虽然过于夸张，但当时上层社会的煎饼选料讲究、制作精细是可以肯定的。

唐代煎炸类的饼食，品种明显增多，食用更加普遍。韦巨源《食单》中所载之“巨胜奴（酥蜜寒具）”“见风消（油浴饼）”“天花饆饠”，以及《酉阳杂俎》所载的“樱桃饆饠”均属于煎炸饼点。[3]唐宣宗，时内宫还有一种“银饼餤”，“食之甚美”，系用“乳酪膏腴所制”。[4]

还有一类名叫“䭔子”的油炸饼，[5]南北朝时期已经出现，但不甚流

---

[1] 《齐民要术》卷9《饼法第八十二》。

[2] 《太平御览》卷860《饮食部十八》引梁·吴均《饼说》。

[3] 该书前集卷7《酒食》云：“韩约能作樱桃饆饠，其色不变。”按：饆饠是一种甚为有名的外来食品，历来有抓饭、面条、面点等多种解释，多数人认为是一种类似包子的面食品。唐·释慧琳《一切经音义》卷37《广大宝楼阁善住秘密陀罗尼音义》云：“夹饼，饆饠之类，著脑油煮饼也。”据此，饆饠之类的饼，须在油中煮（实即油炸），亦是煎炸饼类。另参李益民等校释《清异录》（饮食部分），中国商业出版社1985年版，第9页及前揭黄正建文。

[4] 唐·王定保：《唐摭言》卷15《杂文》。

[5] 䭔子，有研究者认为是蒸饼类饼食（黎虎：《汉唐饮食文化史》第217页；李益民等注释：《清异录》第8页），而《玉篇》也记载“蜀呼蒸饼曰䭔”。但我们所见有关“䭔子”较详细的记载都说明它属于煎炸饼类，《资治通鉴》卷168《陈纪二》“文帝天嘉元年”载：“周世宗明敏有识量，晋公护惮之，使膳部中大夫李安置毒于糖䭔而进之，帝颇觉之。”胡注云：“䭔，都回翻，丸饼也。江陵未败时，梁将陆法和有道术，先具大䭔、薄饼。及江陵陷，梁人入魏，果见䭔饼，盖北食也。今城市间元宵所卖焦䭔即其物，但较小耳。……”虽不能完全肯定是煎炸者，但从“丸饼”“焦䭔”等词语看，肯定不是蒸饼。而下文所引尚食令造䭔子故事中，有关于这种饼食详细制作过程的介绍，很明显属于煎炸一类。自古以来，同名异物非常普遍，《玉篇》所云也未必是错。

行；到了隋唐时代，文献多有记载，谢讽《食经》和韦巨源《食单》即分别记载有“象牙䭔”和“火焰盏口䭔”等。据唐代一位曾经担任尚食局造䭔子手的年老尚食令介绍：作“䭔子”需用“大台盘一只，木楔子三五十枚，及油铛炭火，好麻油一二斗，南枣烂面少许”，他为给事冯某做“䭔子”的情形是这样的：“……四面看台盘，有不平处，以一楔填之，候其平正，然后取油铛、烂面等调停，袜肚中取出银盒一枚，银篦子、银笊篱各一，候油煎热，于盒中取䭔子馅，以手于烂面中团之，五指间各有面透出，以篦子刮却，便置䭔子于铛中，候熟以笊篱漉出，以新汲水中良久，却投油铛中，三、五沸取出，抛台盘上，旋转不定，以太圆故也，其味脆美，不可名状。”[1] 从这段记载可以看出，其所做的䭔子是一种以油铛煎炸的球形饼食。不过故事中所描述的应是宫厨中的“䭔子”做法，用料讲究，工序复杂，自非普通百姓所能为之。

唐代文献关于食用煎炸饼食的记载不少，比如唐玄宗过生日曾食煎饼；[2] 唐制规定供给朝官的饼食中，正月七日、三月三日都有煎饼，[3] 只是不知是哪一种煎饼。唐代长安等城市中有不少卖煎炸饼的店肆，初唐名臣马周在发迹之前曾寄住在长安城一位老妇所开的䭔子店中；有一位名叫窦义的商人曾买下长安西市的一块空闲洼地，“绕池设六七铺，制造煎饼及团子”；[4] 此外，《酉阳杂俎》记载上都东市有饆饠肆、长安长兴里亦有饆饠店，据作者说，店中所卖的饆饠用蒜作为香料。[5] 这些记载说明，煎炸类饼食的制作和食用相当普遍。

除了以上四种饼食之外，中古华北人民还食用一些以米粉（主要是稻、粟类中的黏性米）和豆粉制作的食品，如糕团、粉粢之类，当时都归入饼食之列。不过，与面粉制作的饼食相比，这些在当时究竟不算十

[1] 《太平广记》卷234引《卢氏杂说》。

[2] 钱易：《南部新书》甲部。

[3] 《大唐六典》卷4《膳部郎中元外郎》。

[4] 《太平广记》卷243引《乾𦠆子》。

[5] 该书续集卷1《支诺皋上》。

分普遍，改变不了中古饼食以小麦面粉为主料这个基本事实。有关情况兹不一一述列。

通过以上烦琐的罗列，我们可以看到：从魏晋到隋唐，华北饼食走向全面普及，饼食花色品种众多，做饼方法亦是多种多样，特别是社会上层的饼食制作非常精细考究：做饼除以面粉作为主料外，还用了许多配料和作料，常用的有葱、姜、蒜、椒等香辛物品，有油脂、盐、蜜、乳、酒、豉汁甚至动物骨髓，主要用于调味，油脂还起传热介质的作用。饼有馅或无馅，肉、蛋和果品常常用作饼馅，有时也直接拌和于面粉之中。特别值得注意的是，中古华北饼食制作，已经充分展示了中国传统饮食既讲求营养，亦重视形、色、香、味的特色，不仅在色、香、味上非常用力，就饼食而言，在造型上也是着意创新：韦巨源《食单》和谢讽《食经》所载精制的宫廷饼点自不必说，社会上也有不少人士在这方面刻意讲求，例如唐段成式就曾记载一种“赍字五色饼法”：“刻木莲花，藉禽兽形按成之，合中累积五色竖作道，名为饤。”[1] 这些事实使我们倾向于做出这样的判断：即中古华北食品烹饪不仅讲究“五味调和”，而且开始讲究食品的视觉美感，其中包括食品的色泽和食品的造型，这一点在饼食方面表现得最为突出。由于面粉具有特殊优良的可揉捏性，可为烹饪者的造型艺术潜能提供充分的表现空间，因此面食（即本节所谓的饼食）一旦发展起来，就自然而然地引起人们对食品造型美的追求。文献资料表明：中古时代，我国食品造型艺术正是率先在饼食制作中肇始和奠基，而它的现实生活基础是饼食在全社会特别是上流社会日益普及。对此饮食史家应当予以充分的留意。

还有一点也值得非常重视：从前表所列我们不难看出，中古前后期对于饼食的命名，已经发生了耐人寻味的变化。前期的饼食，无论是《饼赋》还是《齐民要术》所载的饼名，均比较直显而粗俗，大抵根据造

[1] 《酉阳杂俎》前集卷7《酒食》。

饼材料、造法和饼的形状等等立名；至后期则不然，特别是韦巨源《食单》等书中所见的饼名，多用含义曲折的文学词语，有不少甚至已难仅从名字辨认出其为何物，比如“巨胜奴”“贵妃红”“见风消”“玉露团”“甜雪”“汉宫棋”等等，这反映出，与魏晋南北朝时期相比，隋唐时期人们开始注意赋予饼食名称以特定的文化意蕴，饼食命名已有“由俗入雅”的倾向。虽然这仅仅是开始，对于后世中国饮食文化的影响，却是意义十分深远的。

4. 干粮

最后我们简略介绍中古华北的干粮。

自上古至于中古时代，文献之中“糗”“糗”“糇”等字出现频率相当高。糗是干饭，是以米、麦蒸煮之后晾干或晒干而成；糗则是炒或者蒸米、麦、豆至熟然后捣碎而成的粉末屑；糇或糇粮则是干粮的一般名称。因此，古代的所谓干粮，大体上分为两种，即干饭和炒米（麦、豆）粉。

《齐民要术》专门记载了两种做干粮的方法，一是“作粳米糗糗法”：“取粳米，汰洒做饭，曝令燥。捣细，磨，粗细作两种折。”大约是细者作糗，粗者作糗；另一种是“粳米枣糗法”：“炊饭熟烂，曝令干，细筛。用枣蒸熟，迮取膏，溲糗。率一升糗，用枣一升。”[1]

糗在中古文献中常被称作麨，《玉篇》云：“麨，糗也。”《本草注》亦称：“麨即糗，以麦蒸磨成屑。”由于古代作麨常用麦子，故字从“麦”部，但也常用谷米及其他食物原料，《齐民要术》即多次提到“米麨”[2]（以果品作麨为饮料已见上章，不再重复）。

值得注意的是，中古作麨之类的干粮常常添加些果汁和果沙，上引《齐民要术》做“粳米枣糗法”即是一例。此外《齐民要术》又记载

[1] 《齐民要术》卷9《飧、饭第八十六》。

[2] 见该书卷4《种枣第三十三》《种梅、杏第三十六》《柰、林檎第三十九》。

“酸枣麨”“杏李麨”及“林檎麨”可以拌和于米、麦麨中食用，这样做乃是为了增加甜味和酸味，以改善糗的口感，因为干粮毕竟是难以下咽的食品。另外，《玄晏春秋》记载卫伦做粮糗以杏、李和柰三种果汁拌和。[1] 这些记载说明，有条件的人家做干粮也是相当讲究的。

毫无疑问，干粮主要是行旅人的食品，特别是行军作战的兵士们的充饥之物。贾思勰援引崔寔《四民月令》的话说：“五月多作糗，以供出入之粮。”[2] 他在介绍“作酸枣麨法”时又特别强调说：这种麨“远行用和米麨，饥渴俱当也”；[3] 唐人韩鄂的《四时纂要》也提到“远行即致麨”。[4] 在实际生活中，干粮正是经常用于行路途中食用，北魏肃宗时期曾赐给蠕蠕首领阿那瑰“新干饭一百石，麦八石，榛麨五石”，后来阿那瑰又向北魏“请给朔州麻子干饭二千斛，官驼运送”。[5] 向蠕蠕提供此类干粮，显然是为了便于他们在马上游牧食用。唐玄宗西奔途中，老百姓曾上献“麨”，大约也是供皇帝及王子、嫔妃们在路途上食用。[6] 在前文“饭”一节，我们已提到唐代兵制规定府兵每人要自备“麦饭九斗”和朝廷从关中购造麦饭运贮朔方军等事实，其中的麦饭肯定是干麦饭，证明唐代征卒常以干麦饭为食。

二、菜肴烹饪方法的丰富化

正如张光直曾经概括地指出的那样，与西方人的膳食结构相比，“饭”与“菜”的二元划分是中国食品的一个显著特点。从很早的时代开

[1]《艺文类聚》卷87《果部下》。

[2]《齐民要术》卷9《飧、饭第八十六》。

[3]《齐民要术》卷4《种枣第三十三》。

[4] 该书《冬令卷之五·十二月》。

[5]《魏书》卷103《蠕蠕传》。

[6]《旧唐书》卷9《玄宗纪下》。

始，以谷米为主炊煮成“饭”作为主食，以其他原料包括蔬菜、鱼肉等等烹饪为“菜”，以为佐餐。两个单元之间界限清楚，即使像包子、饺子这些表面上浑然一体的面食，也往往是皮馅分明，“饭”与“菜”二元相分而统一，也不知不觉地表现主食和副食的分别。[1] 当然，这种二元相分而统一，是在历史过程中逐渐演变形成的，并非从一开始便是如此。就中古华北地区的情形而言，尽管社会各阶层的膳食构成，由于其经济、政治地位不同而呈现出很大的差异，丰俭悬殊，但日常膳食构成，都既包括有饭、粥和饼等主食，也包括不同名目的菜肴——有“饭”有“菜”（哪怕是贫俭之家的盐菜）才构成完整的一餐。

比较而言，中华民族在做“菜”方面所花费的心思和精力，要远远超过做“饭”。这种情况在中古华北饮食中已经显现出来。从前面的食品加工部分，读者已经可以得出这样的印象，在菜肴烹饪方面就表现得更加明显。在主食烹饪方面，中古华北居民已经初步显示了他们的创造力（主要在饼食方面），但是与他们在菜肴烹饪方面极尽巧思、花样迭出相比，却又不能相提并论。主食品种再多，终究尚可归类列举，如果试图去统计一个时代有多少道菜肴，则只能是徒劳。显然，菜肴烹饪更能显示中国饮食文化千变万化的多样性和随心所至的独创性。评价一名厨师的烹饪手艺，通常主要看他或她的“菜”做得如何；同样，要衡量一个时代和地区“吃”的水平，也不能不重点考察菜肴烹饪。

由于中古烹饪方面的专书已几乎全部散佚，《齐民要术》中的若干专篇就成为我们据以了解那时华北菜肴品种及其烹饪技法最具体可靠的史料。为了节省篇幅并方便述说，我们仍然采用表格形式，将该书所载各种菜肴及其烹饪方法列出一个清单（见表 5-2），然后再结合其他史料进行粗浅讲评。

---

[1] Chang，Kwang-chih（Editor），*Food in Chinese Culture*，pp.7-8，Yale University Press，1977.

表 5-2 《齐民要术》所载的菜肴及其烹饪法[1]

序号	菜肴及烹饪法	用料
1	瀹鸡子法	鸡蛋、盐、醋
2	炒鸡子法	鸡蛋、细葱白、盐、豆豉、麻油
3	作芋子酸臛法	猪、羊肉各1斤、芋子1升、葱白1升、粳米3合、盐1合、豉汁1升、苦酒（即醋）5合、生姜10两
4	作鸭臛法	仔鸭6只、羊肉2斤、大鸭5只、葱3升、芋20株、橘皮3片、木兰5寸、生姜10两、豉汁5合、米1升、酒8升
5	作鳖臛法	整鳖1只、羊肉1斤、葱3升、豉5合、粳米半合、姜5两、木兰1寸、酒2升、盐、苦酒
6	作猪蹄酸羹法	猪蹄3只、葱、豉汁、苦酒、盐
7	作羊蹄臛法	羊蹄7只、羊肉15斤、葱3升、豉汁5升、米1升、生姜10两、橘皮3片
8	作兔臛法	兔1只、水3升、酒1升、木兰5分、葱3升、米1合、盐、豉、苦酒
9	作酸羹法	羊肠2具、饧6斤、瓠叶6斤、葱头2升、小蒜3升、面3升、豉汁、生姜、橘皮
10	作胡羹法	羊肋条6斤、肉4斤、水4升、葱头1斤、胡荽1两、安石榴汁数合
11	作胡麻羹法	胡麻1斗、葱头2升、米2合
12	作瓠叶羹法	瓠叶5斤、羊肉3斤、葱2升、盐5合
13	作鸡羹法	鸡1只、葱头2升、枣30颗
14	作笋笴鸭羹法	肥鸭1只、笴4升、盐、小蒜白及葱白、豉汁
15	作羊盘肠雌解法	羊血5升、羊脂肪2升、生姜1斤、橘皮3片、椒末1合、豆酱清1升、豉汁5合、面1升5合、米1升、羊大肠、白酒、苦酒、酱
16	肺䐑法	羊肺1具、羊肉䐑、粳米2合、生姜
17	羊节解法	羊肚一枚、生米3升、葱1小把、肥鸭肉1斤、羊肉1斤、猪肉半斤、蜜
18	羌煮法	鹿头1具、猪肉2斤、葱白1小把、姜、橘皮各半合、椒少许、苦酒、盐、豉
19	脍鱼莼羹	鱼、莼菜（或菘菜、芜菁叶）、豉汁、葱、薤、米糁、菹、醋、盐等
20	莼羹	鱼（鳢鱼、白鱼等）、莼菜、咸豉

[1] 具体烹饪过程和用料方法过于具体，无法在本表中详细列入，恕略而不述。

续表

序号	菜肴及烹饪法	用料
21	醋菹鹅、鸭羹	鹅或鸭肉、豉汁、米汁、酸菹、盐
22	菰菌鱼羹	鱼、蘑菇、糁、葱、豉等
23	笋笴鱼羹	笋干、鱼、盐、豉
24	鳢鱼臛	鳢鱼（1尺以上）、豉汁、米汁、盐、姜、橘皮、椒末、酒
25	鲤鱼臛	大鲤鱼、其余同上
26	脸臘	猪肠、豉清（汁）、碎米汁、葱、姜、椒、胡芹、小蒜、芥、盐、醋
27	鳢鱼汤	鳢鱼（1尺以上）、豉汁、白米糁、盐、姜、椒、橘皮、碎米
28	鲍臛	鲍鱼、豉清、葱、姜、橘皮、胡芹、小蒜、盐、醋
29	椠淡	肥鹅鸭肉、羊肉、盐、豉、胡芹、小蒜、蘑菇、木耳
30	损肾	牛羊百叶、盐、豉、苏、姜末、牛羊肾
31	烂熟	熟肉、葱、姜、椒、橘皮、胡芹、小蒜、盐、醋
32	蒸熊法（蒸羊、肫、鹅、鸭悉如此，惟主料不同）(法)	仔熊1头、豉汁、糯米2升、葱白1升、姜末和橘皮各2升、盐3合；又一法：猪膏3升、豆汁1升、橘皮1升。
33	蒸肫法（蒸熊、羊、鹅亦如此，惟主料不同）	肥肫（即豚、小猪）1头、豉汁若干升、生秫米1升、姜及橘皮各1升、葱白（3寸长）4升、橘叶1升、猪膏（猪油）3升
34	蒸鸡法	肥鸡1只、猪肉1斤、香豉1升、盐5合、葱白半把、苏叶1撮、豉汁3升、盐
35	缹猪肉法	净猪、酒（或酢浆）2升、葱、浑豉、白盐、姜、椒；亦可加冬瓜、甘瓠同蒸
36	缹豚法	肥豚1头（15斤）、水3斗、甜酒3升、稻米4升、姜1升、橘皮叶2片、葱白3升、豉汁、糁、酱清
37	缹鹅法	肥鹅肉、糯米（肉15斤用米4升）、豉汁、橘皮、葱白、酱清、生姜
38	胡炮肉法	肥白羊肉（嫩羊）、浑豉、盐、葱白、姜、椒、荜拨、胡椒
39	蒸羊法	细切羊肉1斤、豉汁、葱白1升
40	蒸猪头法	生猪头、清酒、盐、干姜、椒
41	作悬熟法	猪肉10斤、葱白1升、生姜5合、橘皮2片、糯米3升、豉汁5合
42	熊蒸（有3种做法，略有不同。豚、鹅亦可用此法）	熊、豉汁、糯米、薤白、橘皮、胡芹、小蒜、盐、葱、姜
43	裹蒸生鱼	鱼、豉汁、糯米、生姜、橘皮、胡芹、小蒜、盐、葱白等

续表

序号	菜肴及烹饪法	用料
44	毛蒸鱼菜	白鱼、鳊鱼（1尺左右）、菜、盐、豉、胡芹、小蒜
45	蒸藕法	藕、蜜、苏油（即荏油）、面
46	胚鱼鲊法	（鱼）、盐、豉、葱、猪羊牛肉、鸡蛋4个
47	《食经》胚鲊法	（鱼）、豉汁、鸡蛋、葱白等
48	五侯胚法	鱼蚱、肉等
49	纯胚鱼法	鳊鱼、咸豉、葱、姜、橘皮、醋、葱白
50	脂鸡（一名焦鸡、一名鸡臘）	整鸡、盐、豉、豉汁、葱白、紫苏叶
51	脂白肉（一名白焦肉）	肉片、盐、豉、整葱白、小蒜、盐、豉清（汁）、葱、姜
52	脂猪法（一名焦猪肉，一名猪肉盐豉）	用料方法同上
53	脂鱼法	整条鲤鱼、葱丝、豉、姜丝、胡芹、小蒜（酢、椒）
54	蜜纯煎鱼法	鲫鱼、苦酒、蜜、盐、油脂
55	勒鸭消	野鸭、姜、橘、椒、胡芹、小蒜、黍米糁、盐、豉汁
56	鸭煎法	肥仔鸭、葱白丝、盐、豉汁、椒、姜末
57	白菹	鹅、鸭、鸡、鹿骨、成清紫菜、盐、醋、苏叶、米糁
58	菹肖法	猪肉、羊、鹿肥肉、盐、豉汁、（菹）酸菜
59	蝉脯菹法	蝉脯、酢、香菜䐑
60	绿肉法	猪鸡鸭肉、盐、豉汁、葱、姜、橘、胡芹、小蒜、醋
61	白瀹豚法	肥仔猪、酢浆水、面浆
62	酸豚法	乳猪、葱白、豉汁、粳米、椒、醋
63	炙豚法	肥乳猪、清酒、新猪油（或净麻油）
64	捧（或作棒）炙	牛脊或腿肉
65	腩炙	羊（或牛、獐、鹿）肉、葱白、盐、豉汁
66	肝炙	牛（或羊、猪）肝、葱、盐、豉汁、羊肚外花油
67	牛胘炙	老牛胘（即牛胃）
68	灌肠法	羊盘肠、羊肉、葱白、盐、豉汁、姜、椒末
69	作跳丸炙法	羊肉10斤、猪肉10斤、生姜3升、橘皮5片、腌瓜菹2升、葱白5升
70	膊炙豚法	小猪1头、肥猪肉3斤、肥鸭2斤、鱼酱汁3合、葱白2升、姜1合、橘皮半合、蜜1升、蛋黄
71	捣炙法	肥仔鹅肉2斤、好醋3合、瓜菹1合、葱白1合、姜橘皮各半合、椒20粒、蛋黄

续表

序号	菜肴及烹饪法	用料
72	衔炙法	肥仔鹅1只、大豆酢（即豆醋）5合、瓜菹3合、姜、橘皮各半合、小蒜末1合、鱼酱汁2合、椒数十粒（作屑）、自鱼肉
73	作饼炙法	好白鱼、肥熟猪肉1升、酢5合、葱瓜菹各2合、姜橘皮各半合、鱼酱汁2合、盐适量、熟油
74	酿炙白鱼法	白鱼（长2尺）、盐、肥仔鸭1只、酢1升、瓜菹5合、鱼酱汁3合、姜橘（皮？）各1合、葱2合、豉汁1合、苦酒、鱼酱、豉汁
75	腩炙法	肥鸭、酒5合、鱼酱汁5合、姜葱橘皮各半合、豉汁5合
76	猪肉鲊法	好肥猪肉、盐腌、饭糁
77	炙	鹅（鸭、羊、犊、獐、鹿、猪）肥瘦肉、酸瓜菹、笋菹、姜、椒、橘皮、葱、胡芹、盐、豉汁、羊及猪肚
78	捣炙（一名筒炙，一名黄炙）	鹅（鸭、獐、鹿、猪、羊）肉、鸡鸭蛋白及蛋黄、朱粉
79	饼炙	生鱼切片、姜、椒、橘皮、盐、豉、油脂、肥肉
80	范炙	鹅鸭脯肉、姜、椒、橘皮、葱、胡芹、小蒜、盐、豉
81	炙蚶	蚶，食时加醋
82	炙蛎	牡蛎，食时加醋
83	炙车熬（螯？）	车螯、姜橘屑、酢
84	炙鱼	小鳊鱼、白鱼（整条用）、姜、橘、椒、葱、胡芹、小蒜、苏、欓、盐、豉、酢、香菜汁
85	鸡鸭子饼	鸡鸭蛋、盐、油脂
86	葱韭羹法	葱、韭、油脂、胡芹、盐、豉、米糁
87	瓠羹	瓠、油脂、盐、豉、胡芹
88	油豉	豉3合、油共6升、酢5升、姜、橘皮、葱、胡芹、盐
89	膏煎紫菜	干紫菜、油
90	薤白蒸	薤白、糯米1石、豉3升、细切葱薤约1石、细切胡芹约1升、油共1石、豉汁5升、姜椒末
91	蜜姜	生姜1斤、蜜2升
92	無瓜瓠法	冬瓜（或越瓜、瓠、汉瓜等）、猪肉或（肥羊肉、苏油）、菘菜（或芜菁、肥葵、韭、苋菜等）、葱白（或薤白）、豉、白盐、椒末
93	無汉瓜法	汉瓜、香酱、葱白、麻油
94	無菌法	蘑菇、盐、葱白、麻油（或荏苏油）、豉、盐、椒末（或加肥羊肉和鸡、猪肉）
95	無茄子法	嫩茄、葱白、素油、香酱清、椒姜末

现代美食家或者厨师如想从中国古籍里找几份像样的参考菜谱，他们所能得到的最早的一份是出自《礼记·内则》。不过，《礼记》所记的那些菜肴只是礼制规定的帝王珍馐，很模式化，并不具备多少实用价值。真正反映古代烹饪实际并且值得借鉴的古老菜谱，还是《齐民要术》所提供的这一份。《齐民要术》虽不可能囊括中古华北的全部菜肴珍馔，但应已包括了当时菜肴的主要类别及其烹饪方法。

《齐民要术》的记载说明，烹煮羹臛仍是中古华北人最经常采用的一类菜肴烹饪方法，在表中所列的九十五种菜肴及其烹饪方法中，羹臛就有三十二种，足足占了三分之一，说明那时做羹臛一类的菜肴最为普遍。

所谓“羹臛”，是一类将肉类和蔬菜放入水中煮熟、带汤汁而食的菜肴。但“羹”与“臛”是有所区别的。《说文》云：“臛，肉羹也。”[1]但这不是说有肉的羹均为“臛”，而是说臛是全部以肉为原料做成的。对此东汉王逸注《楚辞·招魂》说得更加明确，他说：“有菜曰羹，无菜曰臛。”也就是说：加有蔬菜的羹，无论有肉无肉均称为“羹”，只用鱼、肉等荤物而不添加蔬菜（香料除外）烹煮的才称为“臛”；羹可以只有素物而无荤物，也可以荤、素兼有；而煮臛则除了香料、调味品外全用荤物。《齐民要术》所记载的“羹”和“臛”，正与此说基本相符。

作羹臛早在先秦时代就已经成为最主要的一类菜肴烹饪方法，其基本做法是将肉、菜等主料加水入釜铛中煮，在此过程中要增加各种合适的香料调味品。古人很早就讲究“五味调和”，如何添加各种香料调味品，乃是作羹或臛的技术关键，咸、酸、苦、辣、甜五味调和好了才能做成美羹，所以人们常常径直将做羹称为“调羹”或“和羹”。《尚书·说命》云：“若作和羹，尔惟盐梅”，可见早在商代，人们已知在羹中添加盐与梅以增进其咸、酸味。随着时代发展，越来越多的香料调味品被用于作羹臛，烹煮技法也变得愈来愈复杂。晋人张翰《豆羹赋》

---

[1] 《说文解字·肉部》。

曰：作豆羹“香铄和调，同疾赴急”，[1]做普通的豆苗羹尚且如此，其他上等羹臛就更不必说了。上表所列已经充分说明，当时华北人所能得到的各种香料调味品，差不多全都曾用于调羹臛，一种羹臛中往往添加了多种香料和调味之物。

至于羹臛的品种，则可谓名目繁多，层出不穷，除上表所举的三十余种外，我们还可以随手从别的文献中拈来一长串羹臛名目和一大堆相关的趣闻佚事。[2]看起来，几乎一切可以烹饪食用之物，均可用来调煮羹臛，味道鲜美的鲫鱼、甲鱼，鸡、鸭、鹅及野禽，猪羊的肉、头、蹄脚、骨骼和内脏，以及竹笋、菰蒋、莼菜等等佳蔬都被明确记载是做羹臛的上选原料。当然，由于经济地位不同，社会各阶层烹食的羹臛，用料、品质和滋味都是差别悬殊，只有上流社会才有可能像《齐民要术》所载那样采用高档原料和非常精心讲究的调味方法，普通百姓通常只能采摘豆藿、葵菜、榆叶等等常见蔬菜做成羹汤，用料简单，滋味当然也要寡薄得多。

烤炙作为一种十分古老的食物烹饪方法，其历史比羹臛法更为悠久，因为煮食羹臛须待陶器、金属器发明和使用之后才能进行，烤炙则可在任何火堆上进行，从人类学会控制火种之时即可为之。但直到中古时代，烤炙仍然是华北居民最普遍采用的菜肴烹饪方法之一，上表所列已有二十三种烤炙方法，仅次于羹臛。从《齐民要术》和中古其他文献的记载来看，采用烤炙方法加以烹饪的，差不多全部都是动物性食品，羊、牛、猪、鸡、鸭、鹅、獐、鹿、兔肉以及各种鱼类水产（包括牡蛎等软体动物）均可采用炙法烹饪，甚至动物内脏如肝、胃、肠等亦都炙而食之。蔬菜则未见有经过烤炙而后食用的记载，可见这一方法基本上不用于蔬菜烹饪。

从《齐民要术》的记载可以看到，中古时代为上流社会服务的厨师们烤炙技艺非常高超，他们不仅非常精于选料，而且善于根据不同物料

[1]《太平御览》卷861《饮食部十九》。

[2]《太平御览》卷861《饮食部十九》引录了不少资料，可以参见。

选用不同的作料与炙法，对烤炙火候的掌握达到了炉火纯青的程度，烤炙成熟的菜肴色味俱佳。例如《齐民要术》记载用一种方法烤炙的乳猪，“色同琥珀，又类真金。入口即消，状若凌雪，含浆膏润，特异非常”。[1]在当今社会，拥有如此精湛烤炙技艺的高级厨师恐怕也不很多。显然这不是因为古代厨师比今人更聪明，而是因为烤炙自远古以来即是最重要的肉食烹饪方法，人们一直刻意讲求，用心研习，在长期实践中积累了极其丰富的经验，十分得心应手。不仅如此，中古厨师们还发明了一些非常特殊的烤炙方法，比如《齐民要术》记载的一种“灌肠法”就非常特别：将羊肉细切成肉糜，调和碎葱白、盐、豉汁、生姜和椒末，装入洗净的羊盘肠中，烤炙成“割食甚香美”的佳肴，这种美味恐怕不是当今城市街头用电炉烤制的香肠所能比拟的。诸如此类，无法一一罗举。这些事实无疑说明，中古华北居民的烤炙技术具有非常高的水平。

不过，这个时代也有一些人士在肉食烤炙方面走过了头，文献中不时出现活炙禽畜的极为奢侈和残忍的烤炙记录。史载前秦暴君苻生耽湎于酒食，“或生剥牛、羊、驴、马，活爓鸡、豚、鹅、鸭，数十为群，放之殿下”。[2]在这方面，武周时期女皇的面首张易之兄弟也有足以令他们“名垂千古”的创举，《朝野佥载》卷2记载：“周张易之为控鹤监，弟昌宗为秘书监，昌仪为洛阳令，竞为豪侈。易之为大铁笼，置鹅、鸭于其内，当中取起炭火，铜盆贮五味汁。鹅、鸭绕火走，渴即饮汁，火炙痛即回，表里皆熟，毛落尽，肉赤烘烘乃死。昌宗活拦驴于小室内，起炭火，置五味汁如前法。……”唐末还有一个名叫徐可范的宦官因为采用此法烤炙活驴而名见经传。[3]可叹的是，读书人里竟然也有个别败类如法炮制，唐宣宗大中年间的进士李詹即是一个。如此虐食，毫无不忍之心，真是枉读圣贤之书！[4]

---

[1]《齐民要术》卷9《炙法第八十》。

[2]《魏书》卷95《临渭氏苻健传》。

[3]《太平广记》卷133《徐可范》引《报应记》。

[4]《太平广记》卷133引《玉泉子》。

文献资料反映，异地饮食文化对中古华北肉类烤炙技术的发展产生了明显影响。《齐民要术·炙法》不仅总结了华北本土的烤炙经验方法，还积极吸收、融会了其他区域和民族烤炙技术之长。根据缪启愉师的意见，《齐民要术》所载的烤炙方法，显然受到了来自北方游牧民族和南方水乡泽国烤炙技术的影响。游牧地区牛羊畜产丰富，烤炙原料自亦以此为主；南方水乡则多鱼、禽，故其人长于鱼、禽烤炙。该书记载牛、羊等肉类烤炙，要求脆嫩、润滑，渗含汁液，忌久烤干老，有时甚至半生不熟即割而食之；鱼类水产烤炙则一般要求要烤至熟透；为防不熟，有时烤过以后还要再煮，[1]南北烤炙技术要求存在着显著不同。这两个不同系统的烤炙方法在同一部书中同受重视，并行不悖，反映中古华北居民对不同类型饮食文化"兼收并蓄"的历史实际。不过，游牧民族的烤炙方法对中古华北肉食烹饪的影响似乎更加显著一些，当时史书有不少关于少数民族炙肉方法在华北流行的记载。比如《宋书》卷30《五行一》即云：晋武帝泰始以后，"中国相尚用胡床、貊盘及为羌煮、貊炙。贵人富室，必置其器，吉享嘉会，皆此为先"。所谓"貊炙"即是传自北方民族的一种（或一类）特殊烤炙方法；[2]唐代文献记载御厨之中有一种奢侈的烤炙食品，名叫"军羊殁忽"，单从名称即知它显系借鉴、学习了游牧民族的烤炙方法。[3]此外，《齐民要术》还专门记载有一种"胡炮法"[4]，

[1] 参缪启愉《〈齐民要术〉校释》，第617—618页。

[2] 可能是一种在大型集会之时将牲畜整头烤炙，并且是一边烤炙一边用刀割食的方法，流行于西北少数民族地区。岑参《酒泉太守席上醉后作》云："琵琶长笛曲相和，羌儿胡雏齐唱歌；浑炙犁牛烹野驼，交河美酒归叵罗……"这种"浑炙犁牛"也许就是所谓"貊炙"或者其中的一种？岑参诗见《全唐诗》卷199岑参二。

[3] 《太平广记》卷234《御厨》引《卢氏杂说》称："……京都人说。两军每行从进食，及其宴设，多食鸡、鹅之类。就中爱食子鹅，鹅每只价值二三千。每有设，据人数取鹅，燖去毛及去五脏，酿以肉及糯米饭，五味调和。先取羊一口，亦燖，剥去肠胃。置鹅于羊中，缝合炙之。羊肉若熟，便堪去却，羊、鹅鹅（衍一"鹅"字）浑食之，谓之'军羊殁忽'。"

[4] 按：炮法可以归入烤炙一类，但实际有所区别，炮一般是将食物包裹（比如用泥包裹）之后烤炙或入灰烬中煨熟，而不是直接烤炙。

将羊肉细切成丝，调和豉、盐、葱白、姜、椒、荜拨等香料调味品，装入羊肚然后缝合，放进灰坑中煨烧，成熟之后“香美异常”，[1]与所谓“军羊殁忽”有异曲同工之妙。

中古华北人经常采用的另一类菜肴烹饪方法是蒸。蒸是将食物原料放入甑、蒸笼等器物之中，借水蒸气的加热作用使之变熟。《齐民要术》记载有十多种菜肴蒸法，其中既有本地传统蒸法，亦有部分可能来自南方。

与烤炙法全用于肉类不同，蒸法既用于肉类，亦用于蔬菜，有时是荤、素合蒸。《齐民要术》记载蒸食的肉类主要有熊、羊、猪、鹅、鸭、鸡、鱼等等，或整只蒸，或分割成块而蒸，也有专取动物身体的一部分蒸（如蒸猪头）；小动物一般是整只全蒸，较大动物如猪、熊、羊等若采用全蒸，则一般取其个体较小者如仔熊、仔猪等等。可以蒸食的蔬菜也很多，《齐民要术》记载藕、莪蒿、藜、苹、韭等等蔬菜都有蒸食的方法；[2]唐代以清俭著称的宰相郑余庆还曾经蒸食葫芦。[3]至于荤、素合蒸，《齐民要术》记载有“毛蒸鱼菜”等法。

资料显示，中古上流社会蒸食菜肴相当普遍，也十分讲究。魏晋名士阮籍就似乎非常喜爱蒸肫（小猪），他甚至在其母即将下葬时，也要先“食一蒸肫，饮二斗酒，然后临诀”；[4]晋人王武子食馔奢侈，蒸起小猪来也不含糊，他甚至用人乳蒸肫，连皇帝都感到心中不平。[5]《齐民要术》的相关记载表明，那时蒸法中也很讲究调味，蒸食一种菜肴往往要用多

[1]《齐民要术》卷8《蒸缹法第七十七》。

[2]《齐民要术》卷8《蒸缹法第七十七》，卷10引《诗义疏》等。

[3]《太平广记》卷165《郑余庆》引《卢氏杂说》云：“郑余庆清俭有重德。一日忽召亲朋官数人会食，众皆惊。朝僚以故相望重，皆凌晨诣之。至日高，余庆方出，闲话移时，诸人皆枵然。余庆呼左右曰：‘处分厨家烂蒸去毛，莫拗折项。’诸人相顾，以为必蒸鹅、鸭之类。逡巡舁台盘，出酱醋，亦极香新。良久就餐，每人前下粟米饭一碗，蒸葫芦一枚。相国餐美，诸人强进而罢。”

[4]《晋书》卷49《阮籍传》。

[5]《世说新语》卷下之下《汰侈三十》；《晋书》卷42《王浑传附子济传》。

种香辛料和调味品，充分体现传统烹饪重视五味调和的精神。

除上述三种流行久远的古老烹饪方法外，中古华北地区已出现和采用了炒、煎、焖和烩等若干新的菜肴烹饪技术，非常值得注意。

快炒是中国后世最常用的一种菜肴烹饪方法，几乎适用于一切可作菜肴的物料，炒菜种类更可谓变化无穷。但是，由于种种条件限制，与蒸、煮、炙法相比，快炒法的出现要晚得多，个中原因相当复杂，早期炊具形制和质地不适于快炒应是最大的一个制约因素。[1]此外，两汉及其以前植物油料加工尚未发展起来，[2]也是一个不应忽视的原因，因为炒菜特别是炒那些脂肪含量低的蔬菜一般都需有油脂作为传热介质并增进其口味。

在中古时代的华北地区，菜肴的快炒虽然仍不普及，但快炒方法肯定已经出现并且得到应用。《齐民要术》记载了若干菜肴的“炒法”，尽管有时并不称“炒”而是用“熬”字，细察其具体的做法却是炒法无疑。例如该书卷6《养鸡第五十九》“炒鸡子法”云：“（鸡子）打破，著铜铛中，搅令黄白相杂，细擘葱白，下盐米、浑豉，麻油炒之，甚香美。”这与今天的炒鸡蛋显然没有什么区别；卷8《脏、腤、煎、消法第七十八》“鸭煎法”云：“用新成子鸭极肥者，其大如雉。去头，爓治，却腥翠、五藏，又净洗，细锉如笼肉。细切葱白，下盐、豉汁，炒令极熟。下椒、姜末食之。”显然与今天的炒法相同；又同卷《菹绿第七十九》所载的“菹肖法”虽然用了“熬”字，实际上也是一种肉、菜混炒的方法。在这几个实例中，前一种炒法已使用了麻油，后两种虽未另添油脂，但强调要选用极肥的鸭或者猪、羊、鹿肉。历来做菜都常常不是单纯快炒，而是配合运用其他方法，在《齐民要术》中也是如此。例如该书所载的“绿肉法”“酸豚法”即是先熬炒而后煮之。

《齐民要术》中记载有若干种油煎法，例如卷8《脏、腤、煎、消

[1] 具体事实参许倬云《中国中古时期饮食文化的转变》第二节。
[2] 见前文讨论。

法第七十八》所载的“蜜纯煎鱼法”即是一种用油脂煎鱼的方法；卷9《饼法第八十二》又记载了煎鸡鸭蛋饼的方法，与当今煎荷包蛋的做法完全相同。焖煮法在《齐民要术》中被称为“缹”，可以焖煮的物料有肥猪、肥鹅肉、鱼，还有冬瓜、越瓜、汉瓜、瓠、蘑菇和茄子等等；焖煮蔬菜一般都加配肥肉或者动植物油脂。至于该书称之为“脏”或者“腤”的烹饪方法，则实际上是菜肴的水汁烩煮法，一般地说，它是将多种物料混合在一起烹饪，比如其中的“脏鱼鲊法”即混合猪、羊、牛三种畜肉及鱼鲊、鸡蛋，放少量的水一起煮，与今之煮杂烩大体相同；其“五侯脏法”亦是如此。但该书记载的其他几种烩煮法所使用的物料却并不很杂。

上述几种方法在《齐民要术》中记载虽较简略，显得不甚成熟，但它们改变了已往菜肴烹饪全靠蒸煮烤炙的单调局面，为中国传统菜肴烹饪方法不断走向多样化和进一步丰富、改善菜肴口味开辟了广阔前景，在中国饮食史上无疑是重大发展。

最后，我们还要谈谈中古华北人的菜肴生食，特别是生鱼的烹调食用。

自古以来，总有一部分蔬菜是采用生食的，比如黄瓜、番茄既宜熟食亦可生食，生食的营养价值可能比熟食还要高，这一点古今没有太大区别，现今华北人也都认为这是理所当然的。但假如给一位正在用餐的华北人士端上一盘半生不熟的牛肉、羊肉或者一碟生鱼片、生鱼丝尝尝，就恐怕没有多少人能大快朵颐了。可是，中古华北人们对火堆炉堂上半生不熟，甚至带些鲜血的牛羊肉并不感到腻味，还很乐意尝试一下将生肉作脍食用，对经过某种特殊加工的生鱼，则更是钟情有加，视为上珍美味，不少人士常常想方设法求得一食。[1] 正是因为这类生活事实普遍

[1] 其实，国人烹调食用生肉、生鱼并不始于中古，而是自远古以后曾经长期流行，先秦文献亦多有记载。例如孔子说：“食不厌精，脍不厌细”；《太平御览》卷862《饮食部二十》引《孝子传》称：“曾参食生鱼甚美，因吐之。人问其故，参曰：‘母在之日不知生鱼味，今我美，吐之，终身不食。’”从逻辑上说，中古人食生鱼、生肉只不过是前代食俗的流风余韵。

存在，乃有以下几个令人难以置信却流传甚广的孝行故事的出现：《晋书》卷33《王祥传》称：王祥“(继)母常(按：常当作尝)欲生鱼时，天寒冰冻，祥解衣将剖冰求之，冰忽自解，双鲤跃出，持之而归。”这就是后世流传甚广的“卧冰求鲤”故事；另一则故事与之相似：家住汾河边的西河郡人王延也是个大孝子，其后母卜氏盛冬“思生鱼”，王延因求鱼不得而被卜氏“杖之流血”，于是“延寻汾叩凌而哭”，终于得到了一条五尺长的生鱼，并最终感动了卜氏。[1]

当然吃生鱼是要经过一定烹调加工的。中古时代生鱼的食法主要是作脍。[2]作鱼脍与食鱼脍的故事在文献之中记载甚多，但目前我们尚未找到关于作鱼脍方法的详细记载，只是通过归纳各种零星资料得知，当时作脍大概有以下几项技术要求：一是作脍的鱼一般要求鲜活，这样做成的脍才味道鲜美；二是刀功要细致，切出的脍要薄而细；三是食脍要调拌蒜、姜、芥末、酱、醋等香辛物料和调味品。对于这些，晋人潘尼《钓赋》讲得比较明白，他说：钓得鱼后，“……乃命宰夫，脍此潜鲤：芒散缕解，随风离锷，连翩雪累；西戎之蒜，南夷之姜，酸咸调适，齐和有方，和神安体，易思难忘……”。[3]可以用来作脍的鱼有许多种，但其中某些种类特为当时人所偏好，美食家阳晔《膳夫经手录》说：“脍莫先于鲫鱼，鳊、鲂、鲷、鲈次之，鲚、味、鲶、黄、竹为下，其他皆强为之耳，不足数也。”不过，我们所找到的关于华北人作鱼脍的记载，凡明言所用鱼种者大抵多为鲤鱼，极少谈及其他鱼脍，说明当地人们更多是用鲤鱼作脍食。[4]只是唐代曾有律令禁食鲤鱼，以鲤作脍恐怕不是那么自由，阳晔未将鲤鱼

[1] 《太平御览》卷411《人事部五二》引崔鸿《十六国春秋·前赵录》。

[2] 按：脍字，中古文献一般从鱼部，作“鲙”，本义是将鱼缕切成丝。后世一般都写作“脍”，与“肉脍”之“脍”混同。为行文方便，下文亦均写作“脍”。

[3] 《初学记》卷22《渔第十一》。

[4] 除上引二例外，张旭《赠酒店胡姬》亦称“玉盘初脍鲤”，见《全唐诗》卷117张旭；刘肃《大唐新语》卷11《褒赐第二十四》记载李建成的话，有“飞刀脍鲤”。

列为作脍佳品大概亦因如此。[1]

从文献记载来看，中古华北烹调食用鱼脍是相当流行的，即使是在深处内陆的关中地区，买鱼作脍也不是什么稀奇事情。[2]官僚士大夫中颇有些人不但喜食鱼脍，而且还会亲手烹调，比如初唐太子李建成的部属唐俭、赵元楷等人即曾自夸善于作脍，而太子也不以为奇。[3]文献还反映：当时有人因为贪食鱼脍而得病，有的甚至因此送命。[4]据称因过量食用鱼脍而生病者，可以通过食用一些醋而得到医治。[5]不过，如采用正确的方法烹调并适量食用，鱼脍毕竟是很有营养的，当时食疗养生家们认为：某些鱼脍具有很好的食疗效果，可以医治不同病症。[6]

所有这些事实充分说明：以鱼作脍生食在中古华北曾是一种相当流行的食俗。经过一千数百年的变迁，这一食俗在华北大地上早已销声匿迹了，我们的东邻日本却至今仍然保持着这个古老的饮食习惯。个中原

[1] 见第三章所述。按：唐前期的诗文中时有“脍鲤”，可见先前不禁；有关禁令可能出自中唐以后。

[2] 我们可以随手拈来不少关于华北人士食鱼脍的故事。如《隋书》卷78《艺术传》载：术士杨伯丑要求因丢失马而前来问卦者到长安西市东壁门南第三店买鱼作脍；《太平广记》卷156《崔洁》引《逸史》载：崔洁在长安与友人聚会食脍；同书卷494《娄师德》引《御史台记》记载：师德巡视陕郡时，郡厨以鱼脍招待；《酉阳杂俎》前集卷之一载唐明皇赐给安禄山的物事中，有鲫鱼并随带“脍子手”……诸如此类，不能尽举。

[3] 唐·刘肃《大唐新语》卷11《褒赐第二十四》云：“隐太子（李建成）尝至温汤，纲以小疾不从。献生鱼者，太子召饔者脍之。时唐俭、赵元楷在座，各自赞能为脍。太子谓之曰：‘飞刀脍鲤，调合鼎食，公实有之……’”云云。

[4] 唐·张鷟《朝野佥载》卷1载：永徽时人崔爽嗜食鱼脍，“每食生鱼三斗乃足”，直到后来口中吐出一个状如蛤蟆的怪物，才“不复能食脍矣”；《太平御览》卷862《饮食部二十》引《明皇杂录》载：邢州人和璞曾经预测房琯会因为食鱼脍而死，这个预测后来被证实是准确的（否则也不会记下这个故事）。

[5] 宋·孙光宪《北梦琐言》卷10记载：有位少年因食脍太多而致眼花不能见物，医工赵某设巧计令其喝醋因而得以痊愈。

[6] 唐·孟诜《食疗本草》卷中称：鳢鱼作脍，“与脚气、风气人食之，效”；鲫鱼“作脍食之，断暴下痢”；鲂鱼“作脍食，助脾气，令人能食”，诸如此类。

因比较复杂，一时难以详述。

三、燃料短缺及其应对方法

常言道："巧妇难为无米之炊。"但是，有米无柴，良厨亦不能把生米做成熟饭。虽然饮食史著作一般不谈柴火问题，但并不意味着历史上就不存在少柴乏薪的困扰。事实上，不论皇宫内苑、高门大宅还是普通人家，薪柴供给或亲自打柴火，都是一项很重要的事务。在某些时间某些地区，甚至可能变成一个很严重的问题，中古华北至少已有部分地区（特别是城市和平原）开始遭遇这方面的麻烦。那么，燃料问题是如何产生的，又是如何解决的呢？这是我们不能不关心的问题。

众所周知，在人类生存发展的漫长历史上，煤炭之类化石燃料的开采和使用很晚才开始的。在煤炭被大量开采、利用之前，烹饪和取暖所需的燃料主要来自于草木，亦即所谓生物燃料。在远古和上古时代，处处都是丛林茂草，由于人口还十分稀少，有足够的林草可作薪柴之用，因此那时人们在火堆或火塘上烧烤和烹煮食物，无须计较热能耗费，他们在烧柴用炭方面是非常奢侈的。然而随着人口增长和农业发展，大片森林、草莱被砍伐和焚烧，林草地不断被垦辟为农田，同时由于建筑、棺木、矿冶、制墨用材特别是日复一日的烹饪和取暖消耗，木材不足和燃料短缺等问题迟早会出现，在人口密集的城市和原本即较少树木的平原地带，这些问题会出现得更早。

事实上，正如第一章已经指出的那样，早在战国时代，一些地方就开始出现山林耗竭，例如齐国临淄附近的牛山曾是草木茂美，可是由于邻近居民经常性地入山伐薪放牧，牛山终于变得童山濯濯了。[1] 所以，早在春秋战国时期，林木较少的齐国就开始有卖柴买柴的营生，出

[1] 《孟子·告子上》。

现因北泽起火“农夫得居装而卖其薪荛，一束十倍”的情况；而基于齐国治理经验的《管子》在讨论国富、国贫之时，就屡屡提及山泽、薪柴问题，讲出“万乘之国、千乘之国，不能无薪而炊”的一番道理，甚至认为“……为人君而不能谨守其山林、菹泽、草莱，不可以立为天下王。”[1]到了西汉，像长安这样的大城市，人口聚凑，不能缺少持续稳定的薪炭供给，所以有人专以伐木烧炭谋生，而司马迁认为拥有“薪槁千车”，其富可比“千乘之家”，[2]虽未免有些夸张，但足说明当时薪柴价格已经不低。

到了中古时代，经过两汉数百年持续消耗，平原和都城周围森林资源已然相当匮乏，燃料短缺问题已经相当不小了。魏晋时期，洛阳城的木炭供应已经非常紧张，就连达官贵人之家也不能得到少许好炭，于是便发生下面一些有趣的事情。《太平御览》卷871《火部四》引《语林》曰：“洛下少林，木炭止如粟状，羊瑗骄豪，乃捣小炭为屑，以物和之，作兽形。后何召之徒共集，乃以温酒。火热，猛兽皆开口向人，赫赫然。诸豪相矜，皆服而效之。”土豪之间斗富，比比珊瑚之类珍宝是可以理解的，木炭居然也在比拼之列，由此可以推想当时洛阳城的薪炭短缺确实已经相当严重。正因为如此，素以奇智巧思而闻名于世的杜预，不仅发明了“八磨”之类大机械，还曾想创制一种“平底釜”，认为可以节省薪柴，这件事情虽然受到了同僚的诘难，但他心生此一企图，正说明当时洛阳一带的燃料紧缺问题已然非同小可！[3]由于野生林木已经不足供用，在《齐民要术》的时代，连牛粪都成了薪炭的替代品，该书卷8《作酱

[1]《管子·轻重甲》。

[2]《史记》卷129《货殖列传》。关于秦汉时期的薪炭燃料问题，近年有几位青年学者进行过专题讨论，可以参阅。李欣：《秦汉社会的木炭生产和消费》，《史学集刊》2012年第5期；夏炎：《秦汉时期燃料供应与日常生活——兼与李欣博士商榷》，《史学集刊》2014年第6期。

[3]《太平御览》卷757《器物部三》引《晋诸公赞》曰：“尚书杜预欲为平底釜，谓于薪火为省。黄门郎贾彝于世祖前面质预曰：曰（按：曰疑为鉴字之误。）之尖下，以备沃洗，今若平底，无以去水。预亦不能折之。”

等法第七十》说："取干牛屎圆累，令中央空，燃之不烟，势类好炭。若能多收，常用作食，既无灰尘，又不失火，胜于草远矣。"从这一条记载我们还可以看到：在当时，草（可能既包括野生杂草，也包括作物秸秆）似乎已经成为主要燃料。由于林木缺少，用材和薪柴都发生了严重困难，因此《齐民要术》专门设置若干专篇讨论树木种植，[1]而伐薪供自家日常炊煮之用和出售市场，乃是种树的主要目的之一。

特别值得注意的是，北朝虽然是一个商品经济极不发达的时期，《齐民要术》却有关于树木经营市场效益的详细计算，因为事关燃料问题，我们不妨看看贾思勰是怎么计算的。关于榆树，他说："三年春，可将荚、叶卖之。五年之后，便堪作椽，不梜者，即可斫卖，梜者碹作独乐及盏。十年之后，魁、碗、瓶、榼，器皿，无所不任。十五年后，中作车毂及蒲桃瓨。"在自注中他说：按照当时市价，每根榆椽值十文，独乐（陀螺）与盏每个可取三文，魁值二十文、碗值七文、瓶与榼皆可市取一百文，每具车毂值绢三匹，每口蒲桃瓨值三百文，榆树的旁枝则可作为柴薪出卖。一顷榆树大概获利近三十贯。[2]种植白杨的经济效益也很可观：如果每亩地种植白杨四千三百二十株，"三年中为蚕樀，五年，任为屋椽，十年，堪为栋梁。以蚕樀为率，一根五钱，一亩岁收二万一千六百文。岁种三十亩，三年九十亩，一年卖三十亩，得钱六十四万八千文。周而复始，永世无穷。比之农夫，劳逸万倍。去山远者，实宜多种，千根以上，所求必备"。杨柳树"虽微脆"，但生长三年作屋椽"亦堪足事"，"一亩二千一百六十根，三十亩六万四千八百根。根直八钱，合收钱五十一万八千四百文。百树得柴一载，载直一百文，柴合收钱六万四千八百文，都合收钱五十八万三千二百文。岁种三十亩，三年种九十亩；岁卖三十亩，终岁无穷"。栽种箕柳，可以取其枝条编簸箕，"五条一钱，一亩岁收万钱"。栽种楸树，"方两步一根，两亩一行，

[1] 见该书卷5。

[2] 《齐民要术》卷5，《种榆、白杨第四十六》。

一行百二十树，五行合六百树。十年之后，一树千钱，柴在外。车板、盘合、乐器，任在任用，以为棺材，胜于柏松”。我们不知道贾思勰的上述说法有多少夸饰成分，但至少在一定程度上反映了当时黄河下游林木紧缺的形势，而种树卖柴成为很重要的一部分获利，亦足以说明薪柴供给之紧张。可惜我们不知道当时的其他物价，难以通过比较来判断出他所提到的薪柴价格究竟高到了什么程度，但很显然，种树取薪不仅对解决家庭用柴相当重要，卖柴也已经成为一个颇有利可图的营生，所以《齐民要术》要用那么多的文字加以计算并反复强调。

及至唐代，在长安这类人口众多、富民聚居的大城市，燃料问题就更加突出了。作为当时亚洲地区首屈一指的大都市，长安人口最多之时可能达到百万，每年所消耗的燃料是非常惊人的。有研究者估算：仅京官及其随从年需薪炭即达 7 万吨左右，而整个长安，“从低估算，……年耗薪柴 40 万吨左右。”[1]这一估算是按照长安人口 80 万左右进行的，当然相当主观，不能视作定论，因不同时期长安城的人口数量肯定发生了较大变化，对唐代长安人口，研究者们的估算相差很大。但是，唐代长安城的薪炭供应一直相当紧张，这一点却是毋庸置疑的。差不多在整个唐代，宫廷及官员的薪炭供给都是一件非常棘手的事情。中唐以前，专门负责采办薪刍的钩盾署每年都要从市场上和市木橦 16 万根；又从京兆府及岐、陇二州募丁 7000 人专事伐薪，每年每人各输木橦 80 根，合计 56 万根；两项总计则为 72 万根。[2]中唐以后，由于薪炭供应日益紧张，朝廷又另外设置了“木炭使”，由高官兼领，并且一再凿修通往南山谷口的运薪漕渠，目的都在于加强薪炭供应。[3]但是，终唐之世，朝廷薪柴紧缺的问题始终未能很好地解决。

连朝廷的薪柴供应都是如此紧张，普通百姓之家如何解决燃料问题，

---

[1] 龚胜生：《唐长安城薪炭供销的初步研究》，《中国历史地理论丛》1991 年第 3 期。

[2] 《唐六典》卷 19《司农寺·钩盾署》。

[3] 《唐会要》卷 66《木炭使》，《旧唐书》卷 11《代宗纪》，《新唐书》卷 145《黎幹传》等。

实在令人悬想。由于资料缺乏，我们无法了解其实际情形。然而白居易那首世代传诵的《卖炭翁》，以及正史中偶尔出现的一条记载，却让我们对当时由于薪炭严重短缺而产生的朝廷与百姓之间的矛盾冲突有所感知。白居易《卖炭翁》云：

> 卖炭翁，伐薪烧炭南山中。满面尘灰烟火色，两鬓苍苍十指黑。
>
> 卖炭得钱何所营？身上衣裳口中食。可怜身上衣正单，心忧炭贱愿天寒。
>
> 夜来城外一尺雪，晓驾炭车辗冰辙。牛困人饥日已高，市南门外泥中歇。
>
> 翩翩两骑来是谁？黄衣使者白衫儿。手把文书口称敕，回车叱牛牵向北。
>
> 一车炭，千余斤，宫使驱将惜不得。半匹红绡一丈绫，系向牛头充炭直。[1]

《旧唐书》卷140《张建封传》所载发生在唐德宗时期的一桩案件证明《卖炭翁》并非纯粹的文学虚构，而是有其真实的社会生活依据。其称：

> 尝有农夫以驴驮柴，宦者市之，与绢数尺，又就索门户，仍邀驴送柴至内。农夫啼泣，以所得绢与之，不肯受，曰："须得尔驴。"农夫曰："我有父母妻子，待此而后食。今与汝柴，而不取直而归，汝尚不肯，我有死而已。"遂殴宦者，街使擒之以闻，乃黜宦者，赐农夫绢十匹。然宫市不为之改，谏官御史表疏论列，皆不听。

由于薪炭不足，华北居民乃不得不设法寻找其他替代燃料，而这逐

[1] 《全唐诗》卷427白居易四。

渐促进了煤炭的开采和利用。考古资料证实：早在西汉时期（大约公元前1世纪左右），煤已经被少量地用作冶铁燃料，多处冶铁遗址都发现了用煤的残迹，例如在河南巩县的一处冶铁工场遗址发现有原煤和煤饼，在郑州古荥镇铁工场址、洛阳一处西汉中晚期墓出土的冶铁坩埚中，也都发现了煤块和煤渣。[1] 但是未见寻常人家以及炊煮，而到了中古时代，不但正史偶记以石炭（即煤）温酒炙肉之事，唐诗更时或咏及山僧、隐士敲取石炭烹茶煮茗。[2] 一些地方因地表浅层煤较多，取用方便，"石炭"渐渐成为主要燃料，日本僧人圆仁就观察到：今山西太原及远近诸州大量取用煤作燃料，《入唐求法巡礼行记》卷3云："（自太原）出城西门，向西行三四里到石山，名为晋山，遍山有石炭。远近诸州人尽来取烧，修理饭食，极有火势。"这一情况继续发展，到了北宋时期，已是"……汴都数百万家，尽仰石炭，无一家燃薪者。"[3] 甚至有学者认为：北宋时期北方地区已经发生了所谓"燃料革命"。[4] 当然这是后话了。

---

[1] 李仲均：《中国古代用煤历史的几个问题考辨》，《地球科学——武汉地质学院学报》1987年第6期，第665—670页；吴伟、李兆友、姜茂发：《我国古代冶铁燃料问题浅析》，收入《第七届（2009年）中国钢铁年会论文集（补集）》，第37—40页；李欣：《秦汉社会的木炭生产和消费》，《史学集刊》2012年第5期。

[2]《隋书》卷69《王劭传》称："温酒及炙肉用石炭、柴火、竹火、草火、麻黄火，气味不同。"在唐诗中，以石炭为燃料时有所见，例如《全唐诗》卷310于鹄《过凌霄洞天谒张先生祠》云："炼蜜敲石炭，洗澡乘瀑泉"；卷831释贯休《寄怀楚和尚二首》之一云："铁盂汤雪早，石炭煮茶迟。"不能遍举。

[3] 宋·庄季裕《鸡肋编》中卷。

[4] 关于北宋"燃料革命"，可参阅［日］宫崎市定《宋代的煤与铁》，宫崎市定著、中国科学院历史研究所翻译组翻译：《宫崎市定论文选集》，北京：商务印书馆1963年版，上卷第177—199页；［美］罗伯特·哈特威尔：《北宋时期中国铁煤工业的革命》，《中国史研究动态》1981年第5期；许惠民：《北宋时期煤炭的开发利用》，《中国史研究》1987年第2期；王星光、柴国生：《中国古代生物质能源的类型和利用略论》，《自然科学史研究》2010年第4期。关于华北地区生态环境、产业经济和燃料结构的长期历史互动变迁，赵九洲博士曾进行了系统论说，参赵九洲《古代华北燃料问题研究》，南开大学博士论文，2012年。

回顾古代华北食物烹饪的历史，在燃料利用方面，其实经历了一个逐渐变化的过程：早期烹饪以较为粗大的树木作为薪柴（多烧成木炭）为主，即所谓伐木为薪；随着居地近侧林木逐渐减少，人们乃不得不多烧细柴少烧炭，乃至焚草而爨，有条件的地方和人家则逐渐改用煤为燃料，其他一些可作替代燃料的事物（如牛粪等）也被加以利用。经过长期的演变，到了晚近之世，煤和作物秸秆乃成为华北最重要的燃料，而缺少柴火也成为当地民众日常生活中最感困扰的难题之一，这是每一位熟悉华北特别是平原农村生活的人们所共知的事实。

在不断寻找新燃料的同时，自古以来华北居民还在节省燃料方面不断做出努力，包括不断改良灶具锅釜和改变烹饪方法。我们相信，古代华北灶具由一眼到多眼的变化，正是朝着提高薪柴燃烧值和热能利用效率的方向逐步改进的，[1]而晋代杜预意欲创制平底釜，则无疑反映中古华北人士为了适应燃料条件的变化而尝试通过改进炊具并采用新的烹饪方法，可惜由于资料过于缺乏，我们甚至无法对此做起码的推测，只想指出：后世中国最为流行的快炒法在这一时期出现，不应该被看成是一个完全偶然的现象，虽然其创造者最初不一定具备非常明确的节省燃料的意识，但它的逐渐流行和普及则肯定与燃料的变化有关。比较而言，菜肴快炒于薪炭燃料毕竟较为节省，而起火易、旺火快但不持久的细秆柴草（甚至是作物的碎叶和颖壳）更有利于细切食物的快炒。曾经长期盛行于华北地区的肉食大块烧烤，在后世竟然几乎彻底地衰落了，这恐怕与林木不断减少、燃料种类改变和渐趋匮乏不无一定的关系吧？

如此看来，由于人类自身活动所导致的种种生态改变，最终又是如此具有必然性地影响到其后代的生活，迫使后代人不得不通过种种努力来适应这些改变，哪怕是在食物烹饪这样一个看起来甚为细小的方面也

---

[1] 关于中古灶具的改良和发展，可参许倬云《中国中古饮食文化的转变》；黎虎《汉唐饮食文化史》，第140—150页。

都是如此。只可惜人们在短时期内往往很难细察到这一点。

叙述至此，我们对于中古华北人民“如何吃”做了一个大致说明，因叙事细碎、烦琐，特做几点简要归纳。总体而言，中古华北食品加工和主食、菜肴烹饪，与前代相比发生了不少新情况，在多个方面开启了新的局面，但也有一些方面仍然带有较为明显的“古代”特征：

（1）中古华北谷物加工技术在两汉的基础上取得了显著进步，自东汉以降，畜力和水力碓、磨、碾陆续发明并在一定范围内推广使用，构成了比较完整的谷物加工体系，繁重的人力杵臼舂捣逐渐被替代。水力碓、磨、碾加工在若干地区一度繁荣，成为这个时代粮食加工的一个很引人注目的现象。

（2）蔬菜、果品固然主要趁其“时鲜”食用，但由于生产具有明显的季节性，而绝大多数种类容易坏烂、难以久藏，从而造成蔬菜、果品的季节性匮乏，因此，采用适宜的技术方法进行加工、贮藏是非常必要的。中古华北蔬菜加工的主要方法是腌藏作菹，几乎所有蔬菜都可以加工成菹，反映中古华北人民已经验地掌握了非常丰富的微生物和生物化学技术知识。加工作菹可以增进蔬食的口味，但更主要的目的则是为了保藏蔬菜，以解决非生长季节的蔬菜匮乏问题；果品加工的主要方法有干制、做果脯和加工果沙、果泥等等，加工后的成品有的主要做果品食用，有的则可作为饮料，亦可掺入干粮以增进口味。

（3）肉类加工的主要技术方法是腌渍和干制做成脯、腊和鲊，其中大型动物的肉分片做脯，小型动物的肉则多整只做腊，鱼类则主要做鲊，方法多样，风味各异，技术水平相当高超。肉类加工的目的也主要是增进美味、保质贮藏，对于调剂动物性食料供需的季节性不平衡，同样具有重要意义。

（4）调味品加工较之前代取得了若干显著发展，酱、醋、豉酿造非常发达，并且由豆豉汁、豆酱清逐渐发展出后世更加常用的酱油，采用多种动植物原料酿造的混合型调味品，达到了很高的技术水平，反映中古华北人对食“味”特别重视并为此做出了积极的努力。

（5）在中古华北饮食中，豆类的副食化倾向日益显著，人们将豆类酿造成以豉、酱为主的美味食品和调味品，包括豆豉、豆酱等等，可谓化平淡为神奇，充分展示了中华民族的饮食文化创造力。不过，自古世传西汉淮南王刘安发明了豆腐，但考古资料并不足以支持这一说法，而现存中古文献之中竟不见一条关于那时华北人民制作和食用豆腐的记载，因此世传的说法并不可靠。根据现有文献资料、结合多种因素分析，豆腐应当出现在中唐以后。

（6）中古华北居民的基本膳食结构可以划分为主食和菜肴两大类。主食由饭、粥和饼构成。饭、粥的种类和炊煮方法较之前代都有所发展，早餐食粥的习惯基本定型；而以小麦面粉为主制作丰富多样的饼食（面食），更是一个非常突出的发展变化。当时的“饼”，可分蒸、煮、烤、炙和煎炸四个大类，名目繁多，花样迭出，制作技艺不断提高。随着饼的全面普及，华北人民的膳食结构经历了一次重大历史性调整，彻底改变了过去以“粒食”为主的主食结构。尽管粟米在当地一直广泛食用，兼有高粱、豆类等杂粮，后来还传入了玉米，并且它们亦往往碾磨为“面”，并不专恃小麦面粉，但北方人民以“面食”为尊，兼以“粒食”的饮食文化传统，正是从中古时代开始逐渐确立下来。

（7）中古华北地区的菜肴烹饪仍以煮、蒸、烤炙为主，煮法主要用于做羹臛，烤炙基本用于肉食烹饪，而蒸法则肉食与蔬食皆有用之。上层社会的菜肴烹饪十分讲究用料搭配、火候掌握，五味调和受到了极大的重视，各种本地出产和异地传入的香料调味品都被大量采用。在多种因素的驱使（如燃料短缺）和若干条件（如植物油料、敞口浅底锅等）的支持下，炒、焖、烩等菜肴烹饪新法陆续出现，为菜肴烹饪技术的发展和变革提供了广阔的前景。

（8）随着跨地区乃至中外文化交流的不断发展，外来饮食文化成果不断传入华北，北方游牧民族的肉类加工烹饪技术、南方地区的水产加工烹饪技术，以及来自异域的许多胡食法，都在中古华北社会各阶层的饮食生活中发挥了重要作用，同时也刺激了这个地区食物加工烹饪技术的发明和创新。

（9）中古华北人民不仅在“吃什么”方面受自然环境和资源禀赋及其变化的显著规约，在“如何吃”的问题上也必须适应当地自然环境的特点，并根据自然环境的变化不断进行调整。该区域四季分明的自然变化节奏，决定了食物生产和产品供给的季节性，进而决定当地人民必须通过多种多样的技术和方法保藏各类食物，调节食料供需的季节性不平衡。不仅如此，由于长期经济活动（特别是食物生产活动）造成了该区域林草地不断减少，中古华北地区已经出现局部性的薪柴短缺，中心城市和平原地区乏薪少炭问题尤其明显，迫使国家和社会不得不采取一些应对措施，其中包括国家对官员实行燃料配给、鼓励植树、寻找替代燃料（例如用煤）、改进烹饪用具和采用新的烹饪方法等等。虽然中古华北燃料问题尚未产生极其严重的影响，但是已经开始跨入燃料匮乏时代的门槛，因此十分值得关注。

第六章

酒浆茶与中古饮料革命

以上几章就中古华北的食物构成及其加工、烹饪技术方法的主要发展变化做了粗略介绍，接下来转入对饮料的讨论。

水是生命之源，没有水就没有生命。充足的水分和充足的热量，是所有生物都必须同时具备的两个基本条件，缺少其中之一即不能维持生理机能，也就不能正常存活。其他动物如此，人类也是一样。虽然远古初民拾橡栗而食、掬溪涧而饮早已成为模糊的追忆，也不知道人类从什么时代开始厌倦了滋味寡淡的白水，在原本清澄透明的水里不断添加各种味道和颜色的物料，但生物学和生理学的基本原理并未改变。对于人类来说，吸啜水分谓之“饮”，摄取热量谓之“食”，两者都是必不可少。不论饮食传统和文化体系存在何等悬殊的差异，在这一点上，东方的“饮食”与西方的“Eating &Drinking”始终保持着最大的共同性。总而言之，自古以来，对于满足人的生理需求、保证身体各种生理机能的正常运转，“食”的作用固然重要，“饮”同样不可或缺：“饮”不仅是为人体提供水分、保证体液充足从而保持机体健康的必要途径，同时还能够弥补单纯通过“食”而获得营养物质的不足，进一步补充人体所需的蛋白质、糖类、维生素及其他营养元素，从而进一步增强人的体能。“饮”与“食”共同构成了人类维持生命存在与延续的基本活动，饮料与食品都是人类赖以生存的必要物质基础。

同食品一样，由于自然环境和文化条件不同，不同民族和地区的饮料构成及其生产和消费方式存在着很大差异，同一民族和地区的饮料构成也非一成不变，而是伴随着社会历史发展进程不断发生变化。这些变化并非偶然和孤立的事件，而是由一系列因素共同作用的结果。本章将集中分析和讨论华北饮料在中古时期的发展变化，以及这些发展变化之所以发生的文化—生态背景。

根据目前所掌握的资料，与“食”的发展变化相比，中古华北的“饮”更经历了一场具有深远历史意义的革命，其中不仅包括酒类构成和酿造技术的显著变化，更包括饮茶习俗的北渐和风行；伴随着茶的迅速崛起，古老的饮浆习惯日益走向式微。以下分别略作阐述。

一、酒类品种的增加

无论就中国抑或就世界范围而言，酒都是历史最悠久、流行最广泛的一类饮料。由于酒具有独特的滋养身体、兴奋精神的作用，甚至可置人于似迷若幻、飘然如仙的特殊境界，故古人以酒为“所以颐养天下”的“天之美禄”，“享祀祈福，扶衰养疾，百礼之会，非酒不行”。[1]在漫长的历史时期，酒一直是社会文化的重要载体之一，中国文化精神的许多特质通过造酒与饮酒而得以凝结、传承和张扬。古往今来，与酒相关的风流逸事充斥于史籍文献，具体到中古时代，魏晋名士因纵酒而显风流，唐代诗客逞醉意而吐华章，这些历来为人们所津津乐道，论者甚多，无须赘述。我们所关心的是，中古时代的人们究竟酿造和饮用了些什么样的酒？

综合所耙梳到的资料，我们大体可以这样概括：中古华北的主要酒类，仍是采用谷物作为主要原料加曲酿造的黄酒；葡萄酒在西北边地踯躅徘徊数个世纪之后，终于进入华北内地，从而改变当地有史以来即谷物酒独霸壶中乾坤的局面；混合各种奇草异卉调制的药酒，亦是种类繁复，名目众多。

[1]《汉书》卷24下《食货志下》。

1. 谷物酒

谷物酒的发明是早期农耕文化发展的重要成果之一，在华北地区，以谷物酿酒起源于新石器时代。自三代以后，由于广泛的社会需求，特别由于统治阶层的奢侈需求，谷物酒的酿造技术不断提高，酒的名目逐渐增多，品质也随之不断改善。[1]

经过漫长时期的创造和积累，至中古时代，华北地区已形成了相当完整的谷物黄酒酿造技术体系，涌现了数量众多的酒类品种。这一事实，首先可由《齐民要术》的精彩记载得到证明。

《齐民要术》卷 7 是现存古籍中关于中国古代酿酒技术方法最早的具体记载，[2] 直到若干世纪之后，北宋时期才出现朱翼中《北山酒经》这部关于酒的专著。《要术》该卷除《货殖第六十二》《涂瓮第六十三》两个短篇外，《造神曲并酒第六十四》《白醪曲第六十五》《笨曲并酒第六十六》《法酒第六十七》等篇，皆为讨论造曲、酿酒技术方法的内容。为明了起见，不妨先将其所载之制曲和酿酒方法列成下表（表 6-1）。

表 6-1 《齐民要术》所载的制曲酿酒法

篇名	作曲、酿酒法	用料及曲、米配比	酿造季节
造神曲并酒第六十四	作三斛麦曲法	小麦；蒸、炒、生麦比：1∶1∶1	7月
	造酒法 1	曲、（粟）米	未载
	造酒法 2	曲、秫（即黏粟）米或黍米；曲米比：1∶21	未载
	造酒法 3	曲、糯米；曲米比：1∶18	未载
	造神曲法	小麦；蒸、炒、生麦比：1∶1∶1	7月
	造神曲黍料酒方	曲、黍米；曲米比：1∶30	桑落之时

[1] 关于谷物酒的起源及其在两汉以前的发展，请参阅李仰松《对我国酿酒起源的探讨》，《考古》1962 年第 1 期；洪光住：《中国食品科技史稿》（上册），第 129—141 页；王仁湘：《饮食与中国文化》，第 189—195 页等。

[2] 按：《礼记·月令》中有“……秫稻必齐，曲蘖必时，湛炽必洁，水泉必香，陶器必良，火齐必得……”之语，最早指出了酿酒的六个技术关键，然而没有关于具体酿造方法的记载。

续表

篇名	作曲、酿酒法	用料及曲、米配比	酿造季节
造神曲并酒第六十四	神曲法	小麦；蒸、炒、生麦比约为1：1：0.2	7月
	造酒法	曲、黍米；曲米比：1：20[1]	未载
	神曲粳米醪法	曲、粳米；曲米比：1：24	春季
	作神曲方	小麦；生、炒、蒸麦比：1：1：1	7月
	神曲酒方	曲、黍米；曲米比：春酿1：30，秋酿1：40	春、秋、冬季
	河东神曲方	小麦等；炒、蒸、生麦比：6：3：1，另加桑叶5分，苍耳、艾、茱萸或野蓼各1分	7月
	造酒法	曲、黍米；曲米比：1：10[2]	冬春二季
白醪曲第六十五	作白醪曲法	小麦、胡叶等；生、炒、蒸麦比：1：1：1	7月
	酿白醪法	曲、糯米；曲米比：1：10	4—7月
笨曲并酒第六十六	作秦州春酒曲法	（炒）小麦	7月
	作春酒法	曲、黍米；曲米比：1：7	春季
	作颐曲法	同上春酒曲法	9月
	作颐酒法	同上春酒法	秋季
	河东颐白酒法	曲、黍米；曲米比：1：7	6—7月
	笨曲桑落酒法	曲、黍米；曲米比：1：6—1：7	9月始作
	笨曲白醪酒法	曲、糯米或粳米，曲米比未载	春季
	蜀人作酴酒法	曲、米；曲米比：曲2斤，米3斗	12—2月
	粱米酒法	曲、（赤、白）粱米；曲米比：1：6	四季俱宜
	穄米酎法	曲、穄米；曲米比：1：6	1—7月
	黍米酎法	曲（亦可用神曲）、黍米；曲米比：1：6（用神曲则如神曲酒类之例）	同上
	粟米酒法	曲、粟米；曲米比：1：10	1月
	造粟米酒法	同上	同上
	作粟米炉酒法	曲、粟米、春酒糟末、米饭等；曲米比存疑	5—7月

[1] 按：此处原作："黍米一斛，神曲二斗"，《齐民要术》各版本均同，但如此曲料之比显然难以成酒，亦与下文所载具体数字不符。缪启愉师认为正确比例应是："黍米二斛，神曲一斗"，《齐民要术》此条不合情理的记载当系传抄倒错所致。参缪启愉《〈齐民要术〉校释》，第490页。

[2] 据后文所述，此曲料之比亦当有误。参缪启愉《〈齐民要术〉校释》，第498页。

续表

篇名	作曲、酿酒法	用料及曲、米配比	酿造季节
笨曲并酒第六十六	九酝法	笨曲、稻米；曲米比：1∶9	12—1月
	（食经）作白醪酒法	曲、秫米；曲米比：秫米1石，用方曲2斤（疑有误）	9月半前
	作白醪酒法	方曲、米；曲米比不明	不详
	冬米明酒法	曲、精稻米；曲米比存疑	9月
	夏米明酒法	曲、秫米；曲米比：秫米1石，用曲3斤	不详
	朗陵何公夏封清酒法	曲、黍米；曲米比不详	不详
	愈疟酒法	米、曲；曲米比不明	4月8日
	作酃酒法	曲、秫米；曲米比：米1石6斗，用曲7斤	9月
	作夏鸡鸣酒法	曲、秫米；曲米比：米2斗，用曲2斤	未详
	[木審]酒法	曲，米，[木審]花、叶；曲米比不详	4月
	柯柂酒法	曲、秫米；曲米比不详	2-3月
法酒第六十七	黍米法酒	曲、黍米；曲米比：黍米1石4斗，用曲3斤3两	3月
	当梁法酒	曲、黍米；曲米比：约1∶5-1∶6（黍米1石8斗余，用曲末3斗3升）	3月
	粳米法酒	曲、粳米（糯米更佳）；曲米比：约1∶15(稻米4石9斗5升，用曲3斗3升）	3月
	《食经》七月七日作法酒方	曲、米；曲米比不详	7月
	法酒方	曲、黍米；曲米比不详	2月
	三九酒法	曲、米；曲米比不详	3月
	大州白堕曲方饼法	谷（即粟）；蒸、生谷比：2∶1；另加桑叶、胡菓叶、艾等	不详
	作桑落酒法	曲、米；曲米比：1∶2（原文称："曲末一斗，熟米二斗。"甚可疑）	冬季
	春（桑落）酒	同上	春季

由于本人并非酒业专家，处理资料的能力有限，所制上表仅能起到罗列酒法名称的作用，而无法表达《齐民要术》中的丰富内容。根据该表，我们约略能够看出当时制曲、酿酒技术的梗概。

首先，作为黄酒酿造的关键，制曲技术在当时已经发展到了相当高的水平。该书一共记载有九种曲法，其中包括神曲类五种、笨曲类两种、白醪曲一种以及白堕曲一种。作曲时间很有讲究，大多数在七月，仅有个别在九月。作曲的用料，前八种均用小麦加工制成，仅白堕曲一种以粟做成，这说明当时华北地区制作酒曲的主要原料是小麦。此外，该书卷9《作菹、藏生菜法第八十八》还记载了一种“女曲”，系用秫稻米即糯米制成，不过其制法引自《食次》，应是南方特有的方法，《齐民要术》既予引载，则亦可能为北人所用。《齐民要术》又记载：同是麦曲，其做法和成品多有不同，神曲基本上是以生麦、炒麦和蒸麦按同等量配比制成，成品是一种小型的曲；笨曲则纯以炒麦做成，成品为大型饼曲，前者的酒化效率远高于后者，这从各种酒的用曲量大小亦即曲米比的大小可以清楚地看出。由于作曲技术要求较高，又是酿酒成败之关键，故而时人们十分谨慎小心，甚至有些战战兢兢，作曲前常常要咒祝一番。[1]

其次，当时酿酒的方法可谓多种多样，除去若干种香料、药物混合酒外，列入上表的已有三十九种，分别可以酿制成不同名目的酒。这些酒所用的原料、曲的种类、用量、酿造时宜、发酵时间以及具体的技术细节，都存在不少差别：

就酿酒原料而言，上表反映：当时酿造黄酒的主要原料无一例外均是谷物，但以秫米（即黏性的粟米）和黍米为主；只有若干种是以稻米（包括粳米和糯米）为原料酿造，但其方法似是出自南方。此外，上好的粟米，如白粱米、赤粱米和穄米抑或用于酿酒。

从酿酒时宜来说，当时四季都可酿酒，但不同的酒有不同的酿造时宜，以冬、春、秋三季酿造者为多，桑落之时更是酿酒的最好时节；夏季虽亦酿酒，但多为速成酒醪。酿酒发酵的时间长短也不相同，一般来说，重酿酒工序较多，发酵时间常需数十日乃至数月；速成酒类则只需

[1] 像《齐民要术》这样严肃求实的著作，也郑重其事地记载了一段祝文，内容大抵是祈求五方神圣保佑做曲成功。其文见该书卷7《造神曲并酒第六十四》，兹不具引。

几日即可成酒，如“愈疟酒法”“三日酒成”，而“作夏鸡鸣酒法”则更快速到“今日作，明旦鸡鸣便熟”。

隋唐时代的作曲、酿酒技术，较之魏晋北朝时期理应有所发展，但因缺少详细具体的文献记载，情况不明，我们不便妄测。[1]

中古文献反映，采用不同原料和方法酿造的酒，颜色、香味、厚薄各不相同，或黄或绿，或清或浊，或浓烈或清幽。酒精含量也是相差甚大，醇浓者饮数升即长醉难醒，寡薄者则可一饮数斗。

中古时代的谷物酒，不仅品种众多，可以满足不同口味的需要，而且涌现了一批驰名天下的名酒。

魏晋北朝时期有几种酒曾颇负盛名，其中一种是上表中已出现的“九酝酒”。[2]九酝酒因文化名人张华喜好，西晋时期曾经一度盛名天下，晋·王子年《拾遗记》卷9称：“张华为九酝酒，以三薇渍曲蘖，蘖出西羌，曲出北胡。胡中有指星麦，四月火星出麦熟而获之。蘖用水渍麦三夕而萌芽，平旦鸡鸣而用之，俗人呼为鸡鸣麦。以之酿酒，醇美，久含之令人齿动，若大醉，不叫笑摇荡，令人肝肠消烂，俗人谓为消肠酒……闾里歌曰：‘宁得醇酒消肠，不与日月同光。’”《世说新语》又记载说：“张华既贵，有少时知识来候之，华与共饮九酝酒，为酣畅，其夜醉眠。华常饮此酒，醉眠后辄敕左右转侧至觉。是夕忘敕之，左右依常时为张公转侧，其友人无人为之，至明，友人犹不起，华咄云：‘此必死矣。’使视之，酒果穿肠流床下滂沱。”[3]从这些

[1] 日本学者篠田统著有《中国中世的酒》一文，曾经努力从唐诗中剔发酒史资料，但对于唐代酿酒技术的发展情况，我们从他的论文中也未能获得一个明确印象。其文见刘俊文主编：《日本学者研究中国史论著选译》第十卷《科学技术》分册。

[2] 《齐民要术》卷7引有“魏武帝上九酝法”的奏章文字，从其中所透露的信息，九酝酒应是一种酒精含量较高的重酿酒，大约九酝法在当时是新创，故曹操上其法于皇帝；又据《北堂书钞》卷148引此奏，该酒法出自南阳郭芝。

[3] 兹据《太平广记》卷233《九酝酒》条引。据史书记载，张华是一位造酒、品酒的行家，他的《博物志》中还记载有一种“胡椒酒法”，《齐民要术》卷7曾引用，后文还将述及。

记载来看，九酝酒是一种味道醇美，甚为时人企羡的好酒，但酒性也相当烈。

另一种名酒则出自身世不明的民间酒匠——刘白堕，在北朝时代，其声名显赫出于九酝酒之上，当时文献多见记载，上表所列“大州白堕曲方饼法”及“桑落酒法”当即这种酒的酿造方法。《洛阳伽蓝记》卷4《城西》记载说：“市西有退酤、治觞二里，里内之人多酝酒为业，河东人刘白堕善能酿酒。季夏六月，时暑赫晞，以瓮贮酒，暴于日中，经一旬，其酒不动，饮之香美而醉，经月不醒。京师朝贵多出郡登藩，远相饷馈，逾于千里，以其远至，号曰‘鹤觞’，亦名‘骑驴酒’。永熙年中，南青州刺史毛鸿宾赍酒之蕃（藩），逢路贼，盗饮之即醉，皆被擒获。因复命（名）‘擒奸酒’。游侠语曰：‘不畏张弓拔刀，惟畏白堕春醪。’”其中的故事是否真实姑且不论，这种酿法出自刘白堕的春醪，在当时华北声名盛著却是毋庸置疑，其以一酒而独享“鹤觞”“骑驴”“擒奸”等多个美名亦可证明这一点。“桑落酒”之名，则始见于《水经注》，该书卷4云：“(河东)民有姓刘名堕者，宿擅工酿，采挹河流，酝成芳酎，悬食同枯枝之年，排于桑落之辰，故酒得其名矣。然香醑之色清白若涤浆焉。别调氛氲，不与他同。兰薰麝越，自成馨逸。方土之贡选，最佳酌矣。自王公庶友，牵拂相招者，每云：‘索郎有顾，思同旅语。’索郎，反语为桑落也。”看来，刘白堕酒法不仅可以在春季酿为春醪，而且更可于冬季桑落之时酿成奇味。如上所述，桑落季节是酿酒良时，这种酒又专擅“桑落”之名，更见其为时人所喜好的程度。从时人对“九酝酒”和“桑落酒”的传颂推测：滋味醇厚的重酿酒应是魏晋北朝人最为喜好的一类。直至唐代，桑落酒仍是人们所追求的一种美酒，唐朝内宫所享用的酒中即有“桑落酒”，[1] 唐玄宗曾以“桑落酒”赏赐安禄山。[2]

[1]《大唐六典》卷15《光禄寺》;《旧唐书》卷44《职官三·光禄寺》。

[2]《酉阳杂俎》前集卷之一。

除以上两种外，其他文献还记载有不少华北名酒，《北堂书钞》卷148《酒食部七》记有当时南北各类名酒数十种，其中“王屋琼苏”“长安九酿”“长安醇”“千日酒”[1]等等，可以肯定是产于华北，并以谷物为主要原料酿造的名酒。邹阳《酒赋》记载有：“沙洛绿酃、乌程若下、齐公之清、关中自薄”等；[2]《唐国史补》则记载有“荥阳之土窟春”“富平之石冻春”“京城之西市腔”“蛤蟆陵之郎官清”等。[3]

值得注意的是，中古华北颇有一些酿酒名家，酿造出不少风味独特的好酒。比如北魏贾瑀家人以黄河水酿成名酒“昆仑觞”，“酒之芳味，世间所绝。曾以三十斛上魏庄帝。”[4]唐初著名政治家魏征也以擅酿闻名，家酿有“醽醁”“翠涛”等好酒，太宗为之作诗云：“醽醁胜兰生，翠涛过玉薤。千日醉不醒，十年味不败。”[5]此外，与王绩（隋末唐初人）同时代的焦革、与白居易同时代的陈岵等，都是酿酒名家，酿出过上等好酒。王绩曾据焦革酒法撰成《酒经》；而白居易因嗜酒成性，家中时时酿有好酒。[6]由此可见，中古华北的谷物黄酒，不仅酿造技术已相当高超，而且名品众多，名匠辈出。

2. 果酒

中古酒业更重要的发展变化，是葡萄酒由令人悬想的西域天外奇酿逐渐本土化，在内地一些地方开始大量酿造和售卖。

早在西汉时期，西域葡萄酒即已声闻华北内地，这得益于张骞通西

[1] 千日酒，已见于张华《博物志》卷10《杂说下》，中山酒家有之，时称饮此酒至醉千日不醒。

[2] 《初学记》卷26《酒第十一》引。

[3] 《太平广记》卷233《酒名》引《国史补》。

[4] 《太平广记》卷233《昆仑觞》。

[5] 按诗注云：“兰生，汉武帝百味旨酒；玉薤，隋炀帝酒名也。”《全唐诗》卷1太宗皇帝。

[6] 分见《新唐书》卷196《隐逸传》；《全唐诗》卷449白居易二十六《咏家酿十咏》，卷454白居易三十一《家酿新熟每尝辄醉……》等。

域。最早记载葡萄酒的是《史记》，该书卷123《大宛列传》称：大宛“有蒲陶酒”；又称：“宛左右以蒲陶为酒，富人藏酒至万余石，久者数十岁不败。俗嗜酒，马嗜苜蓿。汉使取其实来，于是天子始种苜蓿、蒲陶肥饶地。及天马多，外国使来众，则离宫别观旁尽种蒲萄、苜蓿极望。”不过，虽然西汉时期内地已经开始栽种葡萄，葡萄酒也通过使者和商人传入中原，但当时内地并没有开始酿造葡萄酒，故葡萄酒一直是极为稀罕之物。东汉灵帝时，孟他竟因向中常侍张让馈赠了些许葡萄酒即被拜为梁州刺史！[1]尽管曹魏文帝在夸耀自己领土物产丰饶时曾将葡萄当作中国珍果，并谈到把葡萄“酿以为酒，甘于曲蘖，善醉而易醒”，[2]但在唐代以前，人们仍均认为它是西域特产的奇味嘉酿，[3]内地所饮均来自西域贡献。

葡萄酒法的内传明确地见于史籍记载是在唐太宗时期，《唐会要》卷100记载：“葡萄酒，西域有之，前世或有贡献。及破高昌，收马乳葡萄实于苑中种之，并得其酒法，（太宗）自损益造酒，酒成，凡有八色，芳香酷烈，味兼醍醐，既颁赐群臣，京中始识其味。”[4]但高昌地区的葡萄酒并不止一种，武则天时，当地又遣使贡献过一种“干蒲桃冻酒”。[5]

虽然明确见于记载的葡萄酒法内传史事发生在唐初，但有迹象表明，河东地区的葡萄酒生产可能早于此时。北周庾信《燕歌行》中有“蒲桃一杯千日醉，无事九转学神仙”；[6]隋末唐初河东人氏王绩的诗中也有“竹叶连糟翠，蒲萄带曲红”之句，而且还谈到当时的“酒家胡”，[7]他们关于河东葡萄酒的记咏都早于贞观时期。唐代文献的记载表明，除西域

---

[1]《太平御览》卷542《礼仪部二一》引《三辅决录》。

[2]《太平御览》卷972《果部九》引“魏文帝诏群臣书曰”。

[3] 参《太平御览》卷972《果部九》引崔鸿《十六国春秋·后凉录》及《博物志》。

[4] 钱易《南部新书·丙部》亦载：“太宗破高昌，收马乳蒲桃于苑，并得酒法，仍自损益之，造酒绿色，芳香酷烈，味兼醍醐，长安始识其味也。”

[5]《太平御览》卷845《饮食部》引《梁四公记》。

[6]《艺文类聚》卷42《乐部二》引。

[7]《全唐诗》卷37王绩《过酒家五首》之三、之五。

和河西之外，河东地区特别是太原一带正是当时中国内地葡萄酒的生产中心，自中唐以后，当地所产的葡萄酒更屡屡见于诗人的吟诵。例如刘禹锡曾有《葡萄歌》记述河东的葡萄生产，称晋人种葡萄如种玉，“酿之成美酒，令人饮不足”。[1] 在《和令狐相公谢太原李侍中寄蒲桃》一诗中，他又说：太原葡萄“酝成十日酒，味敌五云浆”；[2] 白居易《寄献北都留守裴令公》诗中亦有“羌管吹杨柳，燕姬酌蒲萄”之句。[3] 正是在唐代，河东特产的“干和蒲桃”酒已赫然居于天下名酒之列，[4] 并已成为土贡物品之一。[5] 由于葡萄酒法的传播，中国原产的一种野葡萄——蘡薁也被用于酿造葡萄酒，据称这种酒与正宗的葡萄酒味道相似。[6]

随着内地葡萄酒生产规模逐渐扩大，葡萄酒消费渐渐不再局限于皇室贵族，而是逐渐开始注入华北普通居民的酒壶之中，虽然还不能说已经如何普遍，但至少已使原先谷物酒独霸天下的局面发生了改变，同时也使中国酒业出现了一个新的发展方向，并且有了一个美好的开端。

除葡萄酒之外，这个时代见于文献记载的果酒还有所谓“三勒浆”——以庵摩勒、毗黎勒和诃黎勒等三种外来果品加工酿制而成的一种特殊果酒饮料，《四时纂要》专门记载了它的酿制方法，[7] 据称其酿造方法来自波斯国。在唐代，“河汉之三勒浆”已经成为一种名酒；[8] 大诗

[1] 《全唐诗》卷354刘禹锡一。

[2] 《全唐诗》卷362刘禹锡九。

[3] 《全唐诗》卷457白居易三四，诗中自注云：“蒲萄酒出太原。”

[4] 《太平广记》卷233《酒名》引《国史补》。

[5] 《册府元龟》卷168记载：开成元年（836年）十二月皇帝有停止河东贡献葡萄酒的诏令。

[6] 《重修政和经史证类备用本草》卷23引《唐本草注》。

[7] 该书《秋令卷之四·八月》云：“造三勒浆：诃黎勒、毗黎勒、庵摩勒，已上并和核用，各三大两。捣如麻豆大，不用细。以白蜜一斗，新汲水二斗，熟调，投干净五斗瓮中，即下三勒末，搅和匀。数重纸密封。三四日开，更搅。以干净帛拭去汗，候发定即止，但密封。此月一日合，满三十日即成。味至甘美，饮之醉人，消食下气。须是八月合即成，非此月不佳矣。”

[8] 《太平广记》卷233《酒名》引《国史补》。

人白居易与北都留守裴某交厚，居易嗜酒如命，但晚年修佛持戒，戒斋之日不得饮酒，每逢十斋日赴裴氏宴会，裴常用三勒浆相招待，聊以代酒。[1] 历经一千数百年后，当今市场上又出现了“三勒浆”，不过宣传广告说是一种滋补保健饮料，未闻“饮之醉人”一说。

3. 药酒

中古时代酒业发展，还表现在以香料和药物调制的“药酒”品种显著增多。《齐民要术》卷 7 记载有多种当时流行的药酒调制方法，其中“浸药酒法”谈及一种专门用于浸药的酒的酿造方法；《博物志》“胡椒酒法”，用春酒浸干姜、胡椒、石榴等制成药酒，可用以治病，据说这种药酒的制法亦传自外国，胡人称之为“荜拨酒”；“作和酒法”也是在酒中浸泡胡椒、干姜、鸡舌香、荜拨等香药制成一种混合酒——和酒。《北堂书钞》卷 148《酒食部七》所载的数十种名酒中，有胡椒酒、皂荚酒、烛草酒、文草酒、顿逊酒、青田核、天酒、仙酒、玉酒、玉醪、桂酒、椒酒等等，均应属于药酒之类。到了唐代，药酒种类更多，孟诜等著《食疗本草》卷下有这样一段记载，称：“桑葚酒：补五藏，明耳目；葱豉酒：解烦热，补虚劳；蜜酒：疗风疹；地黄、牛膝、虎骨、仙灵脾、通草、大豆、牛蒡、枸杞等，皆可和酿作酒，在别方。蒲桃子酿酒，益气调中，耐饥强志，取藤汁酿酒亦佳。狗肉汁酿酒，大补。”同一书中所载的滋补药酒种类已多达十余种，说明当时药酒泡制相当发达，虽然它们并不一定都出自华北，但毫无疑问其中的大部分已为华北居民所用。《四时纂要》虽主要谈农事，其中亦记载有多种药酒调制方法，如“干酒法、干酒治百病方”“地黄酒、地黄酒变白速效方”等等，此外还有鹿骨酒、枸杞子酒、钟乳酒、屠苏酒等等，也都分别记其用料配方、调制方法和滋补疗效，例如“钟乳酒”可以补骨髓、益气力、逐湿疾，系在酒中混

[1] 《全唐诗》卷 457 白居易三四《寄献北都留守裴令公并序》白居易自注云：“居易每十斋日在会，常蒙以三勒汤代酒也。”

合干地黄、巨胜（即胡麻，亦即芝麻）、牛膝、五茄皮、地骨皮、桂心、防风、仙灵脾、钟乳以及甘草、牛乳等多种药材和营养价值高的动植物料浸泡制成。[1]可以肯定这些药酒在唐代华北地区都有调制和饮用。此外，各种文献中，还时常出现松花酒、茱萸酒、菊花酒……不可一一尽举。药酒是具有独特的滋补养生和治病疗疾作用的一类特殊饮料，是我国古代饮食营养学与医疗养生学相互结合的结晶，在当代社会仍然具有可贵的开发利用价值。

由上可见，中古华北的酒，无论是酿造技术还是种类构成，都较前代有了显著发展变化。这些发展变化，既由于本地区酿酒经验、技术的不断累积和创新，也由于南方及外国酿酒方法和酿酒物料的不断传入，同时还由于区域内部其他相关社会文化因素的影响，诸如中古社会特别是文人阶层嗜酒风气的盛行、酒与文学和艺术的紧密联姻，以及食疗养生学的逐渐发展成熟等等。具有特殊文化品质的社会名流、医家、方士和酒工、酒商等等，在引导中古华北酒类消费、创制新酒品种和发明酿酒新法等方面，都发挥了各自重要的作用。这些问题将来可以一一进行专题讨论。

二、浆、饮子和乳制品

我国古代饮料，曾有一个很长的酒、浆并重发展时期。前者属于酒精饮料，而后者则属于非酒精饮料。依照常理推测：浆的起源应当比酒要早得多，因为最早的酒很可能就是来源于发酵的稀饭米汤。但是，我们所见到的最早记载是酒、浆并出，《诗经》云：“或以其酒，不以其浆。”[2]先秦时代，饮浆显然是非常普遍的，《周礼》记载的天

[1]《四时纂要·冬令卷之五·十月》。

[2]《诗经·小雅·大东》。

子饮食职官中即有“浆人”一职，主掌供应天子除酒之外的各种饮料——包括水、浆、醴、凉（即寒粥）、医、酏在内的所谓“六饮”，职员数达 170 人之多。战国时期的城市里甚至已经出现了以卖浆营生的人，例如赵国处士薛公曾“藏于卖浆家”；[1] 及至两汉时代，以浆为主要饮料的情况也没有发生变化，司马迁说“浆千甔”可比千金之家，说明买卖很多。[2]

直至饮茶流行之前，中古华北居民除酒之外的饮料仍然是浆。缪启愉师曾说：“古代不喝茶，后魏喝茶也少，通常用各种的浆作饮料。”[3] 从当时文献记载来看，“浆的概念比较宽泛，一般液体饮料都可以叫浆。”[4] 常见于文献的浆名，有酢浆（即酸浆）、蜜浆、柘浆、粥清浆、酪浆等等；有时甚至淡酒（醴）、白水亦可称之为浆，上节所述的“三勒浆”，有人将其当作浆饮，以不犯酒戒；也有人则将其列为名酒之一，大概正因为如此，因此浆的种类很多，用以作浆的原料也很广泛。不过大致说来，当时的浆，据其味道可分为酸浆和甜浆两大类。我们且罗列有关资料，略作介绍。

大多数中古华北人所饮的浆，可能仍是以米汤发酵做成的“酢浆”。煮米成汤以后冷却贮存，由于乳酸菌的作用，经发酵使其味道变酸，可以增进口味，饮之不仅可以解渴和补充热量，而且可以帮助消化。当时华北寒食节前后有做“寒食浆”的习俗，《齐民要术》即记载一种“作寒食浆法”：“以三月中清明前夜炊饭，鸡向鸣，下熟热饭于瓮中，以向满为限。数日后便酢，中饮。因家常炊次，三四日辄以新炊饭一碗酘。每取浆，随多少即新汲冷水添之。讫夏，飧浆并不败而常满，所以为异。以二升，得解水一升，水冷清俊，有殊于凡。”[5] 在当时，这种以米汤做

[1] 《史记》卷 77《魏公子列传》。

[2] 《史记》卷 129《货殖列传》。

[3] 缪启愉：《〈齐民要术〉校释》，第 262 页。

[4] 黎虎：《汉唐饮食文化史》，第 250 页。

[5] 《齐民要术》卷 9《飧、饭第八十六》。

成的酸浆还常用于加工食物，帮助食品发酵，《齐民要术》多有记载。米制的酸浆一般冷饮，这可以从曹魏后期的一句政治流言看出。[1]在当时也有将很稀薄的米粥称为浆者，《齐民要术》多记作“粥清”，只是多用于食品加工；而唐代文献中的一条记载则称之为“浆水粥”，即熟即饮，亦食亦饮，恐不能算作饮料。[2]

另一类常见的浆是用果品加工做成的麨冲泡而成，《齐民要术》所载的酸枣、杏、李、林檎麨，即主要是作饮料用。[3]看来，当今夏日解暑所常饮的酸梅粉、果珍之类，并不是现代发明，而是具有相当悠久的历史。此外，当时还有所谓杏酪，可能亦可作饮料用，《四时纂要》记载有一种做杏酪的方法，并称杏酪加配苏、蜜、苏子、薏苡汁等物煎饮，可治多种病症；[4]又据《酉阳杂俎》记载：唐同州司马裴沆的堂伯父自洛中前往郑州路途，就曾饮用一老者所赠的浆，“浆味如杏酪。”[5]大概由于杏酪味酸，可以解暑热，故中古人家在夏季祭祀之时亦以杏酪献荐神灵。[6]此外，见于史籍的果汁饮料还有葡萄浆，唐《景龙文馆记》载：南阳令岑羲曾设茗饮、蒲萄浆招待皇帝，[7]不过这不是一种常备饮料。果

[1] 《三国志》卷9《魏书·诸夏侯曹传第九》“裴注”引《魏略》曰：“(曹)爽专政，(李)丰依违二公间，无有适莫，故于时有谤书曰：‘曹爽之势热如汤，太傅父子冷如浆，李丰兄弟如游光’。”亦很可怜。

[2] 《太平广记》卷151《韩滉》引《前定录》载：韩滉曾因食糕糜过量而不适，医者教其夜“啖浆水粥”。

[3] 《齐民要术》卷4《种枣第三十三》有“作酸枣麨法”云：“酸枣麨，以方寸匕，投一碗水中，酸甜味足，即成好浆。远行用和米麨，饥渴俱当也。”又同卷《种梅杏第三十六》“作杏李麨法”说：“杏、李麨可和水为浆，及和米麨，所在入意也。”《柰、林檎三十九》亦称：林檎麨“以方寸匕投于碗中，即成美浆”。

[4] 该书《夏令卷之三·五月》称：“一切风及百病，咳嗽上气、金疮、肺气、惊悸、心中烦热、风头痛，悉宜服之。”

[5] 《酉阳杂俎》前集卷之二。

[6] 《太平御览》卷858《饮食部一六》引《范汪祠制》曰：“仲夏荐杏酪。”

[7] 《太平御览》卷972《果部九》。

品饮料中还有自战国以来在文献中一直出现的“柘浆”（或作“蔗浆”，即甘蔗汁），在历史上甚为有名，南方人多饮之。在华北地区，柘浆虽亦常出现于诗文，但由于本地基本不产甘蔗，且运输十分不易，所以只有皇帝和极少数王公贵族才可能享用。[1]

原料取自动物的饮料，主要有蜜浆和乳酪之类。

蜜浆系以蜂蜜兑水做成，自然是一种甜浆。由于蜂蜜极不易得，能够饮者自然也不是平民百姓，就连曾经显赫一时的袁术，当其兵势衰败时，亦是连一杯蜜浆都求不到，他甚至因此倍加愤懑，吐血身亡。[2]在中古观念中，蜜浆是一种良药，《食疗本草》卷中说：“若觉热，四肢不知，即服蜜浆一碗，甚良。”

“食肉饮酪”历来被认为是北方游牧民族的饮食风尚，以农耕为主要生业的中原人民鲜有饮酪。不过，在中原地区亦非始终绝无饮者，中古时期，由于北方游牧民族大量涌入和畜牧经济回升等原因，“饮酪”风气至少在社会上层曾经一度相当流行。[3]

魏晋时代，中原已经颇有些人喜爱饮酪，时见于文献记载。据称：三国时期曾有人赠予曹操一杯酪，曹操将其与下属分享；[4]魏文帝也曾将甘酪赐予钟繇；[5]西晋时尚书令荀勖因身体羸弱，皇帝“赐乳酪，太官随日给之”。[6]当时华北人士似乎甚以乳酪为美，故王武子曾经挑衅性

[1] 王维《敕赐百官樱桃》诗称（樱桃）“饱食不须愁内热，大官还有蔗浆寒”。可见即使同朝做官，官位低者亦不能饮。诗出《全唐诗》卷128王维四。

[2] 《三国志》卷6《魏书·董二袁刘传》“裴注”引《吴书》。

[3] 所谓“饮酪”即将畜乳制成的“酪”作浆饮用。按：古代文献中的“酪”有两类，并不都是乳酪，果品抑或作酪，如前文所提及的杏酪即是，需加以区分。又，乳酪既是饮品亦是食品，文献之中虽有不少关于乳酪的记载，但饮用与食用常难区分，在此我们姑不加区分地一概视作“饮”，尚希读者注意。

[4] 《世说新语》卷中之下《捷悟第十一》载：“人饷魏武一杯酪，魏武啖少许，盖头上题合字，以示众，众莫能解。次至杨修，修便啖，曰：‘公教人啖一口也，复何疑’！”

[5] 《太平御览》卷858《饮食部十六》引《魏文帝集载钟繇书》。

[6] 《太平御览》卷858《饮食部十六》引《晋太康起居注》。

地问吴人陆机江东有什么东西可与羊酪相比；[1]而王导南渡之后，还将食酪的爱好带到了江南。[2]

此后饮酪风气日渐兴盛，据杨衒之《洛阳伽蓝记》记载：北魏时期，以酪浆为饮在上层社会很流行，甚至连南方北逃的王肃在洛阳居住数年之后，也习惯了饮用酪浆。[3]鲜卑贵族对“饮酪”似乎颇引以为豪，还因此看不起南方的茗茶，将后者贬斥为“酪奴”（详见后文论述）。

《齐民要术》用相当多的篇幅专门论说了当时的乳酪和酪酥加工方法，其中包括“作酪法”“作干酪法”“作漉酪法”“作马酪酵法”“抨酥法”等，[4]所记载的酪有普通的甜酪、有酸酪（类似现今的酸奶）、有干酪（即酪的干制品），还有从酪中精加工出来的酥即酥油（黄油）。如此详细具体地记载乳类加工方法，至少在现存古书中不但是首次，而且也是十分罕见的。

根据《齐民要术》的记载，当时牛羊乳和马乳均可加工做酪酥，但从其将酪酥加工方法置于《养羊》篇来看，当时用以做酪的主要是羊乳。关于这一点，其他文献中的有关记载亦可做证，[5]这正好与前文所述羊为中古华北主畜的观点相互印证。中古时代的这一情况，与现代畜乳业以牛乳生产为主、羊乳极少有很大的差别。《齐民要术》对乳类加

---

[1] 《世说新语》卷上之上《言语第二》。

[2] 《世说新语》卷下之下《排调第二十五》记载说：“陆太尉（玩）诣王丞相。王公食以酪，陆还遂病。明日与王笺云：‘昨食酪小过，通夜委顿，民虽吴人，几为伧鬼。’”说明当时南方人认为只有北方人士才食酪。《太平御览》卷858《饮食部十六》引《笑林》中的一则笑话也说明同样的问题，称：“吴人至京师，为设食者有酪酥，未知是何物也。强而食之，归吐，遂至困，顾谓其子曰：‘与伧人同死，亦无所恨，汝故宜慎之。’”

[3] 《洛阳伽蓝记》卷3《城南》。

[4] 《齐民要术》卷6《养羊第五十七》。

[5] 《世说新语》所载的那则发生在陆机与王武子之间的故事中的酪即是羊酪；《洛阳伽蓝记》中将“羊肉酪浆”连称，似乎亦暗示酪浆是羊乳酪浆；又，唐人包佶《顾著作宅赋诗》中也提到“羊酪”（《全唐诗》卷205包佶）；而“牛酪”一词则尚未见到。

工的重视正说明，在北魏时期的华北地区，乳酪等物在实际生活中具有重要地位。

关于隋唐时期华北人饮（食）用乳酪等物的记载相对较少，但亦非全无。如隋·谢讽《食经》及唐·韦巨源《烧尾食单》均记载：当时有不少食品中都加有乳制品（已见前章叙述）。又，《旧唐书》卷155《穆宁传》说："（穆）质兄弟俱有令誉而和粹，世以'滋味'目之：赞俗而有格为酪，质美而多入为酥，员为醍醐，赏为乳腐。近代士大夫言家法者，以穆氏为高。"用乳制品来比喻享有令誉美名的这四兄弟，正说明时人以乳品为饮食之珍。值得注意的是，这段文字共提到了四种乳制品，除酪、酥之外，还有醍醐和乳腐。醍醐，古又作餛餬，是从酥中提炼出来的，释慧琳《一切经音义》卷11《大宝积经卷五音义》"醍醐"条云："案醍醐，酥之精粹也。乳中精者名酥，酥中精者名醍醐"；至于所谓"乳腐"，我们认为应指发酵之后的畜乳，类似今之酸牛奶，已见前述。

当时人们不仅视乳制品为饮食美味，食疗养生家还特别强调它们的滋补食疗价值，《食疗本草》认为牛羊乳制成的酪、酥、醍醐和乳腐，可以治疗多种疾病。[1]

然而，当时关于鲜乳饮用的记载却很少，目前仅找到一条资料。《魏书》卷94《阉官传》说：高平人王琚（自云本太原人）年老时"常饮牛乳，色如处子"，活到了九十高龄还很健康，时人归因于他喝牛奶，亦说明对牛奶营养价值的高度肯定。应该指出的是，虽然中古特别是魏晋北朝时期华北地区乳品饮（食）用曾经一度流行，但终究未能普及，也没有一直持续下去，因为这个地区毕竟是农耕区域，大型畜养业相对繁荣

[1] 该书卷中称："酥除胸中热，补五藏，利肠胃。水牛酥，寒，与羊酪同功。羊酥真者胜牛酥。酪主热毒，止渴，除胃中热。患冷人勿食羊乳酪。醍醐主风邪，通润骨髓，性冷利，乃酥之本精液也。乳腐微寒，润五藏，利大小便，益十二经脉。微动气。细切如豆，面拌，醋浆水煮二十余沸，治赤白痢。小儿患服之弥佳。"

的时间亦相当短暂。

最后要提到当时的一类特殊饮料，即唐人所谓的“饮子”。黎虎指出：“饮子是一种以某些中草药熬制的饮料，具有一定的医疗作用，但它不完全是药，而可以视为一种饮料。”[1]这个观点大致不错。从历史实际情形来看，“饮子”乃是服饵养生家的造作，唐人关于逸人野老的诗咏中时有提及。见于文献的“饮子”有许多种，比如枸杞饮、地黄煎、五术汤、杜若浆、云（母）浆等等即是。[2]文献资料反映，这种调和各种药草制成的“饮子”在一些城市中亦曾颇有市场，据说长安西市有一家饮子店生意甚好，店家“日夜锉斫煎煮，给之不暇。人无远近，皆来取之，门市骈罗，喧阗京国，至有赍金守门，五、七日间未获给付者，获利甚极。”[3]可见普通民众之中也曾流行“饮子”，这令人想到上世纪八九十年代社会上一度盛行的营养保健品热。

三、茶的北渐与风行

与酒和浆的发展变化相比，更具有革命性意义的是饮茶习俗由南向北传播并最终风行全国。

中国是茶叶的原产地，也是茶文化的故乡。如今茶与咖啡、可可并列，是世界上最流行的三大非酒精饮料之一。千百年来，中国人民一直把茶与柴、米、油、盐、酱、醋并列，视为日常生活中不可或缺之物。[4]作为一种

---

[1] 黎虎：《汉唐饮食文化史》，第251页。

[2] 分见《食疗本草》卷上、《四时纂要·冬令卷之五·十月》、《酉阳杂俎》前集卷之一、《全唐诗》卷37王绩《食后》、《全唐诗》卷454白居易三一《早夏游平原回》。

[3]《太平广记》卷219《田令孜》引《玉堂闲话》。

[4] 南宋人吴自牧《梦粱录》云：“人家每日不可缺者，柴米油盐酱醋酒茶。”元杂剧《玉壶春》《百花亭》《度柳翠》中皆有“早晨开门七件事，柴米油盐酱醋茶”之说，自后遂为民间常谈。

饮料，茶在中华民族饮食生活中的重要地位，惟酒可与之相提并论。

同饮酒一样，吃茶从来就不是一种简单的生物行为，它同时还是一种以相应技术条件为基础、受思想观念所支配和社会规范所制约的文化行为，人们通过饮茶既满足生理上的需求，亦获得精神上的愉悦。从文化史角度而言，茶和酒，与其说是两类物质生活品，倒不如说是以其物质存在为载体凝结形成的两个内涵丰富、结构复杂的文化丛体；它们的起源、流播和衍化，折射和反映了中国文化和社会生活众多方面的历史演变。就华北地区而言，中古时代饮茶习俗的传入和风行，无疑是一场具有重大革命性意义的饮食文化变迁。由于它并不是华北本土起源的饮食习惯，而是对南方文化的移植和吸纳，是中古中国南北经济文化不断交流和整合的结果。因此，与酒和其他饮料相比，饮茶的兴起承载了一段别样的历史。

上个世纪以来，中外学者对中国茶文化的历史已经做过大量卓有成效的研究，出版了数量甚为可观的论著。一般认为，中国人民对茶叶的开发和利用可能始于史前时代，而作为茶树原产地和原始分布中心的西南地区应是茶文化的发祥地，茶叶的早期利用是古老巴蜀滇黔文化的特殊成就之一。有可靠的文献记载表明，早在西汉时期，巴蜀地区吃茶已较普遍，茶叶甚至已是市场上的一种商品，故王褒《僮约》有“武阳买茶”之说。两汉以降，吃茶风气逐渐传播到长江中下游各地，六朝时期乃成为南方常见的一种饮食生活习俗；经过相当长一段时间的浸染、流播，至中唐以后，饮茶在华北地区方始风行并传往西北游牧地区，茶叶终于在全国范围内成为与酒并驾齐驱的一大饮料。关于这些基本事实，茶史专家考述甚详，[1]我们提不出什么系统新见。但为了方便本章讨论，我们仍要在学界已有成果的基础上，对中古时代茶饮北渐及其在华北普及的过程和情形略作陈述。

---

[1] 有关方面的论著甚多，我们向读者特别推荐朱自振《茶史初探》，中国农业出版社1996年版；张泽咸：《汉唐时期的茶叶》，《文史》第11辑，中华书局1981年版；以及王洪军关于唐代茶史的系列论文，分见《齐鲁学刊》1987年第6期，1989年第2期和《中国农史》1989年第4期。

综合各种文献记载可知，古代华北居民对于饮茶，经过了声闻、始习和流行三个阶段，符合文化传播的一般逻辑过程。正如论者所正确指出的那样，古代茗饮始于巴蜀地区，直至两汉时代“我国茶叶生产、饮用和茶业的中心，还是巴蜀”，[1]但至晚在秦汉之际中原人士已经闻知茶事。[2]中国最早的辞典《尔雅》中已有“槚，苦荼”一语，[3]而“槚”与“苦荼”正是源于巴蜀地区的古茶名。西汉时期，随着巴蜀与中原之间经济文化交流的发展，特别是由于一批文化名人的流移活动及其著作的流传，[4]巴蜀茶事日益传闻于中原。

魏晋时期，中原地区可能已有人开始饮茶，但没有确凿可靠的文献记载。[5]文学家左思有一首《娇女诗》，其中提到以鼎鬲煮茶，[6]有研究

[1] 朱自振：《茶史初探》，第32页，并参阅该书第3—28页。

[2] 晋·常璩：《华阳国志·巴志》称：“武王既克殷，以其宗姬于巴，爵之以子。……鱼盐铜铁、丹漆茶蜜……皆纳贡之。”将巴蜀与中原在茶事方面的联系提前到了西周初期，但常璩生活的年代距离西周初年太远，其记载难以据信。又按：“茶”字在唐代方始出现，唐以前文献理应均作“荼”，但后世传本或作“茶”或作“荼”，本文均据文献原样引述，不再一一说明。

[3] 《尔雅·释木第十四》。

[4] 这一时代巴蜀文人著作中不少提及茶，如汉·王褒《僮约》有“烹荼尽具”“武阳买荼”等句，司马相如《凡将篇》提到茶的另一个别名“荈诧”，汉·扬雄《方言》也对“蔎”字作了解释，并称“蜀西南人谓荼曰‘蔎’。”按：“茶”字在唐代以后才出现，此前均写作“荼”，但并非《诗经》中多次出现的“荼”（一种苦菜）。

[5] 《北堂书钞》卷144《酒食部三》引《傅咸为司隶教》云：“闻南市有蜀妪作茶粥卖之，廉事打破其器物”，似乎说当时曾有位从蜀地来的老妇在长安南市上卖茶粥；可是，《太平御览》卷867《饮食部二十五》引傅咸《司隶教》则曰：“闻南方有蜀妪作茶粥卖，廉事殴其器具，无为又卖饼于市而禁茶粥，以困（案：当作困）蜀姥，何哉？”“南市”与“南方”一字之差，竟给我们造成断不清的悬念；但同书同卷又引《江氏传》称：晋惠帝时，太子曾指使其下属卖菜、茶，似乎当时北方都市确有茶叶买卖。

[6] 《太平御览》卷867《饮食部二十五》引该诗曰：“吾家有娇女，皎皎常白皙；小字为纨素，口齿自清历。其姊字蕙芳，眉目粲如画；驰骛翔园林，草木皆生摘。贪走风雨中，倏忽数百适；心为茶荈剧，吹嘘对鼎䥶”。

者认为这是当时中原仕宦人家煮饮茶茗之证，[1] 是否果真如此，尚不能完全确定（是在北方地区）；另一条记载出自《晋四王起事》，其中称："惠帝自荆还洛，有一人持瓦盂承茶夜幕上，至尊引以为佳。"[2] 想来这件事情很可能是发生在惠帝自荆还洛的途中，若是已回洛阳地界，则所饮之茶亦应是从荆州带来。有一个关于后赵时期的记载看似比较明确一些，《晋书》卷95《艺术传》称：僧人单道开（敦煌人，时住锡邺城昭德寺禅修）"日服镇守药数丸，大如梧子，药有松蜜、姜、桂、伏苓之气，时复饮茶苏（案：即酥）一二升而已"，据此则当时北方某些僧人可能已开始饮茶。

南北朝时期，茶饮在长江中下游地区逐渐流行，南方士人习染南国饮茶风气。他们中的一些人由于各种原因来到北国，很自然也将这饮茶习惯带到那里，从此，关于华北饮茶的记载渐渐增多。北魏杨衒之《洛阳伽蓝记》中有一段记载最具典型性，是关于南北饮食文化差异和交流的典型材料，不妨全段抄引如下：

> （王）肃初入国，不食羊肉及酪浆等物，常饭鲫鱼羹，渴饮茗汁，京师士子道肃一饮一斗，号为"漏卮"。经数年已后，肃与高祖殿会，食羊肉酪粥甚多。高祖怪之，谓肃曰："卿（或作即）中国之味也，羊肉何如鱼羹？茗饮何如酪浆？"肃对曰："羊者是陆产之最，鱼者乃水族之长，所好不同，并各称珍。以味言之，甚是优劣：羊比齐、鲁大邦，鱼比邾、莒小国，惟茗不中与酪作奴。"高祖大笑……彭城王谓肃曰："卿不重齐、鲁大邦，而爱邾、莒小国。"肃对曰："乡曲所美，不得不好。"彭城王重谓曰："卿明日顾我，为卿设邾、莒之食，亦有酪奴。"因此复号茗饮为"酪奴"。时

[1] 参朱自振《茶史初探》，第34页。

[2] 《北堂书钞》卷144《酒食部三》引；《太平御览》卷867《饮食部二十五》引《四王起事》作"惠帝蒙尘洛阳，黄门以瓦盂盛茶上至尊"。

给事中刘缟慕肃之风，专习茗饮，彭城王谓缟曰："卿不慕王侯八珍，好苍头水厄，海上有逐臭之夫，里内有学颦之妇，以卿言之，即是也。"其彭城王家有吴奴，以此言戏之，自是朝贵宴会虽设茗饮，皆耻不复食，惟江表残民远来降者好之。后萧衍子西丰侯萧正德归降时，元义欲为之设茗，先问"卿于水厄多少？"正德不晓义意，答曰："下官生于水乡，而立身以来，未遭阳侯之难。"元义与举座之客皆笑焉。[1]

这段非常有价值的记载，可用于说明中古饮食史多方面的问题，后文还将做专门讨论。在此只想指出，上引这个段子很清楚地说明：起源于南方的饮茶，至迟在北魏时期已开始浸染华北，当时朝廷及贵族宴会上常设茗饮。当时有些土生土长的华北人士（如刘缟之类）开始模仿南人"专习茗饮"，但真正喜好饮茶的仍然是"江表残民远来降者"，而北方人士特别是鲜卑贵族阶层对此持一种鄙视和排斥的态度。奇怪的是，自此以后，直至唐代前期，文献之中竟几乎找不到有关华北人士饮茶的记载，盛唐开元、天宝以后，关于华北茶事的记载又陡然增多。看来，盛唐正是华北饮茶迅速兴起之时。

关于唐代饮茶流播的过程，阳晔《膳夫经手录》有一段概括记载，其称："茶，古不闻食之。近晋、宋以降，吴人采其叶煮，是为茗粥。至开元、天宝之间，稍稍有茶，至德、大历遂多，建中以后盛矣。"这虽不是专就华北而言，但也完全符合当地情形。唐人封演《封氏闻见记》中的一段非常著名的记载，更具体而生动地反映了中唐以后华北饮茶风行的过程。这段文字，几乎每一位研究茶史的学者都曾加以引用，但一般都未加详引，为了充分说明问题，我们特将其整段抄录如下：

茶，早采者为茶，晚采者为茗。《本草》云：止渴，令人不眠。

[1] 《洛阳伽蓝记》卷3《城南》。

> 南人好饮之，北人初不多饮。开元中，泰山灵岩寺有降魔禅师大兴禅教。学禅务于不寐，又不夕食，皆许其饮茶，人自怀挟，到处煮饮。从此转相仿效，遂成风俗。自邹、齐、沧、棣，渐至京邑，城市多开铺煎茶卖之，不问道俗，投钱取饮。其茶自江淮而来，舟车相继，所在山积，色额甚多。楚人陆鸿渐为《茶论》，说茶之功效，并煎茶、炙茶之法，造茶具凡二十四事，以都统笼贮之，远近倾慕，好事者家藏一副。有常伯熊者，又因鸿渐之论广润色之，于是茶道大行，王公朝士无不饮者。御史大夫李季卿宣慰江南，至临淮县馆，或言伯熊善茶者，李公请为之，伯熊著黄被衫、乌纱帽，手执茶器，口通茶名，区分指点，左右刮目，茶熟，李公为啜两杯而止。既到江外，又言鸿渐能茶者，李公复请为之。鸿渐身不野服，随茶而入，既坐，教摊如伯熊故事。李公心鄙之，茶毕，命奴子取钱三十文酬茶博士，鸿渐游江介，通狎胜流，及此羞愧，复著《毁茶论》。伯熊饮茶过度，遂患风，晚节亦不劝人多饮也。吴主皓每宴群臣，皆令尽醉，韦昭饮酒不多，皓密使茶茗以自代；晋时谢安诣陆纳，纳无所供办，设茶果而已。按此古人亦饮茶耳，但不如今人溺之甚，穷日尽夜，殆成风俗，始自中地，流于塞外，往年回鹘入朝，大驱名马市茶而归，亦足怪焉。[1]

封演的记载说明了几个重要史实：其一，饮茶习俗在华北地区广泛传播，是开元、天宝以后的事情，而在此之前华北人饮茶甚为少见；其二，饮茶在华北的传播，与佛教活动有着特殊关系；其三，陆羽等人的茶事活动，对当时茶饮风气盛行起到了重要推动作用；其四，在封演生活的年代，饮茶风俗已在华北内地社会各阶层中大为盛行，甚至蔓延到了塞外游牧民族地区，并导致茶马贸易的出现。

自中唐以后，饮茶一旦开始在华北流行，即迅速普及，势不可当。

---

[1]　唐·封演：《封氏闻见记》卷6《饮茶》。

从此，茶饮不再局限于僧侣、隐逸方士等特殊群体，也不仅仅流行于经济条件优越的社会上层，而是连普通百姓都习饮成风。对此，当时人士多有论说，如长庆年间的左拾遗李珏即称："……茶为食物，无异米盐，人之所贵，远近同俗，既祛渴乏，难舍斯须，田闾之间，嗜好尤切。"[1]（文宗）开成、（武宗）会昌年间，日本僧人圆仁曾游历今苏北、山东、河北、山西、陕西、河南等地，所著《入唐求法巡礼行记》记载其一行沿途居住、饮食等许多生活细节，其中记载吃茶达十余次之多（不包括赠茶等），虽主要是在寺院及官家吃茶，但于村落民家吃茶亦有数次，更具体说明当时华北普通百姓中亦流行饮茶。文献反映，当时甚至在兵营之中亦风行饮茶，国家供给戍卒的饮食物品中有时就包括茶叶，而皇帝也时或将茶叶赏赐给诸藩将士。[2]

随着饮茶在华北地区盛行，茶叶贸易亦迅速兴起，成为唐代中、后期最为活跃的一种商业活动，南北茶商携带巨资前往茶乡，将巨额茶叶运销华北各地。早在天宝年间，刘清真即伙同二十余人前往寿州贩茶，人致一驮运销华北，[3]此后经营茶叶谋取厚利的商人日渐增多，茶商的贩资或可达数百万之巨，[4]获利丰厚。如洛阳商人王可久，"岁鬻茗于江湖间，常获丰利而归"；[5]吕璜也以贩茶为业，时常往来于淮、浙之间；[6]在白居易著名诗篇《琵琶行》中一直没有露面的那位男主角，把情人留工江州，而自己前往茶叶聚散地浮梁买茶；如此之

[1]《唐会要》卷84《杂税》。

[2]《新唐书》卷157《陆贽传》载贽上疏言："关东戍士，……衣廪优厚，继以茶药，资以蔬酱……"；《文苑英华》卷594韩翃《为田神玉谢茶表》称皇帝赐田神玉"茶一千五百串"，令其分给将士。

[3]《太平广记》卷24《刘清真》引《广异记》。

[4]唐·牛僧儒《玄怪录》卷2《党氏女》载：元和初年有位名叫王兰的茶商，"以钱数百万鬻茗"，被人谋财害命，劫其茶资者因此"服馔、车舆、仆使之盛，拟于公侯。"即便故事本身可能出自虚构，但仍可说明当时茶商资财之雄厚。

[5]《太平广记》卷172《崔碣》引《唐缺史》。

[6]《太平广记》卷290《吕用之》引《妖乱志》。

类，不可尽举。中唐以后，各地水陆交通要冲成为茶商活动的中心，“水门向晚茶商闹，桥市通宵酒客行”，[1] 正是对这一实际情形的真实反映。正因为茶叶贸易利润丰厚，至德宗建中时期，朝廷始兴税茶、榷茶之举，并且一再增设税场，加重茶税征敛，对结伙私贩及抗税不纳者实行严厉处罚。巨额的茶税，成为唐代后期一项重要的财政收入来源。据《元和郡县志》记载：仅饶州浮梁一县，每年所出茶税即达十五余万贯。[2]

正如《封氏闻见记》记载的那样，随着饮茶日益风行，中唐之后，华北各地城市出现了众多茶肆、茶铺，经营煎茶卖水的小本营生，例如长安永昌里即开有茶肆。[3] 甚为有趣的是，第一部《茶经》的作者陆羽被开茶肆的人们最先尊奉为茶神，李肇《唐国史补》卷中有这样一段记载，称：“巩县陶者多为磁偶人，号陆鸿渐（即陆羽），买数十茶器得一鸿渐，市人沽茗不利，辄灌注之。”这位茶神所享受的“礼遇”，一同其他各路神灵。[4]

尽管当时饮茶在各地区、各阶层都十分盛行，但茶叶消费水平和饮茶方式则因社会地位、经济条件不同而存在很大差距，达官贵族、文人诗客、僧道隐逸和普通百姓，根据各自的经济条件和生活品位，在饮茶方面形成了不同的风尚和习惯，有着不同的讲求。在社会上层，人们对于煎茶器具、用水、火候等等都十分讲究。器具之最贵重者自然是皇家金银器，用水讲究的典型事例则有李德裕，据说这位大宰相生活廉俭，不好饮酒，但非常讲究吃茶，煎茶所用的水竟然要

---

[1] 《全唐诗》卷300王建四《寄汴州令狐相公》。

[2] 李吉甫：《元和郡县图志》卷28《江南道四》；并参张泽咸：《汉唐时期的茶叶》。

[3] 《旧唐书》卷169《王涯传》。

[4] 关于这一民俗现象，当时文献记载不止一处，如《太平广记》卷201《陆鸿渐》引《传载》说：“（陆羽）性嗜茶，始创煎茶法，至今鬻茶之家陶为其像，置于锡器之间，云宜茶足利。……鸿渐又撰《茶经》二卷行于代，今为鸿渐形者，因目为茶神，有交易，则茶祭之；无，以沸汤沃之”；唐·赵璘《因话录》卷3、宋·计功《唐诗纪事》卷40《陆鸿渐》条等亦有类似记载。

不远千里取诸无锡惠山泉，时人称为“水递”，他的这一行径甚为时论所非。[1]宫廷饮茶之考究，陕西法门寺地宫出土系列茶器便可说明一切。[2]

但茶叶消费的阶级差别，首先还是表现在茶叶的品级上。根据各类文献记载，当时南方有数十个州郡出产茶叶，各地所产品质等级相差很大。依唐人的看法，剑南蒙顶茶、湖州顾渚紫笋茶等最称精美，当时有蒙顶第一、顾渚第二的说法。不过前者正品产量极小，后者则于大历以后设有规模相当大的贡焙，每年焙造“一万八千四百余斤”，供朝廷专用。[3]上好的茶叶，常被官绅、文士当作亲友之间相互馈赠的礼品，皇帝亦每以御茶赐予群臣，这些在唐人诗文中有很多记载，恕不具引。

至于普通百姓所饮用的茶叶，自然品级较低，质量亦较差，饶州浮梁茶、蕲州茶、鄂州茶、至德茶及婺源方茶等等，均因产量巨大，成为普通民众饮用的常品，每年都有数额庞大的上述“大路货”茶叶，经过商贩之手转输华北，行销于村落、闾阎之间。[4]

通过以上叙述，我们对中古时代饮茶风俗由南向北逐渐传播的过程，特别是中唐以后在华北盛行的情形，可以获得一个基本印象。但我们的头脑中依然萦绕着一些迄今尚未完全解决的重大疑问。比如：既然饮茶早在秦汉时代即已闻知于中原，魏晋北朝时期华北已经有了

---

[1] 宋·王谠：《唐语林》卷7《补遗》。

[2] 有关法门寺出土茶器，可参陕西省法门寺考古队：《扶风法门寺塔唐代地宫发掘简报》；韩伟：《从饮茶风尚看法门寺等地出土的唐代金银茶具》。两文均载《文物》1988年第10期。

[3] 宋·钱易《南部新书·丁部》。

[4] 阳晔《膳夫经手录》称：“饶州浮梁茶，今关西、山东，闾阎村落皆吃之。累日不食犹得，不得一日无茶也”“蕲州茶、鄂州茶、至德茶，……并方斤厚片。自陈、蔡以上，幽、并以南，人皆尚之。其济生、收藏、榷税，十倍于浮梁矣”“婺源方茶，制置精好，不杂木叶，自梁、宋、幽、并间，人皆尚之。赋税所入，商贾所赍，数千里不绝于道路”。

饮茶的事例，何以这一饮食习惯在当地长期（从闻知到流行，经过了近一千年！）未能流行开来，而中唐以后陡然盛行？饮茶流行之后，与酒和其他饮料的关系如何，特别是茶与酒的角色分工是如何形成的？还有，应当如何评估饮茶在华北普及的历史意义？要解决这些疑问殊非易事，论者不仅需要充分注意茶叶本身的特性和饮食文化发展的内在逻辑规律，还需注意将种种茶史事件和现象放到特定历史环境之中加以分析和理解，从中古中国整体历史变局之中认识饮茶文化的传播过程和机制。

众所周知，由于茶叶本身的生物遗传特性所决定，这种低矮的嘉木对温度、降水量、海拔高度以及土壤酸度等等都有特殊要求，湿热多雨、云雾叆叇并且土壤呈酸性的南方丘陵山区是其适宜生境。也正是生物学特性决定茶叶种植只能局限于南方地区，亦决定了最初的饮茶习俗只能在南方出现和流行，甚至也决定了日后茶叶生产与消费在地区空间上的不同位。因此，饮茶习俗广泛传播并不是一件十分简单的事情，其由茶产区向非产区的传播，必待这一习俗在茶产区已取得相当的发展以后，而且必须具备一定的茶叶生产规模和茶叶转输途径。

虽然历史文献关于茶茗利用（包括药用、食用和饮用）的记载最早出现于西南地区，但长江中下游流域及其以南地区都适宜茶树生长，在历史上这些地区曾有大量野茶分布，因此饮茶在上述地区传播亦无生物和自然因素障碍。文献记载表明：汉魏六朝时期，饮茶在长江中下游地区逐渐普遍流行。[1]但对本书所关注的华北地区来说，这些障碍因素却是根本性的，华北生态环境不宜茶树生长，茶叶消费必须仰赖南方供给。正因为如此，华北饮茶出现和流行必定晚于南方，这是理所当然的，无须解说。

然而，生物和自然因素并不能完全解释何以饮茶已在南方普及并且很快声闻和传入北方，竟然踯躅徘徊了多个世纪之久而一直不能在华北

---

[1]　参上揭朱自振、张泽咸文。

流行，盛唐之后却又突然迅速盛行起来，其中必定还有一些其他因素的影响。

我们最容易想到的，是政治因素的影响，特别是魏晋南北朝时期南北政权长期分立的政治形势。众所周知，汉末大乱之后，中国南北处在长期分裂状态，其间虽曾有过西晋的统一，但时间甚为短暂。政治分裂不利于经济文化交流和沟通，自然也不利于饮茶习俗北传，起码在南北朝时期，这是阻碍饮茶北传的一个不能忽视的因素。但是，自公元589年隋朝统一南北，至唐代中期华北茶饮开始风行，其间也经历了一个多世纪之久，一百多年近二百年不能算是一个很短的时间，在此一时期里茶饮仍未能在华北流行，可见政治因素的影响仍然不足以解释茶饮北传的迟缓。还有一个重要史实应该提请特别注意：在“安史之乱”爆发前，唐代社会秩序稳定，经济文化持续发展，在此一安定年代，茶饮在华北仍未能广泛传播，倒是在华北政局再次陷入动荡、藩镇割据、经济文化遭到严重破坏的唐中后期，茶饮风气迅速流行并日渐炽盛。这说明，虽然政治因素可能曾给茶饮传播带来过一些不利影响，但却并非决定性的。

在探讨茶饮北传问题时，经济方面的因素最不容忽视。饮茶习俗自南向北传播，必须具备相应的茶叶供给条件，而这与一系列经济发展有关，特别与南方丘陵山区农业资源开发（包括茶叶生产）、南北交通条件改善及跨地区商业贸易发展直接相关。我们知道，与华北地区相比，南方农业经济曾长期相当落后，两汉时期不少地区仍处于“火耕水耨”的原始状态，即使在六朝时期，虽然北方长期战争动乱及由此导致的大规模人口南迁给南方经济创造了前所未有的发展机遇，南方包括丘陵山区丰富的农业自然资源开始得到了大规模开发，但当地农业生产技术及总体经济发展水平仍落后于北方，直至中唐以后南北农业发展优势才发生易位；而南北物资转输条件彻底改善，也只有在大运河全线贯通以后才得以实现。中唐以前南方经济相对落后，南北物资转输不便的状况，在很大程度上影响了茶叶生产发展，也影响了南方财货北运，同时也限制了华北地区的茶叶供应和饮茶习俗的广泛流行。中唐以后华北饮茶风气之所以能够形成和普及，正是由于这一时期随着南方农业经济的发展和南北交通状况的改善，已经具备了向华北大量供应茶叶的条件。

但是我们也不能同意将盛唐之前华北茶饮迟迟难以流行和中唐以后迅速习饮成风完全归因于经济因素，这是因为：华北茶饮的兴起固然必须具备充足的茶叶供应这个先决条件，而中唐以后日益发达的南方农业经济（包括茶叶生产）和明显改观了的南北物资转输条件，确实比此前更有利于饮茶在华北的传播和普及。但我们也不能不注意问题的另一方面，即：华北地区作为唐代社会消费重心，其物质需求的增长及其对南方物资的日益依赖，从外部给南方经济的增长和跨地区商业贸易发展提供了巨大推动力，其中特别值得注意的是，茶叶生产从本质上说并不是一种自给性经济，其大规模发展必须依赖市场需求拉动，而本地对茶叶的消费需求量毕竟有限，更大和更加富裕的消费群体是在华北特别是京洛地区。因此，我们或者也可以反过来说：中唐以后南方茶叶生产的迅速发展和茶叶贸易的繁荣乃是由于华北地区日益庞大的茶叶费需求的拉动。

最后，我们想重点从文化角度探讨一下茶饮在华北的传播问题。

我们认为，任何一种新的物质消费习俗之流播和风行，都必须同时具备两个前提条件：一是客观条件能够满足消费物品的供给；二是人们在主观上认同新的消费物品和消费方式。饮茶的传播和流行也是如此。

由于茶及茶的利用并非华北本土起源的一种文化，华北居民在接受这种“外来文化”之前需有一个逐步认识和接受的过程，首先是必须了解茶的价值和功用。根据我们现已掌握的资料，自两汉以降，国人对于茶的认识是逐渐加深的，《太平御览》卷867《饮食部二十五》比较系统地收集了唐代以前人们关于茶叶物性及饮茶功效的议论，不妨抄录如下：

《广雅》曰："其饮醒酒，令人不眠。"

《博物志》曰："饮真茶，令不眠睡。"[1]

《神农本草经》[2]曰："茶茗，宜久服，令人有力悦志"；又曰："茗，苦茶，味甘苦，微寒，无毒，主瘘疮，利小便，少睡、去痰渴、消宿食。冬生益州川谷山陵道旁。"

华佗《食论》曰："苦茶，久食益意思。"

壶居士《食志》曰："苦茶，久食羽化；与韭同食，令人身重。"

陶弘景《新录》曰："茗茶，轻身换骨，丹丘子、黄山君服之。"

又，杜育《荈赋》曰："调神和内，倦懈慵除。"

由这些记载我们看到，魏晋南北朝时期，人们已经认识到茶具有醒酒、提神少眠、去痰解渴、帮助消化和强体悦志等多种功用。但我们同时也应当注意到，这些出于医家、方士的简略议论，并不能说明当时社会已经普遍对茶叶有若何深入认识，华北人士对茶性可能仍然所知甚少。直到唐代前期，一方面有人进一步加深了对茶叶的认识并将其应用于食疗养生，[3]而另一些人对茶叶还是颇有微词。[4]人们普遍认同茶叶乃是在中唐以后。陆羽《茶经》对茶的功用作了比较系统的总结，称："茗，解热、凝闷、脑疼、目涩、四肢烦、百节不舒，聊四五啜，与醍醐、甘露抗衡也。"顾况《茶赋》也称：茶"……滋饭蔬之精素，攻肉食之膻腻，发当暑之清吟，涤通霄（案：当作'宵'）之昏寐……"[5]由这些记载我

---

[1] 今本张华《博物志》卷4《食忌》作"饮真茶，令人少眠"。

[2] 按：该书托名神农，一向被视为中国古代本草学之圣典，但不可能是神农时代的产物。从其中记载有汉代以后才传入的外来物产看，应系汉代以后的著述，至少是掺入了汉代以后的内容。

[3] 如《食疗本草》卷上即载："茗（茶）叶：利大肠，去热解痰。煮取汁，用煮粥良。又，茶主下气，除好睡，消宿食，当日成者良。"

[4] 唐玄宗时人母旻在《代饮茶序》中称：茶"释滞消壅，一日之利暂佳；瘠气侵精，终身之累斯大。获益则归功茶力，贻患则不谓茶灾，岂非福近易知，祸远难见……"其文见《太平广记》卷143《母旻》引《唐新语》。

[5] 《文苑英华》卷83。

们可以看到，中古时代人们对茶叶的认识是与茶叶利用（包括药用和饮用）的发展相同步的，也正是随着对茶的认识不断加深，饮茶在社会上才得以普遍被接受。

更需要特别指出的是：对于华北居民来说，饮茶是一种“外来文化”，它能否顺利并较快地被普遍接受，还在很大程度上受到该文化自身背景的影响，或者说受到传出地（者）和传入地（者）所处的“文化势位”的影响，尽管这种“文化势位”有时仅仅是思想观念和心理意识上的。一般地说，由高位向低位的文化传播，比较顺利而且迅速；反之则可能遭遇较多的阻力而导致传播迟缓，甚至难以实现传播。饮茶作为起源和形成于南方的一种饮食风尚，尽管在南方已经流行日久并且早已声闻于北方，但其北传的过程并不顺利，其间竟然花费了多个世纪之久，这与中唐以前南北“文化势位”的悬殊差异显然不无关系：长期以来，在中原人士的心目中，南方乃是“被发文身”的蛮荒之地，即使经过六朝时代数个世纪的发展，对南方文化的轻视甚至鄙夷依然在一定程度上存在，对于来自那里的饮食异俗，人们长期采取漠视甚至拒斥的态度是完全可以理解的。更何况，直到陆羽之前，所谓茶乃不过是一种凡木之叶，而所谓茗饮亦不过是将茶叶“……浑以烹之，与夫瀹蔬而啜者无异”？！[1]

与此同时，在人类历史上还普遍存在着这样一种现象：不同民族和地区间的文化差异和冲突，时常可能导致两者之间的政治对立，乃至最终需要采用军事斗争的方式来解决；反过来，政治对立亦常常同时伴随着文化上的相互竞争、歧视和排斥。这种竞争、歧视和排斥既可能表现在“形而上”的上层建筑和意识形态上，也可能表现在“形而下”的物质生活方式甚至衣、食、住、行生活的某些细节方面。难怪自古以来敌对国家总要在扬己之长、揭敌之短（包括物质生活方面的长短）方面大

[1] 分见《太平御览》卷839《百谷部三》、同书卷965《果部二》、同书卷966《果部三》及同书卷972《果部九》。

做文章，有时甚至不惜歪曲事实；也难怪曹魏文帝要不止一次地专门向群臣下诏，炫耀自己领土之内的物产是如何如何丰富并且精美，敌对的孙吴难以相比！[1]魏晋南北朝时期，虽然北人早已闻知茶事，甚至个别人士已经受到南人的感染，但饮茶习俗终究难以流行开来，这不能不考虑当时与政治对立相伴随的南北文化冲突这一特定时代因素。在这里，我们再次想到了《洛阳伽蓝记》中的那几段极为生动的故事。为了能够充分说明问题，我们仍不避烦琐，将两段文字详加引述（包括一段重复引用）：

其一段出自该书卷2，云：

> ……永安二年，萧衍遣主书陈庆之送北海入洛阳，僭帝位，庆之为侍中。景仁在南之日，与庆之有旧，遂设酒引邀庆之过宅，司农卿萧彪、尚书右丞张嵩并在其坐。彪亦是南人，惟有中大夫杨元慎、给事中大夫王眴是中原士族。庆之因醉谓萧、张等曰："魏朝甚盛，犹曰五胡。正朔相承，当在江左，秦皇玉玺，今在梁朝。"元慎正色曰："江左假息，僻居一隅。地多湿蛰，攒育虫蚁，疆土瘴疠，蛙黾共穴，人鸟同群。短发之君，无杼首之貌；文身之民，禀丛（当作'蕞'）陋之质。浮于三江，棹于五湖。礼乐所不沽（沾），宪章弗能革。虽复秦余汉罪，杂以华音，复闽楚难言，不可改变。虽立君臣，上慢下暴。是以刘劭杀父于前，休龙淫母于后，见（背？悖？）逆人伦，禽兽不异。加以山阴请婿卖夫，朋淫于家，不顾讥笑。卿沐其遗风，未沽（沾）礼化，所谓阳翟之民，不知瘿之为丑。我魏膺箓受图，定鼎嵩洛，五山为镇，四海为家。移风易俗之典，与五常（当作'帝'）而并迹；礼乐宪章之盛，凌百王而独高。岂（宜）卿鱼鳖之徒，慕义来朝，饮我池水，啄我稻粱；何为不逊，以至于此？"庆之等见元慎清词雅句，纵横奔发，杜口流汗，合声

[1] 《全唐诗》卷611皮日休四《茶中杂咏序》。

不言。于后数日，庆之遇病，心上急痛，访人解治，元慎自云“能解”，庆之遂凭元慎。元慎即口含水噗庆之曰：“吴人之鬼，住居建康，小作冠帽，短制衣裳，自呼阿侬，语则阿傍。菰稗为饭，茗饮作浆，呷啜莼羹，唼嗍蟹黄，手把豆蔻，口嚼槟榔。乍至中土，思忆本乡。急手速去，还尔丹阳；若其寒门之鬼，口头犹修，网鱼漉鳖，在河之洲，咀嚼菱藕，捃拾鸡头，蛙羹蚌臛，以为膳羞，布袍芒履，倒骑水牛，洗（沅）、湘、江、汉，鼓棹遨游，随波溯浪，睑喁沉浮，白苎起舞，扬波发讴。急手速去，还尔扬州。”庆之伏枕曰：“杨君见辱深矣。”自此后，吴儿更不敢解语。……

另一段出自卷3，云：

（王）肃初入国，不食羊肉及酪浆等物，常饭鲫鱼羹，渴饮茗汁。京师士子道肃一饮一斗。号为“漏卮”。经数年已后，肃与高祖殿会，食羊肉酪粥甚多。高祖怪之，谓肃曰：“卿（或作即）中国之味也，羊肉何如鱼羹？茗饮何如酪浆？”肃对曰：“羊者是陆产之最，鱼者乃水族之长，所好不同，并各称珍。以味言之，甚是优劣：羊比齐、鲁大邦，鱼比邾、莒小国，惟茗不中与酪作奴。”高祖大笑……彭城王谓肃曰：“卿不重齐、鲁大邦而爱邾、莒小国。”肃对曰：“乡曲所美，不得不好。”彭城王重谓曰：“卿明日顾我，为卿设邾、莒之食，亦有酪奴。”因此复号茗饮为“酪奴”。时给事中刘缟慕肃之风，专习茗饮，彭城王谓缟曰：“卿不慕王侯八珍，好苍头水厄，海上有逐臭之夫，里内有学颦之妇，以卿言之，即是也。”其彭城王家有吴奴，以此言戏之，自是朝贵宴会虽设茗饮，皆耻不复食，惟江表残民远来降者好之。后萧衍子西丰侯萧正德归降时，元义欲为之设茗，先问“卿于水厄多少？”正德不晓义意，答曰：“下官生于水乡，而立身以来，未遭阳侯之难。”元义与举座之客皆笑焉。

前一段文字记载，南人陈庆之因酒后失态说了几句轻谩北魏政权的话，当场招致北人杨元慎的严厉驳斥，生病之后又遭到后者淋漓尽致的讥讽和嘲弄，而讥嘲的内容竟然主要是针对南方人的物质生活习惯，从饮食到衣着凡不同于中土者，都被骂了个遍，其中也包括南方人“茗饮作浆”！后一段文字则是专门针对饮茶的，故事中的那位彭城王把北方人的羊肉酪浆称为“王侯八珍”，而将茶比作“酪奴”，将仿效南方人饮茶者斥为“逐臭之夫”“学颦之妇”，极尽贬斥、奚落之能事；另一贵族元乂虽以茶招待南方来客，却也借此当众把客人戏弄了一番。我们决不能认为当时只有他们几个人对饮茶持有如此不屑的态度，他们的态度，其实反映了当时社会上层普遍存在着的对包括饮茶在内的南方文化的鄙视和拒斥。可悲的是，将茶饮比作“酪奴”竟然首先出自因为特好饮茶而号称“漏卮”的南方士人王肃之口，这不能不说是因他在所处环境之中受到了强大的政治与文化压力。这两个段子，堪称是《洛阳伽蓝记》中最精彩的情景短剧，我们有理由推测：作者对这两件事情如此精心着笔，未必不是反映了他本人同样存在着与杨元慎、彭城王等人相同的心理。

自北魏以后至于唐代前期，最高统治阶层中的多数人，要么本出胡族，要么“胡化”甚深，他们对“食肉饮酪”持之有素，骨子里对于饮茶持有什么样的态度，我们不想做出绝对断语。但一个显而易见的事实是，自北魏以后至于唐代前期，饮茶在华北地区的传播几乎没有任何进展。

然而时代毕竟在前进。随着全国重新实现统一，文化正统之争和南北对立情绪逐渐化解。特别是经过多个世纪的经济发展和文化积累，南方在社会心理之中的地位逐渐上升，特别是到了中唐以后，“羯胡乱华”，东南地区不仅成为公认的国家财赋重心，亦为文人士子游历流寓之地，南北“文化势位”悬殊的情况已经发生了显著变化。在这一历史背景下，南方的许多文化特质和生活习俗亦渐渐变得比较容易被认同和接纳了。当然，这其中要特别感谢知识群体（包括南方本土成长和到南方供职、游历的文人士子以及宗教人士），他们对南方的宣传和实际生活中对南方饮食的率先接纳，毫无疑问对社会生活风尚的转变具有重要的引导作用。[1] 事实上，饮茶在华北地区广泛传播，明显得益于他们传扬和倡率。[2]

作为那时亚洲经济文化中心，以两京为中心的华北地区就好比一片耸立的高原，饮茶一旦在那时风行，必然令四方竞相仿效，趋之若鹜，所以饮茶在盛唐时代的华北地区流行之后，即非常迅速地向周边国家和地区传播，融合为他们饮食生活的一部分；由于茶叶具有助消化、祛烦热的特殊功效，传入游牧民族区域之后，亦与他们的“食肉饮酪”饮食习俗并存不悖，原本互相排挤抵牾的两个饮食习惯，居然互相交融、相得益彰（后代所谓“奶茶”“酥油茶”的流行即是明证），这与北魏贵族阶层对饮茶的极度鄙夷和贬斥形成了何其鲜明的对照！这不能不说在很大程度上是由于唐帝国奇峰突耸、俯视周境的崇高文化地位的影响。

接下来我们将对第二个问题，即茶与华北原有饮料之间的关系略做讨论。

在世界文化交流史上，还有一个普遍存在的现象：一个外来文化因素，在其传入之初常须经历相当一段时期的“试验”和“磨合”过程，只有在其被证明确实符合某种需要之后，才能真正被接纳并融入传入地区的文化系统与社会生活之中，否则难以立足生根。而这一类“试验”和“磨合”过程，常常伴随着新文化因素与具有同样或相似功能的原有文化因素之间的互相竞争，竞争结果是：更能适应需要者获得存在和发展的权利，相对不能适应需要的那些，则逐渐丧失固有的地位甚至被完全淘汰。那么，茶在华北传播的过程中，与当地原有的浆与酒等之间是否亦存在这类竞争呢？我们的回答是肯定的。

首先是茶与浆之间的竞争。我们通过文献所了解到的竞争结果是：

---

[1] 有关问题可参第七章叙述。

[2] 具体史实可参阅王洪军《唐代的饮茶风习》,《中国农史》1989 年第 4 期。

随着饮茶逐渐风行，在华北地区已经持续数千年（甚至更长时间）的饮浆，即便并未完全被淘汰，也是“无可奈何花落去”了。

浆的逐渐衰落缘于其自身的缺陷。就当时所饮用的主要几种浆来说，米浆虽然原料并不难得，但烹煮做浆颇有不便，做成的浆容易变质，难以久存，亦难以远途携带；麨之类的果沙固然酸甜可口，但将果品加工成果沙作饮料用，毕竟不是一种很经济的果品消费方式，并且果沙也不如茶叶耐久藏；至于酪，尽管营养价值很高，被列为“王侯之珍”，但饮酪普及必须以本地大规模的乳畜饲养作为基础，因为就其（易腐败变质的）物性而言，华北地区的乳品供应不可能依靠从畜牧地区大量输入。故此，虽然酪浆在中古华北曾流行过一段时间，并且似乎曾经一度成功抵御了茶饮北上，但随着华北内地畜牧业的重新衰落，饮酪也逐渐失去了其存在的基础。

反观茶叶，与上述浆饮原料相比，具有种种潜在的竞争优势：茶的解渴效果更好、煮饮简单、远行携带轻便、能够久藏；同时，正如饮茶倡导者们所总结的那样：茶具有清脑明目、提神去睡、除痰热、消食下气等多种特殊功效，是浆所不能比拟的。

诚然，茶叶必须依靠南方供应，在隋唐以前这是饮茶难以在华北流行的重要原因之一。但茶叶却是一种消费弹性很大的产品，运输成本则很低，一旦成为社会普遍好尚的消费品，即可能带来很高的加工和贸易附加值。随着南北物资流通的各种制约因素相继减弱乃至消失，华北茶叶消费将不存在严重的供应问题。如此一来，饮茶占夺饮浆的地位，乃是迟早要发生并且理所当然的事情。

茶与酒的关系与茶与浆的关系不同。虽然两者均属嗜好类饮料，对人体所产生的生理效果具有某些相似之处，但它们毕竟是性质和功能均不相同的两类，从根本上说，两者是不能完全彼此代替的。不过，在中古华北居民的消费心理和实际生活中，饮茶与饮酒并非不曾发生任何冲突。在唐代，茶、酒之间的冲突和高下之争似乎还曾相当激烈：贵酒贱茶者有之，尚茶抑酒者亦有之。敦煌出土的一篇王敷《茶酒论》，以拟人化手法，非常生动地陈述了当时茶、酒消费的两种对立观点，茶、酒双方各自陈己长，揭彼之短，正反映了当时社会在茶、酒消费中的心理矛盾与冲突。由于这篇非常有趣的论战文字如实地反映了中国饮食文化史上一个意义重大的事件，史料价值极高而茶史研究者尚少注意，兹特全录如下：

乡贡进士（王敷）撰《茶酒论》一卷并序：

窃见神农曾尝百草，五谷从此得分；轩辕制其衣服，流传教示后人；仓颉致其文字，孔丘阐化儒因。不可从头细说，撮其枢要之陈：暂问茶之与酒，两个谁有功勋？阿谁即合卑小，阿谁即合称尊？今日各须立理，强者先饰一门。

茶乃出来言曰："诸人莫闹，听说些些。百草之首，万木之花，贵之取蕊，重之摘芽，呼之茗草，号之作茶。贡五侯宅，奉帝王家，时新献入，一世荣华。自然尊贵，何用论夸！"

酒乃出来："可笑词说！自古至今，茶贱酒贵。单醪投河，三军告醉；君王饮之，叫呼万岁；群臣饮之，赐卿无畏。和死定生，神明歆气。酒食向人，终无恶意。有酒有令，人（仁）义礼智。自合称尊，何劳比类！"

茶为酒曰："阿你不闻道：浮梁歙州，万国来求；蜀川流顶，其山蓦岭；舒城太胡（湖），买婢买奴；越郡余杭，金帛为囊；素紫天子，人间亦少。商客来求，舡车塞绍。据此踪由，阿谁合少？"

酒为茶曰："阿你不问（闻）道：剂酒干和，博锦博罗；蒲桃九酝，于身有润；玉酒琼浆，仙人杯觞；菊花竹叶，君王交接；中山赵母，甘甜美苦。一醉三年，流传今古。礼让乡间，调和军府。阿你头恼，不须干努。"

茶为酒曰："我之茗草，万木之心，或白如玉，或似黄金。明（名）僧大德，幽隐禅林，饮之语语，能去昏沉。供养弥勒，奉献观音，千劫万劫，诸佛相钦。酒能破家散宅，广作邪淫，打却三盏已后，令人只是罪深。”

酒为茶曰：“三文一琓，何年得富；酒通贵人，公卿所慕。曾道赵主弹琴，秦王击磬，不可把茶请歌，不可为茶交舞。茶吃只是腰疼，多吃令人患肚，一日打却十杯，肠胀又同衙鼓。若也服之三年，养蛤蟆得水病报。”

茶为酒曰：“我三十成名，束带巾栉。蓦海其江，来朝今室。将到市廛，安排未毕，人来买之，钱财盈溢，言下便得富饶，不在明朝后日。阿你酒能昏乱，吃了多饶啾唧，街上罗织平人，脊上少须十七。”

酒为茶曰：“岂不见古人才子，吟诗尽道：渴来一盏，能生养命；又道：酒是消愁药；又道：酒能养贤。古人糟粕，今乃流传。茶贱三文五碗，酒贱中（盅）半七文。致酒谢坐，礼让周捷（？），国家音乐，本为酒泉。终朝吃你茶水，敢动些些管弦！”

茶为酒曰：“阿你不见道：男儿十四五，莫与酒家亲；君不见生生（狌狌）鸟，为酒丧其身。阿你即道：茶吃发病，酒吃养贤，即见道有酒黄酒病，不见道有茶疯茶癫？阿阇世王为酒煞父害母，刘零（伶）为酒一死三年。吃了张眉竖眼，怒斗宣拳，状上只言粗豪酒醉，不曾有茶醉相言，不免求首杖子，本典索钱，大枷榼项，背上抛椽。便即烧香断酒，念佛求天：终身不吃，望免迍邅。”

两个政（正）争人我，不知水在傍边。水为茶、酒曰：“阿你两个，何用忽忽？阿谁许你，各拟论功！言词相毁，道西说东。人生四大，地火水风。茶不得水，作何相貌？酒不得水，作甚形容？米曲干吃，损人肠胃；茶片干吃，只粝（砺）破喉咙。万物需水，五谷之宗，上应乾象，下须吉凶；江河淮济，有我即通。亦能漂荡天地，亦能涸煞鱼龙，尧时九年灾迹，只缘我在其中，感得天下钦奉，万姓依从。由自（犹）不说能圣，两个（何）用争功？从今已后，切须和同：酒店发富，茶坊不穷；长为兄弟，须得始终。若人读之一本，永世不害酒颠茶风（疯）。”[1]

有了这篇《茶酒论》，我们似乎无须再浪费笔墨来举陈当时茶、酒冲突的具体史实了。

值得注意的是，作者借水之口所表达的思想，总体上说，他是劝人对茶、酒都不要偏嗜，以免过度饮用伤身乱性，对两者高下采取不偏不倚的持中态度，这种态度就是：茶酒“和同”“长为兄弟”，分工共存，不相龃龉。事实上，当时不少人士在日常生活之中所采取的，正是这种二者兼容的态度。在这方面，既嗜酒又爱茶的白居易即是一个典型代表。在他那里，茶与酒不仅不存在什么冲突，而且茶还用于解酒醉。[2] 虽然具体到不同个人，对茶和酒历来都可能各有偏好，但在中古晚期，客来奉茶，设宴供酒，似乎已经成为华北居民日常生活中的一种通行习惯。

---

[1] 引自王重民等编《敦煌变文集》卷3，人民文学出版社1957年版。按：该篇文字虽出自宋初，但却反映了唐五代的社会实情。括号中的字词多为本人根据文义添加，特作说明。

[2] 白居易在不少诗歌中，清楚地表达了这种态度，如《萧员外寄新蜀茶》诗云：“蜀茶寄到但惊新，渭水煎来始觉珍；满瓯似乳堪持玩，况是春深酒渴人。”

又，《萧庶子相过》云：“半日停车马，何人在白家？殷勤萧庶子，爱酒不嫌茶。”

又，《睡后茶兴忆杨同州》云：“昨晚饮太多，嵬峨连宵醉；今朝餐又饱，烂漫移时睡。睡足摩挲眼，眼前无一事；信脚绕池行，偶然得幽致。婆娑绿荫树，斑驳青苔地；此处置绳床，旁边洗茶器。白瓷瓯甚洁，红炉炭方炽；沫下曲尘香，花浮鱼眼沸。盛来有佳色，咽罢余芳气；不见杨慕巢，谁人知此味！”

又，《晚春闲居杨工部寄诗杨常州寄茶同到因以长句答之》云：“宿醒寂寞眠初起，春意阑珊日又斜；劝我加餐因早笋，恨人休醉是残花；闲吟工部新来句，渴饮毗陵远到茶；兄弟东西官职冷，门前车马向谁家。”

可见，白居易及其交游圈的朋友们，通常是“爱酒不嫌茶”，常以茶醒酒，对饮酒、喝茶并不存在心理上的矛盾冲突。

以上所引诗歌，分见《全唐诗》卷437、450、453、454。

最后，我们对中古饮茶传播和普及的历史意义略作评说，以此结束本章述论。

我们认为，中古饮茶的传播和普及，是华北乃至整个中国饮食生活史上一场具有深远意义的革命。饮茶自南向北传播，最终风行华北，流播异域，由一种地域性的饮食习俗发展成为一种全国性的饮食文化，不仅从根本上改变了华北浆酒并重的古老饮料结构，而且确立了此后一千多年来中国人民茶酒并重的饮料消费传统。随着饮茶在古代经济文化中心区域的广泛流行，成为社会各阶层共同的风尚习惯，其本身也得到了丰满和升华，正是自中唐开始，早期甚是陋简的茗饮不断向社会生活其他领域广泛渗透，在逐步融汇、凝结传统文化众多特质的历史过程中不断创新、更化和组合，成为一种由特殊器物用具、特殊操作规程、特殊象征意象、特殊品饮氛围和场景所共同构成的复杂文化丛体，构成中国传统文化系统之中一个富有特色风情的重要组成部分。

饮茶的北渐及其风行华北，对中国古代经济发展产生了显著的影响。由于茶叶生产的地区性和生产与消费的地理错位，饮茶风行华北之后，茶叶成为古代最重要的跨地区商贸产品之一乃是势所必然的。由于茶叶具有比重小、耐久藏和易嗜好等若干特性，所以能够成为饮食领域最具消费弹性、最能带来加工和运销附加值的一种商品，可以带来很高的商业利润，因此，自中唐开始，茶叶贩运就一直是中国古代最为活跃的一种跨地区商业贸易活动。大规模、跨地区的茶叶贸易，不仅进一步加强了古代中国南北地区的经济联系，促进了全国统一性商品交换市场的孕育，也推动了产茶地区农林经营乃至整个区域经济结构的变化。

若从更加广阔的时空范围来评估其重要历史意义，我们不难发现：中古时代，原本只是一种南方地域性饮食习俗的茶文化，在华北这个经济文化高度发达的核心区域风行之后，消费需求和文化品位迅速得到提升，已经开始显露出其世界性意义。借助于大唐文化的强大声威，茶叶与饮茶习俗在中古后期开始东传日本和朝鲜半岛，更以茶马贸易作为先导，从华北内地传播到西北游牧地区，而后波浪式地传播到中亚、西亚甚至逐渐远达欧洲，逐步形成了庞大的饮茶文化圈。从此之后，茶叶以及与之相关的瓷器作为具有特殊强力的物质媒介，在中外商业贸易和文化交流中长期发挥着独特的作用。如果说汉帝国强盛促成举世闻名的“丝绸之路”之开辟，打开了中外物质文化交流通道的话，那么，唐文化繁荣则为“丝绸之路”注入了更丰富的内容，将中外物质文化交流推进到一个新的历史阶段。从此之后，以丝绸贸易为主的物质文化输出，发展成为丝茶并重的新格局，并且一直持续到近代。对此恕难展开更多论述。

第七章

文人雅士与饮食文化嬗变
——以白居易为例

以上各章拼合现存文献中的信息碎片，尝试为中古华北饮食文化勾画一个稍具形貌的历史骨架，主要介绍其物质技术层面的基本情况，解说期间所发生的那些主要变化。由于资料严重不足，我们难以呈现其时、其地、其人日常饮食生活的实际情态，无法践行社会文化史家所提出的先进史学理念——还历史以血肉。但是，若完全不做这方面的努力，所谓饮食生活史和文化史就只能是一堆枯槁的碎骨，作为研究者，我们终究心有不甘。因此本章尝试变换一下叙事角度，从“以物为本”转向“以人为本”，对中古华北文人雅士这个社会群体的饮食生活故事稍予勾勒。

在一个特定的时空范围内，人们的饮食生活具有许多共同性，这是毋庸置疑的。但古往今来，由于社会身份、经济条件、文化素养乃至个人境遇等等不同，饮食生活也往往表现出显著的差异性。具体到中古时代的华北地区，皇室贵族与平民百姓之间，文人雅士与乡俚野老之间，尘世俗流与僧侣方士之间，无论是饮食的内容、方法和品质，还是饮食的观念、好尚和情趣等等，都存在着很大的差异，各色人等在饮食文化演变过程之中的表现和作用也不尽相同。要想全面了解中古华北饮食文化的历史风貌，对当时该区域不同阶层和群体的饮食生活进行更加具体细致的观察，其实是很有必要的。但是由于种种条件限制，这里仅仅以白居易为例，对文人阶层饮食情况稍做些力所能及的叙说。

我们认为，文人雅士作为一个特殊群体，在社会生活与文化风尚的历史流变过程中，始终发挥着非常重要的引领和推动作用。这是因为，与其他社会群体相比，文人雅士具有较高的文化素养，交游范围较广，一般都拥有相对优裕的经济条件，生活也比较闲适，这些条件使他们有能力在日常生活中刻意讲求，开风气之先；另一方面，这些人具有较高的社会地位和声望，其行为举止、生活好尚与文化情趣，对社会大众具有较大的影响力，特别是那些文化名人的高风雅尚、异迹卓行，更往往为大众所竞相效袭和模仿，从而可能在新风尚形成和新文化传播过程中发挥独特的、我们或可称之为“名人效应”的倡率作用。在社会生活的其他方面如此，在饮食生活中也不例外。当然，更重要的是，他们乃是吟诗作赋的文化人，我们如今所能获得的资料都是来自于这些人的作品，现存文献中关于他们自身饮食生活的历史信息亦相对集中并且最为真切。因此之故，透过文人雅士窥测整个时代和区域饮食文化的基本面貌及其变化轨迹，是目前看来最为合理的一个路径。

在中古璀璨耀眼的文化群星之中，白居易最适合被引为一个典型来落实以上的学术企图。他的一生主要生活在华北地区特别是京洛一带，亦曾宦游南国多年，[1] 活动范围广泛，对当时社会日常生活包括饮食生活有比较广泛的了解。白居易一生，基本上都是过着相当优裕的生活，他热衷于美酒佳肴，对饮食相当讲究；他一生交游非常之广，既有大量尘世的诗友酒侣，又与方外的僧侣道流过从甚密，而饮食是其日常交游活动的重要方式和内容之一。特别重要的是，他是中古时代最高产同时也最乐于记咏日常生活俗事的诗人之一，其诗作大量涉及饮食生活。[2] 这些都

---

[1] 白居易，华州下邽县人。祖籍太原，曾祖温一代始迁下邽，故自称太原人。他曾在巴郡、江州、杭州和苏州担任过地方官，见下引《洛中偶作》诗。

[2] 在《洛中偶作》一诗中，他概括了个人以往的生活经历，称自己：“五年职翰林，四年莅浔阳，一年巴郡守，半年南宫郎。二年直纶阁，三年刺史堂。凡此十五载，有诗千余章，境兴周万象，土风备四方。”在日常生活中，他常常“遇物辄一咏，一咏倾一觞”。（《全唐诗》卷431白居易八）可谓游历广泛，诗章众多，内容丰富，其中不少即是以饮食物事为题或于餐饮之际乘兴吟出。

为我们以他为例探讨唐代文人雅士的饮食生活状况提供了较大的方便。

我们还是从不同方面具体来看看他的饮食生活吧。

一、白居易的食

在白居易与饮食相关的诗句中，我们寻检出了不少食物的名字，例如主食之中有饼饵、稻米饭和粥；蔬菜中有竹笋、葵菜、芹菜、蕨菜和荠菜等；动物性食品中，有肉、鱼、鹅、蛋，此外还有以肉类加工的脯与醢等等；果品则见有樱桃、梅子、柑橘、荔枝、菱角等多种，从中我们可以约略窥测出其食的内容与偏好。

白诗有若干处提及饼饵。前文已经指出，中古华北饮食文化的变迁，表现在主食方面是饼日益普及成为社会各阶层的常食。名目众多的饼食之中，胡饼（或称胡麻饼）广受喜爱，其中长安辅兴坊食店中所卖者称美天下。大约白居易非常喜好胡饼，故而即使是宦游巴蜀之时，他的家厨也还仿照辅兴的胡饼样式造而食之，并且曾以所造胡饼寄赠好友，其诗云："胡麻饼样学京都，面脆油香新出炉。寄与饥馋杨大使，尝看得似辅兴无。"[1]就是说的此事。此外，白居易曾在一篇状中提到，皇帝赐给他的食物中有蒸饼和环饼等。[2]

不过，白居易吟诵饼食的诗并不多见，倒是有关"饭稻"的诗句频频出现，无论在南方还是在北方生活期间所作的诗中均屡有提及；[3]用以做饭的稻米品种，有产于南方的獐牙稻，也有产于洛阳附近的著名的陆浑稻。这些诗句反映他似乎更喜爱并且经常以稻米饭为

[1]《全唐诗》卷441白居易十八《寄胡饼与杨万州》。

[2]《全唐文》卷668。

[3]《全唐诗》卷429《舟行》（江州路上作）、卷430《烹葵》、卷431《初下汉江舟中作寄两省给舍》、卷439《官舍闲题》、卷453《饱食闲坐》、卷459《二年三月五日斋毕开素当食偶吟赠妻弘农郡君》等。均提及食稻米饭。

主食。[1]白居易还有若干诗句提到食粥，从中可以看到，粥大抵多为早餐所食；[2]到了年迈体衰之时，他更重视以粥滋养，用以煮粥的稻米，似以新米为贵。[3]

佐餐的菜肴，最多见于其诗咏之中者，曰鱼、曰笋、曰葵。

白居易对鱼似有偏嗜，并且食鱼与食稻米饭常常联系在一起。见于其诗的鱼类有鲂鱼和鲤鱼等等，其中伊水、洛堰和渭水中的鲂鱼和鲤鱼多被特别提及。略举数例：

《舟行》（江州路上作）：

船头有行灶，炊稻烹红鲤。[4]

《初下汉江舟中作寄两省给舍》：

秋水淅红稻，朝烟烹白鳞。[5]

《饱食闲坐》：

红粒陆浑稻，白鳞伊水鲂；庖童呼我食，饭热鱼鲜香。

箸箸适我口，匙匙充我肠，八珍与五鼎，无复心思量。[6]

《残酌晚餐》：

闲倾残酒后，暖拥小炉时；舞看新翻曲，歌听自作词。

鱼香肥泼火，饭细滑流匙；除却慵馋外，其余尽不知。[7]

---

[1] 值得注意的是，对于稻米或稻米饭，他多用“红粒”“稻饭红似花”来形容，似乎当时多产红米稻。这关涉到当时水稻品种的问题，一时难以考辨。

[2] 《全唐诗》卷453白居易三十《风雪中作》即有“粥熟呼不起，日高安稳眠”之句。

[3] 《全唐诗》卷460白居易三七《自咏老身示诸家属》云：“粥美尝新米，袍温换故绵”。

[4] 《全唐诗》卷429白居易六。

[5] 《全唐诗》卷431白居易八。

[6] 《全唐诗》卷453白居易三十。

[7] 《全唐诗》卷456白居易三三。

《二年三月五日斋毕开素当食偶吟赠妻弘农郡君》：

鲂鳞白如雪，蒸炙加桂姜；稻饭红似花，调沃新酪浆。[1]

如此等等，显示白居易的饮食生活颇有南人“饭稻羹鱼”之风。

一般情况下，鱼是从市场上购买的，[2]但白居易也未尝不以钓鱼为乐，其诗屡次咏及垂钓之事，他甚至以“渔翁”自况，欲效严子陵悬丝水滨。[3]这些应与其喜食鱼类的饮食习惯有关。

鱼的烹饪方法，见于其诗者，除“烹”以外，[4]还有蒸与炙。蒸、炙鱼类以桂、姜作调料。但他也习惯于生食鱼脍，他曾多次提及，信手拈来的诗句就有：“茶香飘紫笋，脍缕落红鳞”；[5]“绿蚁杯香嫩，红丝脍缕肥”；[6]“鱼脍芥酱调，水葵盐豉絮”；[7]“朝盘脍红鲤，夜烛舞青娥”[8]等等，说明食用生鱼脍对于白居易乃是一种寻常之事，这与当时社会风气

[1] 《全唐诗》卷459白居易三六。

[2] 关于买鱼，其《放鱼》一诗提到家僮买菜时曾买来“双白鱼”（《全唐诗》卷424白居易一）；《首夏》一诗曾提到他在江州之时，“湓鱼贱如泥，烹炙无昏早”（同书卷433白居易十）；《狂吟七言十四韵》提到“洛堰鱼鲜供取足”（同书卷460白居易三七），虽未明确地说买鱼，但足以说明鱼多从市场购买。

[3] 《全唐诗》卷429白居易《渭上偶钓》云：“渭水如镜色，中有鲤与鲂；偶持一竿竹，悬钓在其傍。……”同书卷435白居易《东墟晚歇（时退居渭村）》一诗也自称“手拄渔竿”“晚从南涧钓鱼回”；又同书卷459《李留守相公见过池上泛舟举酒话及翰林旧事因成四韵以献之》称：“引棹寻池岸，移尊就菊丛；何言济川后，相访钓船中。白首故情在，青云往事空；同时六学士，五相一渔翁。”又有《新小滩》一诗云：“石浅沙平流水寒，水边斜插一渔竿；江南客见生乡思，道似严陵七里滩。”同书卷448白居易《赠东邻王十三》一诗提到，他还曾邀请邻居王十三做伴，同往“伊上作渔翁”。

[4] 按：“烹”可能是烹饪的泛指，但也可能是区别于其他方法的煮鱼法。

[5] 《全唐诗》卷438白居易十五《题周皓大夫新亭子二十二韵》。

[6] 《全唐诗》卷439白居易十六《春末夏初闲游江二首》之二。

[7] 《全唐诗》卷445白居易二二《和三月三十日四十韵》。

[8] 《全唐诗》卷447白居易二四《松江亭携乐观渔宴宿》。按：我们在第三章曾经谈到唐代禁食鲤鱼，犯禁者要受杖刑。而白诗曾经多次提到食用鲤鱼，说明在他的生活年代仍没有禁食鲤鱼，食鲤之禁令究竟起讫何时，尚待考证。

是相符合的。[1] 可惜其诗除一处提到鱼脍以芥酱（即芥子酱，见第四章）调味之外，基本没有提到其他作鱼脍的方法。

除食用鲜鱼之外，白诗中也曾提到过几种鱼类加工品，如其《桥亭卯饮》一诗曾提到"就荷叶上包鱼鲊"，《春寒》一诗则提到"助酌有枯鱼"。[2]

尤可注意者，在白居易的诗中，食鱼时与食笋联系在一起，如其《晚夏闲居绝无宾客欲寻梦得先寄此诗》云："鱼笋朝餐饱，蕉纱暑服轻"；[3]《初致仕后戏酬留守牛相公并呈分司诸僚友》亦云："炮笋烹鱼饱餐后，拥抱袍枕臂醉眠。"[4] 竹笋为蔬食中的上鲜，盛产南土，白氏宦游南方之时已经爱上了这种佳蔬美味，有专诗咏诵。如其在江州时所作的《食笋》一诗云：

> 此州乃竹乡，春笋满山谷；山夫折盈抱，抱来早市鬻；
> 物以多为贱，双钱易一束；置之炊甑中，与饮同时熟；
> 紫箨坼故锦，素肌擘新玉；每日遂加餐，经时不思肉；
> 久为京洛客，此味常不足；且食勿踟躅，南风吹作竹。[5]

其《夏日作》一诗也声言：

> 宿雨林笋嫩，晨露园葵鲜；烹葵炮嫩笋，可以备朝餐；止于适吾口，何必饫腥膻。[6]

---

[1] 有关问题，第五章已经讨论。

[2] 分见《全唐诗》卷451白居易二八、卷453白居易三十。"鱼鲊"是用米饭加盐酿制的鱼块，"枯鱼"则是鱼干，均是中古诗文中常见的鱼类加工制品。说见第四章。

[3] 《全唐诗》卷457白居易三四。

[4] 《全唐诗》卷460白居易三七。

[5] 《全唐诗》卷430白居易七。

[6] 《全唐诗》卷453白居易三十。

在另一首作于洛阳的诗中，他提到“劝我加餐因早笋”，[1]表达了对竹笋的喜爱。但掘笋而食本是南人食风，北方京、洛一带当时虽有一些竹林分布，[2]但如白氏所言“此味常不足”，当地竹笋并不易得。并且，洛下虽然号称“水暖鱼多似南国”，[3]当地居民吃鱼并不十分困难，但将竹笋与鱼这两种一素一荤的上鲜美味合烹并食，对华北居民来说应是稀有之事。寓居洛中的白乐天不仅有食笋的偏好，且每每“炮笋烹鱼”而餐（按：前引二诗均作于洛中），显然因他深受南国食风影响所致；联系到他的“饭稻羹鱼”，我们不得不说：白居易的饮食习惯已在相当程度上“南方化”了。

事实上，白居易对南方的风物怀有一种特殊情愫，当其由南方离任返归京、洛时，乃不惜花费很大力气，千里迢迢带回一些南方物事，比如他从苏州离任时即带回了太湖石、白莲、折腰菱、青版舫等等，置植于自家园池之中，[4]并且非常珍爱，时时对之咏啸。[5]既如此，他随之带回一些南方饮食习惯当然也就不值得稀奇。其《池上小宴问程秀才》一诗非常明白地说明：即使北归洛阳之后，他的生活仍然刻意因旧，如在南方之日，诗中说：

> 洛下林园好自知，江南景物暗相随；
> 净淘红粒罯香饭，薄切紫鳞烹水葵；
> 雨滴篷声青雀舫，浪摇花影白莲池；
> 停杯一问苏州客，何似吴淞江上时。[6]

---

[1] 《全唐诗》卷 454 白居易《晚春闲居杨工部寄诗杨常州寄茶同到因以长句答之》。

[2] 关于古代北方竹子分布，请参阅拙著：《人竹共生的环境与文明》的有关章节，兹不赘述。

[3] 《全唐诗》卷 459 白居易三六《和敏中洛下即事》。

[4] 《全唐诗》卷 461 白居易三八《池上篇并序》。

[5] 《全唐诗》卷 448《种白莲》云：“吴中白藕洛中栽，莫恋江南花嫩开；万里携归尔知否，红蕉朱槿不将来。”卷 449《六年秋重题白莲》云：“素房含露玉冠鲜，绀叶摇风钿扇圆；本是吴州供进藕，今为伊水寄生莲；移根到此三千里，结子经今六七年；不独池中花故旧，兼乘旧日采花船。”

[6] 《全唐诗》卷 451 白居易二八。

直到数十年后，南方旧事仍然时时萦绕其怀。在《和梦得夏至忆苏州呈卢宾客》一诗中，他是这样说的：

> 忆在苏州日，常谙夏至筵；粽香筒竹嫩，秋脆子鹅鲜；
> 水国多台榭，吴风尚管弦；每家皆有酒，无处不过船；
> 交印君相次，褰帷我在前；此乡俱老矣，东望共依然；
> 洛下麦秋月，江南梅雨天；齐云楼上事，已上三十年。[1]

我们当然不能否认这是由于念旧的常情所致，但同时也应当承认，白居易对于南方饮食文化的态度，不是鄙视和拒斥，而是欣赏、认同并且乐于传扬。对于白居易的这种情感和行为，在此来不及做很多的解读和演绎，但我们想明确地指出：他对南方饮食物品的宣传和对南方饮食习惯的追随无疑反映出，与中古前期相比，北方人士对于南方文化的态度已经发生了根本性的变化，这实在不能不引起注意和重视！

葵菜在唐代仍然是重要的菜种，也是白居易所常食的佐餐之物，他曾于若干首诗中用很欣赏的态度咏及葵菜，如其《烹葵》一诗有云：

> 昨卧不夕食，今起乃朝饥；贫厨何所有，炊稻烹秋葵；
> 红粒香复软，绿英滑且肥；饥来止于饱，饱后复何思。[2]

出现于白诗中的葵菜品种，除“秋葵”之外，还有“水葵”“鸭脚葵”等等，[3] 反映当时即使在经济条件较好的文人士大夫的食案上，葵菜也仍旧是常见的蔬食。

关于果品，白居易也多有咏及，其诗中至少出现过樱桃、梅、梨、

[1]　《全唐诗》卷 462 白居易三九。

[2]　《全唐诗》卷 430 白居易七。

[3]　水葵已见前引。关于鸭脚葵，其《官舍闲题》（见《全唐诗》卷 439 白居易十六）有“禄米獐牙稻，园蔬鸭脚葵；饱餐仍晏起，余暇弄龟儿（其侄小名）”之句。

桃、枣、杏、橘、荔枝、菱角、葡萄和瓜等十数种水果。以其生长游宦经历，他肯定食过不少南北珍果，只是他对于食果的具体记咏较少，难以知其详情，且这一方面无关宏旨，在此不拟多费笔墨。

二、白居易的饮

与其“食”相比，白居易的“饮”更值得认真探究。大体说来，他在饮的方面所持有的态度，可以概括为嗜酒亦爱茶，或者用他自己评价萧某的话说，是“爱酒不嫌茶”。[1]

先谈白居易饮酒。

中古文人士子，多有嗜酒如命之辈。魏晋名士，自“竹林七贤”以还，多以引觞啸咏、任情放诞著其风流，如阮籍之不拘礼法，以酒浇胸中块垒；刘伶之“纵酒放达”，“脱衣裸形”；毕茂世之声言“一手持蟹螯，一手持酒杯，拍浮酒池中，便足了一生”；王佛大之叹“三日不饮酒，觉形神不复相亲”……均属此类；王孝伯甚至一言以蔽之：“名士不必须奇才，但使常得无事痛饮酒，熟读《离骚》，便可称名士。”[2]晋、宋之际，陶渊明“不为五斗米折腰”，倦于干进利禄，惟以诗酒自娱，诗札百篇，几乎篇篇酒润。流风余韵及于隋唐，文人士子亦多纵情诗酒，或携醴竹溪松冈，或醉眠酒肆歌楼，或共胡姬尝琥珀，或对风月酌绿醅，挥毫斗酒，传觞赋诗，殆无朝暮，诗家因美酒而增添豪兴，酒徒亦因佳韵而离俗。故终唐之世，与诗酒相关的风流人、风雅事充斥于正史逸闻，其声名之著者，初唐有王绩，号称“五斗学士”；盛唐则有李白，更自比“酒中仙”。与他们相比，白居易任情豪放稍有不及，嗜酒如命则毫不逊色。

白乐天总体来说是一位持守中庸的人，但人生短促，忧患丛生，世间

---

[1] 《全唐诗》卷450《萧庶子相过》。

[2] 魏晋名士嗜酒故事，可参《世说新语》卷下之上《任诞第二十三》。

悲欢离合、身心劳碌病苦，同样伴随着他的一生，其内心世界也未尝不是时时跌宕起伏、波涛汹涌。同中古许多文人士子一样，他以杯为渡苦之舟、酒为消愁之药，这种情感时常反映在他的诗中。其《劝酒寄元九》有云：

> 薤叶有朝露，槿枝无宿花；君今亦如此，促促生有涯；
> 既不逐禅僧，林下学楞伽；又不随道士，山中炼丹砂；
> 百年夜分半，一岁春无多；何不饮美酒，胡然自悲嗟？
> 俗号销愁药，神速无以加；一杯驱世虑，两杯反天和；
> 三杯即酩酊，或笑任狂歌；陶陶复兀兀，吾孰知其他。
> 况在名利途，平生有风波；深心藏陷阱，巧言织网罗；
> 举目非不见，不醉欲如何。[1]

正因如此，他追慕古贤高风清韵，自许刘、陶侪俦友伦。其《北窗三友》诗云：

> 今日北窗下，自问何所为？欣然得三友，三友者为谁？
> 琴罢辄举酒，酒罢辄吟诗；三友递相引，循环无已时。
> 一弹惬中心，一咏畅四肢；犹恐中有间，以酒弥缝之。
> 岂独吾拙好，古人多若斯；嗜诗有渊明，嗜琴有启期；
> 嗜酒有伯伦，三人皆吾师；或乏儋石储，或穿带索衣；
> 弦歌复觞咏，乐道知所归；三师去已远，高风不可追，
> 三友游甚熟，无日不相随；左掷白玉卮，右拂黄金徽；
> 兴酣不叠纸，走笔操狂词。谁能持此词，为我谢亲知；
> 纵未以为是，岂以我为非。[2]

在另一首诗中，他又自比为陶、刘转世，称自己是“一生耽酒客，

[1]《全唐诗》卷432白居易九。
[2]《全唐诗》卷452白居易二九。

五度弃官人，异世陶元亮，前生刘伯伦”，[1] 甚至走笔赋诗也仿效陶体。[2] 在一首仿陶体诗中，他这样说：

> 朝亦独醉歌，暮亦独醉睡；未尽一壶酒，已成三独醉；
> 勿嫌饮太少，且喜欢易致；一杯复两杯，多不过三四；
> 便得心中适，尽忘身外事；更复强一杯，陶然遗万累；
> 一饮一石者，徒以多为贵；及其酩酊时，与我亦无异；
> 笑谢多饮者，酒钱徒自费。[3]

在白居易看来，人生世上，无事不可成为饮酒理由，也无处不是饮酒之场：初登科第，金榜题名，乍作官人，朝服加身，如此喜庆之时，当然难忘饮酒；亲朋好友阔别十载，邂逅千里之外，彼此瞻视，满目沧桑，于时唏嘘感慨，饮酒叙旧；花开月明之夜，朱门绣户，纨绔少年，管弦歌舞，交筹错盏，惟恐辜负春光；秋风霜庭，蟋蟀暗啼，梧桐叶落，桑枝尽枯，华发病翁，惟有浊酒暂可消愁；露布传来，边关破虏，得胜之师，凯旋而还，将军叙功第一，于是庆功开筵，泻盏倾觞，再聘雄豪；灞桥岸边，长乐坡上，依依惜别，涕泗交流，千言万语，皆化作一杯薄酒，聊慰离情；万里逐臣，故园梦萦，幸逢赦书驿传，得免抛尸瘴疠，回首往事，犹是觳觫战栗，惟酒可安惊魂。在他看来，人生处处是苦：隐居苦、农耕苦、行商苦、充征夫苦、炼道术苦、入仕途苦，滚滚红尘钩心斗角尽是苦，人生悲苦多，不如饮酒去。[4] 惟有酒“能销忙事成闲事，转得忧人成乐人”，酒是“世间贤圣物”，可与相随伴终身。[5]

---

[1] 《全唐诗》卷459白居易三六《醉中得上都亲友书以予停俸多时忧问贫乏偶乘酒兴咏而报之》。

[2] 白居易有《郊陶潜体诗十六首》，见《全唐诗》卷428白居易五。

[3] 《全唐诗》卷428白居易五。

[4] 《全唐诗》卷450白居易二七《劝酒十四首并序》。

[5] 《全唐诗》卷449白居易《咏家酝十韵》。

正因为如此，白居易终身好酒，达到了嗜之如命的程度，酒几乎陪伴了他的全部生命过程。他的诗，虽不能说篇篇有酒，却也离此不远，因此向我们提供了有关他饮酒生活的丰富信息，也使我们得以了解中古酒史的许多细节。

白居易诗中提及酒的种类甚多。散见于诗句的，有竹叶酒、榴花酒、桑落酒、葡萄酒、薤白酒、茱萸酒、（洛阳）花酒、松花酒、蓝尾酒、春酒、冬酒，另有出自南方的梨花酒（出杭州，梨花开时熟）、箬下酒（出湖州）和蒲黄酒（可治腰损）[1]等等，大抵以酿酒用料或酿酒时节而立名。惟蓝尾酒于白诗中多次出现，根据白居易的记咏，我们知道这种酒与胶牙饧同为新年元日饮食节物，[2]至于它是以何物、如何酿造及何以独饮于新年元旦，则尚需考证。根据其诗的咏颂，在当时，各色品种的酒，颜色可有黄、绿和白色之分，他分别以“黄醅”“金屑”“黄金液”“琥珀”“绿蚁”“绿醅”“绿醪”“白玉液”等等来形容这些不同的酒。[3]此外，酒还有新旧之分，以新酒为贵，白诗中曾反复以赞美的语气提到新开瓮的初熟酒、新熟酒，这与后世之蒸馏烧酒以陈酿为贵正好相反。

白居易日常所饮之酒，有不同的来源，大抵居家之日，以饮自家所

---

[1] 梨花酒和箬下酒，分见《全唐诗》卷443白居易二十《杭州春望》《湖上招客送春泛舟》，同书卷447《夜闻贾常州崔湖州茶山境会……》。

[2] 其《七年元日对酒五首》有：“三杯蓝尾酒，一碟胶牙饧”；《岁日家宴戏示弟侄等……》称，“岁盏后推蓝尾酒，春盘先劝胶牙饧”；《喜入新年自咏》也有“老过占他蓝尾酒”。分见《全唐诗》卷454白居易三一，卷447白居易二四，卷459白居易三六。

[3]《全唐文》卷450《雪夜喜李郎中见访兼酬所赠》有“十分满盏黄金液”；卷439《游宝称寺》有“酒嫩倾金液，茶新碾玉尘”；卷451有《尝黄醅新酎忆微之》一诗；卷455《刘苏州寄酿酒糯米……》有“金屑醅浓吴米酿”；卷441《荔枝楼对酒》有“烧酒初开琥珀香”。按：唐人饮酒，多为热饮，冷饮较少。此处“烧酒”指将酒烧热而饮，非如某些人士所说系今日白酒类之“烧酒”，“琥珀”指其酒色。又同书卷436《答韦八》有“春尽绿醅老”；卷440《问刘十九》有“绿蚁新醅酒”；卷452《秋日与张宾客舒著作同游龙门醉中狂歌……》有“家酝一壶白玉液”，如此等等，不可尽引。但用词以绿蚁、绿醅居多。

酿为主，吟及“家酝”“家酿”的诗句，无虑有数十处之多。其《咏家酝十韵》专门咏颂家酿之酒，云：

独醒从古笑灵均，长醉如今效伯伦；
旧法依稀传自杜，新方要妙得于陈；
[自注云：“陈郎中岵传授此法。”]
井泉王相资重九，曲糵精灵用上寅；
[自注云：“水用九月九日，曲用七月上寅。”]
酿糯岂劳炊范黍，撇刍何假漉陶巾；
常嫌竹叶犹凡浊，始觉榴花不正真；
瓮揭开时香酷烈，瓶封贮后味甘辛；
捧疑明水从空化，饮似阳和满腹春；
色洞玉壶无表里，光摇金盏有精神；
能销忙事成闲事，转得忧人成乐人；
应是世间贤圣物，与君还往拟终身。[1]

在诗中，白居易对自家所酿的酒十分夸赞，在其他诗中他又用“白玉液”“玉液黄金脂”等加以形容，反映其家酿品质甚佳。从其诗所反映的情况看，自家酿酒多在春季。[2]也有秋、冬季节酿造者，[3]但不如

[1] 《全唐诗》卷449白居易二六。
[2] 其《寄李十一建》云，“家酝及春熟，园葵乘露烹”；《将归一绝》云，“更怜家酝迎春熟”；又《池上闲吟二首》云，“家酝香浓野菜春”；此外有《对新家酝玩自种花》云，“香曲亲看造，芳丛手自栽；迎春报酒熟，垂老看花开；红蜡半含萼，绿没新酦醅；玲珑五六树，潋滟两三杯；恐有狂风起，愁无好客来；独酣还独语，待取月明回”等等。分见《全唐诗》卷428白居易五、卷454白居易三一、卷459白居易三六。
[3] 如《全唐诗》卷452《秋日与张宾客舒著作同游龙门醉中狂歌凡二百三十八字》有：“家酝一壶白玉液，野花数把黄金英。”明言秋天所酿酒；卷456《酒熟忆皇甫十》云：“新酒此时熟。故人何日来？自从金谷别，不见玉山颓。疏索柳花碗，寂寥荷叶杯；今冬问毡帐，雪里为谁开？”则指雪冬新成的家酝。

春酒多。至于夏季酿酒则未见之。这一情况，与第六章的研究结论大体相符。

白居易关于家酝的诗句中，约略涉及一些技术方面的问题。比如上引诗中谈到酿酒用重阳日的井水，用七月上寅日所作的曲糵。白居易数次提到，他家酿酒深受陈家酒法的影响，他甚至竟将自家的酒称为“陈家酒”。[1] 所谓陈家，即其前诗自注中所说的陈岵家，陈岵曾担任过郎中之职（只是不知属何司）。其《池上篇》一诗的序又称：“先是颍川陈孝山与酿法，酒味甚佳。”[2] 陈孝山与陈岵当是同一人，是距离洛阳不甚远的颍川人氏。在另外两首诗中，白居易还提到了口感软美的“仇家酒”。[3] 如此看来，当时经济条件宽裕的家庭，特别是官宦之家每多自酿自饮。甚至，我们不妨说，中古人士饮酒每多自酿，不必皆依赖于酒肆酒坊。嗜酒成性的白居易，必定通过不同途径，学习到了许多酿酒良方，同僚好友知其有家酿，还向他提供酿酒原料，比如刘禹锡任苏州刺史时曾向乐天寄赠过吴中所产的酿酒糯米。[4] 由于自家酿制的家酝滋味香美，因此他在任官期间，还曾用自家酒法改造和代替官酒法，其《府酒五绝》之一《变法》云：“自惭到府来周岁，惠爱威棱一事无；惟是改张官酒法，渐从浊水作醍醐。”[5] 事实上，地方官员中有此种行径者并非只有白居易一人，这在当时可能是一种习见的现象，白居易曾在一首诗里说，河南府自他离任后十年中，先后换了七位府尹，时常重游旧衙的他备尝过这七位后任的酒，其诗中的自注称：七位府尹的“酒味不

[1] 见《全唐诗》卷 450 白居易二七《偶吟》。

[2] 《全唐诗》卷 461 白居易三八。

[3] 《全唐诗》卷 439 白居易十《东南行一百韵》；此外，卷 438 白居易十八《仇家酒》云：“年年老去欢情少，处处春来感事深；时到仇家非爱酒，醉时心胜醒时心。”

[4] 《全唐诗》卷 456 白居易三三《刘苏州寄酿酒糯米李浙东寄杨柳枝舞衫偶因尝酒试衫辄成长句寄谢之》。

[5] 《全唐诗》卷 451 白居易二八。

同”，[1]这也许就是因为府尹们各有自家的酿酒方法。

不过，行旅出游之时，白居易也常从酒肆中贳酒而饮。当时不仅城市通衢有当垆沽酒的妖姬，村落道口亦可见持杓卖醪的老媪。有关这些方面的情况，不详加引证。

关于饮酒的方法、时间与场景，白居易诗中有丰富的记咏。根据有关诗句，我们肯定当时的酒一般是加热饮用，但有时也冷饮。[2]不过，从健康角度来说，酒宜温饮而不宜冷饮。

关于饮酒时宜，似乎不甚拘泥；不过就白居易本人来说，他更习惯于在早晨卯时或稍后饮酒。关于这一习惯，他的诗中有不少反映。例如他有一首《卯时酒》诗，专咏卯时饮酒的妙处，称：

> 佛法赞醍醐，仙家夸沆瀣；未如卯时酒，神速功力倍；
> 一杯置掌上，三咽入腹内；煦若春贯肠，暄如日炙背；
> 岂独肢体畅，仍加志气大；当时遗形骸，竟日忘冠带；
> 似游华胥国，疑反混元代；一性既完全，万机皆破碎；
> 半醒思往来，往来吁可怪；宠辱忧喜间，惶惶二十载；
> 前年辞紫闼，今岁抛皂盖；去矣鱼返泉，超然蝉脱蜕；
> 是非莫分别，行止无疑碍；浩气贮胸中，青云委身外；
> 扪心私自语，自语谁能会；五十年来心，未如今日泰；
> 况兹杯中物，行坐长相对。[3]

[1] 《全唐诗》卷457白居易三四《自罢河南已换七尹每一入府怅然旧游因宿内厅偶题西壁兼呈韦尹常侍》云：“每日河南府，依然似到家；杯尝七尹酒（注：七官酒味不同，备尝之矣），树看十年花。”

[2] 例如《北亭招客》有“小盏吹醅尝冷酒”；《七言十二句赠驾部吴郎中七兄》有“春酒冷尝三数盏”；《和薛秀才寻梅花同饮见赠》有“便试花前饮冷杯”；《何处春光到》有“冷酒酌难醒”；《三月三日》有“莲子数杯尝冷酒”等等。分见《全唐诗》卷439、卷442、卷443、卷450、卷456。

[3] 《全唐诗》卷444白居易二一。

除此之外，其他诗句中所出现的“卯酒”“卯饮”“卯时杯”“卯后酒”之类的词语，少说也有十处左右。这是由于受当时某种共同观念支配，抑或纯属他个人习惯，不得而知。

至于白诗所记咏的饮酒场景与氛围，则是变化多端：独酌固然可以消愁解闷，但招引二三酒友上门，或者提鱼携酒前往朋友家聚饮，更能带来莫大乐趣。饮酌不必拘于室内，白居易经常独自或者邀二三酒友，倾杯倒盏于桥亭、水斋、花前、林下；抑或携酒傍溪、提榼登岚。行醪之时，或吟哦，或抚琴，或对弈，或行令，或听曲，或观舞……如此种种，不一而足，反映了白居易及其同时代文人雅士对于饮酒风雅情趣的重视与追求。关于这些，后文还将述及，兹不加详论。

由上可见，酒在白居易的饮食生活中处于何等重要的地位，它可以说是这位伟大诗人生命中不可舍弃的一部分。虽然白居易清楚地意识到，过度饮酒给他的身体造成了很大损伤，他也曾因病而戒过酒；但酒瘾的难耐远远超过了疾病的痛楚。因此，一旦病痛稍缓，他又复饮如故。[1]

下面我们再来看看白居易饮茶。

在《全唐诗》收入的白居易作品中，有五十首左右涉及茶。其中大部分是关于他本人茶事的记咏，通过这些记咏，我们可以约略了解白居易及其同时代文人士子饮茶活动的大概情况。

唐人重蜀茶，出现于白诗中的茶茗亦以蜀茶居多，共有七首诗谈到亲友寄赠蜀茶或他本人煎煮蜀茶。例如《萧员外寄新蜀茶》云：

> 蜀茶寄到但惊新，渭水煎来始觉珍；
> 满瓯似乳堪持玩，况是春深酒渴人。[2]

[1] 关于这方面的情况，下文拟加详述。

[2] 《全唐诗》卷437白居易十四。

又有《谢李六郎中寄新蜀茶》云：

故情周匝向交亲，新茗分张及病身；
红纸一封书后信，绿芽十片火前春；
汤添勺水煎鱼眼，末下刀圭搅曲尘；
不寄他人先寄我，应缘我是别茶人。[1]

此外，还有二诗谈到剑南东川节度使杨某给他寄蜀茶。[2]蜀茶之中以雅州蒙顶茶最贵，当时号称第一，[3]白诗中有“蒙茶到始煎”“茶中故旧是蒙山”等句，[4]一方面说明白居易曾烹饮过蒙（顶）茶，另一方面也说明他对该茶甚为珍重。此外，他还提到了另一种名为绿昌明的蜀茶。[5]除蜀茶之外，他的诗中也提到了常州顾渚紫笋茶以及当地官员举办的茶山宴会。[6]常州刺史杨某也曾以当地茶寄赠白居易。[7]

从其有关吟咏可以看到，白居易不仅所饮茶叶多为名品，而且在选景、用器、煎煮等方面都颇为用心，这在其《睡后茶兴忆杨同州》一诗中有所反映。诗中说：

---

[1] 《全唐诗》卷439白居易十六。

[2] 见《全唐诗》卷456白居易三三《杨六尚书新授东川节度使代妻戏贺兄嫂二绝》之二，卷457白居易三四《谢杨东川寄衣服》。

[3] 见李肇《国史补》下，陆羽《茶经·八之出》。

[4] 分见《全唐诗》卷442白居易十九《新昌新居书事四十韵因寄元郎中张博士》，卷448白居易二五《琴茶》。

[5] 《全唐诗》卷459白居易三六《春尽日》。按“昌明茶”在唐代与寿州、舒州、顾渚、浥湖等茶均为名茶，唐朝中期已远输吐蕃，见李肇《国史补》下。

[6] 《全唐诗》卷438白居易十五《题周皓大夫新亭子二十二韵》有“茶香飘紫笋，脍缕落红鳞”之句；又卷447白居易二四有《夜闻贾常州崔湖州茶山境会相羡欢宴因寄此诗》谈及常、湖官员于两州交界处之顾渚茶山举宴之事。

[7] 《全唐诗》卷454白居易三一《晚春闲居杨工部寄诗杨常州寄茶同到因以长句答之》。

昨晚饮太多，嵬峨连宵醉；今朝餐又饱，烂漫称时睡；
睡足摩挲眼，眼前无一事；信脚绕池行，偶然得幽致；
婆娑绿荫树，斑驳青苔地；此处置绳床，旁边洗茶器；
白瓷瓯甚洁，红炉炭方炽；沫下曲尘香，花浮鱼眼沸；
盛来有佳色，咽罢余芳气；不见杨慕巢，谁人知此味。[1]

唐人煮茶特重水质，这从陆羽《茶经》即可看出。白居易也非常讲究用水，其《晚起》一诗中有“融雪煎香茗”之句；在《吟元郎中白鬓诗兼饮雪水茶因题壁上》一诗中，他又提到“闲尝雪水茶。”[2]此外，他还取山中泉水煎茶，其《山泉煎茶有怀》云：“坐酌泠泠水，看煎瑟瑟尘；无由持一碗，寄与爱茶人。”[3]可见他在饮茶方面也是非常讲究的。

从白居易诗的有关吟咏来看，他饮茶，主要为了祛干渴、驱睡困、解酒醒，同时也以茶消暑。因此，他的饮茶时间，常在咽干肺渴、睡后慵起之时，或者饮酒成醉之后。同饮酒一样，他有时独自煎饮，有时共士林诗友或方外僧道品尝。独处之时，或于家中“食罢一觉睡，起来两瓯茶”，[4]时时饮茗一瓯，吟诗两句；[5]或于官舍“起尝一瓯茗，行读一卷书”；[6]抑或避暑逐凉于林间楼阁、池中小舟，“游罢睡一觉，觉来茶一瓯”；[7]或者信步闲游于山中，“泉憩茶数瓯，岚行酒一酌。”[8]至于共

[1]《全唐诗》卷453白居易三十。

[2] 分见《全唐诗》卷451白居易二八，卷441白居易十八。

[3]《全唐诗》卷443白居易二十。

[4]《全唐诗》430白居易七《食后》。

[5]《全唐诗》卷429白居易六《首夏病间》云：“况兹孟夏月，清和好时节；微风吹夹衣，不寒复不热；移榻树荫下，竟日何所为？或饮一瓯茗，或吟两句诗。”

[6]《全唐诗》卷431白居易八《官舍》。

[7]《全唐诗》卷453白居易三十《何处堪避暑》。

[8]《全唐诗》卷431白居易八《山路偶兴》。

饮，有客来访即“茶酒迎来客”“留客伴尝茶”“行茶使小娃”；[1]抑或招二三友人共坐小宴，“小盏吹醅尝冷酒，深炉敲火炙新茶”；[2]或有方外道侣禅师伴食，则是“斋罢一瓯茶”。[3]

由上种种可以看出，茶已经成为白居易的常饮，这一方面与其在南方宦游生活经历有关，同时也是饮茶由南向北不断传播并在北方日益普及的表现。中唐以后，生长于北方的文人雅士中，爱好饮茶者大有人在，不仅萧庶子是“爱酒不嫌茶”，许多文人士大夫皆是如此，白居易其实也是夫子自道。不过，相比而言，他对于茶还没有像对酒那样嗜之如命，在他看来，消愁解闷之功，茶不及酒。他在《镜换杯》一诗里直言不讳地说：“茶能散闷为功浅，萱纵忘忧得力迟；不似杜康神用速，十分一盏便开眉。”[4]

三、白居易的饮食与交游

正如人所共知而本书也一再强调的那样，对于拥有文化的人类，饮食不单纯是一种自然行为，同时也是一种社会行为。虽然从根本上说，饮食的目的是满足生理需要，但人类饮食决不是一种简单的进食摄养活动，其目的也不仅仅是果腹充饥。从十分遥远的时代开始，人们经常是挟带着许多与生理需要无关的社会企图和目的来开展其饮食活动的。或者，我们不妨说，在社会交往中，人类一向习惯于通过饮食活动来实现自己的各种正当或不正当的目的与企图，因此饮食常异化为一种超离其本来功能的社交手段。所以，饮食自古至今都是社会

[1] 分见《全唐诗》卷429白居易六《曲生访宿》，卷442白居易十九《新居早春二首》之二，卷447白居易二四《春尽劝客酒》。

[2] 《全唐诗》卷439白居易十六《北亭招客》。

[3] 《全唐诗》卷462白居易三九。

[4] 《全唐诗》卷449白居易二六。

人际交往活动中最为重要的内容之一，其方式与规则，既因地域环境与社会身份的差异而多彩缤纷，又随着历史时代的变化而嬗替演变。也正因为如此，饮食历史中隐藏着许多十分值得探测的社会文化秘密。不过，对本书来说，这样的立意过于高远，实非力所能及。我们只能对白居易的饮食交往活动略做介绍，并以他为例，对中古文人阶层的饮食交往风气稍做窥测。

中古文人雅士之间的饮食交往活动，大体包括两个方面的内容：一是好友之间互相寄赠饮食物品，二是以各种名义和形式聚饮会宴。

先说互赠饮食物品。

中古时期，特别是在唐代，文人士大夫之间互相寄赠物品的风气甚浓，但凡日常所需，穿戴之物如衫裘鞋帽，坐卧之物如竹簟绵衾等等，大抵均可互相寄赠。例如白居易曾得到友人寄赠的紫霞绮，亦曾给友人寄赠过衣物；[1] 互相馈赠饮食物品，更是非常习见之事。

在白居易生活的年代，南国特产的茶茗经常被家居或游历于南方的人士当作礼品寄赠给北国的朋友，这在茶文化由南向北广泛传播的过程中，发挥了相当重要的作用。例如著名的顾渚紫笋茶，最初并不知名，由于陆羽将此茶寄赠给京城的朋友，北方人士始识其佳味并逐渐加以重视，自大历五年设立贡焙以后，竟成为唐代最为重要的茶贡品。宋·钱易《南部新书》戊部记载："唐制，湖州造茶最多，谓之顾渚贡焙。大历五年以后，始有进奉。故陆鸿渐与杨祭酒书云：'顾渚山中紫笋茶两片。此物但恨帝城未得尝，实所叹息。一片上太夫人，一片充昆弟同啜……'"唐代诗人关于寄赠茶叶的记咏相当之多，仅白居易诗中所记即不下五次，对此上文已经述及，兹不赘言。

[1] 前者如《全唐诗》卷 437 白居易十四《庾顺之以紫霞绮远赠以诗答之》云："千里故人心郑重，一端香绮紫氛氲；开缄日映晚霞色，满幅风生秋水纹；为褥欲裁怜叶破，制裘将翦惜花分；不如缝作合欢被，寤寐相思如对君。"后者则有卷 438 白居易十五《寄生衣与微之因题封上》诗云："浅色縠衫轻似雾，纺花纱袴薄于云；莫嫌轻薄但知著，犹恐通州热杀君。"

文人之间互赠美酒的事也时有发生，白诗中亦记有数事，除前述友人寄酿酒糯米一节之外，另有两首诗谈到友人寄酒，其一首云：

劳将箬下忘忧物，寄与江城爱酒翁；
铛脚三州何处会，瓮头一盏几时同；
倾如竹叶盈樽绿，饮作桃花上面红；
莫怪殷勤醉相忆，曾陪西省与南宫。[1]

另一首又云：

一榼扶头酒，泓澄泻玉壶；十分蘸甲酌，潋滟满银盂；
捧出光华动，尝看气味殊；手中稀琥珀，舌上冷醍醐；
瓶里有时尽，江边无处沽；不知崔太守，更有寄来无。[2]

白居易本人也曾向朋友寄赠过酒器、[3]胡饼和荔枝。[4]文人雅士们通过互赠饮食，并以此为素材吟哦唱酬，表达对朋友的思念关爱之情。

但中古士林之中最为盛行的饮食交游活动，则是聚饮会宴。

隋唐之前，士人聚饮会宴之风已相当盛行，《世说新语》《洛阳伽蓝记》等文献中的记载可以为证。及至唐代，文人士子聚饮会宴之风愈扇

[1] 《全唐诗》卷443白居易二十《钱湖州以箬下酒李苏州以五酘酒相次寄到无因同饮聊咏所怀》。

[2] 《全唐诗》卷446白居易二三《早饮湖州酒寄崔使君》。

[3] 《全唐诗》卷450白居易二七《寄两银榼与裴侍郎因题两绝句》，其一："贫无好物堪为信，双榼虽轻意不轻；愿奉谢公池上酌，丹心绿酒一对倾。"其二："惯和曲蘖堪盛否，重用盐梅试洗看；小器不知容几许，襄阳米贱酒升宽。"

[4] 寄赠胡饼已见前述；寄赠荔枝事，《全唐诗》卷441白居易十八《重寄荔枝与杨使君时闻杨使君欲种植故落句之戏》云："摘来正带凌晨露，寄去须凭下水船；映我绯衫浑不见，对公银印最相鲜；香连翠叶真堪画，红透青笼实可怜；闻道万州方欲种，愁君得吃是何年。"

愈盛，最为奢华、热闹的会宴莫如士子初登科第及官员迁除之际所举办的“烧尾宴”以及“樱桃宴”。[1]但唐代文人经常举行的聚饮会宴，远不止于这几种，而是花样百出、名目众多；也并不只有大型宴会，更多的乃是二三友朋小聚饮食。

白居易诗反映，他是一位非常热衷于聚集会宴的人，自青年时代跻身士林开始，到致仕以后垂暮之年，他的社会交游活动几乎总是与聚饮会食分不开。白居易参与士林饮宴活动，在其参加科举之时已经开始，许多年后，他仍在一首诗中回忆起自己以一介寒士羁贫应举之时“脱衣典酒曲江边”的情形。[2]自那以后，除若干病甚或斋戒时期之外，无论在为官从政抑或在赋闲家居期间，他的周围都汇集着众多诗朋酒友，他们彼此招邀，集会饮食，殆无间旬。比如他有一首诗称：某年寒食节期间，他与酒友“鸡球饧粥屡开筵，谈笑讴吟间管弦”，一月乃有三回寒食会；[3]在另一首诗中，他对友人说：

> 前日君家饮，昨日王家宴；今日过我庐，三日三会面。
> 当歌聊自放，对酒交相劝；为我尽一杯，与君发三愿。
> 一愿世清平，二愿身强健，三愿临老头，数与君相见。[4]

事实上，由于他对会宴十分热衷，故终生乐此不疲，有时甚至不

---

[1] 有关史实可参唐·韦巨源《烧尾食单》、封演《封氏闻见记》卷五、《太平广记》卷411引《摭言》等。关于唐代官场会宴之风，近期以来有若干学者做过论述，如黄正建：《唐代官员宴会的类型及其社会职能》，《中国史研究》1992年第2期，拜根兴：《饮食与唐代官场》，《人文杂志》1994年第1期，等等。论者注意到官场宴会饮食对于官僚阶层人际关系的调节作用，及其对社会风气的影响。本文以白居易为中心的讨论，有意忽略文人稚士聚饮会宴的“官场”和“政治”内容，侧重讨论这一风气的“私交”性质与“文化”情韵。

[2] 《全唐诗》卷451白居易二八《府酒五绝·自劝》。

[3] 《全唐诗》卷458白居易三五《赠举之仆射》。

[4] 《全唐诗》卷459白居易三六《赠梦得》。

顾正身患痼疾，频频带病参加宴会，乃至对道友的讥消劝阻也充耳不闻。[1] 他在七十四岁高龄的那一年，还招邀洛下众高龄寿星在家中举行了一次旷世稀有的“尚齿之会”。据他的诗及诗注讲：参与宴会的七位老人的年龄，合计已达五百七十岁，而他们还是持樽畅饮，嵬峨狂歌，婆娑醉舞，极尽欢娱。[2]

在白居易的诗中，有几位好友的名字经常出现，其中包括元微之（即元稹）、刘梦得（刘禹锡）等人。元微之是白居易的“文友诗敌”，彼此钦慕，唱酬甚多，[3] 自他们相识之后，“有月多同赏，无杯不共持”。[4] 乐天退居洛下之后，又与刘梦得过往甚密，经常结伴饮酒赋诗，每当自家新酒初熟，白氏即邀与同饮，他的著名诗句“绿蚁新醅酒，红泥小火炉；晚来天欲雪，能饮一杯无？”就是为招梦得同饮而写的；[5] 有时二人还同往店

---

[1] 《全唐诗》卷 459 白居易三六《病中数会张道士见讥以此答之》带着几分消皮云：“亦知数出妨将息，不可端居守寂寥；病即药窗眠尽日，兴来酒席坐通宵；贤人易狎须勤饮，姹女难禁莫慢烧；张道士输白道士，一杯沆瀣便逍遥。”

[2] 这条资料具有很高的社会史实价值，故特全引，以供读者采资。《全唐诗》卷 460 白居易三七《胡吉郑刘卢张等六贤皆多年寿予亦次焉偶于敝居合成尚齿之会七老相顾既醉且欢静而思之此会稀有因成七言六韵以纪之传好事者》：

七人五百七十岁，拖紫纡朱垂白须；手里无金莫嗟叹，尊中有酒且欢娱；
诗吟两句神还王，酒饮三杯气尚粗；嵬峨狂歌歌婢拍，婆娑醉舞遣孙扶；
天年高过二疏传，人数多于四皓图；除却三山五天竺，人间此会更应无。

自注云：“前怀州司马安定胡杲年八十九，卫尉卿致仕冯翊吉皎年八十六，前右龙武军长史荥阳郑据年八十四，前磁州刺史广平刘真年八十二，前任御史内供奉官范阳卢真年七十二，前永州刺史清河张浑年七十四，刑部尚书致仕太原白居易年七十四。已上七人合五百七十岁，会昌五年三月二十一日于自家履道宅同宴，宴罢赋诗。时秘书监狄兼谟、河南尹卢贞，以年未七十，虽与会而不及列。”按：“诗吟两句神还王”，“王”应为“主”之讹。

[3] 关于元稹、白居易之间的亲密关系，可集中阅读陈寅恪先生的《元白诗笺证稿》，上海古籍出版社 1978 年版；与刘禹锡之间的唱酬，可参阅《白氏长庆诗》卷 60《刘白唱和集解》。

[4] 《全唐诗》卷 436 白居易十三《代书诗一百韵寄微之》。

[5] 《全唐诗》卷 440 白居易十八《问刘十九》。

肆沽酒共饮。[1]此外皇甫郎之、李六拾遗等，也是与他过从甚密的诗朋酒友。[2]除他们之外，曾出现于白诗并尝与乐天同宴饮的名流人物，名字事迹可考与不可考者甚多，如洛阳冯李二少尹、杨六兄弟、刘五、周皓、李十一、崔二十二、韦大、庾三十二、杜十四、李二十、窦七、庞少尹、洛阳李留守、太原裴令公、李生、李三……不能一一胪列。有时，他还招禅师道士相伴食。[3]这些事实，反映白居易饮食交游活动频繁，范围广泛。由他可以概知唐代文人雅士聚饮会食活动的一般情形。

无疑，文人雅士之间的聚会宴饮，具有一定的社会功利，甚至政治企图，他们通过这种方式增进友谊、消除隔阂，以期在官场中彼此援手，互相扶持，白居易的诗也明显地反映了这一点，比如他的《东都冬日会诸同年宴郑家林亭》一诗就说得很直白，其诗说：

> 盛时陪上第，暇日会群贤；桂折因同树，莺迁各异年；
> 宾阶纷组佩，妓度俨花钿；促膝齐荣贱，差肩次后先；
> 助歌林下水，销酒雪中天；他日升沈者，无忘共此筵。[4]

---

[1]《全唐诗》卷457白居易三四《与梦得沽酒闲饮且约后期》诗云：“少时犹不忧生计，老后谁能惜酒钱；共把十千沽一斗，相看七十欠三年；闲征雅令穷经史，醉听清吟胜管弦；更待菊黄家酝熟，共君一醉一陶然。”又有《劝梦得酒》云：“谁人功画麒麟阁，何客新投魑魅乡；两处荣枯君莫问，残春更醉两三场。”此外又有《赠梦得》记连日宴会事，已见前引。

[2]白诗有多首记咏与其诸人共饮食，记与皇甫同饮，《全唐诗》白居易三五《题朗之槐亭》有：“春风可惜无多日，家酝惟残软半瓶；犹望君归同一醉，篮舁早晚入槐亭。”卷459《出斋日喜皇甫十早访》有：“三旬斋满欲衔杯，平旦敲门门未开；除却朗之携一榼，的应不是别人来。”同卷《携酒往朗之庄居同饮》有：“慵中又省经过处，别后都无劝酒人；一挈一壶相就醉，若为将老度残春。”记与李氏等人共饮，如《全唐诗》卷436白居易十三《自城东至以诗代书戏招李六拾遗崔二十六先辈》有“欲醉先邀李拾遗”之句。此外，二人还曾经同往华阳观赏花饮酒，见卷436《华阳观桃花时招李六拾遗饮》等。

[3]《全唐诗》卷462白居易三九《招韬光禅师》即记其与僧侣共食进餐事实，诗已见前引。

[4]《全唐诗》卷436白居易十三。

当然，我们也应该承认：共同消遣享乐也是他们聚会宴饮的重要目的，甚至在很多情况下是主要目的。虽然聚会宴饮并非只存在于文人雅士之间，而是在社会各阶层中都普遍流行，但与其他社会阶层相比，文人雅士聚会宴饮具有其显著的特点。从白居易的诗我们可以清楚地看到，为了达到共同消遣享乐的目的，文人雅士们充分发挥了他们特有的文化优势，使得宴饮活动充满了风雅与情趣。当家酝新熟、园花盛开或者孤闷寂寥时，唐代文人往往以诗札招邀知心朋友前来家中聚会饮食，白居易有不少首诗就是专为招邀食客酒友而作的；有时他们也不经邀请，径直携鱼酒登门造访，结伴饮食。

文人雅士对宴饮场所的选择相当重视，他们的聚会饮食并不囿于厅堂室内，亭台楼阁、花间林下或者山涧清池才是更理想惬意的宴食场所。在会宴饮食过程中，他们也并非只是临盘大嚼，而是配合着许多充满情与趣的娱乐活动：或赋诗，或行令，或对弈，或听琴，或观妓歌舞，或把盏赏花，或持杯玩月，或登楼望雪，或小池泛舟，或者是多种节目同时进行。总之他们的宴会，常常选择爽心悦目的场景，营造其乐融融的氛围，在一种优美的环境与和乐的气氛之中品尝甘旨美味。不妨引录数诗聊为举证：

其《六年寒食洛下宴游赠冯李二少尹》诗云：

> 丰年寒食节，美景洛阳城；三尹皆强健，七日尽晴明；
> 东郊踏青草，南园攀紫荆；风折海榴艳，露坠木兰英；
> 假开春未老，宴合日屡倾；珠翠混花影，管弦藏水声；
> 佳会不易得，良辰亦难并；听吟歌暂辍，看舞杯徐行；
> 米价贱如土，酒味浓于饧；此时不尽醉，但恐负平生；
> 殷勤二曹长，各捧一银觥。[1]

可见那次寒食节间的宴游活动，包括了踏青东郊、赏花南园、观舞听曲

[1] 《全唐诗》卷445白居易二二。

等多项内容。又其《东南行一百韵寄通州元九侍御澧州李十一》诗记载他与元九、李十一、崔二十二、韦大、庾三十二、杜十四、李二十、窦七等人宴会饮食的场面，其中有云：

定场排越伎，促坐进吴歈；缥缈疑仙乐，婵娟胜画图；
歌鬟低翠羽，舞汗堕红珠；别选闲游伴，潜招小饮徒；
一杯愁已破，三盏气弥粗；软美仇家酒，幽闲葛氏姝；
十千方得斗，二八正当垆；论笑杓胡律，谈怜巩嗫嚅；
李酣犹短窦，庾醉更蔫迂；鞍马呼教住，骰盘喝遣输；
长驱波卷白，连掷采成卢；[自注："骰盘、卷白波、莫走、鞍马皆当时酒令。"]
筹并频逃席，觥严列置盂；满卮那可灌，颓玉不胜扶……[1]

其宴会配合饮食的还有观伎舞、听吴歌、行酒令等活动；如此之类，不必一一引证。在这样的饮食活动过程中，参与者不仅食欲得到了满足，其听觉、视觉乃至整个身心都得到了享受，在满足了生理需要的同时，也获得了精神上的愉悦和快感，表现了他们所特有的饮食风雅情趣。

唐代文人雅士的聚会宴食活动，及其对于饮食风雅情趣的追求与创造，在中国饮食文化史上具有重要意义。历来史家对魏晋名士风流津津乐道，并且注意到他们卓然标异于世情俗礼的饮食生活。遗憾的是，我们不得不特别指出，魏晋名士在饮食活动中的种种行径，并非什么清风雅韵，而是在很大程度上可以概括为纵欲与任诞、放浪与乖张，是精神空虚与心灵扭曲的表现，是社会动荡与文化迷失的结果，无论从哪个方面来说，都只是中国饮食文化发展的歧途而决非正流。中古前期文人士子的聚会宴饮，虽然偶尔也隐约飘忽几分风雅情韵，以至唐代酒徒诗客如白居易之流每欲循音蹑迹，但其在聚会场景的选择、宴饮氛围的营造

[1]《全唐诗》卷439白居易十六。

等方面，远不似唐代文人雅士那样精心讲求，其活动内容的丰富性也远不能与后者相提并论。通过白居易诗的描绘，我们看到：由美酒、美食、美景、美人、美舞、美乐和美诗所构成的唐代文人聚饮会宴画图，是那样色彩丰富，那样充满着人生的情趣与美感，洋溢着高雅的艺术气息。唐代文人雅士凭借其深厚的文化素养，通过各种形式的饮食活动，极大地丰富了饮食的社会文化底蕴和内涵，使其拔俗入雅，朝着艺术化的方向提升了一大步，对后世中国饮食文化发展产生了持久的影响。

四、白居易的疾病与食养

饮食的根本目的是滋养身体。饮食结构、饮食方式和热量、蛋白质以及其他营养元素的摄入水平，与人体健康有着莫大的关系。俗话说："病从口入"，长期不合理的饮食必定有损健康并导致身体疾病。

自古以来，一般人对于饮食，都难免有所偏嗜。饮食嗜好的形成并非全由个人习性所决定，而是在很大程度上受到生活环境、社会观念与时代风尚的左右和影响。由不良饮食嗜好所导致的疾患，也往往具有时代性、区域性和社会性。因此，历史研究者对于某个历史人物的饮食习惯以及由于这种饮食习惯所导致的病患，就不仅仅视之为个人问题，也不仅仅视之为单纯的饮食营养学和医学问题，他们还将考察具体历史人物的饮食习惯与相关疾病是否具有普遍性，考察它们与时代文化风尚的种种相关联系。

另一方面，根据中国传统医学观念，疾病可以通过食疗的方法加以对治，病羸的身体也可以通过合理的饮食滋补而得以康复——事实上，中国的食与药、食与医是同源的，食物与药物、食补与医治之间，并不存在十分明确的界限。虽然采用何种食疗与补养方法来对治所患疾病、恢复身体健康，视所患疾病及患者身体状况因病、因人而异，但同时也取决于特定时代社会对有关问题的认识水平及其所能提供的物质技术条件。因此，对于历史研究者来说，任何一位历史人物对疾病所持有的态度、针对疾病所采取的治疗方法（包括食疗方法）和为了保持和恢复身体健康所采取的摄养滋补之术，既是个人的，同时在很大程度上也是社会的。

从上述思想认识出发，本节对白居易的疾病与食养问题做一尝试性探讨。

无须花费太多精力去检寻其他文献，仅从白居易的诗中我们就获得了相当丰富的信息。白居易在诗中清楚地告诉我们：他到中年以后受到眼疾、足疾、风疾和肺渴等多种病症困扰。其中风疾在中古时期是一种发病率很高的疾病，上流社会有很多人身患此病，患者多伴有眼暗、足挛等症（有关问题另文讨论），其眼疾与足疾很可能乃是风疾之症状；患肺渴的病例在中古文献中则所见不多。

我们先大致罗列一下他关于疾病的诗句，然后据以讨论。罗列顺序根据《全唐诗》编次其诗的先后：

1.《闲居》:

肺病不饮酒，眼昏不读书。

2.《眼暗》:

早年勤倦看书苦，晚岁悲伤出泪多；眼损不知都自取，病成方悟欲如何?

夜昏乍似灯将灭，朝暗长疑镜未磨；千药万方治不得，惟应闭目学头陀。

3.《得钱舍人书问眼疾》:

春来眼暗少心情，点尽黄连尚未平；惟得君书胜得药，开缄未读眼先明。

4.《病中早春》:

今朝枕上觉头轻，强起阶前试脚行；膻腻断来无气力，风痰恼得少心情。

暖消霜瓦津初合，寒减冰渠冻不成；惟有愁人鬓间雪，不随春尽逐春生。

5.《病中答招饮者》：

顾我镜中悲白发，尽君花下醉青春；不缘眼痛兼身病，可是尊前第二人。

6.《江楼夜吟元九律诗成三十韵》：

肉味经时忘，头风当日痊。

7.《对酒自勉》：

肺伤自怕酒，心健尚夸诗。

8.《眼病二首》：

散乱空中千片雪，蒙笼物上一重纱；纵逢晴景如看雾，不是春天亦见花；

僧说客尘来眼界，医言风眩在肝家；两头治疗何曾瘥，药力微茫佛力赊。

眼藏损伤来已久，病根牢固去应难；医师尽劝先停酒，道侣多教早罢官；

案上漫铺龙树论，盒中虚捻决明丸；人间方药应无益，争得金篦试刮看。

9.《九日寄微之》：

眼暗头风事事妨，绕篱新菊为谁黄；闲游日久心慵倦，痛饮年深肺损伤；

吴郡两回逢九月，越州四度见重阳；怕飞酒杯多分数，厌听笙歌旧曲章；

蟋蟀声寒初过雨，茱萸色深未经霜；去秋共数登高会，又被今年减一场。

10.《和刘郎中曲江春望见示》:

芳景多游客，衰翁独在家；肺伤妨饮酒，眼痛忌看花；

寺路随江曲，宫墙夹道斜；羡君犹壮健，不枉度年华。

11.《病眼花》:

头风目眩乘衰老，只有增加岂有瘳；花发眼中犹足怪，柳生肘上亦须休；

大窠罗绮看才辨，小字文书见便愁；必若不能分黑白，却应无悔复无尤。

12.《除夜》:

病眼少眠非守岁，老心多感又临春；火销灯尽天明后，便是平头六十人。

13.《酬舒三员外见赠长句》:

头风不敢多多饮，能酌三分相劝无。

14.《病中诗十五首并序》:

开成己未岁，余蒲柳之年六十有八，冬十月甲寅旦始得风痹之疾，体瘵目眩，左足不支。盖老病相乘时而至耳。余早栖心释梵，浪迹老庄，因疾观身，果有所得何则？外形骸而内忘忧恚，先禅观而后须医治。旬日以还，厥疾少间，杜门高枕，澹然安闲，吟讽兴来亦不能遏，因成十五首，题为病中诗……（其诗恕不引录）。

15.《初病风》:

六十八衰翁，乘衰百疾攻；朽株难免蠹，空穴易来风；

肘痹宜生柳，头旋剧转蓬；恬然不动处，虚白在胸中。

16.《枕上作》:

风疾侵凌临老头，血凝筋滞不调柔；甘从此后支离卧，赖是从前烂漫游；

回思往事纷如梦，转觉余生杳若浮；浩气自能充静室，惊飚何必荡虚舟；

腹空先进松花酒，膝冷重装桂布裘；若问乐天忧病否，乐天知命了无忧。

17.《答闲上人来问因何风疾》:

一床方丈向阳开，劳动文殊问疾来；欲界凡天何足道，四禅天始免风灾。

18.《岁暮病怀赠梦得（时与梦得同患足疾）》:

十年四海故交亲，零落惟残两病身；共遣数奇从是命，同教步蹇有何因；

眼随老减嫌长夜，体待阳舒望早春；新乐堂前旧池上，相过亦不要他人。

19.《对镜偶吟赠张道士抱元》:

闲来对镜自思量，年貌衰残分所当；白发万茎何所怪，丹砂一粒不曾尝；

眼昏久被书料理，肺渴多因酒损伤；今日逢师虽已晚，枕中治老有何方。

20.《春暖》:

风痹宜和暖，春来脚较轻；莺留花下立，鹤引水边行；

发少嫌巾重，颜衰讶镜明；不论亲与故，自亦昧平生。

21.《足疾》:

足疾无加亦不瘳，绵春历夏复经秋；开颜且酌尊中酒，代步多乘池上舟；

幸有眼前衣食在，兼无身后子孙忧；应须学取陶彭泽，但委心形任去留。

22.《病后喜过刘家》:

忽忆前年初病后，此生甘分不衔杯；谁能料得今春事，又向刘家饮酒来。

23.《老病相仍以诗自解》:

荣枯忧喜与彭殇，都是人间戏一场；虫臂鼠肝犹不怪，鸡肤鹤发复何伤；

昨因风发甘长往，今遇阳和又小康；还似远行装束了，迟回且住亦何妨。

24.《病中宴坐》:

有酒病不饮，有诗慵不吟；头眩罢垂钩，手痹休援琴；竟日悄无事，所居闲且深；

外安支离休，中养希夷心；窗户纳秋景，竹木澄夕阴；宴坐小池畔，清风时动襟。

25.《醉中见微之旧卷有感》:

今朝何事一沾襟，检得君诗醉后吟；老泪交流风病眼，春笺摇动酒杯心。

从上引诗句，我们可以清楚地看到：种种疾病，给白居易的身心造成了极大痛苦。他虽然宦途顺利，生活优裕，名满天下，但在疾病面前照样是个凡人，有普通患者一样的情绪和行为。惟一不同的是，他是大诗人，他用诗歌记录了自己病中的情绪变化和与疾病抗争的故事。通过他的诗句，我们可以清楚地体察到一个患者的无奈、无常、忧戚和苦恼，也可以发现他求医问药也是和尚、道士遍求，佛法、方术全用；病痛加剧即戒酒节食，病势稍缓便故态复萌。这些都跟当时的普通人并无二致。

白居易的疾病跟他的饮食习惯有关吗？当然！由上所引诸诗可以清楚地看到：白居易对自己所患的这些疾病与饮食习惯的关系是具有一定认识的，比如他认识到："肺渴多因酒损伤。"根据这些认识，他一方面通过医药和禅修加以对治，比如用黄连、决明子等治疗眼疾，通过坐禅和念颂佛经自净其意，消除内心的烦恼，从而减轻病痛，等等；另一方面，他也试图通过节制饮食来缓解疾病，比如为了治疗风疾，他曾经几度持斋，戒食荤腥肥腻而改吃素。关于他在持斋之日的饮食情况，其《招韬光禅师》一诗中就有所反映。诗云：

> 白屋炊香饭，荤膻不入家；滤泉澄葛粉，洗手摘藤花；
> 青芥除黄叶，红姜带紫芽；命师相伴食，斋罢一瓯茶。[1]

戒荤食素，似乎确曾对缓解他的风疾起到了一定的作用，在《仲夏斋戒月》一诗中，他称戒腥膻三旬之后，"自觉心骨爽，行起身翩翩""四体更轻便"；[2]在另一首诗中他又提到：断食"腥血与荤蔬"一个多月，"肌肤虽瘦损，方寸任清虚"，身体感到很舒适。[3]

[1]《全唐诗》卷462白居易三九。
[2]《全唐诗》卷431白居易八。
[3]《全唐诗》卷447白居易二四《仲夏斋居偶题八韵寄微之及崔湖州》。

过量饮酒，对于白居易的身体影响最大，也最直接。由于清楚地认识到多饮伤肺（其实也是导致他患风疾的一个很重要原因），他曾经试图戒酒或者尽量少饮酒，但似乎做得不太成功，病重之时对饮酒尚能有所节制，不敢多饮，或竟能短期断饮，但这只是出于无奈。[1]一旦病恙稍缓，他又重新操起杯杓狂饮如故，终生未能戒断。人之生而难离嗜欲，由他可见。

为了滋养身体，白居易曾仿效方术之士，行摄养之术，除日常普通饮食外，有时会选用一些药饮药膳。比如在《春寒》一诗中，他写道：

> 今朝春气寒，自问何所欲：酥暖薤白酒，乳和地黄粥；
> 岂惟厌馋口，亦可调病腹；助酌有枯鱼，佐食兼旨蓄……[2]

此外，白居易的滋补品中还有胡麻粥、黄耆酒、赤箭汤、云母汤（浆、粥）等等。[3]这些药膳药饮，除了云母，均是取自天然植物中营养丰富的可食部分，具有良好的滋补食疗效果，历来都为养生家们所重视。至于云母，乃是一种矿物质，古时方士多饵服之。[4]饵服的方法是将云母舂磨成粉，混合一些其他药物、食材煮作汤、浆、粥或散进用，孙思邈在《千金方》中特别推介一种“饵云母水方”，据说可

[1] 其《衰病无趣因吟所怀》一诗非常明显地暴露了他的这种无奈情绪，诗中说：“朝餐多不饱，夜卧常少睡；自觉寝食间，多无少年味；平生好诗酒，今亦将舍弃；酒惟下药饮，无复曾欢醉。”

[2] 《全唐诗》卷453白居易三十。

[3] 《全唐诗》卷453白居易三十《七月一日作》云：“七月一日天，秋生履道里；闲居见清景，高兴从此始；林间暑雨歇，池上凉风起……饮闻麻粥香，渴觉云汤美。”所谓云汤，即云母汤；卷451《斋居》又云：“香火多相对，荤腥久不尝；黄耆数匙粥，赤箭一瓯汤。”可见他曾煮食黄耆粥、饮用赤箭汤。

[4] 按：云母为云母族矿物总称，是钾、锂、镁、铁、铝等的铝硅酸盐。根据成分不同，可分为白云母、锂云母、金云母、黑云母等多个种类，其中白云母可供药用，古人所食及文献所指即是白云母，在唐代它曾是不少州县的土贡物品之一。

“疗万病”。[1] 从唐代诗文和笔记小说，我们可以看到，当时山居隐逸、方士道流多有服食，白居易对此似乎也甚感兴趣，故在诗中多次咏及并曾亲尝。

我们知道，中古时代服食之风在有闲阶层中极为盛行，上自皇帝，下至普通方士和一般士人，痴迷于采药炼丹之术，妄图得道成仙、长生不死者大有人在；另一方面，枝生于传统医学的食疗养生理论与技术也在这个时代特别是唐代走向成熟，具有滋补疗疾功用的药膳与药饮日益广泛流行于社会各阶层的日常饮食生活，两者都不能不对白居易的饮食观念与饮食生活造成一定程度的影响。但在这方面，白居易显得相当有理性，虽然他讲究用药膳药饮摄养滋补，甚至也曾经追随道士郭虚舟烧炼过丹药，[2] 但他并没有像同时代的许多人，包括自己的不少同僚朋友那样陷入迷狂。相反，他对当时非常盛行的炼丹服食风气甚不以为然。在《思旧》一诗中，他对不少朋友因迷恋服食而致早亡表示十分惋惜，庆幸自己不耽此道，正常饮食，反而得以长寿。[3] 白居易有位名叫思黯的朋友，自夸前后服用了钟乳三千两，身体甚为得益，他曾以调侃的口气对其进行了善意的讽谕和劝诫。[4] 在《戒药》一诗中，他更对时人滥服丹药、妄求长生提出了强烈的批评，认为生命有常理，养生应道法老子，顺其自然。他说：

---

[1] 唐·孙思邈撰，李景荣等校释：《备急千金要方校释》卷27《养性·服食法第六》，人民卫生出版社1997年版，第945页。孙思邈在该篇不仅提出了一套服食理论，还提供了二十四种方法。有兴趣的读者可以参阅。

[2]《全唐诗》卷444白居易二一《同微之赠别郭虚舟炼师五十韵》。

[3] 其诗云：“闲日一思旧，旧游如目前；再思今何在，零落归下泉：退之服硫黄，一病讫不痊；微之炼秋石，未老身溘然；杜子得丹诀，终日断腥膻；崔君夸药力，经冬不衣绵；或疾或暴夭，悉不过中年；惟予不服食，老命反迟延。况在少壮时，亦为嗜欲牵；但耽荤与血，不识汞与铅；饥来知热物，渴来饮寒泉……”《全唐诗》卷452白居易二九。

[4]《全唐诗》卷457白居易三四《酬思黯戏赠同用狂字》。

促促急景中，蠢蠢微尘里；生涯有分限，爱恋无终已；
早夭羡中年，中年羡暮齿；暮齿又贪生，服食求不死；
朝吞太阳精，夕吸秋石髓；微福反成灾，药误者多矣！
以之资嗜欲，又望延甲子；天人阴骘间，亦恐无此理；
域中有真道，所说不如此；后身始身存，吾闻诸老氏。[1]

面对当时弥漫于士林的浓厚服饵风气，白居易尤能坚持理性的饮食摄养观念，是十分难能可贵的。

通过白居易的诗咏，对中古特别是唐代文人阶层的饮食风貌进行了管中窥豹式的蠡测。我们无法据此对文人饮食与中古华北饮食文化变迁的关系提出任何结论性的意见，这是因为，白居易诗中所记述的饮食生活，显然并非其饮食生活的全部内容；他个人的饮食生活，在唐代中期的文人雅士之中固然具有一定典型性，但显然不能充分呈现同一时代文人饮食生活的基本面貌，更无法充分说明中古时代长达七个世纪里文人饮食生活的基本状况。但是，白居易毕竟为我们讨论中古华北饮食文化变迁，提供了若干重要的视点和例证。比如他的诗歌，反映当时文人雅士讲求饮食情趣，刻意在饮食活动营造艺术氛围，士人阶层饮食生活受到佛、道饮食观念与技术的影响（比如戒荤茹素），医家方士食疗摄养之术正逐步深入文人雅士的饮食生活……，这些都是中古饮食文化变迁在文人生活中的重要表现。通过这些表现，我们可以窥知：在这个时代，文人雅士作为一个具有独特文化品格的社会群体正在形成，佛、道等宗教文化意识在进一步向日常生活层面深入渗透，中国传统饮食营养学和医学养生学理论技术也在日趋成熟，具体表现在饮食生活层面这一系列社会文化发展动向，都非常值得深入探究。在这里，我们更愿意就白居易偏爱南方饮食这个非常具体的个人生活事实补陈一点推测性的意见。

---

[1]《全唐诗》卷459白居易三六。

前文已经提到，白居易甚爱稻饭、鱼、笋，颇有南人食风；在饮的方面，他也欣然接受了源于南方的饮茶习惯。他不仅在南方生活期间喜好炮笋烹鱼、食稻米饭和煮饮茶茗，在寓居长安、洛阳之时也是如此。固然，从个人因素来说，这些无疑与他长年宦游南国的生活经历有关；但我们也不应将其视为完全孤立的个人喜好和行为。他的这些喜好和行为，只有放到中古时代特定的社会文化变局之中才能更好地加以认识和理解。

如前所述，从地域环境来说，华北地区以北是游牧经济区，纵横驰骋于辽阔草原的游牧民族，向来习惯于“食肉饮酪”；华北地区往南则是水田农业区，饮食文化自古以“饭稻羹鱼”为特色。在历史发展的进程中，这两种迥然不同的区域文化，始终时强时弱地对华北社会生活包括饮食生活产生着广泛的影响，在中古历史变局之中，这两种不同类型的文化对华北社会的影响过程、性质和强度，都具有鲜明的时代特征，具体到饮食方面，是所谓“胡食”与“南食”相继对华北饮食产生了不同影响。

早在汉代，西北游牧民族和中亚各国的饮食文化，就已开始影响内地。《后汉书·五行志》称：汉灵帝“好胡服、胡帐、胡床、胡座、胡饭、胡箜篌、胡笛、胡舞，京都贵戚竞为之也”。魏晋达官贵人日常饮食，往往“胡饭兼御”，[1]这些曾经被视为胡狄乱华之谶。汉末大乱，特别是西晋末年“永嘉之乱”以后，果然西北游牧民族如同潮水一般涌入中原内地，在人口内迁狂潮的裹挟之下，“食肉饮酪”风气深入了中原内地，来自远邦异域的众多“胡食品”“胡食法”在华北地区，特别是上层社会甚为流行。直到唐代，阵阵胡风仍然不断吹向华北大地。初唐时期，尚未脱除胡气的皇室贵胄依旧热衷胡食，[2]自不必说；在宫廷之外，胡

[1] 隋·虞世南《北堂书钞》卷145《酒食部四》引《傅玄乐府》。

[2] 贞观时期的太子承乾即是典型，只不过他的行为言语过于乖张了些。事见《新唐书》卷80《承乾传》。

食之风也是相当流行的时尚。盛唐时期，天下承平，民富物阜，四夷来朝，而胡羯乱华之谶亦隐隐再现。史书称："开元以来，……太常乐尚胡曲，贵人御馔，尽供胡食，士女皆竟衣胡服。"[1] 专门制售胡味食品饮料的"胡食店""胡姬酒店"等等，在许多地方乃是常见的景观。[2] 早先传入的胡食品与胡食法在经过拣择之后，有不少已与华北本土饮食文化水乳交融，新的胡食品和胡食法又不断继续在传入。直至晚唐，衣冠之家的名食，其实多有胡食胡法的渊源。[3] 这些事实说明，在中古时代，西北游牧民族及中亚各国饮食文化，对华北饮食生活持续产生着极为深刻的影响。如果说在中古华北某些时期和地区，不少人家（特别是上流社会，包括众多文人士大夫在内）的饮食习惯已在相当程度上"胡化"了，也并不算过分夸张。

然而奇怪的是，在白居易众多的与饮食相关的诗篇中，却很少提及胡食品和胡食法，翻遍他的所有诗作，仅仅发现他曾提到了胡饼、葡萄酒和三勒浆（各一处），前两者在唐代其实早已不算什么新鲜之物。相反，从他的诗中，我们却经常能够闻到南国食物的香味。他对南方饮食的热衷及对胡食的忽略，实在令人感到疑惑不解！读者如果知道白居易的祖先原本乃是西域胡种，其"先世本由淄青李氏胡化藩镇之部属归向中朝"，直至其父母婚配仍不遵从汉族礼法（其父季庚乃娶外甥女为妻）这些事实，[4] 对他的上述饮食偏向，恐怕就更加感

---

[1] 《旧唐书》卷49《舆服志》。

[2] 对此，唐代文献有很多记载。如张旭《赠酒店胡姬》有云："胡姬春酒店，弦管夜锵锵；红毯铺新月，貂裘坐薄霜；玉盘初脍鲤，金鼎正烹羊；上客无劳散，听歌乐世娘。"见《全唐诗》卷117。

[3] 《太平广记》卷234引《酉阳杂俎·名食》称："今衣冠家名食有萧家馄饨，漉去其汤不肥，可以瀹茗；庾家粽子白莹如玉；韩约能作樱桃饆饠，其色不变；又能造冷胡突、脍鳢鱼臆、连蒸獐、獐皮索饼；将军曲良翰能为驴鬃驼峰炙。"其中除庾家粽子、脍鳢鱼臆、连蒸獐外，其余各种均有胡食渊源。

[4] 有关问题，请参陈寅恪先生《元白诗笺证稿·附论》（甲）《白乐天之先祖与后嗣》。

到匪夷所思了！

如史家所言，中国南方土地广袤，物产丰饶，那里风格独特的饮食很早就引起中原人物的注意。然而，在中古前期，由于南方尚不发达，更兼政权分立导致南北经济文化长期隔离，北方上流社会对南方饮食文化往往持有一种鄙视与排斥的态度，故其时南方食风尚未对华北人士造成很大影响。[1]及至唐朝，由于政治上的长期统一和南方经济文化的长足发展，更兼大运河的全线贯通极大地便利了南北交通运输，社会经济不断走向整合，文化风尚亦渐趋混同。及至中唐以后，华北东部因“胡羯之乱”和随后长期的藩镇割据，经济萧条，世风日下，南方地区不仅在经济上为李唐帝国所依恃，文化声望也有了很大提高，盛产于南方的稻米、果品、茶叶和水产品等等，以不同形式，通过各种途径大量转输华北。与此同时，随着南来北往的人物不断增加，南方的食俗与食法不断被介绍到华北地区。凡此种种，都导致南方饮食物品、习俗和方法日益对华北居民的饮食生活产生实质性的影响。

在大众传播媒介出现之前，跨地区的文化传播主要通过人员流动。自汉代以来，胡食品与胡食法传入华北，主要通过游牧民族内迁和胡商、使臣以及僧侣的活动；南方饮食文化的北传，则主要依靠南来北往的流动人员。[2]在南来北往的各类流动人员中，具有较高文化素养的文人士子（包括北上应试的举子、赴南方任职的官员以及在各地游历的骚人墨客等等）和游方僧侣，乃是南方饮食文化最为积极的学习者和宣传者，白居易正是其中的一员。从前文的叙述我们已经看到，白居易对南方风物特别是饮食文化抱着一种高度认同和欣赏的态度，他不仅经常以优美诗句赞咏南方食物，而且还在日常饮食生活中刻意讲求南食风味。从我们目前所掌握的资料来看，在饮食习惯上，他应是中古华北较早并且较

[1] 请参阅本书第六章《茶的北渐与风行》一节。

[2] 例如北魏时期饮茶、食鱼习俗流传到洛阳，即是通过因政治避难而奔亡北方的吴人。具体史实可参《洛阳伽蓝记》的有关记载。

多地趋向“南方化”的文化名人。

白居易生活在胡食风气依然甚盛的中唐时期，并且家世血统乃本自胡族，他何以对流行的胡食很少注意，反而偏好南国食风？这是否因为其胡族家世，特别是先人违戾礼法的行为曾使他一度仕途运蹇，给他造成了太大的精神创伤，迫使他有意远离胡人风习，以免招致更多讥谤与不幸？从人情心理上讲，这种推测似乎可以作为一种解释，只可惜与他在日常生活中的其他偏爱并不相符。根据白居易的诗咏，我们发现他晚年有一个奇怪的偏好：冬天的生活喜好在毡帐之中度过，对于“毡帐”这一同样源于胡人的生活用具，他在诗中“频繁地以浓墨重彩加以详细描述”，[1]说明他对胡物并无避忌。这样一来，我们只好另找原因了。不妨换个思路再做一种推测——对于本书来说，这样的推测若能成立，其文化历史意义可能更富有戏剧性：白居易偏好南方饮食并且积极仿效和宣传，也许意味着在他的时代，华北人士对外来饮食文化的选择取向，正在悄然地由热衷于胡食转向钟情于南味吧？

陈寅恪先生在他那篇著名论文——《论韩愈》中总结说：

> 综括言之，唐代之史可分前后两期，前期结束南北朝相承之旧局面，后期开启赵宋以降之新局面，关于政治社会经济者如此，关于文化学术者亦莫不如此。退之者，唐代文化学术史上承先启后转旧为新关捩点之人物也。[2]

对比唐宋之际中国饮食文化风尚的前后嬗变和时代差异，我们是否也可以说唐代“前期结束南北朝（甚至可能更早一些）相承之旧局面，

[1] 参吴玉贵《白居易“毡帐诗”所见唐代胡风》，《唐研究》第五卷，北京大学出版社1999年版。

[2] 陈寅恪：《论韩愈》，《历史研究》1954年第2期。收入氏著《金明馆丛稿》（初编）。

后期开启赵宋以降之新局面”呢？在“奖掖后时，开启来学”方面，白居易自然不如韩退之。然而他以众多诗作大量介绍和积极传扬南方饮食文化，又在何种程度上引领了华北人民特别是文人士子的饮食风尚呢？并且，谁来告诉我们：这一“形而上”一“形而下”、高雅和凡俗绝相悬隔的两个方面，究竟哪个更加重要呢？！

结　语

以上各章，就中古华北的食料构成、加工烹饪技术和主要饮料，分别进行了力所能及的考述，在每个部分，我们都努力揭示其较之前一时代的发展变化，并试图从文化和生态两个方面探求这些发展变化之所以发生的内在与外在原因。综合各章论述，我们对中古华北饮食文化的基本面貌做如下几点归纳：

1. 以农耕种植为主的多样化谋食途径

中古华北的食物生产体系，总体上是以农耕为主，牧畜为辅，采集、捕猎作为补充，并非单纯依赖于作物种植，更不是单纯通过畜禽饲养或者其他途径。因此，其食物获得途径是多样化的：作物栽培（包括粮食、蔬菜、果树栽培）、畜禽饲养、采集捕猎乃至转输贸易，共同构成了中古华北的食物获得体系。

作物种植仍以谷物栽培为主，谷类作物为中古华北人民提供了主要的食物能量来源。在诸种粮食作物之中，粟类仍然是排名第一的主粮；但麦作的地位持续上升，到了中古后期，麦已经获得与粟并驾齐驱的地位；水稻生产也占有一定的比重，地表水资源较丰富地区往往都有大片的稻作；豆类仍然很重要，但逐渐从粮食作物转变为副食原料，黍、麻作为粮食作物已经无足轻重了。蔬菜和果品是维生素的重要来源，同时也是人体所需多种矿物质、微量元素的来源，还为人们提供一定的补充热量和甜食（主要是果品）。

畜禽饲养，包括大型畜牧业和农区家庭小饲养业，是华北人民获得动物性食料特别是优质蛋白质、动物脂肪的主要途径。在中古特殊历史变局中，华北地区的畜禽饲养业经历了一次富有戏剧性的重大变动，一方面是大型放牧经济曾经一度向东南方向扩张，畜牧业在整个食物生产体系中所占比重自春秋以后一路下降的趋势出现暂时性的逆转；另一方面是羊意外地占夺了猪的地位而成为当地的主要肉畜，是中古华北人民肉食和乳品的主要供给者。当然，养猪和养禽也相当普遍；牛、马、驴等役畜在特定情况下也给华北人民提供了一定数量的肉食和乳品。

渔猎和采集在中古华北食物生产体系中仍然拥有一席之地，对于食料供给仍发挥着一定的补苴作用，在人口稀少的边陲和山泽地区，甚至可能还是主要的食物获得途径。鹿、兔、雉和种类众多的其他鸟兽、鱼类水产，都是重要的捕食对象，野味肉料对丰富人们的膳食滋味，弥补动物蛋白质来源不足，仍具有一定的重要性；采集的对象也十分广泛，为数众多的野生（包括草本和木本）植物为当时人们所大量采食，在饥荒期间更是饥民苟延性命的重要代食品。

在交通条件和跨地区商业贸易仍较落后的中古时代，华北人民的食物来源毫无疑问基本上依赖于本地出产，但通过战争掠获、政治性馈赠以及互市贸易而输入的北方畜产和通过贡赋输纳、商业贸易而北运的各类南方食物，也对华北居民的饮食生活产生了一定的影响；其中，唐代以后南方稻米和茶叶的输入，影响最为显著。

2. 以粟、麦作为主要热量来源的食料构成

由于食物获得途径的多样性，中古华北居民的食物原料构成，整体上仍然具有广谱性，食物种类如此众多，以至想要开列一份完整的中古华北食料清单几乎是不可能的：植物性食品之中，既有产自栽培，也有采自野生，既有来自草本，亦有来自木本，包罗了不同纲、目、科、属、

种及品种植物的可食部分，其中以陆生植物为主，亦有少数水生植物。人们或取其籽（果）实，或采其茎叶，或掘其块根以供食用；动物性食料种类亦称丰富，既有家养畜禽，也有野生动物，空中飞禽、陆上走兽、水中的鱼鳖蚌蛤，乃至蜂蛹和多种昆虫都成为捕食对象。异地和外国传入的许多可食物种，也大量被栽培和畜养，成为华北食谱中重要的新内容。食物种类的广谱性，反映当地人民在食物资源开发和利用方面持有一种积极开放的态度。当然，各种食物原料在饮食生活中实际地位之轻重则是十分悬殊的，对于绝大多数居民来说，粟、麦等等谷米，是占据绝对支配地位的食物能量和营养来源。

3. 繁复多样的食料加工和食品烹饪方法

在食物加工、烹饪方面，中古华北居民在继承前代成果的同时不断发明和创新，形成了繁复多样的技术方法和经验知识。

食品加工方面：大体上说，粮食加工主要采用人力、畜力和水力运转的碓、碾和磨，将谷物舂、磨和碾制成米和面粉；蔬菜加工主要是作“菹”，其中以盐腌咸菹为主，也有一些淡菹加工，作菹主要是为了保藏，同时也可以增味；果品加工主要是干制、做果脯和果麨（果粉、果沙），也有少量加工为果“油”（果酱泥）；肉类则主要是腌制晒干（或风干）做成脯、腊或鲊，也有一些做成糟肉或肉酱。调味品加工方法可谓多种多样，醋、酱、豉酿造非常发达，达到了很高的技术水平；将谷类淀粉糖化制成饴饧（麦芽糖）和采炼蜂蜜，则是两种主要的甜食加工方法。

食品烹饪方面：当时的膳食结构仍分为主食和菜肴两大类，具体品种则非常丰富。主食有饭、粥和饼（面食品），以饼食的发展最为引人注目。当时的饼大体可分为煮饼、蒸饼、烤炙饼和煎炸饼四个大类，品种花色众多，制作方法各异，非常流行和普及，受胡食影响颇深。菜肴品种名目繁多，大抵因原料和烹饪方法不同而变化繁复，羹臛、蒸菜和烤炙菜肴仍是主要种类。烹饪技艺和方法千变万化，基本烹饪方法仍是蒸、煮、烤、炙，但煎、炸、炒、焖、烩等法亦陆续出现，把鱼、肉碎切添入适当调料作脍生食也很流行。整个发展面貌可以概括为：承继古风，效仿胡法，渐开新局。

4. 从酒浆并重到酒茶并重的饮料结构

中古华北的饮料，前期以浆、酒为主，饮茶尚不普遍；后期则酒、茶并重，饮浆逐渐衰落。浆是一个综合性的概念，除以米汤做成的酢浆外，还包括（乳）酪浆、蜜浆、果汁饮以及添加药材、香料煮成的各种“饮子”。酒类以谷物酿造的黄酒为主，根据其用曲和酿造技法、时间等不同，可分为神曲酒、白醪酒、笨曲酒和法酒等等多个类别，名酒众多，其中包括口味醇浓的重酿酒和酒味较寡薄的速成酒，酿造技术达到了相当高的水平，见于文献记载的本地名酒品种相当之多；果酒（主要是葡萄酒）也已开始在内地酿造，开辟了中国酒类发展的新方向；此外还有添加药材、香料调制的各种名目的养生药酒。自西汉以后至魏晋北朝时期，华北人士渐知茶事；但直到盛唐以后，饮茶才在华北广泛流行，相沿成俗，成为上自皇帝、下至平民百姓共同的饮食习惯，这是中古华北饮食在饮料方面具有革命意义的重大变化。

中古华北的饮食文化，与此前时代相比发生了不少新的变化，在食物原料构成、加工技术、烹饪方法、饮料结构和餐饮习惯等许多方面，都开始出现乃至初步具有某些近代气息：比如饼食的普及、饮茶的流行、快炒法的发明、以煤为燃料等等即是；另一方面，与晚近时代相比，则又可以说是“古风犹存”：比如膳食之中仍多野味，菜肴烹饪仍以做羹臛、烤炙和蒸食为主，生食鱼脍仍然常见，酒类生产消费仍以谷物黄酒为主，等等；还有一些中古时代所特有的现象，例如肉食以羊肉为主、乳品生产与消费曾经一度比较流行并且是以羊奶为主，利用水力进行粮食加工，等等。

无须专门声明，识者一望即知以上所言仅是中古华北饮食文化物质层面的情况，对其社会层面的问题诸如饮食风俗、礼仪、规范和观念层面的问题如饮食思想、营养观念等等，则未专门论述；对不同地区、阶层和群体饮食文化的差异亦未专门考察。由于文献资料限制，即使仅就其物质层面而言，我们的论述其实也是相当笼统的。

但从我们已经论及的问题，足以窥知华北饮食文化在中古历史大变局中发展演变的基本轨迹。从中可以看到：中古华北饮食文化并不是一种固定不变的形态，而是处于不断发展变迁之中。其发展变迁的过程，是饮食内容不断丰富、饮食结构不断调整的过程，是新文化要素不断涌现并替代旧文化要素的过程，同时也是外来文化要素不断传入并逐渐组合到本地饮食文化系统的过程。发展变迁的根本动力，毫无疑问来自于华北社会不断增长的食物营养需要和人们对膳食美味的不断追求。但是，历史事实表明，人类饮食文化的总体发展，乃至其某个局部的技术改进，都具备相应的内在与外在条件，都是一系列自然和社会因素共同作用的结果。中古华北饮食文化变迁，是在中古时代特定历史变局之中进行的，有许许多多特定的时代因素曾经在不同程度上对此发挥过这样或那样的作用，我们可以在空间上将这些因素划分为“内因”与“外缘”。

所谓“内因”，是指促成中古华北饮食文化发展变化的区域内部因素，其中既包括自然生态因素，也包括社会文化因素。

自然生态环境对中古华北饮食文化变迁的影响，主要表现在两个方面：其一，它将饮食文化发展变迁的走向规定在一定的可能范围之内。一个地区的食物构成和生产消费方式，当然不可能是固定不变的，而是处于不断进步与变化之中。但是，在古代交通运输条件下，任何进步与变化都必须以本地自然生态环境所能提供的客观条件作为根据；人们在谋食和造食方面所做出的任何技术选择，都难以脱离自然环境所提供的可能性。正因如此，中古华北人民既不能像塞北草原游牧民那样持续普遍地“食肉饮酪”，也不可能像南方人民那样普遍地“饭稻羹鱼”，而只能发展适应于本地自然环境特点的饮食文化：比如食物生产结构以谷物种植为主，谷物生产又以粟、麦等旱地作物种植为主，等等，都是根据自然生态条件、人口—土地关系等等所做出的经济文化选择。其二，更加具有历史认识意义的是，中古华北饮食文化发展变化的事实表明：由于人类活动的影响，自然生态环境亦是处在不断变迁之中，这些变迁反过来又对人类饮食文化发展产生巨大的影响，人们必须根据自然环境的新变化，不断调整食物生产结构，改变饮食生活策略，才能继续生存并且取得新的发展——事实上，中古华北食物生产、加工和食品烹饪方式的许多改变，在技术方法上的众多发明和创新，都不妨被理解为对变化了的自然环境重新适应的结果。从各章讨论可以看到：这个区域人口密度的变化曾经显著地影响了食物生产结构，特别是农牧结构的调整；野生动物种群数量及其分布的变化，曾经显著地影响了当地的渔猎生产和动物性食料构成；水环境及其变化影响了当地的水稻种植、粮食加工和渔业生产；森林渐趋减少所造成的燃料危机，迫使人们逐渐改变旧的烹饪习惯，发明可以节省薪柴的灶具、炊具和油煎快炒法，并寻找和利用煤以及其他替代燃料；等等。还有许多变化，例如饼食的普及、饮茶的风行等等，表面上与自然环境变化没有太直接的关系，但它们与作物种植结构的变化、内河航运事业的发展等等紧密联系，而这些方面的发展变化都是基于一定的自然生态条件和人们对自然环境的改变。所有这些事实都充分证明：尽管人类拥有不断发展的复杂文化体系，并且凭借文化进步不断丰富和扩大食物来源，改善饮食滋味，突破自然环境对饮食生活的限制（例如四季变化造成食料供给的季节性匮乏），但人类饮食归根结底乃是大自然中能量转换和循环的一部分，不能最终脱离一定的自然环境条件。相反，自然环境因素自始至终都对人类饮食生活产生至深至巨的影响和制约。过去如此，将来也是这样。

中古时代众多特定的社会文化因素，同样对华北饮食文化的发展变迁产生了广泛而深刻的影响。毫无疑问，饮食从根本上说是一种生理需要；但人类饮食与一般动物的摄食行为之不同，乃在于它从一开始便是一种受到文化规约的社会性活动，它的发展变化离不开一定的社会经济条件和文化环境。相应地，特定时代和地域的重大社会发展和文化变动，也往往在饮食生活领域引起一系列新变化。就中古华北地区而言，游牧民族的大量内迁，曾经引起一系列系统性、连锁性的社会文化反应，该区域的民族构成、政治体制、社会构造和文化风尚等等，许多方面都发生了极其深刻的变化，正是在这一特殊的历史背景和场景之中，食物生产和消费体系也发生了诸多富有戏剧性的改变，特别是农牧经济地位的升降、畜产种类的改变、食肉饮酪风气的流行和动物性食料比重的涨落等等；佛教的传播和道教的发展，给中古华北饮食文化带来了不少新意：由于种种机缘，佛教僧侣曾经为饮茶在华北地区的传播做出过特殊贡献，佛教“因果报应”思想和杀生食荤戒律也在一定程度上影响了社会各阶层的饮食生活，“素食”从一般的膳食之中分离出来成为一个专门的类别，也正是从这一时代开始；[1] 中古医学的发展和服饵风气的盛行，促进食疗养生理论方法渐趋成熟，各种药饮（如药酒、饮子）和药膳（如各种养生粥品）大量出现，构成了中古食谱上的一类特色、特效食品和饮料，在这方面，修道、方术之士颇多创制与造作；中古文人阶层的成长和士林文化风尚的嬗变，特别是文人雅士对聚会饮宴的热衷和对饮食情趣的追求，不断引导着社会饮食风尚的发展走向，进入唐

[1] 《齐民要术》卷9《素食第八十七》是我们所见最早讨论素食烹饪的专篇文字，所载各种烹饪方法均未使用肉类或动物脂肪，表明乃是全素。不过，其中有一种“葱韭羹法”，其“薤白蒸”法中也提到了加葱，而葱为佛家饮食所戒。因此，其“素食”是否出自素食主义者的创造和受到了佛教食肉戒律的影响，尚不能肯定。唐代佛教信徒显然已在素食方面有所创造，例如笃信佛教的崔安潜（或其家厨）即是一位素食烹饪高手，《唐语林》卷7《补遗》记载：“崔侍中安潜奉释氏，鲜茹荤血，……镇西川三年，惟多蔬食，宴诸司以面及蒟蒻之类，染作颜色，用象豚肩、羊臑、脍炙之属，皆逼真也……”虽然这记载的是崔氏供职西川时的事情，不在华北范围之内，但他在华北活动期间亦应如此。除他之外，还有其他一些佛教信众有类似的作为，陶谷《清异录》中即有若干记载。尽管受佛教影响而兴起的“素食文化”在中古时代还处在起步阶段，但这毕竟为中国饮食文化发展另辟了一条蹊径，因而具有深远历史意义。

朝以后，更引导食物烹饪（如面点制作和菜肴烹饪）逐渐走向工艺化；[1]民俗风尚的流变，同样对中古华北饮食文化发展产生了一定影响，其中各种岁时节日风俗对民间饮食生活的影响尤其显著。通过各类文献记载明显可见，由于社会生活内容的不断丰富和区域内外文化交流的日益密切，中古时代华北民间岁时节日风俗愈衍愈繁，每逢一个特殊日期到来，民间都要配合其他风俗活动，造作各种具有特殊象征意义和浓厚巫术色彩的应节食品。[2]其背后乃是极其悠久和深厚的“顺应天时”的思想文化观念和社会生活传统。[3]这类节日饮食活动，不仅使民间饮食技艺得到了充分展示和交流的机会，亦使民间饮食生活内容及其文化内涵不断得到丰富；古代城市作为经济消费中心和社会交往中心，具有不可替代的文化聚散功能，中古华北城市的发展和城市餐饮业的繁荣，不仅有助于本地区饮食文化的汇集、播散和提高，而且有助于外来饮食文化成果在内地的传播，许多新式的食品和食法往往是在城市首先出现，“胡食”以及各种南方风味食品，通常首先而

[1] 在第五章“饼”一节，我们已经谈到面点造型工艺问题，其实在这个时代，华北饼食和菜肴烹饪都在继承“五味调和”传统的基础上，开始注重“形”的精巧构思和“色”的协调搭配，谢讽《食经》、韦巨源《食帐》以及陶谷《清异录》中所记载的食点都可证明这一点。此外，对比中古前期与后期文献所载的饮品和食馔名称，明显可见后期饮食物品命名更富有创意，反映人们愈来愈注重对饮食物品的文化艺术意象的赋予，而不再拘泥于食物本身的自然属性，这应与文人雅士讲求饮食情趣并且不断介入造食过程有着很大的关系。在引导中国传统烹饪由“俗”入“雅”方面，中古文人士子是功不可没的。这些问题在此都无法展开讨论，惟期来者。

[2] 通过不同文献的记载我们了解到，中古华北民间岁时节日众多，比较重要的有除夕、元日（元旦）、元宵、寒食、中和、端午、重九等等，不同节日都有一些特殊的饮食风俗，民间造食不同名目的饮食节物，以与特殊的节候相应。例如元旦的椒柏酒、屠苏酒、桃汤、五辛盘、春盘，元宵节的豆糜、粉果、焦䭔，寒食节的醴酪、寒具、镂鸡子，端午节的角黍、菖蒲酒、雄黄酒、粉团，中秋节的月饼、玩月羹，重阳节的菊花酒、蓬饵、麻葛糕、米锦糕、菊花糕、茱萸酒、萱草面……花样众多，不能尽举。

[3] 关于古代社会生活顺应自然季节和时令变化，可参拙文《〈月令〉中的自然节律与社会节奏》，《中国社会科学》2014 年第 2 期，兹不展开讨论。

且主要是在城市流行，如此等等，不能一一。所有这一切都说明，饮食文化的发展变迁不是孤立行进的，它与社会文化的其他发展变化紧密联系在一起；反过来也可以说，饮食文化的变化常常最直接地折射出一个时代和区域社会生活及文化风尚的流变。

我们所谓的“外缘”，乃是指促进中古华北饮食文化变迁的外来因素，其中主要是区域外部饮食文化的传入及其影响。具体来说，主要包括三个方面：一是来自以“食肉饮酪”为特征的游牧民族饮食文化的冲击；二是来自南方饮食文化的影响；三是外国饮食物产和饮食技术的传入。

中古时代，特别是十六国北朝时期，华北传统饮食文化受到了游牧民族饮食文化的强烈冲击，其力度之大乃是其他时代都不曾达到的。那时，游牧民族驱赶着他们的优良畜种大量内徙，早先被中原人士视作奇风异俗的“食肉饮酪”，在华北内地曾经流行一时，游牧民族所擅长的畜产加工、烹饪技术如乳酪加工、肉食烤炙技术等等，也在相当程度上为汉族人民所接受，《齐民要术》以及同时代其他文献都非常清楚地反映了这些事实。直到隋唐时代，游牧民族饮食习俗和烹饪技法仍然相当深刻地影响着华北居民的饮食生活，至少从谢讽《食经》和韦巨源《食帐》所列举的众多食馔，我们可以清楚地看到游牧民族食风对上流社会的影响。

中古时代，由于特殊历史机遇，南方丰富的自然资源（包括饮食资源）得到了大规模的开发，经济文化迅速发展，与华北风味迥然不同的南方饮食文化也迅速成长。南方饮食文化成长的意义不仅仅局限于本地，它对中古华北人民的饮食生活也产生了不可忽视的重要影响。在中古前半期即魏晋南北朝时期，由于南北处于政治分立和军事对峙状态，华北居民没有立刻享受到南方发展所带来的物质实惠，但那里的许多饮食技法，通过饮食书籍的流传和人口的流动而北传，已给华北食品加工、烹饪技术发展造成了一定的刺激，假如《齐民要术》所大量抄引的《食经》《食次》等饮食专书确实出自南人手笔，则南方食品加工、烹饪技术，特别是水禽和鱼类加工、烹饪技法对北朝饮食的影响是不可低估的。隋唐时代，随着南北重新统一，特别是由于大运河全线贯通，南北两大区域的经济文化实现了前所未有的大沟通，南方饮食物产开始以赋税、土贡和私人馈赠等形式和通过商贸活动大量转输华北，特别是茶叶和稻米成为两项大宗北调的饮食资料；南方特产的许多果品、鱼类、食用香料，也通过各种途径大量流入华北，大大丰富了华北居民的饮食生活；中唐以后，这种情势日益明显。与此同时，南方食品加工、烹饪方面的许多特殊技术和方法，也由于南来北往的人士不断增多而纷纷北传；甚至南方州郡在向朝廷进贡饮食珍味时，也不忘同时进献其造制方法。[1]

从总体上说，中古（尤其是唐代）是一个相当开放的时代，其开放性不仅表现在中外经济文化交流十分频繁，不同国家和民族奇异的文化色彩，都能在中华大地上获得较为充分的展示机会；而且也表现在中国社会对异国情调所持有的一种开放、宽容甚至是欣赏的态度。当时，社会心理中的“夷夏之防”远不像后代那样严重，人们对异邦外国的物质文化往往乐于接纳甚至积极搜求，在饮食方面更是如此。正是在这一开放的社会文化氛围下，外国饮食文化成果，包括为数众多的饮食物品、独特的饮料食品及其加工烹饪方法大量涌入，在中古华北居民的饮食生活中产生非常显著的影响。根据这一时期的文献记载，我们不仅可以开列长长的一串来自遥远国家的饮食物品清单，而且可以列举出为数众多的胡饮与胡食方法。[2]

---

[1] 比如据《太平广记》卷234《吴馔》引《大业拾遗记》载：隋朝时期吴郡曾上献一种干鱼脍，并同时进献了详细的加工方法。

[2] 中古华北食谱中的“舶来品”数以十百计：果品之中有葡萄（有多个品种）、安石榴（即石榴）、胡桃（核桃）、庵摩勒、毗黎勒、诃黎勒、波斯枣、阿月浑子、胡榛子、阿魏、黄桃（又称金桃）、偏桃（巴旦杏）；蔬菜中有苜蓿、胡瓜、胡葱、胡蒜、胡豆、酢菜、浑提葱、菠陵菜（即菠菜）、胡芹、胡荽、罗勒（兰香）；食物香料有胡椒、荜拨；粮食、油料作物有胡麻（即芝麻）、高丽豆、碧麦、紫米；饮料有葡萄酒；至于饮料食品加工、烹饪方法，明确见于文献记载的有外国苦酒法、胡饭法、外国豉法、荜拨酒（胡椒酒法）、三勒浆法、蔗糖法，以及多种饼食如䭔䭔、饆饠、烧饼、胡饼、搭纳等等的做法，无法悉数列举。

在许多地方，特别是一些中心城市，崇尚胡食蔚成风气，胡人开办的饮食店肆也是随处可见，[1]宫廷之中更有专门的“胡食手”。[2]外来饮食文化的传入，极大地丰富了中古华北人民的饮食生活，也促进了当地饮食文化的发展变迁，“胡食”中的许多成分，经过拣择、筛选逐渐被组合到新的饮食文化体系之中，并在后世华北居民饮食生活之中长期发挥着重要的作用。

总而言之，中古华北饮食文化变迁，是伴随着这个时代中国历史发展变迁的整体步伐而行进的，是众多自然和社会的、经济与文化的、内部及外部的因素互相联系、彼此影响和协同作用的结果：日益增长的饮食营养需求和改善饮食滋味的愿望，是中古华北饮食文化发展变迁的内在动力；以往时代的饮食文化积累，是中古华北饮食文化发展的本土基础；生态环境及其变迁，是中古华北饮食文化变迁的自然背景；政治局势的变化、经济与文化的发展，则为饮食文化变迁提供了特定的社会场景；而周边区域特殊的饮食风尚、物品和技法之内传，亦为华北饮食文化变迁提供了巨大的，同时也是影响至深的外部助力。它既遵循着饮食文化发展的内在逻辑，也与同时代众多外在因素的变化互相呼应，并顺随着时代历史变迁的总潮流。换个角度，我们不妨说，中古华北饮食文化的种种变化，乃是这个时代中国社会文化的整体变迁在物质生活领域中的具体表现。

中古华北饮食文化的发展变迁，在华北乃至整个中华民族饮食史上都具有十分深远的历史意义，它不仅使得这个时代华北居民的饮食生活呈现出与前代迥然不同的面貌，而且奠定了华北饮食文化未来发展的基

[1] 由于胡食风气盛行，唐代华北城市中有不少胡人直接经营的餐饮业，在文献中我们不时可以看到关于“鬻饼胡”“酒家胡”“胡姬酒店”之类的记载。例如《太平广记》卷402引《原化记》即记载有京城“鬻饼胡”的故事；王绩和张旭曾有诗分别吟及“酒家胡”“酒店胡姬”，分见《全唐诗》卷37王绩《过酒家五首》之五，《全唐诗》卷117张旭《赠酒店胡姬》等。

[2] 例如《全唐文》卷68唐敬宗《南郊赦文》中提到内宫有“胡食手”。

础。现今华北饮食的不少特色，如面食与粒食并重的主食结构、酒茶并重的饮料结构等等，都是奠基、形成于中古时代；中古华北饮食文化的许多技术发明与技艺创新，如面粉发酵技术和多种面食制作方法、植物油料加工利用技术、果酒酿造技术、菜肴快炒法、煤炭的利用……，都为后世中国饮食文化发展开辟了广阔的前景。

主要参考文献

一、古籍资料

（一）农书类

1 《四民月令辑释》，（东汉）崔寔著，缪启愉辑释，农业出版社1981年版；

2 《〈齐民要术〉校释》，（后魏）贾思勰著，缪启愉校释，中国农业出版社1998年版；

3 《〈四时纂要〉校释》，（唐末五代）韩鄂著，缪启愉校释，农业出版社1979年版；

4 《王祯农书》，（元）王祯著，王毓瑚校，农业出版社1981年版；

5 《天工开物》，（明）宋应星撰，商务印书馆1933年排印本。

（二）医书类

1 《黄帝内经太素》，丛书集成本；

2 《黄帝内经太素》，（隋）杨上善撰注，人民卫生出版社1957年影印本；

3 《孙真人千金方》，（唐）孙思邈撰，李景荣等校订，人民卫生出版社1996年版；

4 《备急千金要方校释》，（唐）孙思邈撰，李景荣等校释，人民卫生出版社1997年版；

5 《千金翼方校注》，（唐）孙思邈撰，朱邦贤等校注，上海古籍出版社1999年版；

6 《千金食治》，（唐）孙思邈著，吴受琚注释，中国商业出版社1985年版；

7 《食疗本草》，（唐）孟诜、张鼎撰，谢海洲等辑，人民卫生出版社1984年版；

8 《重修政和经史证类备用本草》，（宋）唐慎微著，四部丛刊本；

9 《本草纲目》（校点本），（明）李时珍撰，人民卫生出版社1982年版。

（三）史书类

1《国语》，相传为春秋时左丘明撰，上海古籍出版社 1988 年版；

2《战国策》，撰人不详，上海书店出版社 1987 年版；

3《史记》，（汉）司马迁撰，中华书局 1959 年点校本；

4《汉书》，（汉）班固撰，中华书局 1962 年点校本；

5《后汉书》，范晔撰，中华书局 1965 年点校本；

6《三国志》，（晋）陈寿撰，中华书局 1959 年点校本；

7《晋书》，（唐）房玄龄等撰，中华书局 1974 年点校本；

8《宋书》，（梁）沈约撰，中华书局 1974 年点校本；

9《南齐书》，（梁）萧子显撰，中华书局 1972 年点校本；

10《梁书》，（唐）姚思廉撰，中华书局 1973 年点校本；

11《陈书》，（唐）姚思廉撰，中华书局 1972 年点校本；

12《魏书》，（北齐）魏收撰，中华书局 1974 年点校本；

13《北齐书》，（唐）李百药撰，中华书局 1972 年点校本；

14《周书》，（唐）令狐德棻撰，中华书局 1971 年点校本；

15《北史》，（唐）李延寿撰，中华书局 1974 年点校本；

16《南史》，（唐）李延寿撰，中华书局 1975 年点校本；

17《隋书》，（唐）魏征等撰，中华书局 1973 年点校本；

18《旧唐书》，（五代）刘响等撰，中华书局 1975 年点校本；

19《新唐书》，（宋）欧阳修、宋祁等撰，中华书局 1975 年点校本；

20《资治通鉴》，（宋）司马光等撰，中华书局 1956 年点校本；

21《大唐创业起居注》，温大雅撰，上海古籍出版社 1983 年点校本。

（四）政书类

1《唐律疏议》，（唐）长孙无忌等撰，刘俊文点校本，中华书局 1983 年版；

2《大唐六典》，（唐）李隆基撰，（唐）李林甫注，三秦出版社 1991 年据日本广池本影印；

3《通典》，（唐）杜佑撰，万有文库本，商务印书馆 1935 年版；

4《唐会要》，（宋）王溥编，上海古籍出版社 1991 年点校本；

5 《唐大诏令集》,（宋）宋敏求编，商务印书馆 1959 年排印版。

（五）丛书、类书类

1 《十三经注疏》,（清）阮元校刻本，中华书局 1991 年版；
2 《诸子集成》，中华书局 1954 年版；
3 《北堂书钞》,（隋）虞世南编，南海孔广陶校注本；
4 《艺文类聚》,（唐）欧阳询编，汪绍楹校，上海古籍出版社 1965 年版；
5 《初学记》,（唐）徐坚等编，中华书局 1962 年排印本；
6 《唐宋白孔六帖》,（唐）白居易、（宋）孔传编，明嘉靖苏州覆宋刻本；
7 《释氏六帖》,（五代）释义楚编，浙江古籍出版社 1990 年据日本宽文九年（1669）刊本排印；
8 《太平御览》,（宋）李昉等编，中华书局 1960 年影印宋本；
9 《册府元龟》,（宋）王钦若等编，中华书局 1960 年影印本；
10 《事类赋注》,（宋）吴淑撰注，冀勤等点校本，中华书局 1989 年版；
11 《云笈七签》,（宋）张君房辑，（明）张萱订，四部丛刊本；
12 《说郛》,（明）陶宗仪编，中国书店 1986 年据涵芬楼本影印。

（六）笔记小说类

1 《博物志校证》,（晋）张华撰，范宁校证，中华书局 1980 年版；
2 《拾遗记》,（晋）王嘉（子年）撰，齐治平校注本，中华书局 1981 年版；
3 《搜神记校注》,（晋）干宝撰，汪绍楹校注，中华书局 1979 年版；
4 《世说新语》,（刘宋）刘义庆著，刘孝标注，（清）王先谦校订，上海古籍出版社 1982 年据光绪思贤讲舍刻本影印；
5 《玄怪录》,（唐）牛僧孺著，程毅中点校本，中华书局 1982 年版；
6 《续玄怪录》,（唐）李复言著，程毅中点校本，中华书局 1982 年版；
7 《安禄山事迹》,（唐）姚汝能撰，上海古籍出版社 1983 年点校本；
8 《开元天宝遗事十种》,（五代）王仁裕等撰，丁如诲辑校，上海古籍出版社 1985 年版；
9 《大唐新语》,（唐）刘肃撰，许德楠等点校本，中华书局 1984 年版；
10 《宣室志》,（唐）张读撰，张永钦等点校本，中华书局 1983 年版；

11 《朝野佥载》,(唐)张鷟撰，丛书集成本；
12 《杜阳杂编》,(唐)苏鹗撰，丛书集成本；
13 《唐摭言》,(唐)王定保撰，丛书集成本；
14 《因话录》,(唐)赵璘撰，丛书集成本；
15 《封氏闻见记》,(唐)封演撰，丛书集成本；
16 《博异志》,(唐)谷神子撰，中华书局1980年排印；
17 《集异记》,(唐)薛用弱撰，中华书局1980年排印；
18 《北户录》,(唐)段公路撰，丛书集成本；
19 《酉阳杂俎》,(唐)段成式撰，方南生点校本，中华书局1981年版；
20 《北梦琐言》,(五代)孙光宪撰，林艾园点校本，上海古籍出版社1981年版；
21 《唐语林》,(宋)王谠撰，上海古籍出版社1978年版；
22 《南部新书》,(宋)钱易撰，丛书集成本；
23 《清异录》,(宋)陶谷撰，漱六阁藏本；
24 《清异录》(饮食部分),(宋)陶谷撰，李益民等注释，中国商业出版社1985年版；
25 《太平广记》,(宋)李昉等编，上海古籍出版社1990年据文渊阁《四库全书》本影印；
26 《能改斋漫录》,(宋)吴曾撰，上海古籍出版社1979年版；
27 《续世说》,(宋)孔平仲编，四部备要本；
28 《鸡肋编》,(宋)庄季裕撰，丛书集成本；
29 《事物纪原》,(宋)高承撰，(明)胡文焕校，上海古籍出版社1990年据日本和刻本类书丛成第二辑翻印；
30 《事物会原》,(清)汪汲撰：江苏广陵古籍刻印社1989年版。

(七)文集类

1 《文选》,(梁)萧统编,(唐)李贤注，中华书局1977年版；
2 《弘明集》,(梁)释僧佑编,《四部备要》本；
3 《广弘明集》,(唐)释道宣编,《四部备要》本；
4 《文苑英华》,(宋)李昉等编，中华书局1966年影印本；
5 《全唐文》,(清)董浩等编，上海古籍出版社1990年影印本；
6 《全唐诗》,(清)曹寅等编，上海古籍出版社1986年影印本；

7 《敦煌变文集》（上、下），王重民等编，人民文学出版社 1957 年版；

8 《晦庵集》，（宋）朱熹著，《四库全书》本；

9 《诚斋集》，（宋）杨万里著，《四库全书》本。

（八）地理类

1 《西京杂记》，（晋）葛洪撰，中华书局 1985 年排印；

2 《华阳国志校注》，（晋）常璩撰，刘琳校注，巴蜀书社 1984 年版；

3 《洛阳伽蓝记校注》，（北魏）杨衒之撰，范祥雍校注，上海古籍出版社 1978 年版；

4 《水经注疏》，无名氏撰，（后魏）郦道元注，（清）杨守敬、熊会贞疏，段熙仲点校，陈桥驿复校，江苏古籍出版社 1989 年版；

5 《元和郡县图志》，（唐）李吉甫撰，贺次君点校，中华书局 1983 年版；

6 《入唐求法巡礼行记》，［日］圆仁著，顾承甫等点校本，上海古籍出版社 1986 年版。

（九）小学类

1 《方言校笺及通检》，（汉）扬雄著，周祖谟校笺，吴晓玲通检，科学出版社 1956 年版；

2 《急就篇》，（汉）史游撰，四部丛刊本；

3 《说文解字》，（汉）许慎著，中华书局 1963 年影印本；

4 《释名疏证补》，（汉）刘熙撰，（清）王先谦撰集，上海古籍出版社 1984 年据（清）光绪本影印；

5 《广雅疏证》，（三国）张揖著，（清）王念孙疏证，江苏古籍出版社 1984 年版；

6 《一切经音义》，（唐）释元（玄）应撰，（清）庄斯等校本，武林张氏宝晋斋刊印；

7 《一切经音义》，（唐）释慧琳著，团结出版社 1993 年据频伽精舍刊本影印。

（十）其他

1 《盐铁论校注》，（汉）桓宽著，王利器校注，中华书局 1992 年版；

2 《论衡》，（汉）王充撰，四部丛刊本；

3 《颜氏家训集解》，（北齐）颜之推著，王利器集解，上海古籍出版社 1980 年版；

4 《〈管子·地员篇〉校释》，夏纬瑛校释，中华书局 1958 年版。

二、研究论著（以出版发表时间为序）

（一）中文著作

1 《唐代长安与西域文明》，向达著，生活·读书·新知三联书店 1957 年版；

2 《魏晋南北朝隋唐经济史稿》，李剑农著，生活·读书·新知三联书店 1959 年版；

3 《中国伊朗编》，［美］劳费尔著，林筠因译，商务印书馆 1963 年版；

4 《宫崎市定论文选集》（上卷），［日］宫崎市定著，中国科学院历史研究所翻译组翻译，商务印书馆 1963 年版；

5 《黄土与中国农业的起源》，何炳棣著，香港中文大学出版社 1969 年版；

6 《马克思恩格斯全集》第 23 卷，中共中央马克思恩格斯列宁斯大林著作编译局编，人民出版社 1972 年版；

7 《马克思恩格斯〈资本论〉书信集》，中共中央马克思恩格斯列宁斯大林著作编译局选编，人民出版社 1976 年版；

8 《元白诗笺证稿》，陈寅恪著，上海古籍出版社 1978 年版；

9 《竺可桢文集》，竺可桢著，科学出版社 1979 年版；

10 《文物考古工作三十年》，文物编辑委员会编，文物出版社 1979 年版；

11 《金明馆丛稿初编》，陈寅恪著，上海古籍出版社 1980 年版；

12 《中国农业地理总论》，中国科学院编，科学出版社 1981 年版；

13 《河山集》（二集），史念海著，生活·读书·新知三联书店 1981 年版；

14 《中国史探研》，齐思和著，中华书局 1981 年版；

15 《先秦史》，吕思勉著，上海古籍出版社 1982 年版；

16 《两晋南北朝史》，吕思勉著，上海古籍出版社 1983 年版；

17 《中国饮食文化和食品工业发展简史》，杨文骐著，中国展望出版社 1983 年版；

18 《中国食品科技史稿》（上册），洪光住著，中国商业出版社 1984 年版；

19 《隋唐五代史》，吕思勉著，上海古籍出版社 1984 年版；

20 《中国经济史研究》，［日］西嶋定生著，冯佐哲等译，农业出版社 1984 年版；

21 《中国农学史》（上册），中国农业遗产研究室著，科学出版社 1984 年版；

22 《中国民族关系史研究》，翁独健主编，中国社会科学出版社 1984 年版；

23 《中国自然地理》(总论)，中国科学院编，科学出版社 1985 年版；
24 《中国养牛羊史》(附养鹿简史)，谢成侠著，农业出版社 1985 年版；
25 《唐朝仓廪制度史初探》，张弓著，中华书局 1986 年版；
26 《长水集》(下)，谭其骧著，人民出版社 1987 年版；
27 《中国食物史研究》，[日] 篠田统著，高桂林等译，中国商业出版社 1987 年版；
28 《人口生态学》，潘纪一主编，复旦大学出版社 1988 年版；
29 《生态学原理与野外生物学》，[美] R. L. 史密斯著，李建东等译，科学出版社 1988 年版；
30 《河山集》(三集)，史念海著，人民出版社 1988 年版；
31 《殷墟卜辞综述》，陈梦家著，中华书局 1988 年版；
32 《中国饮食文化》，林乃燊著，上海人民出版社 1989 年版；
33 《中国农业科学技术史稿》，梁家勉主编，农业出版社 1989 年版；
34 《中国人的饮食世界》，王学太著，中华书局(香港) 1989 年版；
35 《中国食糖史稿》，李治寰著，农业出版社 1990 年版；
36 《中国屯垦史》(中册)，张泽咸等著，农业出版社 1990 年版；
37 《唐代江南农业的发展》，李伯重著，农业出版社 1990 年版；
38 《食品营养学》，刘志皋主编，中国轻工业出版社 1991 年版；
39 《中国人口发展史》，葛剑雄著，福建人民出版社 1991 年版；
40 《隋唐五代烹饪史纲》，王子辉著，陕西科学技术出版社 1991 年版；
41 《日本学者研究中国史论著选译》(科学技术卷)，刘俊文主编，中华书局 1992 年版；
42 《日本学者研究中国史论著选译》(六朝隋唐卷)，刘俊文主编，中华书局 1992 年版；
43 《中国饮食文化》，[日] 中山时子主编，徐建新译，中国社会科学出版社 1992 年版；
44 《中国鹿类动物》，盛和林等著，华东师范大学出版社 1992 年版；
45 《农业生态学》，杨怀霖主编，农业出版社 1992 年版；
46 《黄淮海平原历史地理》，邹逸麟主编，安徽教育出版社 1993 年版；
47 《普通生态学》，孙儒泳等编，高等教育出版社 1993 年版；
48 《魏晋南北朝隋唐史三论》，唐长孺著，武汉大学出版社 1993 年版；
49 《中国养羊学》，李志农著，农业出版社 1993 年版；
50 《中国农业史》(上、下)，[美] 布瑞著，李学勇译，台湾商务印书馆 1994 年版；
51 《平城历史地理学研究》，[日] 前田正名著、李凭等译，书目文献出版社 1994 年版；

52 《饮食与中国文化》，王仁湘著，人民出版社 1994 年版；

53 《唐代的外来文明》，［美］谢弗著，吴玉贵译，中国社会科学出版社 1995 年版；

54 《唐代马政》，马俊民、王世平著，西北大学出版社 1995 年版；

55 《日本中青年学者论中国史》（六朝隋唐卷），刘俊文主编，上海古籍出版社 1995 年版；

56 《唐帝国的精神文明——民俗与文学》，程蔷、董乃斌著，中国社会科学出版社 1996 年版；

57 《魏晋南北朝经济史》（上、下），高敏主编，上海人民出版社 1996 年版；

58 《茶史初探》，朱自振编著，中国农业出版社 1996 年版；

59 《唐代人口地理》，费省著，西北大学出版社 1996 年版；

60 《文化交流的轨迹——中华蔗糖史》，季羡林著，经济日报出版社 1997 年版；

61 《唐代的历史与社会》，朱雷主编，武汉大学出版社 1997 年版；

62 《六朝史论》，朱大渭著，中华书局 1998 年版；

63 《汉唐饮食文化史》，黎虎主编，北京师范大学出版社 1998 年版；

64 《魏晋南北朝社会生活史》，朱大渭等编著，中国社会科学出版社 1998 年版；

65 《隋唐五代社会生活史》，李斌城等编著，中国社会科学出版社 1998 年版；

66 《唐代衣食住行研究》，黄正建著，首都师范大学出版社 1998 年版；

67 《历史分光镜》，许倬云著，上海文艺出版社 1998 年版；

68 《黄淮关系及其演变过程研究——黄河长期夺淮期间淮北平原湖泊、水系的变迁和背景》，韩昭庆著，复旦大学出版社 1999 年版；

69 《许倬云自选集》，许倬云著，上海教育出版社 2002 年版；

70 《中华名物考》（外一种），［日］青木正儿著，范建明译，中华书局 2005 年版；

71 《中国历史时期气候变化研究》，满志敏著，山东教育出版社 2009 年版；

72 《人竹共生的环境与文明》，王利华著，生活・读书・新知三联书店 2013 年版。

（二）西文著作

1 Chang, Kwang—chih: *Food in Chinese Culture*, Yale University, 1977.

2 Laufer, Berthold: *Sino—Iranica: Chinese Contributions to the History of Civilization in Ancient Iran—with Special Reference to the History of Cultivated Plants and Products*, Chicago, 1919. 林筠因汉译本题作《中国伊朗编》，商务印书馆 1964 年版.

3 Sehaler, E. H.: *The Golden Peaches of Samarkand: a Study of Tang Exotics*, University of

California Press, 1963. 吴玉贵汉译本题为《唐代的外来文明》，作者名译作谢弗，中国社会科学出版社 1995 年版.

4 Mark Elvin, *The Retreat of the Elephants, An Environmental History of China,* Yale University Press, New Haven and Landon, 2004.

（三）论文

1 袁翰青：《关于“生物化学的发展”一文的一点意见》，《中华医史杂志》1954 年第 1 期；

2 陈寅恪：《论韩愈》，《历史研究》1954 年第 2 期；

3 于省吾：《商代的谷类作物》，《东北人民大学人文科学学报》1957 年第 1 期；

4 ［日］篠田统：《豆腐考》，《乐味》1963 年 6 月号；

5 文焕然、林景亮：《周秦两汉时代华北平原与渭河平原盐碱土的分布及利用改良》，《土壤学报》1964 年第 1 期；

6 文焕然、汪安球：《北魏以来河北省南部盐碱土的分布和改良利用初探》，《土壤学报》1964 年第 3 期；

7 谭其骧：《何以黄河在东汉以后会出现一个长期安流的局面》，《学术月刊》1965 年第 2 期；

8 陕西省文管会：《秦都栎阳初步勘探记》，《文物》1966 年第 1 期；

9 竺可桢：《中国近五千年来气候变迁的初步研究》，《考古学报》1972 年第 1 期；

10 王建等：《下川文化——山西下川遗址调查报告》，《考古学报》1979 年第 3 期；

11 李根蟠：《略论春秋以后我国畜牧业的发展——兼论我国封建社会农牧关系的特点及其演变》，《东岳论丛》1980 年第 4 期；

12 田世英：《历史时期山西水文的变迁及其与耕、牧业更替的关系》，《山西大学学报》（哲学社会科学版）1981 年第 1 期；

13 张泽咸：《汉唐时期的茶叶》，《文史》第 11 辑，中华书局 1981 年版；

14 ［美］罗伯特・哈特威尔：《北宋时期中国铁煤工业的革命》，《中国史研究动态》1981 年第 5 期；

15 黄展岳：《汉代人的饮食生活》，《农业考古》1982 年第 1 期；

16 陈文华等：《中国农业考古资料索引》，《农业考古》1983 年第 1 期；

17 张泽咸：《试论汉唐间的水稻生产》，《文史》第 18 辑，中华书局 1983 年版；

18 孟世凯：《商代田猎性质初探》，收入胡厚宣主编《甲骨文与殷商史》，上海古籍出版社 1983 年版；
19 李根蟠等：《我国古代农业民族与游牧民族关系中的若干问题探讨》，收入翁独健主编《中国民族关系史研究》，中国社会科学出版社 1984 年版；
20 曹元宇：《豆腐制造源流考》，《中国烹饪》1984 年第 9 期；
21 邹逸麟：《历史时期黄河流域水稻生产的地域分布和环境制约》，《复旦学报》（社会科学版）1985 年第 3 期；
22 李发林：《古代旋转磨试探》，《农业考古》1986 年第 2 期；
23 许惠民：《北宋时期煤炭的开发利用》，《中国史研究》1987 年第 2 期；
24 李仲均：《中国古代用煤历史的几个问题考辨》，《地球科学——武汉地质学院学报》1987 年第 6 期；
25 卫斯：《我国汉代大面积种植小麦的历史考证——兼与［日］西嶋定生先生商榷》，《中国农史》1988 年第 4 期；
26 陕西省法门寺考古队：《扶风法门寺塔唐代地宫发掘简报》，《文物》1988 年第 10 期；
27 韩伟：《从饮茶风尚看法门寺等地出土的唐代金银茶具》，《文物》1988 年第 10 期；
28 陈文华：《中国农业考古资料索引》（续），《农业考古》1989 年第 1 期；
29 佟伟华：《磁山遗址的原始农业遗存及相关问题》，《农业考古》1989 年第 1 期；
30 王洪军：《唐代的饮茶风习》，《中国农史》1989 年第 4 期；
31 满志敏：《唐代气候冷暖分期及各期气候冷暖特征的研究》，《历史地理》第 8 期，上海人民出版社 1990 年版；
32 华林甫：《唐代粟、麦生产的地域布局初探》，《中国农史》1990 年第 2 期；
33 陈文华：《豆腐起源于何时？》，《农业考古》1991 年第 1 期；
34 张芳：《夏商至唐代北方的农田水利和水稻种植》，《中国农史》1991 年第 3 期；
35 龚胜生：《唐长安城薪炭供销的初步研究》，《中国历史地理论丛》1991 年第 3 期；
36 黎虎：《北魏前期的狩猎经济》，《历史研究》1992 年第 1 期；
37 华林甫：《唐代水稻生产的地理布局及其变迁初探》，《中国农史》1992 年第 2 期；
38 黄正建：《唐代官员宴会的类型及其社会职能》，《中国史研究》1992 年第 2 期；
39 王利华：《早期中国社会的犬文化》，《农业考古》1992 年第 3 期；
40 黄正建：《敦煌文书与唐五代北方的饮食生活（主食部分）》，《魏晋南北朝隋唐史资料》第 11 辑（1992 年）；
41 拜根兴：《饮食与唐代官场》，《人文杂志》1994 年第 1 期；

42 林立平:《唐代饮食史的重要史料——杨煜〈膳夫经〉述评》,收入暨南大学中国文化史籍研究所编《历史文献与传统文化》第四集,广东人民出版社 1994 年版;

43 汪宁生:《释田猎》,收入南开大学历史系先秦史研究室编《王玉哲先生八十寿辰纪念文集》,南开大学出版社 1994 年版;

44 陈报章等:《舞阳贾湖新石器时代遗址炭化稻米的发现、形态学研究及意义》,《中国水稻科学》1995 年第 3 期;

45 蓝勇:《从天地生综合研究角度看中华文明东移南迁的原因》,《学术研究》1995 年第 6 期;

46 王会昌:《2000 年来中国北方游牧民族南迁与气候变化》,《地理科学》1996 年第 3 期;

47 王铮:《历史气候变化对中国社会发展的影响——兼论人地关系》,《地理学报》1996 年第 4 期;

48 许倬云:《中国中古饮食文化的转变》关于面食的部分,作者惠赠(1998 年);

49 杨希义:《唐人饮食与饮食文化》,《周秦汉唐研究》第 1 辑,三秦出版社 1998 年版;

50 袁靖:《论中国新石器时代居民获取肉食资源的方式》,《考古学报》1999 年第 1 期;

51 王利华:《郭义恭〈广志〉成书年代考证》,《文史》1999 年第 3 期;

52 吴忱:《华北平原河道变迁对土壤及土壤盐渍化的影响》,《地理学与国土研究》1999 年第 4 期;

53 吴玉贵:《白居易"毡帐诗"所见唐代胡风》,《唐研究》第五卷,北京大学出版社 1999 年版;

54 中国工程院"21 世纪中国可持续发展水资源战略研究"项目组编:《中国可持续发展水资源战略研究综合报告》,http: //www.chinawater.com.cn/CWR_Journal/200008/02.html;

55 满志敏等:《气候变化对历史上农牧过渡带影响的个例研究》,《地理研究》2000 年第 2 期;

56 蓝勇:《唐代气候变化与唐代历史兴衰》,《中国历史地理论丛》2001 年第 1 期;

57 方修琦等:《环境演变对中华文明影响研究的进展与展望》,《古地理学报》2004 年第 1 期;

58 李增高:《先秦时期华北地区的农田水利与稻作》,《农业考古》2005 年第 1 期;

59 李增高:《魏晋北朝时期华北地区的农田水利与稻作》,《农业考古》2006 年第 4 期;

60 李增高:《隋唐时期华北地区的农田水利与稻作》,《农业考古》2008 年第 4 期;

61 王利华:《魏晋南北朝时期华北内河航运与军事活动的关系》,《社会科学战线》2008年第9期;

62 吴伟等:《我国古代冶铁燃料问题浅析》,收入《第七届(2009年)中国钢铁年会论文集(补集)》;

63 王星光、柴国生:《中国古代生物质能源的类型和利用略论》,《自然科学史研究》2010年第4期;

64 王利华:《经济转型时期的资源危机与社会对策——对先秦山林川泽资源保护的重新评说》,《清华大学学报》(哲学社会科学版)2011年第3期;

65 李欣:《秦汉社会的木炭生产和消费》,《史学集刊》2012年第5期;

66 方万鹏:《水硙与北宋开封的粮食加工》,《中国农史》2014年第1期;

67 王利华:《〈月令〉中的自然节律与社会节奏》,《中国社会科学》2014年第2期;

68 方万鹏:《相地作磨:明清以来河北井陉的水力加工业——基于环境史视角的考察》,《中国农史》2014年第3期;

69 夏炎:《秦汉时期燃料供应与日常生活——兼与李欣博士商榷》,《史学集刊》2014年第6期;

70 许倬云:《中国中古时期饮食文化的转变》,作者惠赠未刊稿。

(四)学位论文

1 赵九洲:《古代华北燃料问题研究》(2012年,南开大学博士论文);

2 方万鹏:《资源、技术与社会经济——中国北方水磨的环境史研究》(2016年,南开大学博士论文)。

后　记

平常读别人的书，喜欢读它的“后记”，有时甚至先读“后记”后读正文。好书的“后记”往往很精彩，读之令人心神往之。我每当读到一部好书及其精彩的“后记”时，常设想有朝一日写书，也要努力作一篇洋洋洒洒的“后记”。现在当真轮到自己也该作一篇“后记”了，却怎么也洋洋洒洒不起来，心里的感觉是“五味俱全”，不知该说什么，从何说起。

洋洋洒洒不起来，首先是因为没有十足的自信。有多种原因令我对自己的这本小书没有充足的自信：首先，本人没有受过饮食营养学方面的专门训练，有关的专业知识相当少，所以书中难免要说些外行话；其次，我虽在北方生活过几年，但对北方饮食的感性认识仍不多，故行文落笔不免多凭猜度，未必尽符合北方生活的实际；再次，本人有生以来没有当过上宴嘉宾，日常饮食也不怎么讲究形、色、香、味、趣，不过求饱解渴而已，对所谓“饮食文化”没有美食家们那样的口领意会，所以书中的许多想法并非亲证所得，只是纸上谈兵而已；最后，这本书写作匆忙，出手也匆忙，匆忙就不能从容论说，更不免出些大大小小的错，不少原想说的问题没有说出来，已说出来的也未反复仔细地推敲到无懈可击的程度。所以，虽然现下什么人都敢写书、什么书人都敢写，写书人不再像前人那样“死心眼”，读书人也不像以前那样什么都顶真，但对将来要买这本书的读者，我仍不免抱有几分负罪感。

这样的一本小书，别人读起来可能味同嚼蜡，但写这本书的我却是备尝五味，一一细说恐怕太啰嗦，只说甜味吧。

人生在世，不管做什么事，也不论结果如何，只要能得到师友的关怀、家人的支持，心中就充满了甜味。在撰写这本小书的过程中，我得到了众多师友的热情关怀，得到了家人的倾心支持，他们使我感受到了读书、求学和整个生活的甜味。没有他们的关怀和支持，这本小书不可能完成。表达由这种甜味化生而来的感恩之情、歉疚之情，是我写这篇“后记”的主要目的。

本书是在博士论文的基础上修订而成的。在这本书里，我的导师张国刚教授倾注了很多心血，他以一个“过来人”和“明眼人”的身份，通过平等对话的方式，与我讨论了其中的很多问题，并对我的思想偏差及时予以拨正。所以，我首先要感谢他多年来对我的言传身教之恩，同时也要向他致歉：由于我的执拗和用功不够，这篇论文未能达到他所期待的水平。

感谢杨志玖教授、郑学檬教授、冯尔康教授、荣新江教授在论文答辩会上所给予我的鼓励和指导，同时也感谢为我的论文贡献宝贵评审意见的诸位教授（由于我的博士论文系采用匿名评审，至今我仍不完全确知他们的姓名），特别要感谢他们对论文所提出的中肯的批评与修改意见。根据他们的意见，我对论文做了一些修补工作，使本书减少了不少错误；还有许多很好的意见，在本书里我一时还来不及遵循，只能留待将来了。

我还要感谢其他许多师友，包括在本科、研究生学习阶段和在南京中国农业遗产研究室工作期间曾给予我教导和帮助的老师、学长和同事，在本书的字里行间，到处都有他们的影响存在。博士论文完成以后，我曾向一些师友寄送过，并且获得了不少很好的建议乃至直率的批评意见，比如应在陈述史实和引述前人观点的同时加强对问题的讨论，讨论具体问题应注意环顾左右，做到“森林与树木并见”，等等，有些意见我在书中已经采纳了，有一些则因题目本身的特点和全书的体例所限不能完全采纳，或者因为自己功力有限一时难以照做，也只好留待来日再做进一步的努力。

本书的写作，参考了许多前贤时彦的成果，他们的研究为本书提供了良好基础。特别是在论文构思阶段，许倬云教授惠寄的力作对我设定研究构架，起了很大的启发作用。

最后，特别感谢妻儿这些年来为我所做出的巨大牺牲。在我攻读学位及撰写论文期间，妻子承担了持家教子的全部职责，当我把文字输入电脑时，她则将疲惫和憔悴写到了脸上。面对妻子偶因过分疲劳而起的嗔怪，面对幼子因很少得到父子尽情嬉戏的机会而不断提出的抗议，我时时感到非常歉疚。得知这本小书即将出版，妻儿比我还要兴奋，就将此书献给他们作为对过去几年的辛苦和缺憾的补偿吧。

王利华

2000年10月17日于南开大学